Z会数学基礎問題集

数学II・B+C

［ベクトル］

チェック&リピート

亀田 隆／髙村 正樹 共著

改訂第3版

Z-KAI

はじめに

　2000 年に初版を出して，はや 23 年の月日がたちました。2005 年に改訂版，2013 年に改訂第 2 版を出し，『Z会数学基礎問題集 チェック&リピート』も多くの支持を受け続け大変嬉しく思います。今回，学習指導要領の大幅改訂に伴い，更なる手直しをする機会を得ました。新しく導入された分野，削除された分野などの加筆，修正だけでなく，今回も項目設定，問題選定から出発し，既存の問題も含めたすべての見直しを行いました。改訂第 2 版出版時には，Z会の皆さんと相談し，私的なサイト

https://kamelink.com/exam/

を立ち上げました。今回の問題選定ではこのサイトが有効に働きました。項目別に類題などが閲覧可能なサイトになっていますので，本書の学習に役立てることもできるでしょう。

　問題選びのコンセプトは入試の基礎です。これは初版から続いているコンセプトであり，教科書と入試のギャップを埋めて，入試の出発点を示すという目標が達成できたと思っております。基礎という言葉は誤解が多いものです。我々のいう基礎は，易しい問題という意味ではありません。いろいろなところで使われる定理・公式，計算技術，考え方はすべて入試の基礎です。すべての基本は教科書にありますが，教科書の問題を解くことができれば即入試問題が解けるかというとなかなかそうも行きません。大きなハードルを感じることもあるでしょう。この垣根を越える手立てを提供したい。そういう願いが我々にはあります。この問題集を一通り終え，入試演習に入ったとき，「あれ？ やったことあるぞ」，「あれとあれの組み合わせだ。チェック&リピートではどうやっていたっけ？」と思うことでしょう。ここまでくると，この問題集は解法の道具箱になっています。

　この問題集が皆さんの学習の一助になれば大変嬉しいことです。今回もいろいろな人に助けてもらいました。今回の改訂を取りまとめていただいた笹原聡さん，小原高伸さん，三木良介さん，その他にも校正などに係わってくれた人たちにもここで改めて感謝致します。

2023 年 5 月

亀田 隆＋高村正樹

目次

本書の特長・構成

　本書は「数学 II・B」＋「数学 C（ベクトル）」における
　　　　　　入試基礎レベルを定着させる
ための問題集です。問題数が多いように感じるかもしれませんが，入試頻出
の基礎レベルの問題を網羅していますので，本書を通じて，大学入試に通用
する基礎を定着させることができます。

　『数学基礎問題集』といっても，教科書の基本レベルと
はちょっと違うのですね。

　でも，「**基本 check！**」で教科書にある定理や公式も確
認できるから，数学が苦手でも大丈夫ですね。

　また，本書は全 9 章構成で，テーマごとに
　　　　「問題」，「チェック・チェック」，「解答・解説」
のくり返しとしています。これらは 4 ページまたは 6 ページで 1 セットとし
ており，テーマごとに完結するので，必要事項の確認がしやすくなっていま
す。

　テーマごとに数問で問題演習が完結するから，計画を
立てて学習を進めやすいですね。

　1 回に数問ずつだったら，最後まで集中して続けられ
そうですね。

　「問題」，「チェック・チェック」「解答・解説」の詳しい説明は次のページ
にあります。

問題

　さまざまな入試問題から，テーマを絞って問題を集めています。入試で必要な内容がひと通り集まっていますので，この1冊で入試基礎レベルの問題を総ざらいすることができます。

　教科書で扱っていないものでも，入試で必要なものは取り入れています。難しく感じる問題もあるかもしれませんが，最初から全部の問題が解ける必要はありません。解けない問題があっても，最初のうちは，「チェック・チェック」を参考にしながら問題が解けるようになれば大丈夫です。

チェック・チェック

　「**基本check！**」では，教科書にあるような定理や公式の確認ができるようにしています。教科書の内容に不安があっても，本書で確認しながら学習を進めていくことができます。

　また，問題ごとに，解くために必要な考え方やヒントを示しています。ここには，予備校の授業で話していることも織り込んであります。問題を解くにあたって，何が必要か，どのように考えたらよいかがわかるようになります。本質をつかみ（**チェック**），問題を解くときの正しいフォームを身につけましょう。

解答・解説

　解答はできるだけ詳しく，途中の式もなるべく省略しないよう心掛けています。また，「**別解**」もつけ，図を多く取り入れわかりやすくしています。解説の中でとくに注意すべき要素には色を付け，ポイントを理解しやすくしているところもあります。くり返し（**リピート**）解くことで，学力の定着を図ってください。

本書の利用法

高校 1 年生，高校 2 年生のオススメ利用法

　学校で学習を終えた範囲について，入試対策の最初の 1 冊として，もう少し上のレベルで演習したい人に最適です。教科書の章末問題より上のレベルの問題演習ができます。

　学校と並行して日常的に学習を進めるのが難しい場合は，夏休みなどの長期休みに集中して利用するのがオススメです。4〜6 ページの「問題」「チェック・チェック」「解答・解説」のまとまりを 1 セットとすると，「1 日 3 セット」を目安に集中して取り組めば「約 45 日」で 1 冊を終えられます。

> 最初のうちは，「チェック・チェック」や「解答・解説」
> を見ながら，問題を解き進めてもよいですね。

文系受験生のオススメ利用法

　本書で文系数学の基礎から標準レベルの問題をひと通りおさえることができます。数学を得点源にしたい受験生であれば，もう一段階上の問題集にも取り組んでほしいところですが，本書をくり返すだけでも，入試に十分通用する力を身につけられるでしょう。

　日常学習で「1 日 2 セット」を目安にすると「約 70 日」で 1 冊を終えられますので，計画的にくり返し学習することができます。

> 文系数学の基礎から標準レベルの問題がこの 1 冊にま
> とめられているというのはすごいですね。

理系受験生のオススメ利用法

　数学を得点源にするためには，よりハイレベルな問題演習も必要になりますので，まずは，なるべく早く，本書の問題を解けるようになることを目標にしましょう。ハイレベルな問題演習でつまづいたときに本書に戻るという利用方法がオススメです。

　分野によって得意不得意がある人は，不得意な分野を優先して本書に取り組むのもよいでしょう。基礎がしっかり身についていないと，ハイレベルな問題演習に挑戦してもあまり意味がありません。

§1　式と証明

📖 問題

3次式の展開・因数分解 ··

☐ **1.1**　次の各問いに答えよ。

(1) $(x+1)^3 + (x-1)^3$ を展開せよ。　　　　　　　　　（広島国際学院大）

(2) $(x^2+xy+y^2)(x^2+y^2)(x-y)^2(x+y)$ を展開せよ。　　（山形大）

(3) $x^3 - 27y^3$ を因数分解せよ。　　　　　　　　　　（京都産業大）

(4) $(a+b+c)(a^2+b^2+c^2-ab-bc-ca)$ を展開すると
$$(a+b+c)(a^2+b^2+c^2-ab-bc-ca) = \boxed{}$$
となる。このことより，$a^3-6ab+8b^3+1$ は1次式と2次式の積に因数分解できて，$a^3-6ab+8b^3+1 = \boxed{}$ となる。　（関西学院大　改）

(5) $(x-y)^3 + (y-z)^3 + (z-x)^3$ を因数分解せよ。　　　（専修大）

3次式の値 ···

☐ **1.2**　次の各問いに答えよ。

(1) $x = \dfrac{34}{\sqrt{59}-5}$，$y = \dfrac{-34}{\sqrt{59}+5}$ のとき，次の式の値を求めよ。
$$x+y = \boxed{}, \quad x^2+y^2 = \boxed{}, \quad x^3+y^3 = \boxed{},$$
$$x^3y + 5x^2y^2 + xy^3 = \boxed{} \qquad \text{（関西医大　改）}$$

(2) $x + \dfrac{1}{x} = 3$ のとき，$x^3 + \dfrac{1}{x^3} = \boxed{}$ である。　　（神奈川大）

☐ **1.3**　a, b, c が，$a+b+c = 1$，$a^2+b^2+c^2 = 3$，$\dfrac{1}{a} + \dfrac{1}{b} + \dfrac{1}{c} = 1$ をみたすとき

(1) abc の値を求めよ。

(2) $a^3+b^3+c^3-3abc$ の値を求めよ。

(3) $\dfrac{1}{a^2} + \dfrac{1}{b^2} + \dfrac{1}{c^2}$ の値を求めよ。　　　　　　　　　（鳥取大）

📖 チェック・チェック

基本 check！

3 次の展開公式

$$(x \pm y)^3 = x^3 \pm 3x^2y + 3xy^2 \pm y^3 \quad （複号同順）$$
$$(x \pm y)(x^2 \mp xy + y^2) = x^3 \pm y^3 \quad （複号同順）$$
$$(x + y + z)(x^2 + y^2 + z^2 - xy - yz - zx) = x^3 + y^3 + z^3 - 3xyz$$

因数分解の方法

(i) 共通因数でくくる

(ii) （最低次の）1 つの文字について整理する

(iii) 展開公式を逆に利用する

(iv) 因数定理（p.43）を利用する

式の値

x, y の対称式は基本対称式 $x + y, xy$ で表すことができる。

$$x^2 + y^2 = (x + y)^2 - 2xy$$
$$x^3 + y^3 = (x + y)^3 - 3xy(x + y)$$

などはよく使われる。また，x, y, z の対称式は基本対称式 $x+y+z, xy+yz+zx$，xyz で表すことができる。

1.1　3 次式の展開・因数分解

(1) $(x \pm y)^3$ の展開公式を使います。

(2) 因数の組み合わせを工夫します。

(3) $(x - y)(x^2 + xy + y^2)$ の展開公式に着目します。

(4) 後半は $a^3 - 6ab + 8b^3 + 1$ を $A^3 + B^3 + C^3 - 3ABC$ の形にみる工夫をします。

(5) いろいろ工夫できます。

1.2　2 文字の対称式

(1) x, y についての対称式は基本対称式 $x + y, xy$ で表すことができます。

(2) $x^3 + \dfrac{1}{x^3}$ は $x + \dfrac{1}{x}, x \cdot \dfrac{1}{x} (= 1)$ で表すことができます。

1.3　3 文字の対称式

(1) 基本対称式 $a + b + c, ab + bc + ca, abc$ の値を準備するための設問ですね。

(2) **1.1** の (4) の等式は公式として覚えておきましょう。

(3) 通分すると分子に $b^2c^2 + c^2a^2 + a^2b^2$ が現れます。対称式ですから，$a + b + c$，$ab + bc + ca, abc$ で表すことができます。

📖 解答・解説

1.1 (1) 展開公式を用いると

$$(x+1)^3 + (x-1)^3$$
$$= (x^3 + 3x^2 + 3x + 1)$$
$$\qquad + (x^3 - 3x^2 + 3x - 1)$$
$$= \boldsymbol{2x^3 + 6x}$$

(2) $(x^2 + xy + y^2)(x^2 + y^2)(x-y)^2(x+y)$

$$= (x-y)(x^2 + xy + y^2)$$
$$\qquad \times (x^2 + y^2)(x-y)(x+y)$$
$$= (x^3 - y^3)(x^2 + y^2)(x^2 - y^2)$$
$$= (x^3 - y^3)(x^4 - y^4)$$
$$= \boldsymbol{x^7 - x^4 y^3 - x^3 y^4 + y^7}$$

(3) 与式を変形して

$$x^3 - 27y^3$$
$$= x^3 - (3y)^3$$
$$= \boldsymbol{(x-3y)(x^2 + 3xy + 9y^2)}$$

(4) 左辺を展開すると

$$(a+b+c)(a^2 + b^2 + c^2 - ab - bc - ca)$$
$$= a^3 + ab^2 + ac^2 - a^2 b - abc - ca^2$$
$$\quad + (a^2 b + b^3 + bc^2 - ab^2 - b^2 c - abc)$$
$$\quad + (ca^2 + b^2 c + c^3 - abc - bc^2 - c^2 a)$$
$$= \boldsymbol{a^3 + b^3 + c^3 - 3abc}$$

となる。このことより

$$a^3 - 6ab + 8b^3 + 1$$
$$= a^3 + (2b)^3 + 1^3 - 3 \cdot a \cdot 2b \cdot 1$$

を因数分解すると

$$a^3 - 6ab + 8b^3 + 1$$
$$= (a + 2b + 1)$$
$$\quad \times \{a^2 + (2b)^2 + 1^2$$
$$\qquad - a \cdot 2b - 2b \cdot 1 - 1 \cdot a\}$$
$$= \underline{(a + 2b + 1)}$$
$$\qquad \underline{\times (a^2 + 4b^2 + 1 - 2ab - a - 2b)}$$

となる。

(5) 3 項をそれぞれ展開し，x について
まとめると

(与式)
$$= (x^3 - 3x^2 y + 3xy^2 - y^3)$$
$$\quad + (y^3 - 3y^2 z + 3yz^2 - z^3)$$
$$\quad + (z^3 - 3z^2 x + 3zx^2 - x^3)$$
$$= 3(-x^2 y + xy^2 - y^2 z + yz^2$$
$$\qquad\qquad - z^2 x + zx^2)$$
$$= 3\{(z-y)x^2 + (y^2 - z^2)x$$
$$\qquad\qquad + yz(z - y)\}$$

$z - y$ で括ると

(与式)
$$= 3(z-y)\{x^2 - (y+z)x + yz\}$$
$$= 3(z-y)(x-y)(x-z)$$
$$= \boldsymbol{3(x-y)(y-z)(z-x)}$$

別解

$x - y = a$, $y - z = b$ とおくと，
$a + b = x - z$ であるから

$$(x-y)^3 + (y-z)^3 + (z-x)^3$$
$$= a^3 + b^3 - (a+b)^3$$
$$= -3a^2 b - 3ab^2$$
$$= -3ab(a+b)$$
$$= -3(x-y)(y-z)(x-z)$$
$$= 3(x-y)(y-z)(z-x)$$

別解

公式

$$a^3 + b^3 + c^3 - 3abc$$
$$= (a+b+c)(a^2 + b^2 + c^2 - ab - bc - ca)$$

の利用を考えて，$a = x - y$, $b = y - z$,
$c = z - x$ とおくと

$$a + b + c$$
$$= (x-y) + (y-z) + (z-x)$$
$$= 0$$

より

(右辺)
$$= 0 \times (a^2 + b^2 + c^2 - ab - bc - ca)$$
$$= 0$$

$$\therefore \quad a^3 + b^3 + c^3 - 3abc = 0$$
であり
$$(x-y)^3 + (y-z)^3 + (z-x)^3$$
$$= a^3 + b^3 + c^3$$
$$= 3abc$$
$$= 3(x-y)(y-z)(z-x)$$

1.2 (1) x, y の分母を有理化すると
$$x = \frac{34}{\sqrt{59}-5} = \frac{34(\sqrt{59}+5)}{59-5^2}$$
$$= \sqrt{59}+5$$
$$y = \frac{-34}{\sqrt{59}+5} = \frac{-34(\sqrt{59}-5)}{59-5^2}$$
$$= -\sqrt{59}+5$$
よって
$$x+y$$
$$= (\sqrt{59}+5) + (-\sqrt{59}+5)$$
$$= \underline{\mathbf{10}}$$
また
$$xy = (\sqrt{59}+5)(-\sqrt{59}+5)$$
$$= 5^2 - 59$$
$$= -34$$
したがって
$$x^2 + y^2$$
$$= (x+y)^2 - 2xy$$
$$= 10^2 - 2\cdot(-34)$$
$$= \underline{\mathbf{168}}$$
$$x^3 + y^3$$
$$= (x+y)^3 - 3xy(x+y)$$
$$= 10^3 - 3\cdot(-34)\cdot 10$$
$$= \underline{\mathbf{2020}}$$
$$x^3y + 5x^2y^2 + xy^3$$
$$= xy(x^2 + 5xy + y^2)$$
$$= (-34)\{168 + 5\cdot(-34)\}$$
$$= \underline{\mathbf{68}}$$
である。

(2) $x + \dfrac{1}{x} = 3$ より
$$x^3 + \frac{1}{x^3}$$
$$= \left(x+\frac{1}{x}\right)^3 - 3x\cdot\frac{1}{x}\left(x+\frac{1}{x}\right)$$
$$= 3^3 - 3\cdot 3$$
$$= \underline{\mathbf{18}}$$

1.3 (1) $\dfrac{1}{a} + \dfrac{1}{b} + \dfrac{1}{c} = 1$ の両辺に abc をかけると
$$bc + ca + ab = abc \quad \cdots\cdots ①$$
また
$$(a+b+c)^2$$
$$= a^2 + b^2 + c^2 + 2(bc+ca+ab)$$
$a+b+c=1$, $a^2+b^2+c^2=3$ より
$$1 = 3 + 2(bc+ca+ab)$$
$$\therefore \quad bc+ca+ab = -1$$
①より
$$abc = \underline{\mathbf{-1}}$$
(2) $a^3 + b^3 + c^3 - 3abc$
$$= (a+b+c)(a^2+b^2+c^2-ab-bc-ca)$$
$$= 1\cdot\{3-(-1)\}$$
$$= \underline{\mathbf{4}}$$
(3) $\dfrac{1}{a^2} + \dfrac{1}{b^2} + \dfrac{1}{c^2}$
$$= \frac{b^2c^2 + c^2a^2 + a^2b^2}{a^2b^2c^2} \quad \cdots\cdots ②$$
ここで
$$(bc+ca+ab)^2$$
$$= b^2c^2 + c^2a^2 + a^2b^2 + 2abc(a+b+c)$$
$$(-1)^2$$
$$= b^2c^2 + c^2a^2 + a^2b^2 + 2\cdot(-1)\cdot 1$$
$$1 = b^2c^2 + c^2a^2 + a^2b^2 - 2$$
$$\therefore \quad b^2c^2 + c^2a^2 + a^2b^2 = 3$$
②より
$$\frac{1}{a^2} + \frac{1}{b^2} + \frac{1}{c^2} = \frac{3}{(-1)^2} = \underline{\mathbf{3}}$$

📖 問題

二項定理 ···

☐ **1.4** 次の各問いに答えよ。

(1) $\left(2x^2 + \dfrac{1}{x}\right)^7$ の展開式で x^2 の係数は ☐ である。 （関西大）

(2) $(3x - 2y)^5$ の展開式で，x^2y^3 の項の係数は ☐ である。 （八戸工大）

二項定理の応用 ···

☐ **1.5** 22^{70} の一の位の数を求めよ。 （茨城大）

二項係数の和 ···

☐ **1.6** 一般に ${}_nC_0 + {}_nC_1 x + {}_nC_2 x^2 + \cdots + {}_nC_n x^n$ という和の結果を利用すれば，${}_nC_0 + {}_nC_1 + {}_nC_2 + \cdots + {}_nC_n = $ ☐ であることがわかる。また，前式の各項に交互に正負をつけた次のような場合も簡単になる。

$$ {}_nC_0 - {}_nC_1 + {}_nC_2 - {}_nC_3 + \cdots + (-1)^n {}_nC_n = \boxed{} $$

（武庫川女子大）

☐ **1.7** 次の各問いに答えよ。

(1) ${}_{2n}C_0 + {}_{2n}C_2 + \cdots + {}_{2n}C_{2n} = {}_{2n}C_1 + {}_{2n}C_3 + \cdots + {}_{2n}C_{2n-1}$
を証明せよ。

(2) $\dfrac{{}_{2n}C_0 + {}_{2n}C_2 + \cdots + {}_{2n}C_{2n}}{4^n}$ を求めよ。 （広島大）

📖 チェック・チェック

1.4 二項定理

(1) $(x+y)^n$ の展開式の一般項は
$$ {}_n\mathrm{C}_k x^{n-k}y^k \quad (\text{または } {}_n\mathrm{C}_k x^k y^{n-k})$$
です。本問における一般項は
$$ {}_7\mathrm{C}_k (2x^2)^{7-k} \cdot \left(\frac{1}{x}\right)^k \left(\text{または } {}_7\mathrm{C}_k (2x^2)^k \cdot \left(\frac{1}{x}\right)^{7-k}\right)$$
となります。

(2) こちらの一般項は
$$ {}_5\mathrm{C}_k (3x)^{5-k}(-2y)^k \left(\text{または } {}_5\mathrm{C}_k (3x)^k(-2y)^{5-k}\right)$$
です。

1.5 二項定理の応用

$22^{70} = (20+2)^{70}$ とみて，二項定理を用いましょう。

1.6 二項係数の和

$(1+x)^n$ の展開式において $x = 1$, -1 を代入してみてください。

1.7 偶数番目・奇数番目の二項係数の和

1.6 の後半の等式において n を $2n$ に置き換えてみてください。

解答・解説

1.4 (1) $\left(2x^2 + \dfrac{1}{x}\right)^7$ の一般項は

$$_7\mathrm{C}_k(2x^2)^{7-k} \cdot \left(\frac{1}{x}\right)^k$$
$$= {}_7\mathrm{C}_k \cdot 2^{7-k} \cdot x^{14-3k}$$

x^2 の項が現れるのは

$$14 - 3k = 2$$

より

$$k = 4$$

のときであり，x^2 の係数は

$$_7\mathrm{C}_4 \cdot 2^{7-4}$$
$$= {}_7\mathrm{C}_3 \cdot 2^3$$
$$= \frac{7 \cdot 6 \cdot 5}{3 \cdot 2 \cdot 1} \cdot 8$$
$$= \mathbf{280}$$

(2) $(3x - 2y)^5$ の一般項は

$$_5\mathrm{C}_k \cdot (3x)^{5-k} \cdot (-2y)^k$$
$$= {}_5\mathrm{C}_k \cdot 3^{5-k} \cdot (-2)^k \cdot x^{5-k} \cdot y^k$$

x^2y^3 の項が現れるのは，$k = 3$ のときで，係数は

$$_5\mathrm{C}_3 \cdot 3^{5-3} \cdot (-2)^3$$
$$= {}_5\mathrm{C}_2 \cdot 3^2 \cdot (-2)^3$$
$$= \frac{5 \cdot 4}{2 \cdot 1} \cdot (-72)$$
$$= \mathbf{-720}$$

1.5 二項定理を用いると

$$22^{70}$$
$$= (20 + 2)^{70}$$
$$= {}_{70}\mathrm{C}_0 20^{70} + \cdots + {}_{70}\mathrm{C}_k 20^{70-k} \cdot 2^k$$
$$+ \cdots + {}_{70}\mathrm{C}_{69} 20 \cdot 2^{69} + {}_{70}\mathrm{C}_{70} 2^{70}$$
$$= 20(20^{69} + \cdots + {}_{70}\mathrm{C}_k 20^{69-k} \cdot 2^k$$
$$+ \cdots + {}_{70}\mathrm{C}_{69} 2^{69}) + 2^{70}$$

となるので，22^{70} の一の位の数は 2^{70} の一の位の数に等しい。

ここで，$2^4 = 16 = 15 + 1$ であることから

$$2^{70} = 2^{4 \cdot 17 + 2} = 4 \cdot (2^4)^{17}$$
$$= 4 \cdot (15 + 1)^{17}$$

二項定理を用いると

$$2^{70}$$
$$= 4(15^{17} + \cdots + {}_{17}\mathrm{C}_k 15^{17-k}$$
$$+ \cdots + {}_{17}\mathrm{C}_{16} 15 + 1)$$
$$= 60(15^{16} + \cdots + {}_{17}\mathrm{C}_k 15^{16-k}$$
$$+ \cdots + {}_{17}\mathrm{C}_{16}) + 4$$

よって，2^{70} の一の位の数，すなわち，22^{70} の一の位の数は $\underline{\mathbf{4}}$ である。

別解

10 を法とする合同式を用いると，$22 \equiv 2$ であるから

$$22^{70} \equiv 2^{70}$$

である。ここで

n	1	2	3	4	5	$\cdots$
2^n	2	4	8	16	32	$\cdots$

であり，2^n の一の位の数は，周期 4 で 2，4，8，6 を繰り返す。

$70 = 4 \cdot 17 + 2$ であるから

$$(2^{70}の一の位の数)$$
$$= (2^2の一の位の数)$$
$$= 4$$

したがって，22^{70} の一の位の数は 4 である。

1.6 二項定理より

$$_n\mathrm{C}_0 + {}_n\mathrm{C}_1 x + {}_n\mathrm{C}_2 x^2$$
$$+ \cdots + {}_n\mathrm{C}_n x^n$$
$$= (1 + x)^n \quad \cdots\cdots ①$$

が成り立つ。$x = 1$ を代入して

$$_n\mathrm{C}_0 + {}_n\mathrm{C}_1 + {}_n\mathrm{C}_2 + \cdots + {}_n\mathrm{C}_n$$
$$= (1 + 1)^n$$
$$= \mathbf{2^n}$$

また，①において，$x = -1$ を代入する

と

$$_nC_0 - {}_nC_1 + {}_nC_2 - {}_nC_3$$
$$+ \cdots + (-1)^n {}_nC_n$$
$$= (1-1)^n$$
$$= \underline{\mathbf{0}}$$

1.7 (1) 二項定理より
$$(1+x)^{2n}$$
$$= {}_{2n}C_0 + {}_{2n}C_1 x + {}_{2n}C_2 x^2$$
$$+ \cdots + {}_{2n}C_{2n} x^{2n} \quad \cdots\cdots ①$$
であり，$x = -1$ を代入して
$$_{2n}C_0 - {}_{2n}C_1 + {}_{2n}C_2 - {}_{2n}C_3$$
$$+ \cdots - {}_{2n}C_{2n-1} + {}_{2n}C_{2n}$$
$$= 0 \quad \cdots\cdots ②$$
よって
$$_{2n}C_0 + {}_{2n}C_2 + \cdots + {}_{2n}C_{2n}$$
$$= {}_{2n}C_1 + {}_{2n}C_3 + \cdots + {}_{2n}C_{2n-1}$$
（証明終）

(2) ①において，$x = 1$ を代入して
$$_{2n}C_0 + {}_{2n}C_1 + {}_{2n}C_2 + \cdots + {}_{2n}C_{2n}$$
$$= 2^{2n}$$
$$= 4^n \quad \cdots\cdots ③$$
② ＋ ③ より
$$2({}_{2n}C_0 + {}_{2n}C_2 + {}_{2n}C_4$$
$$+ \cdots + {}_{2n}C_{2n})$$
$$= 4^n$$
よって
$$_{2n}C_0 + {}_{2n}C_2 + {}_{2n}C_4 + \cdots + {}_{2n}C_{2n}$$
$$= \frac{4^n}{2}$$
したがって
$$\frac{{}_{2n}C_0 + {}_{2n}C_2 + \cdots + {}_{2n}C_{2n}}{4^n}$$
$$= \frac{1}{4^n} \cdot \frac{4^n}{2}$$
$$= \underline{\frac{\mathbf{1}}{\mathbf{2}}}$$

📖 問題

多項定理 ....

☐ **1.8** 次の各問いに答えよ。

(1) $(2x - y - 3z)^6$ を展開して整理すると，項の数は全部で $\boxed{}$，xy^3z^2 の係数は $\boxed{}$ である。 （立教大）

(2) $(x^2 - 2x + 3)^5$ の展開式における x^3 の係数は $\boxed{}$ である。

（名城大　改）

(3) $(4a + 3b + 2c + d)^4$ を展開したときの $abcd$ の係数を求めよ。 （山梨大）

恒等式 ....

☐ **1.9** $\left(x + \boxed{}\right)\left(x - \boxed{}\right)(x^2 - x + 1)$

$= x^4 - \boxed{}x^3 - 4x^2 + \boxed{}x - 6$

が成り立つ。ただし，空欄は自然数とする。 （近畿大）

☐ **1.10** $x^3 - 4x^2 + 9x - 10 = (x-1)^3 + a(x-2)^2 + b(x-3) + c$ が x についての恒等式であるとき，定数 $a,\ b,\ c$ の和 $a + b + c$ の値を求めよ。 （防衛医大）

チェック・チェック

基本 check！

多項定理

$(x + y + z)^n$ の展開式は，項の形が

$$\frac{n!}{p!q!r!} \, x^p y^q z^r$$

であり，$p + q + r = n$，$p \geqq 0$，$q \geqq 0$，$r \geqq 0$ をみたすすべての組 (p, q, r) についての和である。

また，$(x + y + z + \cdots)^n$ の展開式における一般項は

$$\frac{n!}{p!q!r!\cdots} x^p y^q z^r \cdots \quad (p + q + r + \cdots = n, \ p \geqq 0, \ q \geqq 0, \ r \geqq 0, \ \cdots)$$

である。

恒等式

どのような x の値に対しても成り立つ等式を x についての **恒等式** という。恒等式において，未知の係数を定めるには

(1) 係数比較　　　(2) 数値代入

の 2 つの方法がある。数値代入により得られた値は必要条件であり，十分性の確認が必要である。n 次の多項式 $f(x)$，$g(x)$ において 異なる $n + 1$ 個 の値で $f(x) = g(x)$ が成立することが確かめられれば，この等式は恒等式である。

1.8　多項定理

(1) 一般項は

$$\frac{6!}{p!\,q!\,r!} \cdot (2x)^p \cdot (-y)^q \cdot (-3z)^r \quad (p + q + r = 6, \ p, \ q, \ r \text{ は 0 以上の整数})$$

(2) 一般項は

$$\frac{5!}{p!\,q!\,r!} \cdot (x^2)^p \cdot (-2x)^q \cdot 3^r \quad (p + q + r = 5, \ p, \ q, \ r \text{ は 0 以上の整数})$$

(3) 一般項は

$$\frac{4!}{p!q!r!s!} \cdot (4a)^p \cdot (3b)^q \cdot (2c)^r \cdot d^s$$

$$(p + q + r + s = 4, \ p, \ q, \ r, \ s \text{ は 0 以上の整数})$$

1.9　係数比較

左辺を展開し，右辺の式と係数を比較しましょう。

1.10　数値代入

数値代入の方法がよいでしょう。代入する数値は右辺の計算がラクなものを選びます。3 次の等式に対し，異なる 3 つの値を代入すれば，a, b, c の値は決まります。この結果は必要条件です。十分性を確認しましょう。

解答・解説

1.8 (1) $(2x - y - 3z)^6$ の展開は，$2x$，$-y$，$-3z$ の **3** 種類の項から重複を許して **6** つの項を取り出したときの積の総和なので，項数は

$$_3\mathrm{H}_6 = {}_{3+6-1}\mathrm{C}_6 = {}_8\mathrm{C}_2$$
$$= \frac{8 \cdot 7}{2 \cdot 1}$$
$$= \mathbf{28}$$

xy^3z^2 の係数は，多項定理より

$$\frac{6!}{1!\,3!\,2!} \cdot 2 \cdot (-1)^3 \cdot (-3)^2$$
$$= 60 \cdot (-18)$$
$$= \mathbf{-1080}$$

(2) $(x^2 - 2x + 3)^5$ を展開したときの一般項は，多項定理より

$$\frac{5!}{p!q!r!} \cdot (x^2)^p \cdot (-2x)^q \cdot 3^r$$
$$= \frac{5!}{p!q!r!} \cdot (-2)^q \cdot 3^r \cdot x^{2p+q}$$
$$\cdots\cdots ①$$

x^3 の項が現れるのは

$$\begin{cases} 2p + q = 3 \\ p + q + r = 5 \\ p, q, r \text{ は } 0 \text{ 以上の整数} \end{cases}$$

より

$$(p, q, r) = (0, 3, 2), (1, 1, 3)$$

のときである。したがって，x^3 の係数は①より

$$\frac{5!}{0!3!2!} \cdot (-2)^3 \cdot 3^2$$
$$+ \frac{5!}{1!1!3!} \cdot (-2)^1 \cdot 3^3$$
$$= -720 - 1080$$
$$= \mathbf{-1800}$$

(3) $(4a + 3b + 2c + d)^4$ を展開したとき，項 $abcd$ が現れるのは

$$(\quad)^4 = (\quad)(\quad)(\quad)(\quad)$$

としたとき，$4a$, $3b$, $2c$, d それぞれが

どの因数から取られるかで

$$4! = 24 \text{ 通り}$$

あり，その取り方 1 つに対する積は

$$4a \cdot 3b \cdot 2c \cdot d = 24abcd$$

であるから，$abcd$ の係数は

$$24 \cdot 24 = \mathbf{576}$$

である。

別解

$(4a + 3b + 2c + d)^4$ の一般項は，多項定理より

$$\frac{4!}{p!q!r!s!}(4a)^p(3b)^q(2c)^r d^s$$
$$(p + q + r + s = 4,\ p \geqq 0,$$
$$q \geqq 0,\ r \geqq 0,\ s \geqq 0)$$

であるから，項 $abcd$ は

$$\frac{4!}{1!1!1!1!}(4a)^1(3b)^1(2c)^1 d^1$$
$$= 4! \cdot 4 \cdot 3 \cdot 2 \cdot 1 \cdot abcd$$
$$= 24 \cdot 24abcd$$
$$= 576abcd$$

となる。

よって，求める係数は 576 である。

1.9 与式を

$$(x + a)(x - b)(x^2 - x + 1)$$
$$= x^4 - cx^3 - 4x^2 + dx - 6$$

とおく。左辺を展開すると

$$\{x^2 + (a - b)x - ab\}(x^2 - x + 1)$$
$$= x^4 + (a - b - 1)x^3$$
$$+ (b - a - ab + 1)x^2$$
$$+ (ab + a - b)x - ab$$

左辺と同じ次数の項の係数を比較すると

$$\begin{cases} a - b - 1 = -c & \cdots\cdots ① \\ b - a - ab + 1 = -4 & \cdots\cdots ② \\ ab + a - b = d & \cdots\cdots ③ \\ -ab = -6 & \cdots\cdots ④ \end{cases}$$

④, ②より
$$ab = 6 \text{ かつ } b - a = 1$$
$b = a + 1$ となるから
$$a(a + 1) = 6$$
$$a^2 + a - 6 = 0$$
$$\therefore \quad (a + 3)(a - 2) = 0$$
a は自然数より
$$a = 2 \qquad \therefore \quad b = 3$$
①, ③に代入して
$$c = 2, \ d = 5$$
$a, \ b, \ c, \ d$ が自然数であることをみたすから

$$(x + \underline{\mathbf{2}})(x - \underline{\mathbf{3}})(x^2 - x + 1)$$
$$= x^4 - \underline{\mathbf{2}}x^3 - 4x^2 + \underline{\mathbf{5}}x - 6$$

1.10 $x^3 - 4x^2 + 9x - 10$
$$= (x - 1)^3 + a(x - 2)^2$$
$$+ b(x - 3) + c \quad \cdots\cdots ①$$
に $x = 1, \ 2, \ 3$ を代入 すると
$$\begin{cases} 1 - 4 + 9 - 10 = a - 2b + c \\ 8 - 16 + 18 - 10 = 1 - b + c \\ 27 - 36 + 27 - 10 = 8 + a + c \end{cases}$$
すなわち
$$\begin{cases} a - 2b + c = -4 \\ -b + c = -1 \\ a + c = 0 \end{cases}$$
$$\therefore \quad a = -1, \ b = 2, \ c = 1 \ (必要)$$
①の右辺にこれらを代入し展開すると
$$(x - 1)^3 - (x - 2)^2$$
$$+ 2(x - 3) + 1$$
$$= (x^3 - 3x^2 + 3x - 1)$$
$$- (x^2 - 4x + 4)$$
$$+ (2x - 6) + 1$$
より，左辺と一致する（十分）。
したがって
$$\underline{\boldsymbol{a + b + c = 2}}$$

別解
係数比較で解く。
$$(右辺)$$
$$= (x^3 - 3x^2 + 3x - 1)$$
$$+ a(x^2 - 4x + 4)$$
$$+ b(x - 3) + c$$
$$= x^3 + (a - 3)x^2$$
$$+ (-4a + b + 3)x$$
$$+ 4a - 3b + c - 1$$
両辺の係数を比較すると
$$\begin{cases} -4 = a - 3 \\ 9 = -4a + b + 3 \\ -10 = 4a - 3b + c - 1 \end{cases}$$
$$\therefore \quad a = -1, \ b = 2, \ c = 1$$
したがって
$$a + b + c = 2$$

📖 問題

部分分数分解 ···

☐ **1.11** 次の左右両辺が等しくなるような A, B を求めよ。

$$\frac{1}{x^2 - 5x + 6} = \frac{A}{x - 3} + \frac{B}{x - 2}$$

（広島電機大）

☐ **1.12** 次の等式が x についての恒等式となるように，a, b, c の値を定めよ。

$$\frac{x^3 + 6x - 15}{(x - 1)(x - 2)(x + 3)} = 1 + \frac{a}{x - 1} + \frac{b}{x - 2} + \frac{c}{x + 3}$$

（松山大）

☐ **1.13** 等式 $\dfrac{2x^2 + 18x + 1}{(x - 1)^2(x + 2)} = \dfrac{a}{(x - 1)^2} + \dfrac{b}{x - 1} - \dfrac{c}{x + 2}$ が x について

の恒等式であるとき，定数 a, b, c の値は $a = \boxed{}$，$b = \boxed{}$，$c = \boxed{}$

である。

（金沢工大）

比例式 ···

☐ **1.14** $\dfrac{x + y}{3} = \dfrac{y + z}{4} = \dfrac{z + x}{5} \neq 0$ のとき，x, y, z を最も簡単な整数比

で表すと $x : y : z = \boxed{}$ である。

（日本工大）

☐ **1.15** 実数 a, b, c は $\dfrac{a}{b} : \dfrac{b}{c} : \dfrac{c}{a} = 1 : 4 : 2$ をみたしている。

(1) $a : b : c$ を求めよ。

(2) $\dfrac{a^2}{b + c} + \dfrac{b^2}{c + a} + \dfrac{c^2}{a + b} = 1$ が成り立つとき，a, b, c の値を求めよ。

（北海学園大）

チェック・チェック

基本 check！

部分分数分解

多項式 $A(x)$，$B(x)$ による分数式 $\dfrac{A(x)}{B(x)}$ について

(I) $(A(x)$ の次数$) \geqq (B(x)$ の次数$)$ のとき，割り算を実行すると

$$\frac{A(x)}{B(x)} = (多項式) + \frac{C(x)}{B(x)} \quad ((C(x) \text{ の次数}) < (B(x) \text{ の次数}))$$

と変形できる。

(II) $(A(x)$ の次数$) < (B(x)$ の次数$)$のとき，たとえば，$B(x) = (x+1)^2(x^2+1)^2$，$(A(x)$ の次数$) < 6$ のとき，定数 a，b，$\cdots$，f を用いて

$$\frac{A(x)}{(x+1)^2(x^2+1)^2} = \frac{a}{x+1} + \frac{b}{(x+1)^2} + \frac{cx+d}{x^2+1} + \frac{ex+f}{(x^2+1)^2}$$

と部分分数分解することができる。

比例式

$$a:b = c:d \iff \frac{a}{b} = \frac{c}{d} \iff ad = bc \ (\text{外項の積} = \text{内項の積})$$

が成り立つ。

1.11 (分母の次数) > (分子の次数) の分数式

両辺に $(x-2)(x-3)$ をかけて分母をはらい，係数比較するか，数値代入するかのどちらかです。

1.12 分母・分子が同次の分数式

分母をはらって数値代入をしてみましょう。

1.13 分母に 2 乗の因数を含む分数式

(分子の次数) < (分母の次数) ということから

$$\frac{(2 \text{ 次以下の多項式})}{(x-1)^2(x+2)} = \frac{px+q}{(x-1)^2} + \frac{r}{x-1} + \frac{s}{x+2} \text{ とおいてもよいのですが，}$$

$$\frac{px+q}{(x-1)^2} + \frac{r}{x-1} = \frac{p(x-1)+q+p}{(x-1)^2} + \frac{r}{x-1} = \frac{q+p}{(x-1)^2} + \frac{p+r}{x-1} \text{ となり}$$

$$\frac{(2 \text{ 次以下の多項式})}{(x-1)^2(x+2)} = \frac{a}{(x-1)^2} + \frac{b}{x-1} - \frac{c}{x+2} \text{ とおくことができます。}$$

1.14 比例式を k を用いて表し，辺々を加える

各式を k $(k \neq 0)$ とおき，3 式の辺々を加えましょう。

1.15 比例式を k を用いて表し，辺々かける

$\dfrac{a}{b} = k$，$\dfrac{b}{c} = 4k$，$\dfrac{c}{a} = 2k$ $(k \neq 0)$ とおき，3 式の辺々をかけましょう。

解答・解説

1.11 右辺を通分して計算すると

$$\frac{A(x-2)+B(x-3)}{(x-3)(x-2)}$$

$$=\frac{(A+B)x-2A-3B}{x^2-5x+6}$$

左辺と右辺の分子を比較すると

$$1=(A+B)x-2A-3B$$

であり，係数を比較して

$$\begin{cases} A+B=0 \\ -2A-3B=1 \end{cases}$$

$$\therefore \quad \boldsymbol{A=1, \ B=-1}$$

別解

両辺に $(x-2)(x-3)$ をかけると

$$1=A(x-2)+B(x-3)$$
$$\cdots\cdots ①$$

$x=2, 3$ を代入すると

$$\begin{cases} 1=-B \\ 1=A \end{cases}$$

$$\therefore \quad A=1, \ B=-1$$

①の右辺にこれらを代入すると確かに左辺と一致する。

【補足】

1 次の等式に異なる 2 つの値を代入して得られた結果であり，①は恒等式である。

1.12 両辺に $(x-1)(x-2)(x+3)$ をかけると

$$x^3+6x-15$$
$$=(x-1)(x-2)(x+3)$$
$$+a(x-2)(x+3)$$
$$+b(x-1)(x+3)$$
$$+c(x-1)(x-2)$$
$$\cdots\cdots ①$$

$x=1, 2, -3$ を代入して

$$\begin{cases} 1+6-15=-4a \\ 8+12-15=5b \\ -27-18-15=20c \end{cases}$$

$$\therefore \quad a=2, \ b=1, \ c=-3 \ (必要)$$

①の右辺にこれらを代入し展開すると左辺と一致する。（十分）

よって

$$\boldsymbol{a=2, \ b=1, \ c=-3}$$

1.13 右辺を通分すると

$$\frac{a}{(x-1)^2}+\frac{b}{x-1}-\frac{c}{x+2}$$

$$=\frac{a(x+2)+b(x-1)(x+2)-c(x-1)^2}{(x-1)^2(x+2)}$$

$$=\frac{(b-c)x^2+(a+b+2c)x+2a-2b-c}{(x-1)^2(x+2)}$$

となる。左辺と右辺の分子は等しいから

$$2x^2+18x+1$$
$$=(b-c)x^2+(a+b+2c)x+2a-2b-c$$

であり，与式が x の恒等式であるとき

$$\begin{cases} b-c=2 \\ a+b+2c=18 \\ 2a-2b-c=1 \end{cases}$$

すなわち

$$\begin{cases} b=c+2 \\ a=18-(c+2)-2c \\ 2(16-3c)-2(c+2)-c=1 \end{cases}$$

第 3 式より

$$-9c+28=1$$

$$\therefore \quad c=3$$

が得られ

$$\underline{\boldsymbol{a=7}}, \ \underline{\boldsymbol{b=5}}, \ \underline{\boldsymbol{c=3}}$$

である。

別解

与式の両辺に $(x-1)^2(x+2)$ をかけると

$$2x^2 + 18x + 1$$
$$= a(x+2) + b(x-1)(x+2) - c(x-1)^2$$
$$\cdots\cdots ①$$

を得る。$x = 0,\ 1,\ -2$ を代入すると

$$\begin{cases} 2a - 2b - c = 1 \\ 3a = 21 \\ -9c = -27 \end{cases}$$

$$\therefore\quad a = 7,\ c = 3,\ b = 5$$

①の右辺にこれらを代入し，展開すると左辺と一致する。よって

$$a = 7,\ b = 5,\ c = 3$$

【補足】

2 次の等式 ① は，異なる 3 つの値に対して成り立つから，x についての恒等式である。

1.14 $\dfrac{x+y}{3} = \dfrac{y+z}{4} = \dfrac{z+x}{5} = k$

$(k \neq 0)$ とおくと

$$\begin{cases} x + y = 3k & \cdots\cdots① \\ y + z = 4k & \cdots\cdots② \\ z + x = 5k & \cdots\cdots③ \end{cases}$$

①，②，③の辺々を加えて

$$2(x+y+z) = 12k$$
$$\therefore\quad x + y + z = 6k \quad \cdots\cdots④$$

②，④より

$$x = 2k$$

③，④より

$$y = k$$

①，④より

$$z = 3k$$

$k \neq 0$ より

$$\underline{x : y : z = 2 : 1 : 3}$$

1.15 (1) 条件より

$$\frac{a}{b} = k,\ \frac{b}{c} = 4k,$$
$$\frac{c}{a} = 2k \quad (k \neq 0)$$

とおける。3 式の辺々をかけて

$$\frac{a}{b} \cdot \frac{b}{c} \cdot \frac{c}{a} = k \cdot 4k \cdot 2k$$
$$\therefore\quad 8k^3 = 1$$

$8k^3 - 1 = 0$ であるから，左辺を因数分解すると

$$(2k-1)(4k^2 + 2k + 1) = 0$$

ここで，k は実数より

$$4k^2 + 2k + 1$$
$$= 4\left(k + \frac{1}{4}\right)^2 + \frac{3}{4} > 0$$

であるから

$$2k - 1 = 0$$
$$\therefore\quad k = \frac{1}{2}$$

よって，$\dfrac{a}{b} = \dfrac{1}{2}$，$\dfrac{b}{c} = 2$，$\dfrac{c}{a} = 1$ となるから

$$b = 2a,\ c = a \quad (a \neq 0)$$
$$\cdots\cdots①$$

したがって

$$\underline{a : b : c} = a : 2a : a$$
$$= \underline{1 : 2 : 1}$$

(2) 条件式の左辺に①を代入すると

$$\frac{a^2}{b+c} + \frac{b^2}{c+a} + \frac{c^2}{a+b}$$
$$= \frac{a^2}{2a+a} + \frac{(2a)^2}{a+a} + \frac{a^2}{a+2a}$$
$$= \frac{a}{3} + 2a + \frac{a}{3}$$
$$= \frac{8}{3}a$$

$\dfrac{a^2}{b+c} + \dfrac{b^2}{c+a} + \dfrac{c^2}{a+b} = 1$ なので

$$\frac{8}{3}a = 1$$
$$\therefore\quad \underline{a = \frac{3}{8},\ b = \frac{3}{4},\ c = \frac{3}{8}}$$

📖 問題

等式の証明 ....

1.16 $a + b + c \neq 0$, $abc \neq 0$ をみたす実数 a, b, c が

(A) $\dfrac{1}{a} + \dfrac{1}{b} + \dfrac{1}{c} = \dfrac{1}{a + b + c}$

をみたしている。このとき，任意の奇数 n に対し

(B) $\dfrac{1}{a^n} + \dfrac{1}{b^n} + \dfrac{1}{c^n} = \dfrac{1}{(a + b + c)^n}$

が成立することを示せ。 (早大)

1.17 実数 α, β, γ が $\alpha + \beta + \gamma = 3$ を満たしているとし，

$p = \beta\gamma + \gamma\alpha + \alpha\beta$, $q = \alpha\beta\gamma$

とおく。

(1) $p = q + 2$ のとき，α, β, γ の少なくとも 1 つは 1 であることを示せ。

(2) $p = 3$ のとき，α, β, γ はすべて 1 であることを示せ。 (大阪市立大)

チェック・チェック

基本 check !

等式の証明

等式 $A = B$ の証明では

(i) $A = \cdots = B$ のように変形する

(ii) $A - B = 0$ を示す

(iii) $A = C$ かつ $B = C$ を示す

といった方針が考えられる。

1.16 等式の証明

まずは等式 (A) を整理して使いやすい形に直しましょう。

等式 (B) の証明は，等式 (A) の条件を使って

$$((B) \text{ の左辺}) = \cdots\cdots = C, \quad ((B) \text{ の右辺}) = \cdots\cdots = C$$

を示しましょう。

1.17 少なくとも 1 つは 1 である，すべて 1 である

(1) α, β, γ の少なくとも 1 つは 1 であるということは

「 $\alpha = 1$ または $\beta = 1$ または $\gamma = 1$ 」

すなわち

「 $\alpha - 1 = 0$ または $\beta - 1 = 0$ または $\gamma - 1 = 0$ 」

が成り立つということであり，これは

$$(\alpha - 1)(\beta - 1)(\gamma - 1) = 0$$

と同値です。

(2) α, β, γ はすべて 1 であるということは

「 $\alpha = 1$ かつ $\beta = 1$ かつ $\gamma = 1$ 」

すなわち

「 $\alpha - 1 = 0$ かつ $\beta - 1 = 0$ かつ $\gamma - 1 = 0$ 」

が成り立つということであり，α, β, γ は実数ですから

$$(\alpha - 1)^2 + (\beta - 1)^2 + (\gamma - 1)^2 = 0$$

と同値です。

📖 解答・解説

1.16 等式 (A) を変形する。

左辺を通分して整理すると，(A) は

$$\frac{bc + ca + ab}{abc} = \frac{1}{a + b + c}$$

ここで，$a + b + c \neq 0$，$abc \neq 0$ より，分母を払うと

$$(ab + bc + ca)(a + b + c) = abc$$

a について整理して

$$\{(b+c)a + bc\}\{a + (b+c)\}$$
$$= bca$$

$$(b+c)a^2 + (b+c)^2 a$$
$$+ bca + bc(b+c) = bca$$

$$(b+c)a^2 + (b+c)^2 a + bc(b+c) = 0$$

$$(b+c)\{a^2 + (b+c)a + bc\} = 0$$

$$\therefore \quad (b+c)(a+b)(a+c) = 0$$

したがって

$$a + b = 0$$

または

$$b + c = 0$$

または

$$c + a = 0$$

である。

$a + b = 0$ のとき，$b = -a$ であり，n は奇数であるから

$$((\text{B}) \text{ の左辺})$$
$$= \frac{1}{a^n} + \frac{1}{(-a)^n} + \frac{1}{c^n}$$
$$= \frac{1}{a^n} - \frac{1}{a^n} + \frac{1}{c^n}$$
$$= \frac{1}{c^n}$$

$$((\text{B}) \text{ の右辺})$$
$$= \frac{1}{(a - a + c)^n}$$
$$= \frac{1}{c^n}$$

したがって，等式 (B) は成立する。

$b + c = 0$，$c + a = 0$ のときも同様にして等式 (B) が成立する。

よって，題意は示された。

（証明終）

【補足】

$b + c = 0$ のとき

$$((\text{B}) \text{ の左辺}) = ((\text{B}) \text{ の右辺}) = \frac{1}{a^n}$$

$c + a = 0$ のとき

$$((\text{B}) \text{ の左辺}) = ((\text{B}) \text{ の右辺}) = \frac{1}{b^n}$$

となる。

1.17
$$\alpha + \beta + \gamma = 3 \qquad \cdots\cdots ①$$
$$p = \beta\gamma + \gamma\alpha + \alpha\beta \qquad \cdots\cdots ②$$
$$q = \alpha\beta\gamma \qquad \cdots\cdots ③$$

(1) $\quad p = q + 2 \qquad \cdots\cdots ④$

のとき

$$(\alpha - 1)(\beta - 1)(\gamma - 1) = 0$$

が成り立つことを示せばよい。

$$(\alpha - 1)(\beta - 1)(\gamma - 1)$$
$$= \alpha\beta\gamma - (\alpha\beta + \beta\gamma + \gamma\alpha)$$
$$+ (\alpha + \beta + \gamma) - 1$$
$$= q - p + 3 - 1 \quad (①, ②, ③ \text{ より})$$
$$= q - p + 2$$
$$= q - (q + 2) + 2 \quad (④ \text{ より})$$
$$= 0$$

したがって

$$\alpha - 1 = 0$$

または

$$\beta - 1 = 0$$

または

$$\gamma - 1 = 0$$

すなわち，α，β，γ の少なくとも 1 つは 1 である。 （証明終）

(2) $\quad p = 3 \qquad \cdots\cdots ⑤$

のとき，α，β，γ は実数なので

$$(\alpha - 1)^2 + (\beta - 1)^2$$
$$+ (\gamma - 1)^2 = 0$$

を示せばよい。

$$(\alpha - 1)^2 + (\beta - 1)^2 + (\gamma - 1)^2$$
$$= (\alpha^2 - 2\alpha + 1) + (\beta^2 - 2\beta + 1)$$
$$+ (\gamma^2 - 2\gamma + 1)$$
$$= \alpha^2 + \beta^2 + \gamma^2 - 2(\alpha + \beta + \gamma) + 3$$
$$= (\alpha + \beta + \gamma)^2 - 2(\alpha\beta + \beta\gamma + \gamma\alpha)$$
$$- 2(\alpha + \beta + \gamma) + 3$$
$$= 3^2 - 2 \cdot 3 - 2 \cdot 3 + 3$$
$$(①, ②, ⑤ より)$$
$$= 0$$

$\alpha,\ \beta,\ \gamma$ は実数だから

$$\alpha - 1 = 0$$

かつ

$$\beta - 1 = 0$$

かつ

$$\gamma - 1 = 0$$

すなわち，$\alpha,\ \beta,\ \gamma$ はすべて 1 である。

(証明終)

📖 問題

不等式の証明 ··

□ **1.18** a, b, c を実数とするとき，次の不等式を証明せよ。また，等号が成り立つのはどのような場合か。

(1) $a^2 + b^2 + c^2 \geqq ab + bc + ca$

(2) $a^4 + b^4 + c^4 \geqq abc(a + b + c)$ （東北学院大）

□ **1.19** x, y, z を 0 ではない実数とする。 $x + y + z = 0$ のとき，次の設問に答えなさい。

(1) 不等式 $xy + yz + zx < 0$ が成り立つことを証明しなさい。

(2) $(x + y)(y + z)(z + x) < 0$ ならば，不等式 $xyz > 0$ が成り立つことを証明しなさい。 （岩手県立大）

□ **1.20** a, b, c, x, y, z を実数とする。

(1) $(a^2 + b^2 + c^2)(x^2 + y^2 + z^2) \geqq (ax + by + cz)^2$ が成り立つことを示せ。

(2) $x + y + z = 1$ のとき，$x^2 + y^2 + z^2$ の最小値を求めよ。 （福岡教育大）

□ **1.21** 次の問いに答えよ。

(1) $p > 0$, $q > 0$, $p + q = 1$ のとき，関数 $f(x) = x^2$ について次の不等式が成り立つことを示せ。

$$f(px_1 + qx_2) \leqq pf(x_1) + qf(x_2)$$

(2) $a > 0$, $b > 0$, $a + b = 1$ のとき，(1) を用いて次の不等式が成り立つことを示せ。

$$\left(a + \frac{1}{a}\right)^2 + \left(b + \frac{1}{b}\right)^2 \geqq \frac{25}{2}$$

（早大）

チェック・チェック

基本 check！

不等式の証明

$A \geqq B$ を示すには $A - B \geqq 0$ を示せばよい。

$$A - B = \cdots = (実数)^2 \geqq 0$$
$$A - B = \cdots = (実数)^2 + \cdots + (実数)^2 \geqq 0$$

などと変形することが多い。

条件式（等式）が与えられたときは，文字の消去を考えてみるとよい。

1.18 (左辺) $-$ (右辺)

(1) 下の等式の変形は覚えておくべきでしょう。

$$a^2 + b^2 + c^2 - ab - bc - ca$$
$$= \frac{1}{2}\{(a - b)^2 + (b - c)^2 + (c - a)^2\}$$

もちろん，(左辺) $-$ (右辺) $\geqq 0$ を目指して，平方完成していく方法もあります。

(2) (1) の利用を考えましょう。

1.19 条件付き不等式

(1) $x + y + z$，$xy + yz + zx$ が現れる等式，すなわち $(x + y + z)^2$ の展開式を考えましょう。

(2) 条件式より $x + y = -z$ といった変形が可能です。

1.20 コーシー・シュワルツの不等式

（平方和の積）と（積の和の平方）についての不等式 として，この不等式は覚えておきましょう。等号が成立するための条件も大切です。

(2) は (1) を利用します。

1.21 凸関数による不等式（イェンゼンの不等式）

(1) (右辺) $-$ (左辺) を $p + q = 1$ を用いながら整理してみましょう。

(2) 左辺を (1) が使えるように変形しましょう。

解答・解説

1.18 (1) (左辺) − (右辺) $\geqq 0$ を示す。
$$a^2 + b^2 + c^2 - ab - bc - ca$$
$$= \frac{1}{2}(2a^2 + 2b^2 + 2c^2$$
$$\qquad\qquad -2ab - 2bc - 2ca)$$
$$= \frac{1}{2}\{(a^2 - 2ab + b^2)$$
$$\qquad +(b^2 - 2bc + c^2)$$
$$\qquad\qquad +(c^2 - 2ca + a^2)\}$$
$$= \frac{1}{2}\{(a-b)^2 + (b-c)^2 + (c-a)^2\}$$
$$\geqq 0$$
等号成立は $a = b = c$ のときである。
（証明終）

別解

a について整理すると
$$(左辺) - (右辺)$$
$$= a^2 - (b+c)a + b^2 + c^2 - bc$$
$$= \left(a - \frac{b+c}{2}\right)^2 + \frac{3}{4}b^2 + \frac{3}{4}c^2 - \frac{3}{2}bc$$
$$= \left(a - \frac{b+c}{2}\right)^2 + \frac{3}{4}(b-c)^2$$
$$\geqq 0$$
等号成立は
$$a = \frac{b+c}{2} \ \text{かつ} \ b = c$$
すなわち
$$a = b = c$$
のときである。

(2) (1) の不等式を利用すると
$$a^4 + b^4 + c^4$$
$$\geqq a^2b^2 + b^2c^2 + c^2a^2 \quad ((1) \text{ より})$$
$$= (ab)^2 + (bc)^2 + (ca)^2$$
$$\geqq (ab)\cdot(bc) + (bc)\cdot(ca) + (ca)\cdot(ab)$$
$$\qquad\qquad ((1) \text{ より})$$
$$= abc(a + b + c)$$
等号成立は
$$a^2 = b^2 = c^2 \ \text{かつ} \ ab = bc = ca$$

すなわち
$$a = b = c$$
のときである。　　　　　（証明終）

1.19 (1) 等式
$$(x + y + z)^2$$
$$= x^2 + y^2 + z^2 + 2(xy + yz + zx)$$
$$\qquad\qquad\qquad \cdots\cdots ①$$
を用いる。$x + y + z = 0$ を ① に代入
すると
$$0 = x^2 + y^2 + z^2 + 2(xy + yz + zx)$$
ゆえに
$$xy + yz + zx$$
$$= -\frac{1}{2}(x^2 + y^2 + z^2)$$
$$\leqq 0$$
ここで，x, y, z は 0 でない実数なので
$$x^2 + y^2 + z^2 \neq 0$$
であり，上の不等式において等号は成り
立たない。したがって
$$xy + yz + zx < 0$$
が成り立つ。　　　　　　（証明終）

(2) $x + y + z = 0$ であるから
$$(x + y)(y + z)(z + x)$$
$$= (-z)(-x)(-y)$$
$$= -xyz$$
したがって
$$(x + y)(y + z)(z + x) < 0$$
ならば
$$-xyz < 0 \qquad \therefore \quad xyz > 0$$
が成り立つ。　　　　　　（証明終）

1.20 (1) (左辺) − (右辺) を整理する。
$$(a^2 + b^2 + c^2)(x^2 + y^2 + z^2)$$
$$\qquad\qquad -(ax + by + cz)^2$$
$$= a^2x^2 + a^2y^2 + a^2z^2$$
$$\quad +b^2x^2 + b^2y^2 + b^2z^2$$
$$\quad +c^2x^2 + c^2y^2 + c^2z^2$$

$$-(a^2x^2 + b^2y^2 + c^2z^2$$
$$+2abxy + 2bcyz + 2cazx)$$
$$= a^2y^2 + a^2z^2 + b^2x^2 + b^2z^2$$
$$+c^2x^2 + c^2y^2$$
$$-(2abxy + 2bcyz + 2cazx)$$
$$= (a^2y^2 - 2abxy + b^2x^2)$$
$$+(b^2z^2 - 2bcyz + c^2y^2)$$
$$+(c^2x^2 - 2cazx + a^2z^2)$$
$$= (ay - bx)^2 + (bz - cy)^2 + (cx - az)^2$$

ここで，a，b，c，x，y，z はすべて実数より

$$(ay - bx)^2 \geqq 0$$

かつ

$$(bz - cy)^2 \geqq 0$$

かつ

$$(cx - az)^2 \geqq 0$$

であり

$$(ay - bx)^2 + (bz - cy)^2 + (cx - az)^2$$
$$\geqq 0 \quad \cdots\cdots ①$$

すなわち

$$(a^2 + b^2 + c^2)(x^2 + y^2 + z^2)$$
$$\geqq (ax + by + cz)^2$$

が成り立つ。

等号が成り立つのは，①より

$$(ay - bx)^2 = 0$$

かつ

$$(bz - cy)^2 = 0$$

かつ

$$(cx - az)^2 = 0$$

すなわち

$$ay - bx = 0$$

かつ

$$bz - cy = 0$$

かつ

$$cx - az = 0$$

である。ここで

$$ay - bx = 0$$

と

$$a : b = x : y$$
または
$$a = b = 0$$
または
$$x = y = 0$$

は同値である。他の 2 式も同じように同値変形されるから，(1) において等号が成り立つのは

$$a : b : c = x : y : z$$
または
$$a = b = c = 0$$
または
$$x = y = z = 0$$

のときである。 （証明終）

別解

a，b，c，x，y，z が実数のとき，任意の実数 t に対して

$$(at - x)^2 + (bt - y)^2 + (ct - z)^2 \geqq 0$$
$$\cdots\cdots ②$$

が成り立つ。②を展開し整理すると

$$(a^2 + b^2 + c^2)t^2$$
$$-2(ax + by + cz)t$$
$$+x^2 + y^2 + z^2 \geqq 0$$
$$\cdots\cdots ③$$

となる。

(i) $a^2 + b^2 + c^2 \neq 0$ のとき

任意の実数 t に対して③が成り立つから，t の 2 次方程式 (③の左辺) $= 0$ の判別式 D は $D \leqq 0$ をみたす。すなわち

$$(ax + by + cz)^2$$
$$-(a^2 + b^2 + c^2)(x^2 + y^2 + z^2)$$
$$\leqq 0$$

ゆえに

$$(ax + by + cz)^2$$
$$\leqq (a^2 + b^2 + c^2)(x^2 + y^2 + z^2)$$

となり，目標の不等式は成り立つ。等号が成立するのは，②より

$$at - x = bt - y = ct - z = 0$$
すなわち
$$x : y : z = at : bt : ct = a : b : c$$
$$(t \neq 0 \text{ のとき})$$
$$x = y = z = 0 \quad (t = 0 \text{ のとき})$$
$$\therefore \quad x : y : z = a : b : c$$
またば
$$x = y = z = 0$$
のときである。

(ii) $a^2 + b^2 + c^2 = 0$ のとき

$a = b = c = 0$ であり，目標の不等式
$$(a^2 + b^2 + c^2)(x^2 + y^2 + z^2)$$
$$\geqq (ax + by + cz)^2$$
は任意の実数 x, y, z に対し等号が成立する。

以上，（ i ），（ii）より，任意の実数 a, b, c, x, y, z に対し，不等式は成立し，等号が成立するのは
$$x : y : z = a : b : c$$
または
$$a = b = c = 0$$
または
$$x = y = z = 0$$
のときである。

(2) $(a, b, c) = (1, 1, 1)$ を (1) の不等式に代入すると
$$(1^2 + 1^2 + 1^2)(x^2 + y^2 + z^2)$$
$$\geqq (1 \cdot x + 1 \cdot y + 1 \cdot z)^2$$
ここで，$x + y + z = 1$ であるから，上式は
$$3(x^2 + y^2 + z^2) \geqq 1^2$$
$$\therefore \quad x^2 + y^2 + z^2 \geqq \frac{1}{3}$$

等号が成立するのは $x : y : z = 1 : 1 : 1$ のときであり，$x + y + z = 1$ とあわせると $x = y = z = \dfrac{1}{3}$ のときである。

したがって，$x^2 + y^2 + z^2$ の最小値は

$$\frac{1}{3}$$

である。

1.21 (1) $f(x) = x^2$ より
$$(\text{右辺}) - (\text{左辺})$$
$$= (px_1{}^2 + qx_2{}^2) - (px_1 + qx_2)^2$$
$$= p(1 - p)x_1{}^2 + q(1 - q)x_2{}^2$$
$$\qquad\qquad - 2pqx_1x_2$$
$$= pqx_1{}^2 + pqx_2{}^2 - 2pqx_1x_2$$
$$\qquad\qquad (p + q = 1 \text{ より})$$
$$= pq(x_1 - x_2)^2$$
$$\geqq 0 \quad (p > 0, \ q > 0 \text{ より})$$
が成り立つから，不等式
$$f(px_1 + qx_2) \leqq pf(x_1) + qf(x_2)$$
は成り立つ。また，等号が成り立つのは $x_1 = x_2$ のときである。　　　（証明終）

(2) (1) の不等式より
$$(\text{左辺})$$
$$= f\left(a + \frac{1}{a}\right) + f\left(b + \frac{1}{b}\right)$$
$$\qquad\qquad (f(x) = x^2 \text{ より})$$
$$= 2\left\{\frac{1}{2}f\left(a + \frac{1}{a}\right) + \frac{1}{2}f\left(b + \frac{1}{b}\right)\right\}$$
$$\geqq 2f\left(\frac{1}{2}\left(a + \frac{1}{a}\right) + \frac{1}{2}\left(b + \frac{1}{b}\right)\right)$$
$$\qquad\qquad ((1) \text{ の不等式})$$
$$= 2\left\{\frac{1}{2}\left(a + \frac{1}{a}\right) + \frac{1}{2}\left(b + \frac{1}{b}\right)\right\}^2$$
$$\qquad\qquad (f(x) = x^2 \text{ より})$$
$$= \frac{1}{2}\left(a + \frac{1}{a} + b + \frac{1}{b}\right)^2 \quad \cdots\cdots ①$$
$$= \frac{1}{2}\left(1 + a \cdot \frac{1}{a^2} + b \cdot \frac{1}{b^2}\right)^2$$
$$\qquad\qquad (a + b = 1 \text{ より})$$
$$= \frac{1}{2}\left\{1 + af\left(\frac{1}{a}\right) + bf\left(\frac{1}{b}\right)\right\}^2$$
$$\qquad\qquad (f(x) = x^2 \text{ より})$$
$$\geqq \frac{1}{2}\left\{1 + f\left(a \cdot \frac{1}{a} + b \cdot \frac{1}{b}\right)\right\}^2$$
$$\qquad\qquad ((1) \text{ の不等式})$$
$$= \frac{1}{2}\left\{1 + f(2)\right\}^2$$

$$= \frac{1}{2}(1 + 2^2)^2$$
$$= \frac{25}{2}$$

が成り立つ。また，等号が成り立つのは $a = b = \frac{1}{2}$ のときである。　　（証明終）

別解

①以降は次のようにしてもよい。

$$① = \frac{1}{2}\left(a + b + \frac{b + a}{ab}\right)^2$$
$$= \frac{1}{2}\left(1 + \frac{1}{ab}\right)^2$$
$$(a + b = 1 \text{ より})$$

$a > 0$，$b > 0$ より 相加平均・相乗平均の関係を用いて

$$\frac{a + b}{2} \geqq \sqrt{ab}$$
$$\frac{1}{2} \geqq \sqrt{ab} \quad (a + b = 1 \text{ より})$$

両辺 2 乗して

$$\frac{1}{4} \geqq ab$$
$$\therefore \quad \frac{1}{ab} \geqq 4$$

よって

$$① \geqq \frac{1}{2}(1 + 4)^2 = \frac{25}{2}$$

が成り立つ。

【補足】

(1) の不等式は次の図により得られる。

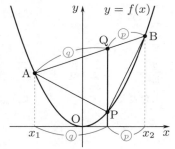

曲線 $y = f(x)$ 上に 2 点
　　$\mathrm{A}(x_1,\ f(x_1))$，$\mathrm{B}(x_2,\ f(x_2))$
をとる。x 軸上の点 $(x_1,\ 0)$，$(x_2,\ 0)$

を $q : p$ $(p > 0,\ q > 0,\ p + q = 1)$ に内分する点の座標は

$$\left(\frac{px_1 + qx_2}{p + q},\ 0\right)$$

すなわち

$$(px_1 + qx_2,\ 0)$$

である。

　y 軸に平行な直線 $x = px_1 + qx_2$ と $y = f(x)$，線分 AB との交点をそれぞれ P，Q とおく。

$$(\text{P の } y \text{ 座標}) = f(px_1 + qx_2)$$
$$(\text{Q の } y \text{ 座標}) = \frac{pf(x_1) + qf(x_2)}{p + q}$$
$$= pf(x_1) + qf(x_2)$$

であり，$y = f(x) = x^2$ のグラフは下に凸であるから

$$(\text{P の } y \text{ 座標}) \leqq (\text{Q の } y \text{ 座標})$$

であり

$$f(px_1 + qx_2) \leqq pf(x_1) + qf(x_2)$$

が成り立つ。等号は $x_1 = x_2$ のとき成り立つ。

　この不等式は曲線 $y = f(x)$ が下に凸で，$p,\ q$ が $p > 0,\ q > 0,\ p + q = 1$ ならば，どのような関数 $f(x)$ であっても成り立つ不等式である。これはイェンゼンの不等式と呼ばれている。曲線 $y = f(x)$ が上に凸のときは不等号の向きが逆になる。

📖 問題

相加平均・相乗平均 ···

☐ **1.22** a, b, c, d を正の数とするとき，次の不等式を証明せよ。また，等号はどのようなときに成立するか。

(1) $\dfrac{a+b}{2} \geqq \sqrt{ab}$

(2) $\dfrac{a+b+c}{3} \geqq \sqrt[3]{abc}$

(3) $\dfrac{a+b+c+d}{4} \geqq \sqrt[4]{abcd}$ （大阪体育大）

☐ **1.23** a, b, c を正の実数とするとき，次の不等式が成り立つことを証明しなさい。

$$\left\{ \frac{1}{3} \left(\frac{1}{a} + \frac{1}{b} + \frac{1}{c} \right) \right\}^{-1} \leqq \frac{a+b+c}{3}$$ （福島大　改）

☐ **1.24** x が正の数のとき，$x + \dfrac{16}{x}$ の最小値は $\boxed{}$ であり，$x + \dfrac{16}{x+2}$ の最小値は $\boxed{}$ である。 （九州産業大）

☐ **1.25** x, y, z が正の数で $x + 3y + 9z = 27$ をみたすとする。 $(x, y, z) = \boxed{}$ のとき，xyz は最大値 $\boxed{}$ をとる。 （福岡大）

☐ **1.26** $x > 0$, $y > 0$, $z > 0$ の範囲で，$\dfrac{x}{4} + \dfrac{y}{x} + \dfrac{z}{y} + \dfrac{1}{z}$ は，$x = \boxed{}$，$y = \boxed{}$，$z = \boxed{}$ のとき，最小値 $\boxed{}$ をとる。 （東海大）

チェック・チェック

基本 check！

> 相加平均と相乗平均の大小関係
>
> $a > 0$, $b > 0$, $c > 0$ のとき，次の不等式が成り立つ。
>
> (ⅰ) $\dfrac{a+b}{2} \geqq \sqrt{ab}$ （等号成立は $a = b$ のとき）
>
> (ⅱ) $\dfrac{a+b+c}{3} \geqq \sqrt[3]{abc}$ （等号成立は $a = b = c$ のとき）
>
> 和と積の大小比較が必要になったとき
>
> （相加平均）≧（相乗平均）
>
> を利用できることがある。和，積の一方が一定なときは，最大値，最小値を求める手段となることもある。

1.22 （相加平均）≧（相乗平均）

(2) は経験していないとツライでしょうか。次の変形を使いましょう。

$$A^3 + B^3 + C^3 - 3ABC$$
$$= (A + B + C)(A^2 + B^2 + C^2 - AB - BC - CA)$$
$$= \frac{1}{2}(A + B + C)\{(A - B)^2 + (B - C)^2 + (C - A)^2\}$$

(3) を利用して (2) を導くうまい方法もあります。3 文字の相加・相乗平均の関係までは使えるようにしておきましょう。

1.23 調和平均

ある数 X に対して $\dfrac{1}{X}$ を X の 逆数 といい，X^{-1} で表します。本問の左辺は $\dfrac{3abc}{ab + bc + ca}$ です。逆数の相加平均の逆数を調和平均といい，正の数に対して

（相加平均）≧（相乗平均）≧（調和平均）

の大小関係が成り立つことが知られています。

1.24 2 項の和の最小値（積が一定）

$x + \dfrac{16}{x+2}$ は $x + 2 = t$ とおくと $t > 2$ で

$$(t - 2) + \frac{16}{t} = t + \frac{16}{t} - 2$$

と変形できます。

1.25 3 項の積の最大値（和が一定）

3 文字の相加平均・相乗平均の大小関係を用いましょう。

1.26 4 項の和の最小値（積が一定）

4 文字の相加平均・相乗平均の大小関係を用いましょう。

📖 解答・解説

1.22 (1) a, b は正の数より

$$\frac{a+b}{2} - \sqrt{ab}$$

$$= \frac{a+b-2\sqrt{ab}}{2}$$

$$= \frac{(\sqrt{a}-\sqrt{b})^2}{2} \geqq 0$$

$$\therefore \quad \frac{a+b}{2} \geqq \sqrt{ab}$$

ここで，等号成立は $\sqrt{a} = \sqrt{b}$ すなわち $a = b$ のときである。　　　　（証明終）

(2) $A = \sqrt[3]{a}$, $B = \sqrt[3]{b}$, $C = \sqrt[3]{c}$ とおくと

$$\frac{a+b+c}{3} - \sqrt[3]{abc}$$

$$= \frac{A^3 + B^3 + C^3 - 3ABC}{3}$$

ここで

$$A^3 + B^3 + C^3 - 3ABC$$
$$= (A + B + C)$$
$$\times (A^2 + B^2 + C^2$$
$$-AB - BC - CA)$$
$$= \frac{1}{2}(A + B + C)$$
$$\times \{(A-B)^2 + (B-C)^2$$
$$+ (C-A)^2\}$$

より

$$\frac{A^3 + B^3 + C^3 - 3ABC}{3}$$
$$= \frac{1}{6}(A + B + C)$$
$$\times \{(A-B)^2 + (B-C)^2$$
$$+ (C-A)^2\}$$

であり，a, b, c は正の数より A, B, C は正であるから

$$\frac{a+b+c}{3} - \sqrt[3]{abc} \geqq 0$$

ここで，等号成立は $A = B = C$ すなわち $a = b = c$ のときである。

（証明終）

(3) (1) の不等式を使う。

$$\frac{a+b+c+d}{4}$$

$$= \frac{1}{2}\left(\frac{a+b}{2} + \frac{c+d}{2}\right)$$

$$\geqq \frac{1}{2}(\sqrt{ab} + \sqrt{cd})$$

$$\geqq \sqrt{\sqrt{ab}\sqrt{cd}}$$

$$= \sqrt[4]{abcd}$$

等号成立は $a = b$ かつ $c = d$ かつ $\sqrt{ab} = \sqrt{cd}$ より $a = b = c = d$ のときである。　　　　（証明終）

【参考】

(3) の不等式から (2) の不等式を導くこともできる。

(3) において

$$d = \frac{a+b+c}{3} \quad (> 0)$$

とおくと

$$\frac{a+b+c+\dfrac{a+b+c}{3}}{4}$$

$$\geqq \sqrt[4]{abc \cdot \frac{a+b+c}{3}}$$

すなわち

$$\frac{1}{4} \cdot \frac{4}{3}(a+b+c)$$

$$\geqq \sqrt[4]{abc \cdot \frac{a+b+c}{3}}$$

両辺 4 乗して

$$\left(\frac{a+b+c}{3}\right)^4$$

$$\geqq abc \cdot \frac{a+b+c}{3}$$

すなわち

$$\left(\frac{a+b+c}{3}\right)^3 \geqq abc$$

$$\therefore \quad \frac{a+b+c}{3} \geqq \sqrt[3]{abc}$$

1.23 示すべき不等式の右辺と左辺の差をとると

$$\frac{a+b+c}{3} - \left\{\frac{1}{3}\left(\frac{1}{a}+\frac{1}{b}+\frac{1}{c}\right)\right\}^{-1}$$

$$= \frac{a+b+c}{3} - \frac{3abc}{ab+bc+ca}$$

$$= \frac{(a+b+c)(ab+bc+ca)-9abc}{3(ab+bc+ca)}$$

$a,\ b,\ c>0$ より

$$ab+bc+ca>0$$

すなわち

（分母）>0

であるから，（分子）$\geqq 0$ を示せばよい。

（分子）

$$= a\{(ab+bc+ca)-3bc\}$$
$$+b\{(ab+bc+ca)-3ca\}$$
$$+c\{(ab+bc+ca)-3ab\}$$

$$= (a^2b-2abc+ca^2)$$
$$+(ab^2+b^2c-2abc)$$
$$+(-2abc+bc^2+c^2a)$$

$$= a(-2bc+b^2+c^2)$$
$$+b(a^2-2ca+c^2)$$
$$+c(a^2+b^2-2ab)$$

$$= a(b-c)^2+b(c-a)^2+c(a-b)^2$$
$$\geqq 0$$

等号成立は $a=b=c$ のときである。

（証明終）

別解

示すべき不等式は

$$\frac{a+b+c}{3}\cdot\left\{\frac{1}{3}\left(\frac{1}{a}+\frac{1}{b}+\frac{1}{c}\right)\right\}\geqq 1$$

$$\cdots\cdots①$$

すなわち

$$(a+b+c)\left(\frac{1}{a}+\frac{1}{b}+\frac{1}{c}\right)\geqq 9$$

である。

左辺を変形する。相加平均・相乗平均の関係より

$$(a+b+c)\left(\frac{1}{a}+\frac{1}{b}+\frac{1}{c}\right)$$

$$= \left(1+\frac{a}{b}+\frac{a}{c}\right)$$
$$+\left(\frac{b}{a}+1+\frac{b}{c}\right)$$
$$+\left(\frac{c}{a}+\frac{c}{b}+1\right)$$

$$= 3+\left(\frac{b}{a}+\frac{a}{b}\right)+\left(\frac{c}{b}+\frac{b}{c}\right)$$
$$+\left(\frac{c}{a}+\frac{a}{c}\right)$$

$$\geqq 3+2\sqrt{\frac{b}{a}\cdot\frac{a}{b}}+2\sqrt{\frac{c}{b}\cdot\frac{b}{c}}$$
$$+2\sqrt{\frac{c}{a}\cdot\frac{a}{c}}$$

$$= 3+2+2+2$$

$$= 9$$

等号成立は

$$\frac{b}{a}=\frac{a}{b}\ \text{かつ}\ \frac{c}{b}=\frac{b}{c}$$
$$\text{かつ}\ \frac{c}{a}=\frac{a}{c}$$

すなわち $a=b=c$ のときである。

別解

①を 3 文字の相加平均・相乗平均の関係を用いて示してもよい。

$$\frac{a+b+c}{3}\cdot\left\{\frac{1}{3}\left(\frac{1}{a}+\frac{1}{b}+\frac{1}{c}\right)\right\}$$

$$\geqq \sqrt[3]{abc}\cdot\sqrt[3]{\frac{1}{a}\cdot\frac{1}{b}\cdot\frac{1}{c}}$$

$$= 1$$

等号成立は

$$a=b=c\ \text{かつ}\ \frac{1}{a}=\frac{1}{b}=\frac{1}{c}$$

すなわち

$$a=b=c$$

のときである。

別解

$\dfrac{1}{a},\ \dfrac{1}{b},\ \dfrac{1}{c}$ はすべて正の数であるから，3 文字の相加平均・相乗平均の関係を用いると

$$\frac{1}{3}\left(\frac{1}{a}+\frac{1}{b}+\frac{1}{c}\right)$$

$$\geqq \sqrt[3]{\frac{1}{a} \cdot \frac{1}{b} \cdot \frac{1}{c}}$$

逆数をとると

$$\left\{ \frac{1}{3} \left(\frac{1}{a} + \frac{1}{b} + \frac{1}{c} \right) \right\}^{-1}$$

$$\leqq \sqrt[3]{abc}$$

$$\leqq \frac{a+b+c}{3}$$

等号の成立は

$$\frac{1}{a} = \frac{1}{b} = \frac{1}{c} \ \text{かつ} \ a = b = c$$

すなわち

$$a = b = c$$

のときである。

1.24 $x > 0, \ \dfrac{16}{x} > 0$ より

$$x + \frac{16}{x} \geqq 2\sqrt{x \cdot \frac{16}{x}}$$

$$= 8$$

等号成立は $x = \dfrac{16}{x}$ すなわち $x^2 = 16$
より $x = 4$ のときで，最小値は **8**
また，$x + 2 = t$ とおくと

$$t > 2 \ (> 0)$$

より

$$x + \frac{16}{x+2} = t - 2 + \frac{16}{t}$$

$$= \left(t + \frac{16}{t} \right) - 2$$

$$\geqq 8 - 2 = 6$$

等号成立は $t = 4$ のとき，すなわち
$x = 2$ のときで，最小値は **6**

1.25 $x, \ y, \ z$ が正の数であるから

$$x > 0, \ 3y > 0, \ 9z > 0$$

であり，相加平均・相乗平均の関係を用
いると

$$\frac{x + 3y + 9z}{3} \geqq \sqrt[3]{x \cdot 3y \cdot 9z}$$

$x + 3y + 9z = 27$ より

$$\frac{27}{3} \geqq 3\sqrt[3]{xyz}$$

$$\sqrt[3]{xyz} \leqq 3$$

$$\therefore \ xyz \leqq 27$$

等号が成立するのは

$$x = 3y = 9z \ \text{かつ} \ x + 3y + 9z = 27$$

より

$$z = 1, \ x = 9, \ y = 3$$

のときである。

よって

$$(x, \ y, \ z) = \underline{\textbf{(9, 3, 1)}}$$

のとき，xyz は最大値 **27** をとる。

1.26 $x, \ y, \ z$ は正より

$$\frac{x}{4} > 0, \ \frac{y}{x} > 0, \ \frac{z}{y} > 0, \ \frac{1}{z} > 0$$

であり，相加平均・相乗平均の関係を用
いると

$$\frac{x}{4} + \frac{y}{x} + \frac{z}{y} + \frac{1}{z}$$

$$\geqq 4\sqrt[4]{\frac{x}{4} \cdot \frac{y}{x} \cdot \frac{z}{y} \cdot \frac{1}{z}}$$

$$= \frac{4}{\sqrt[4]{4}} = 2\sqrt{2}$$

等号が成立するのは

$$\frac{x}{4} = \frac{y}{x} = \frac{z}{y} = \frac{1}{z}$$

のときである。

$$\frac{x}{4} = \frac{y}{x} = \frac{z}{y} = \frac{1}{z} = k \ (> 0)$$

とおくと

$$x = 4k \qquad \cdots\cdots ①$$

①より

$$y = kx = 4k^2 \qquad \cdots\cdots ②$$

②より

$$z = ky = 4k^3 \qquad \cdots\cdots ③$$

③より

$$1 = kz = 4k^4 \qquad \cdots\cdots ④$$

であり，④より

$$k = \frac{1}{\sqrt[4]{4}} = \frac{1}{\sqrt{2}}$$

であるから，これを①，②，③に代入す
ると

$$x = 2\sqrt{2}, \ y = 2, \ z = \sqrt{2}$$

を得る。

すなわち，$\dfrac{x}{4} + \dfrac{y}{x} + \dfrac{z}{y} + \dfrac{1}{z}$ は

$$\boldsymbol{x = 2\sqrt{2}, \ y = 2, \ z = \sqrt{2}}$$

のとき，最小値 $\boldsymbol{2\sqrt{2}}$ をとる。

別解

2 文字の相加平均・相乗平均の関係を用いてもよい。

$$\dfrac{x}{4} + \dfrac{y}{x} + \dfrac{z}{y} + \dfrac{1}{z}$$

$$\geqq 2\sqrt{\dfrac{x}{4} \cdot \dfrac{y}{x}} + 2\sqrt{\dfrac{z}{y} \cdot \dfrac{1}{z}}$$

$$= \sqrt{y} + \dfrac{2}{\sqrt{y}}$$

$$\geqq 2\sqrt{\sqrt{y} \cdot \dfrac{2}{\sqrt{y}}}$$

$$= 2\sqrt{2}$$

等号が成立するのは

$$\dfrac{x}{4} = \dfrac{y}{x} \ \text{かつ} \ \dfrac{z}{y} = \dfrac{1}{z}$$

$$\text{かつ} \ \sqrt{y} = \dfrac{2}{\sqrt{y}}$$

すなわち

$$y = \dfrac{x^2}{4} \ \text{かつ} \ z^2 = y \ \text{かつ} \ y = 2$$

$$\therefore \quad x = 2\sqrt{2}, \ y = 2, \ z = \sqrt{2}$$

のときである。

よって，$\dfrac{x}{4} + \dfrac{y}{x} + \dfrac{z}{y} + \dfrac{1}{z}$ は

$$x = 2\sqrt{2}, \ y = 2, \ z = \sqrt{2}$$

のとき，最小値 $2\sqrt{2}$ をとる。

📖 問題

整式のわり算 ‥‥‥‥‥‥‥‥‥‥‥‥‥‥‥‥‥‥‥‥‥‥‥‥‥‥‥‥‥‥

☐ **1.27** $2x^2 - 5x + 3$ を $x - 3$ で割ると，商は $\boxed{}x + \boxed{}$ で，
余りは $\boxed{}$。 （法政大）

☐ **1.28** $P = x^4 + 9x^3 - 12x^2 + 9x - 3$ とする。 $x = -5 - 2\sqrt{7}$ のとき， P
の値を求めよ。 （京都府立大）

☐ **1.29** 整式 $x^4 - x^3 - ax^2 + bx - 6$ が $(x-1)^2$ で割り切れるとき，a, b の値
を求めよ。 （東北学院大）

☐ **1.30** 整式 $f(x)$ を $x^2 - 4x + 3$ で割ると $-x + 10$ 余り，$x^2 - 5x + 6$ で割る
と $2x + 1$ 余るという。
(1) $f(x)$ を $x^2 - 3x + 2$ で割ったときの余りを求めよ。
(2) $f(x)$ を $(x-1)(x-2)(x-3)$ で割ったときの余りを求めよ。
（東北学院大 改）

チェック・チェック

基本 check！

整式のわり算

整式 $f(x)$ を整式 $g(x)$ でわったときの商が $Q(x)$，余りが $R(x)$ であるとは

$$f(x) = g(x)Q(x) + R(x) \quad (R(x) \text{ の次数} < g(x) \text{ の次数})$$

が成り立つことである。これは，x についての恒等式である。

組立除法

整式 $ax^3 + bx^2 + cx + d$ を $x - \alpha$ で割った商 $\ell x^2 + mx + n$ と余り r は，右のようにして得られる。

$$
\begin{array}{r|cccc}
\alpha & a & b & c & d \\
& & \ell\alpha & m\alpha & n\alpha \\
\hline
& a & b+\ell\alpha & c+m\alpha & d+n\alpha \\
& \| & \| & \| & \| \\
& \ell & m & n & r
\end{array}
$$

剰余の定理

(i) 整式 $f(x)$ を $x - \alpha$ で割った余りは $f(\alpha)$ である。

(ii) 整式 $f(x)$ を $ax + b$ で割った余りは $f\left(-\dfrac{b}{a}\right)$ である。

因数定理

整式 $f(x)$ について

$$f(\alpha) = 0 \iff f(x) \text{ は } x - \alpha \text{ を因数にもつ}$$

1.27 組立除法

余りだけなら，余りの定理（剰余の定理ともいう）を使い $2 \cdot 3^2 - 5 \cdot 3 + 3 = 6$ として求めることができますが，商も求めなければならないので，わり算を実行することになります。1 次式によるわり算なので組立除法を使ってもよいですね。

1.28 わり算の利用

$x = -5 - 2\sqrt{7}$ を解にもつ 2 次方程式をつくりましょう。

1.29 因数定理

与えられた整式が $(x-1)^2$ でわり切れることから

$$x^4 - x^3 - ax^2 + bx - 6 = (x-1)^2 P(x)$$

とおくことができます。あるいは，わり算を実行し，(余り) $= 0$ の式を考えます。$x - 1$ でわった商がまた $x - 1$ でわり切れることを利用することもできます。

1.30 整式のわり算

与えられた条件を式で表すと

$$f(x) = (x-1)(x-3)Q_1(x) - x + 10,$$
$$f(x) = (x-2)(x-3)Q_2(x) + 2x + 1$$

となります。(1) は，$x^2 - 3x + 2 = (x-1)(x-2)$ ですから，上の 2 式に $x = 1, 2$ をそれぞれ代入すれば，$f(1)$, $f(2)$ の値が決まりますね。

解答・解説

1.27 $2x^2 - 5x + 3$ を $x - 3$ でわると下のようになり

商は **$2x + 1$**, 余りは **6**

$$
\begin{array}{r}
2x + 1 \\
x - 3 \overline{\smash{\big)}\ 2x^2 - 5x + 3} \\
\underline{2x^2 - 6x} \\
x + 3 \\
\underline{x - 3} \\
6
\end{array}
$$

別解

組立除法を使うと

$$
\begin{array}{r|rrr}
3 & 2 & -5 & 3 \\
+) & & 6 & 3 \\
\hline
\times & 2 & 1 & 6 \\
& 商 & & 余り
\end{array}
$$

1.28 $x = -5 - 2\sqrt{7}$ のとき

$$x + 5 = -2\sqrt{7}$$

両辺を平方して

$$(x + 5)^2 = (-2\sqrt{7})^2$$
$$\therefore \quad x^2 + 10x - 3 = 0 \quad \cdots\cdots ①$$

$P = x^4 + 9x^3 - 12x^2 + 9x - 3$ を $x^2 + 10x - 3$ でわると

$$
\begin{aligned}
&P \\
&= (x^2 + 10x - 3)(x^2 - x + 1) - 4x
\end{aligned}
$$

である。$x = -5 - 2\sqrt{7}$ のとき、①より

$$
\begin{aligned}
P &= -4x \\
&= -4(-5 - 2\sqrt{7}) \\
&= \mathbf{20 + 8\sqrt{7}}
\end{aligned}
$$

1.29 $f(x) = x^4 - x^3 - ax^2 + bx - 6$ とおくと、$f(x)$ は $(x-1)^2$ でわり切れるから

$$f(x) = (x-1)^2 P(x)$$

とおける。両辺に $x = 1$ を代入すると

$$1^4 - 1^3 - a \cdot 1^2 + b \cdot 1 - 6 = 0$$
$$\therefore \quad b = a + 6$$

このとき

$$
\begin{aligned}
&f(x) \\
&= x^4 - x^3 - ax^2 + (a+6)x - 6 \\
&= (x-1)(x^3 - ax + 6)
\end{aligned}
$$

$f(x) = (x-1)^2 P(x)$ より

$$x^3 - ax + 6 = (x-1)P(x)$$

両辺に $x = 1$ を代入して

$$7 - a = 0$$
$$\therefore \quad \mathbf{a = 7, \ b = 13}$$

別解

整式 $x^4 - x^3 - ax^2 + bx - 6$ を $(x-1)^2 = x^2 - 2x + 1$ でわると

商は $x^2 + x + 1 - a$

余りは $(-2a + b + 1)x + a - 7$

となる。わり切れるということは、余りが 0 ということであるから

$$
\begin{cases}
-2a + b + 1 = 0 \\
a - 7 = 0
\end{cases}
$$
$$\therefore \quad a = 7, \ b = 13$$

別解

整式 $x^4 - x^3 - ax^2 + bx - 6$ を組立除法を用いて $x - 1$ でわると

商は $x^3 - ax + b - a$

余りは $b - a - 6$

であり、$x^3 - ax + b - a$ を組立除法を用いて $x - 1$ でわると、余りは

$$1 + b - 2a$$

$x^4 - x^3 - ax^2 + bx - 6$ が $(x-1)^2$ でわり切れるから

$$
\begin{cases}
b - a - 6 = 0 \\
1 + b - 2a = 0
\end{cases}
$$

これを解くと

$$a = 7, \ b = 13$$

1.30 与えられた 2 つの条件は，

$x^2 - 4x + 3 = (x-1)(x-3)$ より

$$f(x) = (x-1)(x-3)Q_1(x) - x + 10$$
$$\cdots\cdots①$$

$x^2 - 5x + 6 = (x-2)(x-3)$ より

$$f(x) = (x-2)(x-3)Q_2(x) + 2x + 1$$
$$\cdots\cdots②$$

(1) $x^2 - 3x + 2 = (x-1)(x-2)$ より

$$f(x) = (x-1)(x-2)Q_3(x) + ax + b$$
$$\cdots\cdots③$$

とおくことができる。①，③に $x = 1$ を代入すると

$$9 = a + b$$

②，③に $x = 2$ を代入すると

$$5 = 2a + b$$

これを解くと

$$a = -4, \quad b = 13$$

よって，求める余りは

$$\underline{-4x + 13}$$

(2) $f(x)$
$$= (x-1)(x-2)(x-3)Q_4(x)$$
$$+ px^2 + qx + r \quad \cdots\cdots④$$

とおく。①，④に $x = 1$ を代入すると

$$9 = p + q + r$$

②，④に $x = 3$ を代入すると

$$7 = 9p + 3q + r$$

②，④に $x = 2$ を代入すると

$$5 = 4p + 2q + r$$

これを解くと

$$p = 3, \quad q = -13, \quad r = 19$$

よって，求める余りは

$$\boldsymbol{3x^2 - 13x + 19}$$

別解

(2) の余り $3x^2 - 13x + 19$ を先に求めて (1) の余りを求めることもできる。

$$x^2 - 3x + 2 = (x-1)(x-2)$$

より，(1) の余りは $3x^2 - 13x + 19$ を $x^2 - 3x + 2$ でわった余りに一致する。

$$3x^2 - 13x + 19$$
$$= 3(x^2 - 3x + 2) - 4x + 13$$

よって，(1) の余りは

$$-4x + 13$$

【補足】

1.29 の組立除法

1	1	-1	$-a$	b	-6
		1	0	$-a$	$b-a$
1	1	0	$-a$	$b-a$	$b-a-6$
		1	1	$1-a$	
	1	1	$1-a$	$1+b-2a$	

§2　方程式

📖 問題

複素数の計算 ⋯⋯⋯⋯⋯⋯⋯⋯⋯⋯⋯⋯⋯⋯⋯⋯⋯⋯⋯⋯⋯⋯⋯⋯⋯⋯⋯⋯

☐ **1.31** 次の各問いに答えよ。

(1) $z = \sqrt{-2} \times \sqrt{-3}$, $w = \dfrac{\sqrt{6}}{\sqrt{-2}}$ のとき，$z + w$ の実部は ☐ で虚部

は ☐ である。 　　　　　　　　　　　　　　　　　　　　（工学院大）

(2) $(1+i)^3 + (1-i)^3 = -$ ☐ （i は虚数単位） 　　　　（東京工科大）

共役複素数 ⋯⋯⋯⋯⋯⋯⋯⋯⋯⋯⋯⋯⋯⋯⋯⋯⋯⋯⋯⋯⋯⋯⋯⋯⋯⋯⋯⋯⋯

☐ **1.32** 2 つの複素数 $z_1 = a + bi$, $z_2 = c + di$ （a, b, c, d は実数）に対して，次の 2 つの等式が成り立つことを示せ。

$$\overline{z_1 + z_2} = \overline{z_1} + \overline{z_2}, \quad \overline{z_1 \cdot z_2} = \overline{z_1} \cdot \overline{z_2}$$ 　　　　　　（山形大）

☐ **1.33** a, b を実数で，$a \neq 0$ とする。$c = \dfrac{2 + 3ai}{a - bi}$ が純虚数のとき，b と c の値を求めよ。 　　　　　　　　　　　　　　　　　　　　　（愛媛大）

📖 チェック・チェック

基本 check！

複素数の計算

　平方すると -1 となる数を i と表し，i を虚数単位という。すなわち $i^2 = -1$ である。複素数の計算では，i を 1 つの文字とみて計算し，途中で i^2 が出てきたら $i^2 = -1$ と置き換えて計算する。

実数と虚数

　$a + bi$（a, bは実数）の形で表される数を複素数といい，a を実部，b を虚部という。$b = 0$ である複素数を実数といい，$b \neq 0$ である複素数を虚数という。とくに，$a = 0$, $b \neq 0$ である虚数を純虚数という。

共役複素数

　a, b が実数のとき，複素数 $z = a + bi$ に対して，虚部の符号を変えた複素数 $a - bi$ を z と共役な複素数といい，$\bar{z}$ で表す。
$$\bar{z} = \overline{a + bi} = a - bi$$

1.31　虚数単位

(1) $a > 0$ のとき $\sqrt{-a} = \sqrt{a}\,i$ です。とくに，$\sqrt{-1} = i$ です。

(2) i を文字とみて，まずは式を展開していきましょう。

1.32　共役の性質

　共役についての基本的な性質です。共役の定義，複素数の和，積の定義にしたがって，両辺をそれぞれ計算します。

1.33　分母の実数化

　分母と共役な複素数を分母と分子にかけて分母を実数化します。
すなわち，$\dfrac{1}{a - bi}$ であれば
$$\frac{1}{a - bi} = \frac{a + bi}{(a - bi)(a + bi)} = \frac{a + bi}{a^2 + b^2} \quad (a,\ b \text{ は実数})$$

📖 解答・解説

1.31 (1)
$$z = \sqrt{-2} \times \sqrt{-3}$$
$$= \sqrt{2}i \times \sqrt{3}i$$
$$= \sqrt{6}i^2$$
$$= -\sqrt{6}$$
$$w = \frac{\sqrt{6}}{\sqrt{-2}}$$
$$= \frac{\sqrt{6}}{\sqrt{2}i}$$
$$= \frac{\sqrt{3}i}{i^2}$$
$$= -\sqrt{3}i$$
であるから
$$z + w = -\sqrt{6} - \sqrt{3}i$$
したがって，$z + w$ の
  実部は $\underline{-\sqrt{6}}$，虚部は $\underline{-\sqrt{3}}$
である。

(2) $(1+i)^3 + (1-i)^3$
$$= (1 + 3i + 3i^2 + i^3)$$
$$\qquad + (1 - 3i + 3i^2 - i^3)$$
$$= 2(1 + 3i^2) \ (式をまとめた)$$
$$= 2 \cdot (1 - 3) \ (i^2 = -1 \text{ による})$$
$$= \underline{-4}$$

1.32 $z_1 = a + bi$, $z_2 = c + di$ より
$$z_1 + z_2 = (a + c) + (b + d)i$$
$$\therefore \ \overline{z_1 + z_2} = (a + c) - (b + d)i$$
また
$$\overline{z_1} + \overline{z_2} = (a - bi) + (c - di)$$
$$= (a + c) - (b + d)i$$
$$\therefore \ \overline{z_1 + z_2} = \overline{z_1} + \overline{z_2} \qquad (証明終)$$
次に
$$z_1 \cdot z_2 = (a + bi)(c + di)$$
$$= ac + (ad + bc)i + bdi^2$$
$$= (ac - bd) + (ad + bc)i$$
より

$$\overline{z_1 \cdot z_2} = (ac - bd) - (ad + bc)i$$
また
$$\overline{z_1} \cdot \overline{z_2} = (a - bi)(c - di)$$
$$= ac - (ad + bc)i + bdi^2$$
$$= (ac - bd) - (ad + bc)i$$
$$\therefore \ \overline{z_1 \cdot z_2} = \overline{z_1} \cdot \overline{z_2} \qquad (証明終)$$

1.33 分母を実数化すると
$$c = \frac{(2 + 3ai)(a + bi)}{(a - bi)(a + bi)}$$
$$= \frac{(2a - 3ab) + (3a^2 + 2b)i}{a^2 + b^2}$$
$$\cdots\cdots ①$$
である。これにより c が純虚数になる
条件は
$$\begin{cases} 2a - 3ab = 0 & \cdots\cdots ② \\ 3a^2 + 2b \neq 0 & \cdots\cdots ③ \end{cases}$$
である。②より
$$a(2 - 3b) = 0$$
$a \neq 0$ より
$$2 - 3b = 0$$
$$\therefore \ b = \frac{2}{3}$$
このとき
$$3a^2 + 2b = 3a^2 + \frac{4}{3} > 0$$
となるから，③は成り立つ。よって
$$b = \underline{\frac{2}{3}}$$
このとき，①より
$$c = \frac{\left(3a^2 + \frac{4}{3}\right)i}{a^2 + \frac{4}{9}}$$
$$= \frac{3\left(a^2 + \frac{4}{9}\right)}{a^2 + \frac{4}{9}}i$$
$$= \underline{3i}$$
である。

【MEMO】

📖 問題

複素数係数の方程式

□ **1.34** $(3+i)z - 5(1+5i) = 0$ （ただし，$i^2 = -1$）をみたす z は $z = \boxed{} + \boxed{}\,i$ である。 （千葉工大）

□ **1.35** $z^2 = 4 + 3i$ をみたす複素数 z は
$$z = \boxed{\ \text{ア}\ } + \boxed{\ \text{イ}\ }\,i \ \text{または} \ z = \boxed{\ \text{ウ}\ } + \boxed{\ \text{エ}\ }\,i$$
である。ただし，$\boxed{\ \text{ア}\ } \sim \boxed{\ \text{エ}\ }$ は実数で，$i^2 = -1$ である。 （関西学院大）

□ **1.36** 等式 $(1+i)x^2 - (2-3i)x - (3-2i) = 0$ をみたす実数 x の値を求めよ。ただし，i は虚数単位とする。 （武蔵工大）

虚数の代入値

□ **1.37** $\alpha = -1 + 2i$ とする。$x = \alpha$ が 2 次方程式 $x^2 + ax + b = 0$ の解であるような実数の組 $(a,\ b)$ は $(a,\ b) = \boxed{}$ である。
また $\alpha^5 + 2\alpha^4 + 3\alpha^3 + 4\alpha^2 + 5\alpha$ の値は $\boxed{}$ である。 （慶大）

チェック・チェック

基本 check！

複素数の相等

a, b, c, d を実数，i を虚数単位とするとき

$$a + bi = c + di \iff \begin{cases} a = c \\ b = d \end{cases}$$

とくに

$$a + bi = 0 \iff a = b = 0$$

また，a, b が実数，α が虚数のとき

$$a\alpha + b = 0 \iff a = b = 0$$

共役解

係数が実数である多項式 $f(x)$ について，$f(x) = 0$ が虚数解 $a + bi$（a, b は実数）をもつならば，それと共役な複素数 $a - bi$ も $f(x) = 0$ の解である。

$$f(a + bi) = 0 \iff f(a - bi) = 0$$

1.34 複素数係数の 1 次方程式

$3 + i \ne 0$ より $z = \dfrac{5(1 + 5i)}{3 + i}$ ですが，これではまだ未整理の状態です。
$z = (実数) + (実数)i$ の形に変形します。分母を実数化しましょう。

1.35 複素数係数の 2 次方程式

$z = x + yi$（x, y は実数）とおいて，z^2 を計算し，複素数の相等を利用して実部，虚部を比較します。

1.36 実数を解にもつ複素数係数の 2 次方程式

虚数を係数とする 2 次方程式の問題です。x は実数なので i について整理すると，複素数の相等により

$$f(x) + g(x)i = 0 \iff \begin{cases} f(x) = 0 \\ g(x) = 0 \end{cases}$$

となります。

1.37 虚数の代入値

前半はいろいろな解法が考えられます。後半は割り算を実行しましょう。

📖 解答・解説

1.34 $z = \dfrac{5(1+5i)}{3+i}$ より，分母が実数になるように右辺を変形すると

$$z = \frac{5(1+5i)(3-i)}{(3+i)(3-i)}$$

$$= \frac{5(8+14i)}{10}$$

$$= \mathbf{4 + 7i}$$

1.35 $z = x + yi$（x, y は実数）とおくと

$$z^2 = (x+yi)^2$$
$$= x^2 + 2xyi + y^2 i^2$$
$$= (x^2 - y^2) + 2xyi$$

$z^2 = 4 + 3i$ であるから

$$(x^2 - y^2) + 2xyi = 4 + 3i$$

複素数の相等より

$$\begin{cases} x^2 - y^2 = 4 & \cdots\cdots ① \\ 2xy = 3 & \cdots\cdots ② \end{cases}$$

②より $y \neq 0$ であり

$$x = \frac{3}{2y} \quad \cdots\cdots ②'$$

これを①へ代入して

$$\frac{9}{4y^2} - y^2 = 4$$

$$4y^4 + 16y^2 - 9 = 0$$

$$\therefore \quad (2y^2 + 9)(2y^2 - 1) = 0$$

$y^2 > 0$ より

$$y^2 = \frac{1}{2}$$

$$\therefore \quad y = \pm\frac{1}{\sqrt{2}} = \pm\frac{\sqrt{2}}{2}$$

②′ より

$$x = \pm\frac{3\sqrt{2}}{2} \quad (複号同順)$$

以上より

$$z = \frac{3\sqrt{2}}{2} + \frac{\sqrt{2}}{2}i$$

または

$$z = -\frac{3\sqrt{2}}{2} + \frac{-\sqrt{2}}{2}i$$

1.36 x は実数であるから，与式を実部と虚部に分けると

$$(1+i)x^2 - (2-3i)x - (3-2i) = 0$$

$$\therefore \quad x^2 - 2x - 3 + (x^2 + 3x + 2)i = 0$$

複素数の相等より

$$\begin{cases} x^2 - 2x - 3 = 0 \\ x^2 + 3x + 2 = 0 \end{cases}$$

である。

$$x^2 - 2x - 3 = 0$$
$$(x-3)(x+1) = 0 \quad \cdots\cdots ①$$

と

$$x^2 + 3x + 2 = 0$$
$$(x+1)(x+2) = 0 \quad \cdots\cdots ②$$

より，①，②をともにみたす実数 x は

$$\boldsymbol{x = -1}$$

【参考】

本問は虚数を係数とする 2 次方程式の実数解を求めたわけだが，解の範囲を複素数まで広げると，本問の 2 次方程式の解は

$$(x-3)(x+1) + (x+1)(x+2)i = 0$$
$$(x+1)\{(x-3) + (x+2)i\} = 0$$
$$(x+1)\{(1+i)x - 3 + 2i\} = 0$$

より

$$x = -1, \ \frac{3-2i}{1+i}$$

であり

$$\frac{3-2i}{1+i} = \frac{(3-2i)(1-i)}{(1+i)(1-i)}$$

$$= \frac{1-5i}{2}$$

より

$$x = -1, \ \frac{1-5i}{2}$$

である。

1.37 $\alpha = -1 + 2i$ は 2 次方程式
$x^2 + ax + b = 0$ の解であるから
$$(-1 + 2i)^2 + a(-1 + 2i) + b = 0$$
$$(-3 - 4i) + a(-1 + 2i) + b = 0$$
$$\therefore \quad (-3 - a + b) - (4 - 2a)i = 0$$
a, b は実数であるから，複素数の相等により
$$\begin{cases} -3 - a + b = 0 \\ 4 - 2a = 0 \end{cases}$$
$$\therefore \quad \underline{a = 2, \ b = 5}$$

また，$x^5 + 2x^4 + 3x^3 + 4x^2 + 5x$ を $x^2 + 2x + 5$ で割ると

商は $x^3 - 2x + 8$

余りは $-x - 40$

であり，$\alpha^2 + 2\alpha + 5 = 0$ であるから，$f(x) = x^5 + 2x^4 + 3x^3 + 4x^2 + 5x$ とおくと
$$\begin{aligned} &f(\alpha) \\ &= (\alpha^3 - 2\alpha + 8)(\alpha^2 + 2\alpha + 5) - \alpha - 40 \\ &= -\alpha - 40 \\ &= -(-1 + 2i) - 40 \\ &= \underline{-39 - 2i} \end{aligned}$$

別解

$\alpha = -1 + 2i$ より
$$(\alpha + 1)^2 = (2i)^2$$

$$\alpha^2 + 2\alpha + 1 = -4$$
$$\therefore \quad \alpha^2 + 2\alpha + 5 = 0 \quad \cdots\cdots ①$$
である。また，α は $x^2 + ax + b = 0$ の解であるから
$$\alpha^2 + a\alpha + b = 0 \quad \cdots\cdots ②$$
でもある。①，② の差をとると
$$(a - 2)\alpha + (b - 5) = 0$$
a, b は実数で，α は虚数であるから
$$a - 2 = 0 \ かつ \ b - 5 = 0$$
$$\therefore \quad a = 2, \ b = 5$$

別解

$\alpha = -1 + 2i$ は実数係数の 2 次方程式 $x^2 + ax + b = 0$ の解であるから，$\overline{\alpha} = -1 - 2i$ も解である。解と係数の関係より
$$\begin{cases} \alpha + \overline{\alpha} = -a \\ \alpha\overline{\alpha} = b \end{cases}$$
ここで
$$\begin{aligned} &\alpha + \overline{\alpha} \\ &= (-1 + 2i) + (-1 - 2i) = -2 \\ &\alpha\overline{\alpha} \\ &= (-1 + 2i)(-1 - 2i) \\ &= (-1)^2 - (2i)^2 = 5 \end{aligned}$$
より
$$\begin{cases} a = -(-2) = 2 \\ b = 5 \end{cases}$$

【補足】

1.37 の筆算

$$
\begin{array}{r}
x^3 \quad -2x \quad +8 \\
x^2 + 2x + 5 \overline{)\ x^5 + 2x^4 + 3x^3 + 4x^2 \quad +5x} \\
\underline{x^5 + 2x^4 + 5x^3} \\
-2x^3 + 4x^2 \quad +5x \\
\underline{-2x^3 - 4x^2 - 10x} \\
8x^2 + 15x \\
\underline{8x^2 + 16x + 40} \\
-x - 40
\end{array}
$$

📖 問題

判別式 ··

☐ **1.38** 2 次方程式 $4x^2 + kx + 3 = 0$ が実数解をもつような定数 k の値の範囲を求めよ。 （福井工大）

☐ **1.39** x の方程式 $4x^2 - 2x + 4 = a(2x - 1)$ が虚数解をもつのは，定数 a が $\boxed{} < a < \boxed{}$ の範囲の値をとるときである。 （東京薬大）

2 次方程式の解と係数の関係 ···

☐ **1.40** 2 次方程式 $x^2 - 3x + 4 = 0$ の相異なる 2 つの解を α, β とするとき

$$\alpha + \beta = \boxed{}, \quad \alpha\beta = \boxed{}, \quad \frac{1}{\dfrac{1}{\alpha^2} + \dfrac{1}{\beta^2}} = \boxed{}$$

である。 （東京工科大）

☐ **1.41** k は正の数とする。2 次方程式 $x^2 + kx + 12 = 0$ の 1 つの解が他の解の 3 倍であるように k を定めると，$k = \boxed{}$ である。 （八戸工大）

2 数を解とする 2 次方程式 ···

☐ **1.42** 方程式 $x^2 - 2x - 1 = 0$ の 2 つの解を α, β とするとき，$\dfrac{\beta}{\alpha}$, $\dfrac{\alpha}{\beta}$ を 2 つの解とする 2 次方程式は $x^2 + \boxed{} x + \boxed{} = 0$ である。 （東海大）

☐ **1.43** 連立方程式 $\begin{cases} xy + (x + y) = 7 \\ 2xy - (x + y) = 2 \end{cases}$ を解け。 （東京工科大）

📖 チェック・チェック

1.38　実数解をもつ条件

(判別式) $\geqq 0$ を計算しましょう。

1.39　虚数解をもつ条件

式を $ax^2 + bx + c = 0$ の形に整理して，(判別式) < 0 を計算しましょう。

1.40　対称式は基本対称式で表せる

$\dfrac{1}{\dfrac{1}{\alpha^2} + \dfrac{1}{\beta^2}}$ は $\alpha,\ \beta$ の対称式であり，基本対称式 $\alpha + \beta$，$\alpha\beta$ で表せます。

1.41　2 解の比

解を $\alpha,\ 3\alpha$ と表してみましょう。

1.42　2 数を解とする 2 次方程式

$A,\ B$ を解とする 2 次方程式で，x^2 の係数が 1 であるものは

$$(x - A)(x - B) = 0 \text{ すなわち } x^2 - (A + B)x + AB = 0$$

です。$\alpha + \beta = 2,\ \alpha\beta = -1$ より $A + B = \dfrac{\beta}{\alpha} + \dfrac{\alpha}{\beta}$，$AB = \dfrac{\beta}{\alpha} \times \dfrac{\alpha}{\beta}$ の値が決まります。

1.43　対称性のある連立方程式

$x + y$ と xy の値が求められるので，$x,\ y$ の連立方程式を 2 次方程式に言い換えることができます。

📖 解答・解説

1.38 $4x^2 + kx + 3 = 0$ の判別式を D とすると，実数解をもつ条件は $D \geqq 0$ である。

$$D = k^2 - 4 \cdot 4 \cdot 3$$
$$= k^2 - 48$$

より，求める k の値の範囲は

$$k^2 - 48 \geqq 0$$
$$\therefore \quad \underline{\boldsymbol{k \leqq -4\sqrt{3}, \ k \geqq 4\sqrt{3}}}$$

1.39 $4x^2 - 2x + 4 = a(2x - 1)$ より

$$4x^2 - 2(1 + a)x + 4 + a = 0$$

この2次方程式の判別式を D とすると，虚数解をもつ条件は $D < 0$ である。

$$\frac{D}{4} = (1 + a)^2 - 4(4 + a)$$
$$= (a^2 + 2a + 1) - 16 - 4a$$
$$= a^2 - 2a - 15$$
$$= (a + 3)(a - 5)$$

より，求める a の値の範囲は

$$(a + 3)(a - 5) < 0$$
$$\therefore \quad \underline{\boldsymbol{-3 < a < 5}}$$

1.40 $x^2 - 3x + 4 = 0$ の2つの解が α, β だから，解と係数の関係より

$$\alpha + \beta = \underline{\boldsymbol{3}}, \ \alpha\beta = \underline{\boldsymbol{4}}$$

よって

$$\frac{1}{\dfrac{1}{\alpha^2} + \dfrac{1}{\beta^2}} = \frac{\alpha^2\beta^2}{\beta^2 + \alpha^2}$$
$$= \frac{(\alpha\beta)^2}{(\alpha + \beta)^2 - 2\alpha\beta}$$
$$= \frac{16}{9 - 8}$$
$$= \underline{\boldsymbol{16}}$$

1.41 $x^2 + kx + 12 = 0$ の2つの解は α, 3α とおける。解と係数の関係から

$$\begin{cases} \alpha + 3\alpha = -k \\ \alpha \cdot 3\alpha = 12 \end{cases}$$
$$\therefore \quad \begin{cases} 4\alpha = -k \\ \alpha^2 = 4 \end{cases}$$

第2式から

$$\alpha = \pm 2$$

第1式から

$$k = -4\alpha$$
$$k > 0 \text{ より } \alpha < 0 \text{ だから}$$
$$\alpha = -2$$

よって

$$k = -4 \times (-2) = \underline{\boldsymbol{8}}$$

1.42 $x^2 - 2x - 1 = 0$ の2つの解が α, β より，解と係数の関係から

$$\alpha + \beta = 2, \ \alpha\beta = -1$$

また，$\dfrac{\beta}{\alpha}$, $\dfrac{\alpha}{\beta}$ を解にもつ2次の係数が1の2次方程式は

$$\left(x - \frac{\beta}{\alpha} \right)\left(x - \frac{\alpha}{\beta} \right) = 0$$
$$\therefore \quad x^2 - \left(\frac{\beta}{\alpha} + \frac{\alpha}{\beta} \right)x + 1 = 0$$

と表される。ここで

$$\frac{\beta}{\alpha} + \frac{\alpha}{\beta} = \frac{\beta^2 + \alpha^2}{\alpha\beta}$$
$$= \frac{(\alpha + \beta)^2 - 2\alpha\beta}{\alpha\beta}$$
$$= \frac{4 + 2}{-1}$$
$$= -6$$

であるから，$\dfrac{\beta}{\alpha}$, $\dfrac{\alpha}{\beta}$ を解にもつ2次の係数が1の2次方程式は

$$x^2 + \underline{\boldsymbol{6}}x + \underline{\boldsymbol{1}} = 0$$

1.43 $\begin{cases} xy + (x+y) = 7 & \cdots\cdots ① \\ 2xy - (x+y) = 2 & \cdots\cdots ② \end{cases}$

① + ② より

$\qquad 3xy = 9$

$\qquad \therefore \quad xy = 3 \quad \cdots\cdots ③$

① × 2 − ② より

$\qquad 3(x+y) = 12$

$\qquad \therefore \quad x + y = 4 \quad \cdots\cdots ④$

③，④ より，x, y は 2 次方程式
$t^2 - 4t + 3 = 0$ の 2 解である。

$\qquad t^2 - 4t + 3 = 0$

$\qquad (t-1)(t-3) = 0$

$\qquad \therefore \quad t = 1, \ 3$

よって

$\qquad \underline{(x, \ y) = (1, \ 3), \ (3, \ 1)}$

📖 問題

高次方程式 ⋯⋯⋯⋯⋯⋯⋯⋯⋯⋯⋯⋯⋯⋯⋯⋯⋯⋯⋯⋯⋯⋯⋯⋯⋯⋯

☐ **1.44** 次の方程式を解け。

(1) $x^3 + x + 2 = 0$ （武蔵大）

(2) $x^2(x+1)^2(x+2)^2 = 4 \times 9 \times 16$ （明治大）

(3) $(x-5)(x-2)(x+3)(x+6) = -108$ （日本工大）

(4) $x^4 + 3x^2 + 4 = 0$ （愛知学院大）

(5) $x^4 - 8x^3 + 17x^2 - 8x + 1 = 0$ （横浜市立大）

3次方程式 ⋯⋯⋯⋯⋯⋯⋯⋯⋯⋯⋯⋯⋯⋯⋯⋯⋯⋯⋯⋯⋯⋯⋯⋯⋯⋯⋯⋯

☐ **1.45** $a + b + c = 1$, $bc + ca + ab = 2$, $abc = 3$ のとき，次の問いに答えよ。

(1) $a^2 + b^2 + c^2$ の値を求めよ。

(2) a, b, c を 3 つの解とする x^3 の係数が 1 の 3 次方程式をつくれ。

(3) $a^3 + b^3 + c^3$ の値を求めよ。 （産業能率大　改）

☐ **1.46** x の方程式 $x^3 - 5x^2 + ax + b = 0$ が $1 - 2i$ を解にもつとき，実数 a, b の値と，他の 2 つの解を求めよ。 （岡山理科大）

📖 チェック・チェック

基本 check！

高次方程式の解法

  （ i ） 因数定理や公式などを利用して因数分解する

  （ii） おきかえなどをして次数下げを考える

  （iii） 実数係数の n 次方程式が虚数解をもてば，その共役も解である

  （iv） 複 2 次方程式 （$ax^4 + bx^2 + c = 0 \ (a \neq 0)$ など）では

  　　（ア） $x^2 = t$ とおく 　 （イ） 平方差に変形する

3 次方程式の解と係数の関係

  3 次方程式 $ax^3 + bx^2 + cx + d = 0 \ (a \neq 0)$ の解が $\alpha, \ \beta, \ \gamma$ である

$$\Longleftrightarrow \begin{cases} \alpha + \beta + \gamma = -\dfrac{b}{a} \\ \alpha\beta + \beta\gamma + \gamma\alpha = \dfrac{c}{a} \\ \alpha\beta\gamma = -\dfrac{d}{a} \end{cases}$$

1.44 　高次方程式の解法

(1) 因数定理を利用します。

(2) $A^2 - B^2 = (A + B)(A - B)$ が使えます。

(3) 展開の組み合わせを工夫します。

(4) 複 2 次の方程式です。左辺が $x^2 = t$ とおいて簡単な形に因数分解できないときは，$x^4 + 3x^2 + 4 = (x^2 + 2)^2 - x^2$ のように平方の差にしてみましょう。

(5) $ax^4 + bx^3 + cx^2 + bx + a = 0 \ (a \neq 0)$ のように，係数が左右対称になっているものを 相反方程式 （または逆数方程式）といいます。両辺を x^2 でわって，$t = x + \dfrac{1}{x}$ とおけば，この方程式は t についての 2 次方程式となります。

1.45 　3 次方程式の解と係数の関係

(2) $\begin{cases} a + b + c = p \\ ab + bc + ca = q \\ abc = r \end{cases} \Longleftrightarrow a, \ b, \ c$ は 3 次方程式 $x^3 - px^2 + qx - r = 0$ の解である

ということより，$a, \ b, \ c$ の連立方程式を 3 次方程式に言い換えることができます。

(3) $a^3 + b^3 + c^3 - 3abc = (a + b + c)(a^2 + b^2 + c^2 - ab - bc - ca)$ が使えます。

1.46 　虚数解をもつ 3 次方程式

　$1 - 2i$ が方程式 $f(x) = 0$ の解なので $f(1 - 2i) = 0$ が成り立ちます。また，$f(x)$ が実数を係数とする多項式のとき，虚数 α が解ならば共役複素数 $\overline{\alpha}$ も解になります。

解答・解説

1.44 (1) $f(x) = x^3 + x + 2$ とおくと，$f(-1) = 0$ であるから，$f(x)$ は $x+1$ を因数にもつ。わり算を実行して

$$(x+1)(x^2 - x + 2) = 0$$

$x^2 - x + 2 = 0$ の解は

$$x = \frac{1 \pm \sqrt{(-1)^2 - 4 \cdot 1 \cdot 2}}{2}$$

$$\therefore \quad x = \frac{1 \pm \sqrt{7}i}{2}$$

であるから，求める解は

$$x = -1, \ \frac{1 \pm \sqrt{7}i}{2}$$

(2) $x^2(x+1)^2(x+2)^2 = 4 \times 9 \times 16$ を変形すると

$$\{x(x+1)(x+2)\}^2 - (2 \cdot 3 \cdot 4)^2 = 0$$

$$\{x(x+1)(x+2) + 24\} \times \{x(x+1)(x+2) - 24\} = 0$$

$$(x^3 + 3x^2 + 2x + 24) \times (x^3 + 3x^2 + 2x - 24) = 0$$

$$(x+4)(x^2 - x + 6) \times (x-2)(x^2 + 5x + 12) = 0$$

よって，求める解は

$$x = -4, \ 2,$$
$$\frac{1 \pm \sqrt{23}i}{2}, \ \frac{-5 \pm \sqrt{23}i}{2}$$

(3)
$$(x-5)(x+6) \times (x-2)(x+3) = -108$$
$$(x^2 + x - 30)(x^2 + x - 6) = -108$$
$$(x^2 + x)^2 - 36(x^2 + x) + 288 = 0$$
$$(x^2 + x - 12)(x^2 + x - 24) = 0$$
$$(x+4)(x-3)(x^2 + x - 24) = 0$$

よって，求める解は

$$x = -4, \ 3, \ \frac{-1 \pm \sqrt{97}}{2}$$

(4) $x^4 + 3x^2 + 4 = 0$ を変形すると

$$x^4 + 4x^2 + 4 - x^2 = 0$$
$$(x^2 + 2)^2 - x^2 = 0$$
$$(x^2 + x + 2)(x^2 - x + 2) = 0$$

よって，求める解は

$$x = \frac{-1 \pm \sqrt{7}i}{2}, \ \frac{1 \pm \sqrt{7}i}{2}$$

(5) $\quad x^4 - 8x^3 + 17x^2 - 8x + 1 = 0$

$x = 0$ は解でないから，この式の両辺を x^2 でわると

$$x^2 - 8x + 17 - \frac{8}{x} + \frac{1}{x^2} = 0$$

この式を変形すると

$$\left(x^2 + \frac{1}{x^2}\right) - 8\left(x + \frac{1}{x}\right) + 17 = 0$$

$$\left(x + \frac{1}{x}\right)^2 - 8\left(x + \frac{1}{x}\right) + 15 = 0$$

$$\left(x + \frac{1}{x} - 3\right)\left(x + \frac{1}{x} - 5\right) = 0$$

$x + \dfrac{1}{x} - 3 = 0$ の両辺に x をかけると

$$x^2 - 3x + 1 = 0$$

$$\therefore \quad x = \frac{3 \pm \sqrt{5}}{2}$$

$x + \dfrac{1}{x} - 5 = 0$ の両辺に x をかけると

$$x^2 - 5x + 1 = 0$$

$$\therefore \quad x = \frac{5 \pm \sqrt{21}}{2}$$

であるから，求める解は

$$x = \frac{3 \pm \sqrt{5}}{2}, \ \frac{5 \pm \sqrt{21}}{2}$$

1.45 (1) $a^2 + b^2 + c^2$
$$= (a + b + c)^2 - 2(ab + bc + ca)$$
$$= 1^2 - 2 \cdot 2$$
$$= -3$$

(2) 3 次方程式の解と係数の関係より
$$x^3 - x^2 + 2x - 3 = 0$$

(3) $a^3 + b^3 + c^3 - 3abc$
$= (a+b+c)(a^2+b^2+c^2-ab-bc-ca)$
より
$a^3 + b^3 + c^3$
$= (a+b+c)$
$\qquad \times (a^2+b^2+c^2-bc-ca-ab)$
$\qquad\qquad\qquad\qquad +3abc$
$= 1 \times (-3-2) + 3 \times 3$
$= \underline{\mathbf{4}}$

別解

(3) (2) より $x^3 = x^2 - 2x + 3$ であり
$a^3 + b^3 + c^3$
$= (a^2 - 2a + 3) + (b^2 - 2b + 3)$
$\qquad\qquad\qquad + (c^2 - 2c + 3)$
$= (a^2 + b^2 + c^2) - 2(a+b+c) + 9$
$= (-3) - 2 \cdot 1 + 9$
$= 4$

1.46 $x^3 - 5x^2 + ax + b = 0$ は $1 - 2i$
を解にもつので
$(1-2i)^3 - 5(1-2i)^2$
$\qquad\qquad + a(1-2i) + b = 0$
$-11 + 2i - 5(-3-4i)$
$\qquad\qquad + (a+b) - 2ai = 0$
$\therefore \quad (4+a+b) + (22-2a)i = 0$
a, b は実数なので
$$\begin{cases} 4+a+b = 0 \\ 22 - 2a = 0 \end{cases}$$
$\therefore \quad \underline{\mathbf{a = 11,\ b = -15}}$
これを与式に代入して
$x^3 - 5x^2 + 11x - 15 = 0$
$\therefore \quad (x-3)(x^2 - 2x + 5) = 0$
よって，他の 2 つの解は
$\underline{\mathbf{x = 3,\ 1 + 2i}}$

別解

$\alpha = 1 - 2i$ とおくと
$\alpha - 1 = -2i$

両辺を平方して
$(\alpha - 1)^2 = (-2i)^2$
$\alpha^2 - 2\alpha + 1 = -4$
$\therefore \quad \alpha^2 - 2\alpha + 5 = 0$
ここで，$x^3 - 5x^2 + ax + b$ を
$x^2 - 2x + 5$ でわると
商：$x - 3$
余り：$(a-11)x + b + 15$
なので，$f(x) = x^3 - 5x^2 + ax + b$ と
おくと
$f(x)$
$= (x-3)(x^2 - 2x + 5)$
$\qquad\qquad + (a-11)x + b + 15$
すなわち
$f(\alpha) = (a-11)\alpha + b + 15$
$\qquad = 0$
a, b は実数，α は虚数であるから
$$\begin{cases} a - 11 = 0 \\ b + 15 = 0 \end{cases}$$
$\therefore \quad a = 11$, $b = -15$
以下，解答と同じ。

別解

$1 - 2i$ が解より $1 + 2i$ も解である。
残りの解を α とおくと，解と係数の関
係より
$$\begin{cases} (1-2i) + (1+2i) + \alpha = 5 \\ (1-2i)(1+2i) + (1+2i)\alpha \\ \qquad\qquad + \alpha(1-2i) = a \\ (1-2i)(1+2i)\alpha = -b \end{cases}$$
すなわち
$$\begin{cases} 2 + \alpha = 5 \\ 5 + 2\alpha = a \\ 5\alpha = -b \end{cases}$$
$\therefore \quad \alpha = 3,\ a = 11,\ b = -15$

📖 問題

±1 の虚数立方根 ┈┈┈┈┈┈┈┈┈┈┈┈┈┈┈┈┈┈┈┈┈┈┈┈┈┈┈┈┈┈┈┈┈┈┈┈┈┈┈

☐ **1.47** $\omega = \dfrac{-1 + \sqrt{3}i}{2}$ に対して，ω^8 は $\boxed{} + \boxed{} i$ となる。

ただし i は虚数単位とする。 （立教大）

☐ **1.48** $x^3 = 1$ の虚数解の 1 つを ω とするとき，次の式の値を求めよ。

(1) $1 + \omega + \omega^2 = \boxed{}$

(2) $(1 + \omega - \omega^2)(1 - \omega + \omega^2) = \boxed{}$

(3) $(1 - \omega)(1 - \omega^2)(1 - \omega^4)(1 - \omega^5) = \boxed{}$ （徳島文理大）

☐ **1.49** $z^3 = -1$ の虚数解の 1 つを ω とするとき

$$(\omega^2 + \omega + 1)^6 + (\omega^2 + \omega - 1)^6 + (\omega^2 - \omega + 1)^6$$
$$+ (\omega^2 - \omega - 1)^6 + (-\omega^2 - \omega + 1)^6 = \boxed{}$$

となる。 （帝京大）

☐ **1.50** 方程式 $x^2 + x + 1 = 0$ の 2 つの解を α，β とする。また，n を自然数とする。このとき，n が 3 の倍数であれば，$\alpha^n + \beta^n = \boxed{}$ である。n が 3 の倍数でなければ，$\alpha^n + \beta^n = \boxed{}$ である。また，n が 3 の倍数でないとき，α^n，β^n を解にもつ 2 次方程式は $x^2 + x + \boxed{} = 0$ である。

（広島修道大）

📖 チェック・チェック

基本 check !

1 の虚数立方根 $\left(\dfrac{-1 \pm \sqrt{3}i}{2} \right)$

　一方を ω とおくと，他方は共役複素数 $\overline{\omega}$ であり
　　(i) $\omega^3 = 1$, $\omega^2 + \omega + 1 = 0$
　　(ii) $\omega + \overline{\omega} = -1$, $\omega\overline{\omega} = 1$
　　(iii) $\omega^2 = -\omega - 1 = \overline{\omega}$ 　　　といった性質がある。

−1 の虚数立方根 $\left(\dfrac{1 \pm \sqrt{3}i}{2} \right)$

　一方を ω とおくと，他方は共役複素数 $\overline{\omega}$ であり
　　(i) $\omega^3 = -1$, $\omega^2 - \omega + 1 = 0$
　　(ii) $\omega + \overline{\omega} = 1$, $\omega\overline{\omega} = 1$
　　(iii) $\omega^2 = \omega - 1 = -\overline{\omega}$ 　　　といった性質がある。

1.47 **1 の虚数立方根**

$\omega^8 = \left(\dfrac{-1 + \sqrt{3}i}{2} \right)^8$ の計算は無謀です。$\omega = \dfrac{-1 + \sqrt{3}i}{2}$ より $2\omega + 1 = \sqrt{3}i$ であり，両辺を平方すると ω についての 2 次の等式 $\omega^2 + \omega + 1 = 0$ が得られます。さらに両辺に $\omega - 1$ をかけると $\omega^3 = 1$ が得られます。まずは ω^8 の次数下げを考えましょう。

1.48 **1 の虚数立方根**

$z^3 = 1$ の解は $(z-1)(z^2+z+1) = 0$ より $z = 1$, $\dfrac{-1 \pm \sqrt{3}i}{2}$ です。
$\omega^3 = 1$ と $\omega^2 + \omega + 1 = 0$ を利用します。

1.49 **−1 の虚数立方根**

$\omega^3 = -1$ と $\omega^2 - \omega + 1 = 0$ を利用します。

1.50 **1 の虚数立方根**

α, β は $x^2 + x + 1 = 0$ の解ですから，$n = 3$, 1 とすることにより空欄の候補は決まりますが，すべての自然数 n についての論証としたいです。

$x^3 - 1 = (x-1)(x^2+x+1) = 0$ より，$\alpha^3 = \beta^3 = 1$ が成り立ちます。また，α^n, β^n を解にもつ 2 次方程式で，x^2 の係数が 1 であるものは

$$(x - \alpha^n)(x - \beta^n) = 0 \quad \text{すなわち} \quad x^2 - (\alpha^n + \beta^n)x + \alpha^n\beta^n = 0$$

です。

解答・解説

1.47 $\omega = \dfrac{-1+\sqrt{3}i}{2}$ を変形すると

$$2\omega + 1 = \sqrt{3}i$$

両辺 2 乗して

$$4\omega^2 + 4\omega + 1 = -3$$
$$4\omega^2 + 4\omega + 4 = 0$$
$$\therefore \quad \omega^2 + \omega + 1 = 0 \quad \cdots\cdots ①$$

①の両辺に $\omega - 1$ をかけると

$$(\omega - 1)(\omega^2 + \omega + 1) = 0$$
$$\omega^3 - 1 = 0$$
$$\therefore \quad \omega^3 = 1$$

よって

$$\begin{aligned}
\omega^8 &= \omega^2 \cdot \omega^6 = \omega^2 \cdot (\omega^3)^2 \\
&= \omega^2 \\
&= -\omega - 1 \quad (①より) \\
&= -\frac{-1+\sqrt{3}i}{2} - 1 \\
&= \frac{-1-\sqrt{3}i}{2} \\
&= \underline{-\frac{1}{2}} + \underline{\frac{-\sqrt{3}}{2}}i
\end{aligned}$$

1.48 (1) $x^3 = 1$ の虚数解の 1 つが ω より

$$\omega^3 = 1 \quad \cdots\cdots ①$$
$$\omega^3 - 1 = 0$$
$$(\omega - 1)(\omega^2 + \omega + 1) = 0$$

ω は虚数であるから，$\omega \neq 1$ であり

$$\underline{\boldsymbol{1 + \omega + \omega^2 = 0}} \quad \cdots\cdots ②$$

(2) (1) より $\omega^2 = -\omega - 1$ なので

$$\begin{aligned}
(1 + \omega - \omega^2)(1 - \omega + \omega^2) &= (2 + 2\omega)(-2\omega) \\
&= -4(\omega + \omega^2) \\
&= -4 \cdot (-1) \quad (②より) \\
&= \underline{4}
\end{aligned}$$

(3)

$$\begin{aligned}
&(1-\omega)(1-\omega^2)(1-\omega^4)(1-\omega^5) \\
&= (1-\omega)(1-\omega^2) \\
&\qquad \times (1 - \omega \cdot \omega^3)(1 - \omega^2 \cdot \omega^3) \\
&= (1-\omega)(1-\omega^2)(1-\omega)(1-\omega^2) \\
&\qquad\qquad\qquad\qquad (①より) \\
&= \{(1-\omega)(1-\omega^2)\}^2 \\
&= (1 - \omega^2 - \omega + \omega^3)^2 \\
&= (2 - \omega - \omega^2)^2 \quad (①より) \\
&= (2 + 1)^2 \quad (②より) \\
&= \underline{\boldsymbol{9}}
\end{aligned}$$

1.49 $z^3 = -1$ の虚数解の 1 つが ω より

$$\omega^3 = -1 \quad \cdots\cdots ①$$
$$\omega^3 + 1 = 0$$
$$\therefore \quad (\omega + 1)(\omega^2 - \omega + 1) = 0$$

ω は虚数であるから，$\omega \neq -1$ であり

$$\omega^2 - \omega + 1 = 0 \quad \cdots\cdots ②$$

①，② を用いると

$$\begin{aligned}
&(\omega^2 + \omega + 1)^6 + (\omega^2 + \omega - 1)^6 \\
&\quad + (\omega^2 - \omega + 1)^6 + (\omega^2 - \omega - 1)^6 \\
&\quad + (-\omega^2 - \omega + 1)^6 \\
&= (\omega + \omega)^6 + (\omega^2 + \omega^2)^6 \\
&\quad + 0^6 + (-1 - 1)^6 + (-\omega^2 - \omega^2)^6 \\
&\qquad\qquad\qquad\qquad (②より) \\
&= (2\omega)^6 + (2\omega^2)^6 \\
&\quad + 0 + (-2)^6 + (-2\omega^2)^6 \\
&= 2^6(\omega^6 + \omega^{12} + 1 + \omega^{12}) \\
&= 2^6\{(\omega^3)^2 + 2(\omega^3)^4 + 1\} \\
&= 2^6\{(-1)^2 + 2 \cdot (-1)^4 + 1\} \\
&\qquad\qquad\qquad\qquad (①より) \\
&= 2^6 \cdot 4 \\
&= \underline{\boldsymbol{256}}
\end{aligned}$$

1.50 α, β は $x^2 + x + 1 = 0$ の 2 解なので，解と係数の関係より

$\alpha + \beta = -1$, $\alpha\beta = 1$ ……①

また，$x^2 + x + 1 = 0$ の両辺に $x - 1$ をかけると

$(x-1)(x^2+x+1) = 0$

∴ $x^3 - 1 = 0$

となるから

$\alpha^3 = 1$, $\beta^3 = 1$ ……②

が成り立つ。以上のことより

$n = 3k$ のとき

$$\begin{aligned}
\alpha^n + \beta^n &= (\alpha^3)^k + (\beta^3)^k \\
&= 1^k + 1^k \quad (\text{②より}) \\
&= 2
\end{aligned}$$

$n = 3k + 1$ のとき

$$\begin{aligned}
&\alpha^n + \beta^n \\
&= (\alpha^3)^k \cdot \alpha + (\beta^3)^k \cdot \beta \\
&= \alpha + \beta \quad (\text{②より}) \\
&= -1 \quad (\text{①より})
\end{aligned}$$

$n = 3k + 2$ のとき

$$\begin{aligned}
&\alpha^n + \beta^n \\
&= (\alpha^3)^k \cdot \alpha^2 + (\beta^3)^k \cdot \beta^2 \\
&= \alpha^2 + \beta^2 \quad (\text{②より}) \\
&= (\alpha + \beta)^2 - 2\alpha\beta \\
&= (-1)^2 - 2 \cdot 1 \quad (\text{①より}) \\
&= -1
\end{aligned}$$

つまり，n が 3 の倍数であれば

$$\alpha^n + \beta^n = \underline{\mathbf{2}}$$

n が 3 の倍数でなければ

$$\alpha^n + \beta^n = \underline{\mathbf{-1}}$$

である。

また，①より

$$\alpha^n \beta^n = (\alpha\beta)^n = 1^n = 1$$

なので，n が 3 の倍数でないとき，α^n，β^n を解にもつ 2 次方程式は

$$x^2 + x + \underline{\mathbf{1}} = 0$$

である。

§1　点と直線

📖 問題

2 点間の距離 ···

☐ **2.1**　点 A(6, 13) と点 B(1, 1) との距離は ☐ である。　　　　（中央大）

☐ **2.2**　直線 $x + 2y - 1 = 0$ 上にあって，2 点 A(1, 1)，B(3, 0) から等距離にある点 P の座標を求めよ。　　　　　　　　　　　　　　　　　（桜美林大）

☐ **2.3**　座標平面上に 3 点 A(3, 3)，B(1, 2)，C(4, 0) があるとき
(1)　三角形 ABC の重心 G の座標を求めよ。
(2)　3 点 A，B，C から等距離にある点 P の座標を求めよ。　　（創価大　改）

分点公式 ···

☐ **2.4**　平面上の 2 点 A(20, 13)，B(5, −2) を結ぶ線分 AB を 3 : 2 に内分する点の座標は ☐ であり，3 : 2 に外分する点の座標は ☐ である。　　　　　　　　　　　　　　　　　　　　　　　　　　　（東海大）

☐ **2.5**　xy 座標平面上に 3 点 P，Q，R がある。P の座標は (1, 2) であり，Q の座標は (3, 1) である。線分 PR を 1 : 4 に内分する点が Q であるとき，R の座標は ☐ である。　　　　　　　　　　　　　（大阪薬大　改）

チェック・チェック

基本 check！

2 点間の距離

平面上の 2 点を $A(x_1, y_1)$, $B(x_2, y_2)$ とするとき AB 間の距離は

$$AB = \sqrt{(x_2 - x_1)^2 + (y_2 - y_1)^2}$$

これは三平方の定理（ピタゴラスの定理）そのものである。

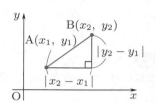

分点公式

$m > 0$, $n > 0$ とする。平面上の 2 点 $A(x_1, y_1)$, $B(x_2, y_2)$ に対して，線分 AB を $m:n$ に内分する点 C の座標は

$$\left(\frac{nx_1 + mx_2}{m + n},\ \frac{ny_1 + my_2}{m + n} \right)$$

であり，線分 AB を $m:n$ $(m \neq n)$ に外分する点 D の座標は

$$\left(\frac{-nx_1 + mx_2}{m - n},\ \frac{-ny_1 + my_2}{m - n} \right)$$

である。

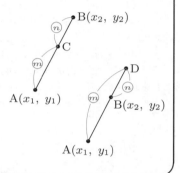

2.1　2 点間の距離

距離の公式の確認です。

2.2　2 定点から等距離にある直線上の点

点 P が直線 $x + 2y - 1 = 0$ 上にあることから，点 P の座標を文字で表して考えましょう。

2.3　三角形の重心

(1) 重心の座標（111 ページ **2.54** 参照）は公式として覚えておきましょう。

(2) 点 P の座標を (x, y) とおき，$PA = PB$ かつ $PB = PC$ を解けばよいですね。未知数 2 つだから，関係式も 2 つ必要です。P は $\triangle ABC$ の外心ですね。

2.4　内分点・外分点

分点公式の確認です。

2.5　内分点の座標が与えられている場合

点 P の座標と内分する点 Q の座標が与えられていますから，点 R の座標を文字でおいて分点公式を用いるとよいでしょう。 別解 の見方も大切です。

📖 解答・解説

2.1 $\mathrm{AB} = \sqrt{(6-1)^2 + (13-1)^2}$
$\qquad = \sqrt{25 + 144}$
$\qquad = \sqrt{169}$
$\qquad = \underline{\mathbf{13}}$

2.2 直線 $x + 2y - 1 = 0$ 上の点 P の座標を $(1-2p,\ p)$ とおくと，$\mathrm{PA} = \mathrm{PB}$ より

$$(1-2p-1)^2 + (p-1)^2$$
$$= (1-2p-3)^2 + (p-0)^2$$

ゆえに

$$4p^2 + (p^2 - 2p + 1)$$
$$= (4p^2 + 8p + 4) + p^2$$

これを解いて

$$p = -\frac{3}{10}$$

よって

$$\mathrm{P}\left(\frac{\mathbf{8}}{\mathbf{5}},\ -\frac{\mathbf{3}}{\mathbf{10}}\right)$$

別解

P は線分 AB の垂直二等分線上の点である。直線 AB の傾きが

$$\frac{0-1}{3-1} = -\frac{1}{2}$$

AB の中点が

$$\left(\frac{1+3}{2},\ \frac{1+0}{2}\right)$$

すなわち

$$\left(2,\ \frac{1}{2}\right)$$

より，線分 AB の垂直二等分線の方程式は

$$y = 2(x-2) + \frac{1}{2}$$
$$\therefore\quad y = 2x - \frac{7}{2}$$

であり，点 P の座標はこれと直線
$$x + 2y - 1 = 0$$
との交点である。

$$\begin{cases} y = 2x - \dfrac{7}{2} \\ x + 2y - 1 = 0 \end{cases}$$

より

$$x + 2\left(2x - \frac{7}{2}\right) - 1 = 0$$

これを解いて

$$x = \frac{8}{5},\ y = -\frac{3}{10}$$

よって

$$\mathrm{P}\left(\frac{8}{5},\ -\frac{3}{10}\right)$$

2.3 (1) 重心 G の座標は

$$\left(\frac{3+1+4}{3},\ \frac{3+2+0}{3}\right)$$

より

$$\mathrm{G}\left(\frac{\mathbf{8}}{\mathbf{3}},\ \frac{\mathbf{5}}{\mathbf{3}}\right)$$

(2) 3 点から等距離にある点 P の座標を $(x,\ y)$ とおくと，$\mathrm{PA} = \mathrm{PB} = \mathrm{PC}$ より

$$(x-3)^2 + (y-3)^2$$
$$= (x-1)^2 + (y-2)^2$$
$$= (x-4)^2 + y^2$$

すなわち

$$-6x - 6y + 18$$
$$= -2x - 4y + 5$$
$$= -8x + 16$$

したがって

$$\begin{cases} -6x - 6y + 18 = -2x - 4y + 5 \\ -2x - 4y + 5 = -8x + 16 \end{cases}$$

$$\therefore\quad \begin{cases} 4x + 2y = 13 & \cdots\cdots ① \\ 6x - 4y = 11 & \cdots\cdots ② \end{cases}$$

これを解いて

$$x = \frac{37}{14},\ y = \frac{17}{14}$$

よって

$$P\left(\frac{37}{14}, \ \frac{17}{14}\right)$$

【注意】

①，②はそれぞれ AB，BC の垂直二等分線であり，P は三角形 ABC の外心である。

2.4 2 点 A(20, 13)，B(5, −2) を結ぶ線分 AB を $3:2$ に内分する点 P の座標は

$$\left(\frac{2 \times 20 + 3 \times 5}{3 + 2}, \right.$$
$$\left.\frac{2 \times 13 + 3 \times (-2)}{3 + 2}\right)$$

$$\therefore \quad \underline{(11, \ 4)}$$

$3:2$ に外分する点 Q の座標は

$$\left(\frac{(-2) \times 20 + 3 \times 5}{3 - 2}, \right.$$
$$\left.\frac{(-2) \times 13 + 3 \times (-2)}{3 - 2}\right)$$

$$\therefore \quad \underline{(-25, \ -32)}$$

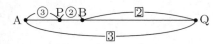

2.5 点 R の座標を (x, y) とおく。点 P の座標は (1, 2) であり，線分 PR を $1:4$ に内分する点 Q の座標は (3, 1) であるから

$$\begin{cases} \dfrac{4 \times 1 + 1 \times x}{1 + 4} = 3 \\ \dfrac{4 \times 2 + 1 \times y}{1 + 4} = 1 \end{cases}$$

$$\therefore \quad \begin{cases} 4 + x = 15 \\ 8 + y = 5 \end{cases}$$

これを解いて

$$x = 11, \ y = -3$$

よって，点 R の座標は

$$\underline{(11, \ -3)}$$

別解

線分 PR を $1:4$ に内分する点が Q なので，線分 PQ を $5:4$ に外分する点が R である。よって R の座標は

$$\left(\frac{(-4) \times 1 + 5 \times 3}{5 - 4}, \right.$$
$$\left.\frac{(-4) \times 2 + 5 \times 1}{5 - 4}\right)$$

$$\therefore \quad (11, \ -3)$$

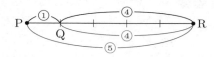

📖 問題

直線の方程式 ··

☐ **2.6** 2 点 $(-1, -7)$, $(3, 13)$ を通る直線の方程式は $y = \boxed{} x - \boxed{}$ である。 （千葉工大）

☐ **2.7** 3 点 $(-1, 2)$, $(-2, 3)$, $\left(3, \boxed{}\right)$ は同じ直線上にある。 （中部大）

☐ **2.8** 次の各問いに答えよ。

(1) 点 $(2, -3)$ を通り，直線 $y = 3x - 5$ に平行な直線は

$y = \boxed{} x - \boxed{}$ で，垂直な直線は $y = \boxed{} x - \boxed{}$ である。 （玉川大）

(2) 平面上の直線 $l_1 : (a + 4)x + (3a - 1)y + 4a - 23 = 0$ が，直線 $l_2 :$ $3x + 4y + 5 = 0$ と平行になるのは $a = \boxed{}$ のときであり，直線 l_1, l_2 が直交するのは $a = \boxed{}$ のときである。 （大阪産業大）

☐ **2.9** 3 直線 $x - y = -1$, $3x + 2y = 12$, $kx - y = k - 1$ が，三角形をつくらないような定数 k の値は $\boxed{}$, $\boxed{}$, $\boxed{}$ である。 （日本歯大）

☐ **2.10** 次の各問いに答えよ。

(1) m を実数とする。方程式

$$x^2 + y^2 + 2xy + (2m + 1)x + (2m + 1)y + m(m + 1) = 0$$

が表す図形は，xy 平面における 2 直線であることを証明せよ。

(2) $10x^2 + kxy + 2y^2 - 9x - 4y + 2 = 0$ が 2 直線を表す時の k の値を求めよ。ただし，k は整数とする。 （自治医大）

チェック・チェック

基本 check！

2 点を通る直線

2 点 $A(x_1, y_1)$，$B(x_2, y_2)$ を通る直線の方程式は

$x_1 \neq x_2$ のときは

$$y - y_1 = \frac{y_2 - y_1}{x_2 - x_1}(x - x_1)$$

$x_1 = x_2$ のときは $x = x_1$

$$(x_2 - x_1)(y - y_1) = (y_2 - y_1)(x - x_1)$$

として，2 つの場合をまとめて表すこともできる。

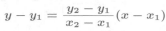

2 直線の平行条件，垂直条件

(I) $y = m_1 x + n_1$，$y = m_2 x + n_2$ において

平行条件：$m_1 = m_2$ （2 直線が一致するときも含む）

垂直条件：$m_1 m_2 = -1$

(II) $a_1 x + b_1 y + c_1 = 0$，$a_2 x + b_2 y + c_2 = 0$ において

平行条件：$a_1 b_2 - b_1 a_2 = 0$ （2 直線が一致するときも含む）

垂直条件：$a_1 a_2 + b_1 b_2 = 0$

2.6 2 点を通る直線

まずは直線の傾きを求めましょう。

2.7 共線条件

2 点を通る直線の傾きを比較するとよいでしょう。

2.8 平行条件，垂直条件

(1) は (I)，(2) は (II) を利用しましょう。

2.9 三角形をつくらない条件

与えられた 3 直線が三角形をつくらないのは

(i) 平行な 2 直線が存在する

(ii) 3 本の直線が 1 点を共有する

の 2 つの場合が考えられます。

2.10 2 直線を表す方程式

$ax^2 + bxy + cy^2 + dx + ey + f = 0$ が 2 直線を表すのは

$$(px + qy + r)(p'x + q'y + r') = 0$$

と変形されるときです。

📖 解答・解説

2.6 2 点 $(-1, -7)$, $(3, 13)$ を通る直線の傾きは

$$\frac{13 - (-7)}{3 - (-1)} = 5$$

よって，求める方程式は

$$y - (-7) = 5\{x - (-1)\}$$
$$\therefore \quad y = \underline{5}x - \underline{2}$$

2.7 求める点の座標を $(3, y)$ とおく。3 点は同一直線上にあるから，傾きに着目して

$$\frac{3 - 2}{-2 - (-1)} = \frac{y - 2}{3 - (-1)}$$
$$-1 = \frac{y - 2}{4}$$
$$\therefore \quad y = \underline{-2}$$

別解

2 点 $(-1, 2)$, $(-2, 3)$ を通る直線の方程式は

$$y - 2 = \frac{3 - 2}{-2 - (-1)}\{x - (-1)\}$$
$$y = -(x + 1) + 2$$
$$\therefore \quad y = -x + 1$$

だから，$x = 3$ を代入して

$$y = -2$$

2.8 (1) 点 $(2, -3)$ を通り，直線 $y = 3x - 5$ に平行な直線は，傾きが 3 であるから

$$y - (-3) = 3(x - 2)$$
$$\therefore \quad y = \underline{3}x - \underline{9}$$

垂直な直線は，傾きが $-\frac{1}{3}$ であるから

$$y - (-3) = -\frac{1}{3}(x - 2)$$
$$\therefore \quad y = -\frac{1}{3}x - \frac{7}{3}$$

(2) 2 直線 l_1, l_2 が平行になるのは

$$(a + 4) \cdot 4 - (3a - 1) \cdot 3 = 0$$

$$\therefore \quad a = \frac{19}{5}$$

のときであり，直交するのは

$$(a + 4) \cdot 3 + (3a - 1) \cdot 4 = 0$$
$$\therefore \quad a = -\frac{8}{15}$$

のときである。

別解

2 直線 l_1, l_2 が平行になるのは

$$-\frac{a + 4}{3a - 1} = -\frac{3}{4}$$
$$4(a + 4) = 3(3a - 1)$$
$$\therefore \quad a = \frac{19}{5}$$

のときであり，直交するのは

$$\left(-\frac{a + 4}{3a - 1}\right) \times \left(-\frac{3}{4}\right) = -1$$
$$3(a + 4) = -4(3a - 1)$$
$$\therefore \quad a = -\frac{8}{15}$$

のときである。

2.9 $x - y = -1$ すなわち

$$y = x + 1 \quad \cdots\cdots ①$$

$3x + 2y = 12$ すなわち

$$y = -\frac{3}{2}x + 6 \quad \cdots\cdots ②$$

$kx - y = k - 1$ すなわち

$$y = kx + 1 - k \quad \cdots\cdots ③$$

①と②は平行でないので，三角形をつくらないのは次のいずれかの場合である。

(ⅰ) ① // ③ のとき

つまり $k = 1$ のとき

(ⅱ) ② // ③ のとき

つまり $k = -\frac{3}{2}$ のとき

(ⅲ) ①と②の交点を③が通るとき

①，②を連立して解くと

$$x + 1 = -\frac{3}{2}x + 6$$

$$\therefore \quad x = 2$$

であり，①より

$$y = 2 + 1 = 3$$

であるから，①と②の交点の座標は $(2,\ 3)$ である。③がこの点を通るのは

$$3 = 2k + 1 - k$$
$$\therefore \quad k = 2$$

以上（i），（ii），（iii）より

$$k = -\frac{3}{2},\ \underline{\mathbf{1}},\ \underline{\mathbf{2}}$$

2.10 (1) 与式を x について整理すると

$$x^2 + (2y + 2m + 1)x$$
$$+y^2 + (2m + 1)y$$
$$+m(m + 1) = 0$$
$$x^2 + (2y + 2m + 1)x$$
$$+(y + m)(y + m + 1) = 0$$
$$(x + y + m)(x + y + m + 1) = 0$$

ゆえに

$$x + y + m = 0 \quad \cdots\cdots ①$$

または

$$x + y + m + 1 = 0 \quad \cdots\cdots ②$$

ここで，①と②は m の値によらず異なる 2 直線を表すので，方程式が表す図形は xy 平面における 2 直線である。

(証明終)

(2) 与式を y の 2 次方程式とみて

$$2y^2 + (kx - 4)y + (10x^2 - 9x + 2) = 0$$

を解くと

$$y = \frac{-(kx - 4) \pm \sqrt{D_y}}{4}$$
$$\cdots\cdots ①$$

ここで

$$D_y = (kx - 4)^2 - 8(10x^2 - 9x + 2)$$
$$= (k^2 - 80)x^2 + 8(9 - k)x$$

①が 2 直線を表す条件は $\sqrt{D_y}$ が x の 1 次式，または，定数であることだが，D_y は定数でないので，$\sqrt{D_y}$ が x の 1 次式，すなわち D_y が x の完全平方式となることである。したがって，$D_y = 0$ の判別式を D_x とおくと

$$\begin{cases} k^2 - 80 \neq 0 \\ \dfrac{D_x}{4} = 16(9 - k)^2 = 0 \end{cases}$$

$$\therefore \quad \begin{cases} k \neq \pm 4\sqrt{5} \\ k = 9 \end{cases}$$

よって

$$\underline{\boldsymbol{k = 9}}$$

📖 問題

対称点 ···

☐ **2.11** 直線 $3x - y + 2 = 0$ に関して点 A$(-4,\ 0)$ と対称な点 B の座標を
求めよ。　　　　　　　　　　　　　　　　　　　　　　　　　（兵庫医大）

☐ **2.12** 座標平面上に 2 点 A$(-2,\ 4)$, B$(4,\ 2)$ および直線 $l : x + y = 1$ が与
えられている。点 P が直線 l 上を動くとき，AP + PB が最小となる P の座
標は $\left(\boxed{},\ \boxed{} \right)$ である。　　　　　　　　　　（慶大　改）

対称移動 ···

☐ **2.13** 直線 $y = 2x - 3$ と，
　　　x 軸に関して対称な直線の方程式は $y = \boxed{}$，
　　　原点に関して対称な直線の方程式は $y = \boxed{}$，
　　　直線 $y = x$ に関して対称な直線の方程式は $y = \boxed{}$
である。　　　　　　　　　　　　　　　　　　　　　　　　　　（玉川大）

☐ **2.14** 次の各問いに答えよ。
(1) 放物線 $y = x^2 - 2x - 1$ を y 軸に関して折り返してつくった放物線の方
　 程式は $y = \boxed{}$ である。
(2) 放物線 $y = x^2 - 2x - 1$ を直線 $y = 2$ に関して折り返してつくった放物
　 線の方程式は $y = \boxed{}$ である。　　　　　　（藤田保健衛生大）

チェック・チェック

基本 check！

対称点

　直線 l に関して 2 点 A，B が対称である条件は

$$\begin{cases} \text{線分 AB の中点が } l \text{ 上にある} \\ \text{直線 AB と } l \text{ が直交する} \end{cases}$$

対称移動

　図形の方程式が $y = f(x)$ のとき

　　x 軸に関して対称移動すると　　　$-y = f(x)$

　　y 軸に関して対称移動すると　　　$y = f(-x)$

　　原点に関して対称移動すると　　　$-y = f(-x)$

　　直線 $y = x$ に関して対称移動すると　　$x = f(y)$

となる。

2.11　対称点

　点 B の座標を (p, q) とおき，2 つの条件 (中点，直交) から p，q の値を求めます。

2.12　2 定点と直線上の点の距離の和の最小

　l に関する A の対称点を A′ とおくと，l 上の任意の点 P に対してつねに $AP = A'P$ が成り立ちます。

2.13　対称移動

　点 $P(x, y)$ を x 軸に関して対称移動した点を $Q(X, Y)$ とおくと

$$\begin{cases} X = x \\ Y = -y \end{cases} \iff \begin{cases} x = X \\ y = -Y \end{cases}$$

なので，P が $y = f(x)$ 上を動くとき，Q は $-Y = f(X)$ すなわち

　　$-y = f(x)$

上を動くことになります。

2.14　直線 $y = k$ に関する対称移動

　点 $P(x, y)$ を直線 $y = k$ に関して対称移動した点を $Q(X, Y)$ とおくと

$$\begin{cases} X = x \\ \dfrac{Y + y}{2} = k \end{cases} \iff \begin{cases} x = X \\ y = 2k - Y \end{cases}$$

なので，P が $y = f(x)$ 上を動くとき，Q は $2k - Y = f(X)$ すなわち

　　$2k - y = f(x)$

上を動くことになります。

解答・解説

2.11 点 B の座標を (p, q) とおくと，線分 AB の中点 $\left(\dfrac{p-4}{2}, \dfrac{q}{2}\right)$ が直線 $3x - y + 2 = 0$ 上にあることから

$$3 \times \frac{p-4}{2} - \frac{q}{2} + 2 = 0$$

$$\therefore \quad 3p - q = 8 \quad \cdots\cdots ①$$

直線 $3x - y + 2 = 0$ と直線 AB が直交することより，傾きの積が -1 になるから

$$3 \times \frac{q - 0}{p - (-4)} = -1$$

$$\therefore \quad p + 3q = -4 \quad \cdots\cdots ②$$

①，②より

$$p = 2, \ q = -2$$

$$\therefore \quad \text{B}\underline{(2, \ -2)}$$

2.12 $l : x + y = 1$ に関する $\text{A}(-2, 4)$ の対称点を $\text{A}'(a, b)$ とおくと，線分 AA' の中点

$$\left(\frac{a-2}{2}, \ \frac{b+4}{2}\right)$$

が l 上にあることから

$$\frac{a-2}{2} + \frac{b+4}{2} = 1$$

$$\therefore \quad a + b = 0 \quad \cdots\cdots ①$$

l と直線 AA' が直交することにより，傾きの積が -1 になるから

$$-1 \times \frac{b-4}{a-(-2)} = -1$$

$$\therefore \quad a - b = -6 \quad \cdots\cdots ②$$

①，②より $a = -3$，$b = 3$ であるから

$$\text{A}'(-3, 3)$$

となる。

ここで，図のように 2 点 A，B は直線 l に関して同じ側にあり

$$\text{AP} + \text{PB} = \text{A}'\text{P} + \text{PB}$$
$$\geqq \text{A}'\text{B}$$

であり，等号が成り立つのは P が l と直線 $\text{A}'\text{B}$ の交点のときである。

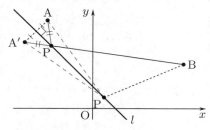

直線 $\text{A}'\text{B}$ の方程式は

$$y - 3 = \frac{2 - 3}{4 - (-3)} \{x - (-3)\}$$

$$y - 3 = -\frac{1}{7}(x + 3)$$

$$\therefore \quad x + 7y = 18$$

l との交点 P の座標は

$$\begin{cases} x + y = 1 \\ x + 7y = 18 \end{cases}$$

これを解いて

$$x = -\frac{11}{6}, \ y = \frac{17}{6}$$

よって

$$\left(-\frac{11}{6}, \ \frac{17}{6}\right)$$

となる。

2.13 $y = 2x - 3 \quad \cdots\cdots ①$

①と x 軸に関して対称な直線の方程式は

$$-y = 2x - 3$$

$$\therefore \quad y = \underline{-2x + 3}$$

①と原点に関して対称な直線の方程式は

$$-y = 2(-x) - 3$$

$$\therefore \quad y = \underline{2x + 3}$$

①と直線 $y = x$ に関して対称な直線の方程式は

$$x = 2y - 3$$
$$\therefore \quad y = \frac{1}{2}x + \frac{3}{2}$$

（注意）

$y = f(x)$ 上の点 (X, Y) と，対称移動後の点の関係は次の図の通り。

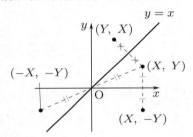

2.14 (1) 放物線

$$y = x^2 - 2x - 1 \quad \cdots\cdots ①$$

上の点 (x, y) を y 軸に関して対称移動した点を (X, Y) とおくと

$$\begin{cases} X = -x \\ Y = y \end{cases}$$

$$\therefore \quad \begin{cases} x = -X \\ y = Y \end{cases}$$

これを①に代入して

$$Y = (-X)^2 - 2(-X) - 1$$
$$= X^2 + 2X - 1$$
$$\therefore \quad y = \underline{x^2 + 2x - 1}$$

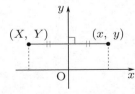

(2) ①上の点 (x, y) を直線 $y = 2$ に関して対称移動した点を (X, Y) とおくと

$$\begin{cases} X = x \\ \dfrac{y + Y}{2} = 2 \end{cases}$$

$$\therefore \quad \begin{cases} x = X \\ y = 4 - Y \end{cases}$$

これを①に代入して

$$4 - Y = X^2 - 2X - 1$$
$$Y = -X^2 + 2X + 5$$
$$\therefore \quad y = \underline{-x^2 + 2x + 5}$$

別解

$y = (x - 1)^2 - 2$ の頂点 $(1, -2)$ の移動後の座標を考える。

(1) 頂点 $(1, -2)$ の移動後の座標は $(-1, -2)$ であるから，求める方程式は

$$y = (x + 1)^2 - 2$$
$$\therefore \quad y = x^2 + 2x - 1$$

(2) 頂点 $(1, -2)$ の移動後の座標は $(1, 6)$ であるから，求める方程式は

$$y = -(x - 1)^2 + 6$$
$$\therefore \quad y = -x^2 + 2x + 5$$

問題

点と直線の距離 ··

☐ **2.15** 直線 $ax + by + c = 0$ と点 $(x_0,\ y_0)$ の距離を与える公式

$$\frac{|ax_0 + by_0 + c|}{\sqrt{a^2 + b^2}}$$

を証明せよ。 （津田塾大）

☐ **2.16** 次の各問いに答えよ。

(1) 点 $(1,\ 2)$ と直線 $3x + 4y + 5 = 0$ の距離は ☐ である。 （大阪薬大）

(2) 点 A$(2,\ -3)$ と直線 $x + \sqrt{3}y + a = 0$ の距離が 1 のとき，a の値は ☐ と ☐ である。 （名城大）

3 直線で囲まれる三角形の面積 ···

☐ **2.17** 3 直線 $-4x + y - 4 = 0,\ 4x + 3y - 12 = 0,\ 4x + 15y - 12 = 0$ で囲まれる三角形の面積は ☐ である。 （昭和薬大）

☐ **2.18** 座標平面上の 3 点 A$(2,\ 1)$, B$(4,\ 7)$, C$(2t+1,\ 10-t)$ から作る三角形 ABC の面積が 10 である。このとき，$t =$ ☐ または $t =$ ☐ である。 （東邦大）

チェック・チェック

基本 check！

点と直線の距離

点 $(x_0,\ y_0)$ から直線 $ax + by + c = 0$ に下ろした垂線の長さ d は

$$d = \frac{|ax_0 + by_0 + c|}{\sqrt{a^2 + b^2}}$$

である。

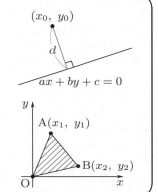

三角形の面積

$\mathrm{O}(0,\ 0)$, $\mathrm{A}(x_1,\ y_1)$, $\mathrm{B}(x_2,\ y_2)$ のとき

$$\triangle \mathrm{OAB} = \frac{1}{2}|x_1 y_2 - y_1 x_2|$$

2.15 点と直線の距離の公式

公式として覚えるだけでなく，一度は証明しておきましょう。

2.16 点と直線の距離の公式の利用

(1) 点と直線の距離の公式を利用する問題です。公式をしっかりと覚えておきましょう。

(2) 距離がわかっているので，(1) と同じように公式を利用することで直線の方程式が求められます。直線は 2 本あることに注意しましょう。

2.17 3 直線で囲まれる三角形

x 軸，y 軸に着目して，計算がラクになる三角形に分けます。

2.18 3 頂点が与えられた三角形

$\mathrm{A}(x_1,\ y_1)$, $\mathrm{B}(x_2,\ y_2)$, $\mathrm{C}(x_3,\ y_3)$ のとき

$$\triangle \mathrm{ABC} = \frac{1}{2}|(x_2 - x_1)(y_3 - y_1)$$
$$-(y_2 - y_1)(x_3 - x_1)|$$

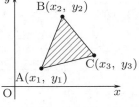

となります。$\triangle \mathrm{ABC}$ を A が O となるように平行移動した三角形を $\mathrm{OB'C'}$ とすると，$\mathrm{B'}(x_2 - x_1,\ y_2 - y_1)$，$\mathrm{C'}(x_3 - x_1,\ y_3 - y_1)$ となり

$$\triangle \mathrm{ABC} = \triangle \mathrm{OB'C'} = \frac{1}{2}|(x_2 - x_1)(y_3 - y_1) - (y_2 - y_1)(x_3 - x_1)|$$

となるから，**基本 check！** の公式と同じです。

📖 解答・解説

2.15 直線 $ax + by + c = 0$ を l とし，点 (x_0, y_0) を P とする。P から l に下ろした垂線の足を $H(x_1, y_1)$ とおくと
$$PH = \sqrt{(x_1 - x_0)^2 + (y_1 - y_0)^2}$$
であり，$PH \perp l$ より，PH の方程式は
$$b(x - x_0) - a(y - y_0) = 0$$
H は直線 PH 上の点であるから
$$b(x_1 - x_0) - a(y_1 - y_0) = 0$$
である。

ここで，$X = x_1 - x_0$，$Y = y_1 - y_0$ とおくと
$$bX - aY = 0 \quad \cdots\cdots ①$$
であり，H は l 上の点でもあるから
$$ax_1 + by_1 + c = 0$$
$$a(X + x_0) + b(Y + y_0) + c = 0$$
$$\therefore \quad aX + bY = -(ax_0 + by_0 + c)$$
$$\cdots\cdots ②$$
である。

$$b(x - x_0) - a(y - y_0) = 0$$

P(x_0, y_0)

H(x_1, y_1)

l

①，②を X，Y について解くと
$$X = -a \cdot \frac{(ax_0 + by_0 + c)}{a^2 + b^2},$$
$$Y = -b \cdot \frac{(ax_0 + by_0 + c)}{a^2 + b^2}$$
ゆえに
$$PH = \sqrt{X^2 + Y^2}$$
$$= \sqrt{\{(-a)^2 + (-b)^2\} \cdot \frac{(ax_0 + by_0 + c)^2}{(a^2 + b^2)^2}}$$

$$= \frac{|ax_0 + by_0 + c|}{\sqrt{a^2 + b^2}} \qquad \text{(証明終)}$$

2.16 (1) 点と直線の距離の公式より
$$\frac{|3 \times 1 + 4 \times 2 + 5|}{\sqrt{3^2 + 4^2}} = \underline{\mathbf{\frac{16}{5}}}$$

(2) 点と直線の距離の公式より
$$\frac{\left|1 \times 2 + \sqrt{3} \times (-3) + a\right|}{\sqrt{1^2 + \left(\sqrt{3}\right)^2}} = 1$$
$$\left|a + 2 - 3\sqrt{3}\right| = 2$$
よって
$$a + 2 - 3\sqrt{3} = 2$$
または
$$a + 2 - 3\sqrt{3} = -2$$
であるから，a の値は
$$\underline{\mathbf{3\sqrt{3}}} \ \text{と} \ \underline{\mathbf{-4 + 3\sqrt{3}}}$$
である。

2.17
$$\begin{cases} -4x + y - 4 = 0 & \cdots\cdots ① \\ 4x + 3y - 12 = 0 & \cdots\cdots ② \\ 4x + 15y - 12 = 0 & \cdots\cdots ③ \end{cases}$$
とおくと，①と②，②と③，③と①，①と x 軸の交点はそれぞれ
$$A(0, 4), \ B(3, 0),$$
$$C\left(-\frac{3}{4}, 1\right), \ D(-1, 0)$$
である。求める面積は
$$\triangle ABC$$
$$= \triangle ABD - \triangle CBD$$
$$= \frac{1}{2} \times \{3 - (-1)\} \times 4$$
$$\qquad - \frac{1}{2} \times \{3 - (-1)\} \times 1$$
$$= 8 - 2$$
$$= \underline{\mathbf{6}}$$

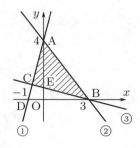

より △ABC の面積が 10 となるのは
$$\frac{1}{2}\left|2(9-t)-6(2t-1)\right|=10$$
以下，同じ。

③の y 切片を $E\left(0,\ \frac{4}{5}\right)$ とおくと
$$\triangle ABC$$
$$=\triangle ACE+\triangle ABE$$
$$=\frac{1}{2}AE\cdot\frac{3}{4}+\frac{1}{2}AE\cdot 3$$
$$=\frac{1}{2}\left(4-\frac{4}{5}\right)\cdot\left(\frac{3}{4}+3\right)$$
$$=6$$

2.18 △ABC の面積が 10 なので
$$\frac{1}{2}\left|(4-2)(10-t-1)\right.$$
$$\left.-(7-1)(2t+1-2)\right|=10$$
式を整理すると
$$\frac{1}{2}\left|2(9-t)-6(2t-1)\right|=10$$
$$\frac{1}{2}\left|-14t+24\right|=10$$
$$7t-12=\pm 10$$
よって
$$t=\frac{2}{7}\ \text{または}\ t=\frac{22}{7}$$
である。

別解

△ABC を x 軸方向に -2，y 軸方向に -1 だけ平行移動した三角形を $A'B'C'$ とすると
$$A'(0,\ 0),\ B'(2,\ 6),$$
$$C'(2t-1,\ 9-t)$$
である。
$$(\triangle ABC \text{の面積})$$
$$=(\triangle A'B'C' \text{の面積})$$

問題

定点を通る直線 ....

☐ **2.19** k を実数とする。直線 $(2k+3)x+(3k+1)y-k-5=0$ は，k の値
に関係なく，定点 ☐ を通る。　　　　　　　　　　　　（神奈川大）

☐ **2.20** 　直線 $(5k+2)x+(-k+1)y+(k-1)=0$ は定点 P を通る。このとき
点 P と点 $(3,\ 5)$ を通る直線の方程式は $y=$ ☐ である。　　　（東海大）

☐ **2.21** 　2 つの直線 $2x-3y-1=0$，$x+y+1=0$ の交点 A と点 B $(1,\ 2)$ を
通る直線の方程式は ☐ である。　　　　　（静岡理工科大）

☐ **2.22** 　2 直線 $2x+3y=1$，$3x+y=5$ の交点を通り，直線 $3x+2y=6$ に
平行な直線の方程式は ☐ で，垂直な直線の方程式は ☐ である。
　　　　　　　　　　　　　　　　　　　　　　　　　（広島工大）

📖 チェック・チェック

2.19 k についての恒等式

$k(a_1x + b_1y + c_1) + (a_2x + b_2y + c_2) = 0$ ……(*) が k の値に関係なく成立する条件は

$$\begin{cases} a_1x + b_1y + c_1 = 0 \\ a_2x + b_2y + c_2 = 0 \end{cases}$$

です。したがって，この連立方程式を解くことで，k の値に関係なく成立する x, y の値の組が求められます。

2.20 定点を通る直線

k の値に関係なく直線は定点 P を通るわけですから，**2.19** と同じように P の座標を求め，P と点 $(3, 5)$ を通る直線の方程式を求めることはできますが，これは遠回りです。

$(x, y) = (3, 5)$ を与式に代入すれば，k の値が決まり，直線の方程式が確定します。

2.21 2 直線の交点を通る直線

2 直線 $a_1x + b_1y + c_1 = 0$, $a_2x + b_2y + c_2 = 0$ が交点をもつとき

$k(a_1x + b_1y + c_1) + (a_2x + b_2y + c_2) = 0$ (k は定数)

は交点を通る直線の方程式になっています。

交点の座標を求めずに，交点を通る直線の方程式を表すことができるのがこの式の効力です。

2.22 2 直線の交点を通る直線と平行・垂直

2.21 と同様に，2 直線の交点を通る直線の方程式を作りましょう。2 直線

$a_1x + b_1y + c_1 = 0$, $a_2x + b_2y + c_2 = 0$

の平行条件は $a_1b_2 - b_1a_2 = 0$，垂直条件は $a_1a_2 + b_1b_2 = 0$ でしたね。

解答・解説

2.19 与式を k について整理すると
$$k(2x + 3y - 1) + (3x + y - 5) = 0$$
よって，k の値に関わらず成立するのは
$$\begin{cases} 2x + 3y - 1 = 0 \\ 3x + y - 5 = 0 \end{cases}$$
のときであり，この連立方程式を解くと
$$x = 2, \ y = -1$$
であるから，求める定点は
$$\underline{(2, \ -1)}$$

2.20 直線が点 $(3, 5)$ を通るとき
$$(5k + 2) \cdot 3 + (-k + 1) \cdot 5 + (k - 1) = 0$$
$$\therefore \quad k = -\frac{10}{11}$$
これを与式に代入すると
$$\left\{ 5 \cdot \left(-\frac{10}{11} \right) + 2 \right\} x + \left\{ -\left(-\frac{10}{11} \right) + 1 \right\} y + \left(-\frac{10}{11} - 1 \right) = 0$$
$$-\frac{28}{11} x + \frac{21}{11} y - \frac{21}{11} = 0$$
$$\therefore \quad \underline{y = \frac{4}{3} x + 1}$$

2.21 直線
$$k(2x - 3y - 1) + (x + y + 1) = 0 \quad \cdots\cdots (*)$$
は 2 直線
$$2x - 3y - 1 = 0, \ x + y + 1 = 0$$
の交点 A を通る。
$(*)$ が点 $B(1, 2)$ を通るとき
$$k(2 - 6 - 1) + (1 + 2 + 1) = 0$$
$$\therefore \quad k = \frac{4}{5}$$
したがって，求める直線の方程式は，$(*)$ に $k = \frac{4}{5}$ を代入して

$$\frac{4}{5}(2x - 3y - 1) + (x + y + 1) = 0$$
$$\therefore \quad \underline{13x - 7y + 1 = 0}$$

2.22 $k(2x + 3y - 1) + (3x + y - 5) = 0$
$$\cdots\cdots (*)$$
は 2 直線
$$2x + 3y = 1, \ 3x + y = 5$$
の交点を通る直線の方程式である。$(*)$ を整理すると
$$(2k + 3)x + (3k + 1)y - k - 5 = 0$$
であるから，$(*)$ と直線 $3x + 2y = 6$ が平行となる条件は
$$2(2k + 3) - 3(3k + 1) = 0$$
$$\therefore \quad k = \frac{3}{5}$$
よって，平行な直線の方程式は，$(*)$ に $k = \frac{3}{5}$ を代入して
$$\frac{3}{5}(2x + 3y - 1) + (3x + y - 5) = 0$$
$$3(2x + 3y - 1) + 5(3x + y - 5) = 0$$
$$\therefore \quad \underline{3x + 2y - 4 = 0}$$
$(*)$ と直線 $3x + 2y = 6$ が垂直となる条件は
$$3(2k + 3) + 2(3k + 1) = 0$$
$$\therefore \quad k = -\frac{11}{12}$$
よって，垂直な直線の方程式は，$(*)$ に $k = -\frac{11}{12}$ を代入して
$$-\frac{11}{12}(2x + 3y - 1) + (3x + y - 5) = 0$$
$$11(2x + 3y - 1) - 12(3x + y - 5) = 0$$
$$\therefore \quad \underline{2x - 3y - 7 = 0}$$
である。

【MEMO】

§2 円

📖 問題

円の方程式 ......

☐ **2.23** 円 $x^2 - 4x + y^2 - 2y = 0$ の中心の座標は $\left(2, \boxed{}\right)$, 半径は $\boxed{}$ である。
（北海道工大）

☐ **2.24** 方程式 $x^2 + y^2 - 2kx - 4ky + 6k^2 - 2k = 0$ が円を表すときの定数 k の値の範囲を求めよ。

☐ **2.25** 次の3点を通る円の方程式を求めよ。円の中心と半径も求めよ。

(1) $(0,\ 0),\ (2,\ 0),\ (2,\ 4)$

(2) $(3,\ 0),\ (0,\ 2),\ (3,\ 5)$
（北海道医療大）

☐ **2.26** 次の各問いに答えよ。

(1) x 軸と y 軸に接し, $(1,\ -2)$ を通る円の半径は $\boxed{}$ である。 （明治大）

(2) 中心が第1象限にあって, x 軸と直線 $y = x$ に接し, 半径が1である円の方程式を求めよ。 （長崎総合科学大）

(3) 中心の x 座標が a で, 2点 $(4,\ 0),\ (0,\ 2)$ を通る円の方程式を求めよ。
（津田塾大）

☐ **2.27** 次の円の方程式を求めよ。

(1) 2点 $(7,\ 1),\ (3,\ -6)$ を直径の両端とする円

(2) 中心が直線 $x + 2y = 4$ 上にあり, 直線 $y = -2$ に接して, 点 $(1,\ -1)$ を通る円
（兵庫医大）

チェック・チェック

基本 check！

円の方程式

　円とは，定点 C(a, b) からの距離が一定な点 P(x, y) の集合である。定点 C を中心，一定な距離 r を半径といい，円の方程式は次のように表される。

$$CP = r \iff (x - a)^2 + (y - b)^2 = r^2$$

また，$(x - a)^2 + (y - b)^2 = r^2$ を展開すると

$$x^2 + y^2 + lx + my + n = 0 \quad \cdots\cdots (*)$$

の形に整理される。円は $(*)$ の形で表せるが，$(*)$ が円を表すとは限らない。
$(*)$ は $(x - a)^2 + (y - b)^2 = k$ の形に変形されるが

　　$k > 0$ ならば，中心 (a, b)，半径 $\sqrt{k}$ の円

　　$k = 0$ ならば，1 点 (a, b)

　　$k < 0$ ならば，$(*)$ を表す図形はない。

2.23 円の中心と半径

$(x - a)^2 + (y - b)^2 = r^2$ の形に変形しましょう。

2.24 $x^2 + y^2 + lx + my + n = 0$ が円を表す条件

$(x - a)^2 + (y - b)^2 = s$，$s > 0$ ですね。

2.25 3 点を通る円の方程式

$x^2 + y^2 + lx + my + n = 0$ とおき，l, m, n の値を求めてみましょう。

2.26 円の方程式

(1) 図をかいてみましょう。条件をみたす円は 2 つありますね。

(2) 中心から x 軸までの距離と直線 $y = x$ までの距離は等しくなります。

(3) 円の方程式を $(x - a)^2 + (y - b)^2 = r^2$ とおきましょう。a は最後まで残ります。

2.27 円の方程式

(1) 直径の両端が A(x_1, y_1)，B(x_2, y_2) である
円の方程式

$$(x - x_1)(x - x_2) + (y - y_1)(y - y_2) = 0$$

も使えるようにしておきましょう。

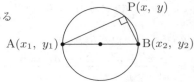

　P が A，B と異なるときは，(AP の傾き) × (BP の傾き) = -1 ということを意味しています。

(2) 中心の座標を $(4 - 2p, p)$ とおくと，半径を p で表すことができます。

📖 解答・解説

2.23 $x^2 - 4x + y^2 - 2y = 0$ を変形
して
$$(x-2)^2 - 4 + (y-1)^2 - 1 = 0$$
$$\therefore \quad (x-2)^2 + (y-1)^2 = 5$$
したがって，中心の座標は $(2, \underline{1})$，半径
は $\underline{\sqrt{5}}$ である。

2.24 $x^2 + y^2 - 2kx - 4ky$
$$+6k^2 - 2k = 0$$
を x, y について平方完成すると
$$x^2 - 2kx + y^2 - 4ky$$
$$+6k^2 - 2k = 0$$
$$(x-k)^2 - k^2 + (y-2k)^2 - 4k^2$$
$$+6k^2 - 2k = 0$$
$$(x-k)^2 + (y-2k)^2 = -k^2 + 2k$$
よって，円を表す条件は
$$-k^2 + 2k > 0$$
$$k(k-2) < 0$$
$$\therefore \quad \underline{0 < k < 2}$$

2.25 求める円の方程式は
$$x^2 + y^2 + lx + my + n = 0$$
とおける。
(1) $(0, 0)$ を通るので，$n = 0$ である。
さらに，$(2, 0)$ を通るので
$$4 + 2l = 0 \quad \therefore \quad l = -2$$
さらに $(2, 4)$ を通るので
$$4 + 16 - 4 + 4m = 0$$
$$\therefore \quad m = -4$$
したがって，円の方程式は
$$\underline{x^2 + y^2 - 2x - 4y = 0}$$
この式を変形すると
$$(x-1)^2 + (y-2)^2 = 5$$
よって
$$\underline{\text{中心 } (1, \ 2), \ \text{半径} \sqrt{5}}$$
である。

(2) $(3, 0)$，$(0, 2)$，$(3, 5)$ を通るので
$$\begin{cases} 9 + 3l + n = 0 \\ 4 + 2m + n = 0 \\ 9 + 25 + 3l + 5m + n = 0 \end{cases}$$
$$\therefore \quad l = -5, \quad m = -5, \quad n = 6$$
したがって，円の方程式は
$$\underline{x^2 + y^2 - 5x - 5y + 6 = 0}$$
この式を変形すると
$$\left(x - \frac{5}{2}\right)^2 + \left(y - \frac{5}{2}\right)^2 = \frac{13}{2}$$
$$\sqrt{\frac{13}{2}} = \frac{\sqrt{26}}{2} \text{ であるから}$$
$$\underline{\text{中心}\left(\frac{5}{2}, \ \frac{5}{2}\right), \text{半径} \frac{\sqrt{26}}{2}}$$
である。

2.26 (1) 点 $(1, -2)$ が第 4 象限にあ
ることから，求める円の中心も第 4 象
限にあり，円の半径を $r \ (> 0)$ とおく
と，中心の座標は $(r, -r)$ である。し
たがって，円の方程式は
$$(x-r)^2 + (y+r)^2 = r^2$$
点 $(1, -2)$ を通ることから
$$(1-r)^2 + (-2+r)^2 = r^2$$
$$r^2 - 6r + 5 = 0$$
$$\therefore \quad (r-1)(r-5) = 0$$
よって，求める円の半径は
$$\underline{r = 1, \ 5}$$

(2) 中心が第 1 象限にあり，x 軸に接して半径が 1 なので，中心の座標は $(p, 1)$ $(p > 0)$ とおける。中心と直線 $y = x$ すなわち $x - y = 0$ の距離が半径と等しいことから，点と直線の距離の公式を用いると

$$\frac{|p - 1|}{\sqrt{1^2 + (-1)^2}} = 1$$

$$\therefore \quad p - 1 = \pm\sqrt{2}$$

$p > 0$ より $p = 1 + \sqrt{2}$ だから，求める円の方程式は

$$\underline{(x - 1 - \sqrt{2})^2 + (y - 1)^2 = 1}$$

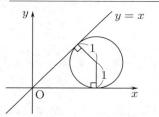

(3) 円の中心を (a, b)，半径を $r(> 0)$ とおくと，円の方程式は

$$(x - a)^2 + (y - b)^2 = r^2$$

2 点 $(4, 0)$，$(0, 2)$ を通ることから

$$\begin{cases} (4 - a)^2 + b^2 = r^2 & \cdots\cdots① \\ a^2 + (2 - b)^2 = r^2 & \cdots\cdots② \end{cases}$$

②を①に代入して

$$(4 - a)^2 + b^2 = a^2 + (2 - b)^2$$

$$4b = 8a - 12$$

$$\therefore \quad b = 2a - 3$$

これを①に代入して

$$r^2 = (4 - a)^2 + (2a - 3)^2$$

$$= 5a^2 - 20a + 25$$

よって，求める円の方程式は

$$\underline{(x - a)^2 + (y - 2a + 3)^2}$$

$$\underline{= 5a^2 - 20a + 25}$$

2.27 (1) 2 点 $(7, 1)$，$(3, -6)$ を直径の両端とする円は

$$(x - 7)(x - 3) + (y - 1)\{y - (-6)\} = 0$$

$$\therefore \quad \underline{x^2 + y^2 - 10x + 5y + 15 = 0}$$

別解

2 点を結ぶ線分の中点 $\left(5, -\dfrac{5}{2}\right)$ が円の中心であり，円の半径は

$$\frac{1}{2}\sqrt{(7 - 3)^2 + \{1 - (-6)\}^2}$$

$$= \frac{\sqrt{65}}{2}$$

より，円の方程式は

$$(x - 5)^2 + \left(y + \frac{5}{2}\right)^2 = \frac{65}{4}$$

(2) 中心が直線 $x + 2y = 4$ 上にあるので，中心の座標を $(4 - 2p, p)$ とおくと，直線 $y = -2$ に接するから，半径は $|p + 2|$ であり，円の方程式は

$$(x - 4 + 2p)^2 + (y - p)^2 = (p + 2)^2$$

これが，点 $(1, -1)$ を通ることから

$$(1 - 4 + 2p)^2 + (-1 - p)^2 = (p + 2)^2$$

$$4p^2 - 14p + 6 = 0$$

$$\therefore \quad p = \frac{1}{2}, \ 3$$

したがって，求める円の方程式は

$$\underline{(x - 3)^2 + \left(y - \frac{1}{2}\right)^2 = \frac{25}{4}},$$

$$\underline{(x + 2)^2 + (y - 3)^2 = 25}$$

問題

内接円，外接円 ···

2.28 座標平面上に 3 点 A(0, 3)，B(4, 0)，C(c, 0) を AC = BC が成り立つようにとると，$c = \boxed{}$ であり，△ABC に内接する円の中心の座標は $\left(\boxed{},\ \boxed{}\right)$ である。 （明治大　改）

2.29 3 直線 $l_1 : x - y + 2 = 0$，$l_2 : x + y - 14 = 0$，$l_3 : 7x - y - 10 = 0$ で囲まれる三角形に内接する円の方程式を求めよ。 （東京都立大）

2.30 次の各問いに答えよ。

(1) 直線 $l : y = \sqrt{3}x$ に関して，点 A(4, 0) と対称な点を B とすると，点 B の座標は，$\left(\boxed{},\ \boxed{}\right)$ である。

(2) 2 点 A，B を (1) と同じ点とし，点 O を原点とすると，△OAB の外接円は，点 $\left(\boxed{},\ \boxed{}\right)$ を中心とする半径 $\boxed{}$ の円である。 （東洋大　改）

2.31 平面上に 4 点 O(0, 0)，A(1, 2)，B(0, 4)，C(4, 2) がある。3 点 O，A，B を内部または周上に含む最小の円の半径は $\boxed{}$ であり，3 点 O，B，C を内部または周上に含む最小の円の半径は $\boxed{}$ である。 （名城大）

📖 **チェック・チェック**

2.28 三角形の内心の座標

AC ＝ BC より，点 C は線分 AB の垂直二等分線上にあり，この垂直二等分線は ∠ACB の二等分線でもあります。さらに，三角形の内心（内接円の中心）は「3 つの内角の二等分線の交点」ですね。

2.29 3 直線がつくる三角形の内心

これは難しいかもしれませんね。3 直線に至る距離が等しくなる点は 4 つ（内心と 3 つの傍心）あります。内心 (α, β) が直線 l_1, l_2, l_3 のどちら側にあるかを考えて，点 (α, β) と直線 $ax + by + c = 0$ の距離

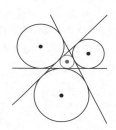

$$\frac{|a\alpha + b\beta + c|}{\sqrt{a^2 + b^2}}$$

の絶対値記号をはずすことを考えましょう。（「不等式で表された領域」は p.115 を参照してください。）

2.30 三角形の外接円

(1) 線分 AB の中点が l 上にあり，かつ AB ⊥ l と考えてもよいし，

$l : y = \sqrt{3}x \, (= x\tan 60°)$ が ∠AOB の二等分線であり，l と x 軸の正方向とのなす角が 60° であることより

$$∠AOB = 120° \text{ かつ } OB = OA$$

と考えてもよいでしょう。

(2) l は線分 AB の垂直二等分線でもあります。さらに，三角形の外心（外接円の中心）は「3 つの線分の垂直二等分線の交点」ですね。

2.31 三角形を含む円の半径の最小値

3 点を含む最小円は 3 点がつくる三角形の外接円とは限りません。鈍角三角形を思い浮かべてみてください。

まずは，△OAB，△OBC を図示するなどして，△OAB と △OBC がどのような三角形なのかを調べましょう。

📖 解答・解説

2.28 $AC^2 = BC^2$ より
$$c^2 + 3^2 = (c-4)^2$$
$$\therefore \quad c = \frac{7}{8}$$

$AC = BC$ なので，$\angle ACB$ の二等分線は線分 AB の垂直二等分線である。$\angle ACB$ の二等分線と線分 AB との交点を M とすると，AB の傾きが $-\dfrac{3}{4}$ なので，CM の傾きは $\dfrac{4}{3}$ であり，直線 CM の方程式は
$$y = \frac{4}{3}\left(x - \frac{7}{8}\right)$$
$$\therefore \quad y = \frac{4}{3}x - \frac{7}{6} \quad \cdots\cdots ①$$

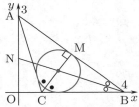

また，$\angle ABC$ の二等分線と y 軸との交点を N とおくと，角の二等分線の性質より
$$\begin{aligned}
&ON : NA \\
&= OB : AB \\
&= (4-0) : \sqrt{(4-0)^2 + (0-3)^2} \\
&= 4 : 5
\end{aligned}$$
よって
$$ON = \frac{4}{9}OA = \frac{4}{3}$$

NB の傾きは $-\dfrac{ON}{OB} = -\dfrac{1}{3}$ だから，直線 NB の方程式は
$$y = -\frac{1}{3}x + \frac{4}{3} \quad \cdots\cdots ②$$
CM と NB の交点が $\triangle ABC$ の内接円の中心であり，①，②を連立して

$$\frac{4}{3}x - \frac{7}{6} = -\frac{1}{3}x + \frac{4}{3}$$
$$\therefore \quad x = \frac{3}{2}$$
よって，中心の座標は
$$\left(\frac{3}{2}, \ \frac{5}{6}\right)$$

2.29 三角形の内接円の中心の座標を $(\alpha, \ \beta)$，半径を r とおくと，$(\alpha, \ \beta)$ と 3 直線までの距離は等しいから
$$\begin{aligned}
r &= \frac{|\alpha - \beta + 2|}{\sqrt{1^2 + (-1)^2}} \\
&= \frac{|\alpha + \beta - 14|}{\sqrt{1^2 + 1^2}} \\
&= \frac{|7\alpha - \beta - 10|}{\sqrt{7^2 + (-1)^2}} \quad \cdots\cdots ①
\end{aligned}$$

ここで，点 $(\alpha, \ \beta)$ は l_1 の上側，l_2，l_3 の下側 にあるから
$$\beta > \alpha + 2, \ \beta < -\alpha + 14,$$
$$\beta < 7\alpha - 10$$
よって，①は
$$\begin{aligned}
\frac{-(\alpha - \beta + 2)}{\sqrt{2}} &= \frac{-(\alpha + \beta - 14)}{\sqrt{2}} \\
&= \frac{7\alpha - \beta - 10}{\sqrt{50}}
\end{aligned}$$
したがって
$$\begin{cases} \alpha - \beta + 2 = \alpha + \beta - 14 \\ -5(\alpha + \beta - 14) = 7\alpha - \beta - 10 \end{cases}$$
$$\therefore \quad \alpha = 4, \ \beta = 8$$

$r = \dfrac{-(4-8+2)}{\sqrt{2}} = \sqrt{2}$ より，円の方程式は

$$(x-4)^2 + (y-8)^2 = 2$$

2.30 (1) B$(a,\ b)$ とおくと，線分 AB の中点 $\left(\dfrac{a+4}{2},\ \dfrac{b}{2} \right)$ が l 上にあることより

$$\dfrac{b}{2} = \sqrt{3} \cdot \dfrac{a+4}{2}$$

$$\therefore \quad b = \sqrt{3}(a+4) \quad \cdots\cdots ①$$

また，AB $\perp l$ より

$$\dfrac{b}{a-4} \times \sqrt{3} = -1$$

$$\therefore \quad \sqrt{3}b = -a+4 \quad \cdots\cdots ②$$

①，②を連立して解くと

$$a = -2, \quad b = 2\sqrt{3}$$

であるから，点 B の座標は

$$\underline{(-2,\ 2\sqrt{3})}$$

別解

l と x 軸の正方向とのなす角は $60°$ なので，$\angle \mathrm{AOB} = 120°$，また $\mathrm{OB} = \mathrm{OA} = 4$ である。したがって，B の座標は

$$(4\cos 120°,\ 4\sin 120°)$$

$$\therefore \quad (-2,\ 2\sqrt{3})$$

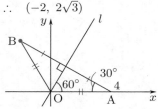

(2) 線分 OA の垂直二等分線の方程式は

$$x = 2 \quad \cdots\cdots ③$$

なので，③と l との交点 P の座標は $(2,\ 2\sqrt{3})$ である。つまり，△OAB の外接円の中心は

$$\underline{(2,\ 2\sqrt{3})}$$

であり，半径は $\mathrm{OP} = \underline{4}$ である。

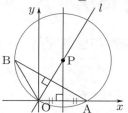

2.31 △OAB は $\angle \mathrm{OAB} > 90°$ の鈍角三角形である。△OAB を内部または周上に含む最小の円は，最大辺 OB を直径とする円であり

$$(\text{この円の半径}) = \dfrac{1}{2}\mathrm{OB} = \underline{2}$$

また，△OBC は鋭角三角形である。△OBC を内部または周上に含む最小の円は，△OBC の外接円であり，この円の中心の座標を $(\alpha,\ \beta)$ とおくと，円の中心と 3 点 O，B，C の距離は等しいから

$$\alpha^2 + \beta^2 = \alpha^2 + (\beta - 4)^2$$
$$= (\alpha - 4)^2 + (\beta - 2)^2$$

$$\begin{cases} -8\beta + 16 = 0 \\ -8\alpha - 4\beta + 20 = 0 \end{cases}$$

$$\therefore \quad \alpha = \dfrac{3}{2},\ \beta = 2$$

よって

$$(\text{半径}) = \sqrt{\left(\dfrac{3}{2} \right)^2 + 2^2} = \underline{\dfrac{5}{2}}$$

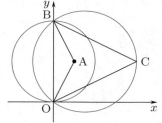

📖 問題

円と直線の位置関係 ··

☐ **2.32** 円 $x^2 + y^2 = 2$ と直線 $y = x + k$ が共有点をもつとき，定数 k の値の範囲を求めよ。 （東京工科大）

☐ **2.33** 円 $C : x^2 + y^2 - 4x + 6y + 8 = 0$ の中心は $\left(\boxed{}, \boxed{} \right)$，半径は $\sqrt{\boxed{}}$ である。直線 $(m+3)x - my - 6 = 0$ が C と接するような定数 m の値は $\boxed{}$ または $\boxed{}$ である。 （千葉工大）

円が切り取る線分の長さ ··

☐ **2.34** 直線 $y = x + 1$ が円 $x^2 + y^2 = 4$ によって切り取られる線分の長さは $\boxed{}$ である。 （埼玉工大）

☐ **2.35** 円 $x^2 + y^2 - 6x + 6y + 9 = 0$ によって切り取られる線分の長さが 4 で，直線 $2x - y = 0$ に垂直な直線の方程式を求めよ。 （弘前大）

チェック・チェック

基本 check！

円と直線の位置関係

円と直線の位置関係は共有点の個数で分類すると

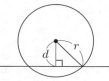 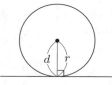 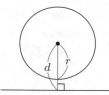

2点で交わる（$d < r$）　　接する（$d = r$）　　共有点をもたない（$d > r$）

の3つがある。これらは

(I) 円の中心から直線までの距離 d と半径 r を比較する

(II) 円と直線の方程式を連立して，実数解の個数を調べる

ことによって判定できる。(I) の方がラクである。

円が切り取る線分の長さ

直線が円によって切り取られる線分の長さを求めるときにも，中心と直線の距離は役立つ。右の図において，三平方の定理を用いると

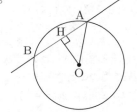

$$AB = 2AH = 2\sqrt{OA^2 - OH^2}$$

である。

2.32　円と直線が共有点をもつ

円と直線が共有点をもつための条件は (円の中心から直線までの距離) $\leqq$ (円の半径) です。

2.33　円と直線が接する

円と直線が接するための条件は (円の中心から直線までの距離) $=$ (円の半径) です。

2.34　円が切り取る線分の長さ

まずは，円の中心 $(0, 0)$ と直線 $y = x + 1$ の距離を求めましょう。

2.35　切り取られる長さが与えられた直線

垂直な直線の傾きはわかりますね。

解答・解説

2.32 円と直線が共有点をもつための条件は

(円の中心から直線までの距離)
≦ (円の半径)

であるから，円 $x^2 + y^2 = 2$ の中心 $(0, 0)$ から直線 $x - y + k = 0$ までの距離と半径 $\sqrt{2}$ を比較すると

$$\frac{|k|}{\sqrt{1^2 + (-1)^2}} \leq \sqrt{2}$$

$$|k| \leq 2$$

$$\therefore \quad \boldsymbol{-2 \leq k \leq 2}$$

[別解]

$y = x + k$ を円の方程式 $x^2 + y^2 = 2$ に代入して x の 2 次方程式をつくり，判別式 $D \geq 0$ を解いてもよい。

$$x^2 + (x + k)^2 = 2$$

$$\therefore \quad 2x^2 + 2kx + k^2 - 2 = 0$$

共有点をもつ条件は，この 2 次方程式が実数解をもつことであるから

$$\frac{D}{4} = k^2 - 2(k^2 - 2)$$

$$= 4 - k^2 \geq 0$$

$$\therefore \quad -2 \leq k \leq 2$$

2.33 $x^2 + y^2 - 4x + 6y + 8 = 0$ を変形すると

$$(x - 2)^2 + (y + 3)^2 = 5$$

よって，円 C の中心は $\boldsymbol{(2, -3)}$，半径は $\boldsymbol{\sqrt{5}}$ である。

次に，直線 $\ell : (m+3)x - my - 6 = 0$ が C と接するとき，C の中心と ℓ との距離が半径と等しいことから，点と直線の距離の公式より

$$\frac{|(m+3) \cdot 2 - m \cdot (-3) - 6|}{\sqrt{(m+3)^2 + (-m)^2}} = \sqrt{5}$$

$$|5m| = \sqrt{5(2m^2 + 6m + 9)}$$

$$25m^2 = 5(2m^2 + 6m + 9)$$

$$m^2 - 2m - 3 = 0$$

$$(m - 3)(m + 1) = 0$$

よって，定数 m の値は

$$\boldsymbol{3} \ \text{または} \ \boldsymbol{-1}$$

である。

2.34 円 $x^2 + y^2 = 4$ の中心が $(0, 0)$ より，次の図のように O，A，B，H をとると，円の中心 O と直線 $y = x + 1$ すなわち $x - y + 1 = 0$ の距離 OH は

$$\mathrm{OH} = \frac{|0 - 0 + 1|}{\sqrt{1^2 + (-1)^2}} = \frac{1}{\sqrt{2}}$$

円の半径は 2 だから，三平方の定理より

$$\mathrm{AH} = \sqrt{2^2 - \left(\frac{1}{\sqrt{2}}\right)^2} = \sqrt{\frac{7}{2}}$$

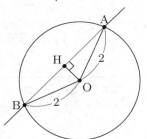

H は AB の中点であるから，切り取られる線分 AB の長さは

$$\mathrm{AB} = 2\mathrm{AH} = \boldsymbol{\sqrt{14}}$$

である。

2.35 $x^2 + y^2 - 6x + 6y + 9 = 0$ を変形すると

$$(x - 3)^2 + (y + 3)^2 = 9$$

であるから，これは中心 $\mathrm{P}(3, -3)$，半径 3 の円である。

また，$2x - y = 0$ すなわち $y = 2x$ に垂直な直線の方程式は，実数 k を用いて
$$y = -\frac{1}{2}x + k$$
$$\therefore \quad x + 2y - 2k = 0 \quad \cdots\cdots ①$$
と表せる。

次の図のように，P から ① に下ろした垂線と ① との交点を H とし，円と ① の交点を A，B とすると，切り取られる線分の長さが 4 であるとき
$$AH = BH = \frac{1}{2}AB = 2$$
であるから，P と ① の距離が
$$\sqrt{3^2 - 2^2} = \sqrt{5}$$
であればよい。

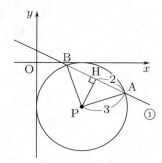

点と直線の距離の公式より
$$\frac{|3 + 2 \times (-3) - 2k|}{\sqrt{1^2 + 2^2}} = \sqrt{5}$$
$$|2k + 3| = 5$$
$$2k + 3 = \pm 5$$
$$\therefore \quad k = 1, \, -4$$
したがって，求める直線の方程式は ① より
$$\boldsymbol{x + 2y - 2 = 0,}$$
$$\boldsymbol{x + 2y + 8 = 0}$$

📖 問題

円の接線 ··

☐ **2.36** 直線 $y = ax + b$ が円 $x^2 + y^2 - 8x + 2y - 8 = 0$ の周上の点 $(8,\ 2)$ で接線となるとき，$a = \boxed{}$，$b = \boxed{}$ である。 （北海道薬大）

☐ **2.37** xy 平面において，中心が点 $(1,\ -1)$ で半径が 1 の円に接し，点 $(5,\ 1)$ を通る直線の方程式は $y = \boxed{}$ と $y = \boxed{}$ である。 （立教大）

☐ **2.38** 2 円 $x^2 + y^2 = 2^2$ と $(x - 6)^2 + y^2 = 4^2$ に共通な接線の方程式は $\boxed{}$，$\boxed{}$，$\boxed{}$ である。 （昭和薬大）

2 円の位置関係 ··

☐ **2.39** 円 $C_0 : (x - 8)^2 + (y - 15)^2 = 25$ に原点中心の円 $\boxed{}$ は外接し，原点中心の円 $\boxed{}$ に C_0 は内接する。 （玉川大　改）

☐ **2.40** $a > 0$ とする。2 つの円 $x^2 + y^2 = 9$ と $x^2 - 2ax + y^2 - 2y + 1 = 0$ が共有点をもたない a の範囲は $\boxed{}$ である。 （東海大）

📖 チェック・チェック

基本 check !

円の接線

　円 $(x-a)^2 + (y-b)^2 = r^2$ 上の点 $(x_0,\ y_0)$ における接線の方程式は
$$(x_0 - a)(x - a) + (y_0 - b)(y - b) = r^2$$

2 円の位置関係

　2 円の位置関係は，中心間の距離 d と 2 円の半径 r_1, r_2 を比較することによりわかる。

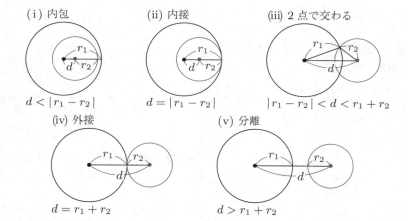

(ⅰ) 内包 　　　　　　(ⅱ) 内接 　　　　　(ⅲ) 2 点で交わる

$d < |r_1 - r_2|$ 　　$d = |r_1 - r_2|$ 　　$|r_1 - r_2| < d < r_1 + r_2$

(ⅳ) 外接 　　　　　　(ⅴ) 分離

$d = r_1 + r_2$ 　　　$d > r_1 + r_2$

2.36　円の接線

　接点の座標がわかっているので，あとは接線の傾きがわかれば，接線の方程式が求められます。**基本 check !** の式にあてはめる方法もあります。

2.37　円の外部の点を通る接線

　円の外部の点から接線を引く問題です。接線は 2 本存在します。

2.38　2 つの円の共通接線

　一般に 2 つの円に接する直線は，2 円が分離しているときを考えると，共通内接線，共通外接線が 2 本ずつの合計 4 本があります。本問では 2 円が外接しており，共通内接線は 1 本となっています。

2.39　円の外接円・内接円

　基本 check ! の (ⅳ), (ⅱ) の場合です。

2.40　2 つの円が共有点をもたない条件

　共有点をもつ条件，もたない条件，どちらを調べますか？

📖 解答・解説

2.36 $x^2 + y^2 - 8x + 2y - 8 = 0$ を変形すると
$$(x-4)^2 + (y+1)^2 = 25$$
だから，中心 P(4, −1)，半径 5 の円である。

周上の点 A(8, 2) に対して，PA の傾きは
$$\frac{2-(-1)}{8-4} = \frac{3}{4}$$
であり，接線の傾きは $-\dfrac{4}{3}$ となるので，接線の方程式は
$$y - 2 = -\frac{4}{3}(x-8)$$
$$\therefore \quad y = -\frac{4}{3}x + \frac{38}{3}$$
したがって
$$a = -\frac{4}{3}, \ b = \frac{38}{3}$$

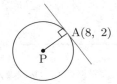

別解

$(x-4)^2 + (y+1)^2 = 25$ 上の点 (8, 2) における接線の方程式は
$$(8-4)(x-4) + (2+1)(y+1) = 25$$
$$4x + 3y = 38$$
$$\therefore \quad y = -\frac{4}{3}x + \frac{38}{3}$$

2.37 中心が (1, −1) で半径が 1 の円の接線で，点 (5, 1) を通るものは y 軸と平行でないから，接線の方程式は
$$y - 1 = m(x-5)$$
$$\therefore \quad mx - y - 5m + 1 = 0$$
とおける。中心 (1, −1) と直線の距離

が円の半径 1 となることから
$$\frac{|m - (-1) - 5m + 1|}{\sqrt{m^2 + 1}} = 1$$
両辺に $\sqrt{m^2 + 1}$ をかけて，さらに両辺を 2 乗すると
$$(-4m + 2)^2 = m^2 + 1$$
$$15m^2 - 16m + 3 = 0$$
ゆえに
$$m = \frac{8 \pm \sqrt{19}}{15}$$
よって，求める直線の方程式は
$$y = \frac{8 \pm \sqrt{19}}{15}x - 5 \cdot \frac{8 \pm \sqrt{19}}{15} + 1$$
$$\therefore \quad y = \frac{\mathbf{8 \pm \sqrt{19}}}{\mathbf{15}}x - \frac{\mathbf{5 \pm \sqrt{19}}}{\mathbf{3}}$$
（複号同順）

2.38 $x^2 + y^2 = 2^2$ は原点 O を中心とした半径 2 の円であり
$$(x-6)^2 + y^2 = 4^2$$
は A(6, 0) を中心とした半径 4 の円である。

よって，2 円は点 (2, 0) で接し，この点を通り x 軸に垂直な直線は共通な接線の 1 つである。ゆえに
$$\underline{x = 2}$$
また，残りの接線を $y = mx + n$ すなわち $mx - y + n = 0$ とおくと，中心から接線までの距離はそれぞれの半径に等しいことから
$$\begin{cases} \dfrac{|n|}{\sqrt{m^2 + 1}} = 2 & \cdots\cdots① \\[3mm] \dfrac{|6m + n|}{\sqrt{m^2 + 1}} = 4 & \cdots\cdots② \end{cases}$$
①，②より
$$2|n| = |6m + n|$$
すなわち

$2n = \pm(6m + n)$

$\therefore \quad n = 6m, \ -2m$

$n = 6m$ のとき，① より

$$\frac{|6m|}{\sqrt{m^2 + 1}} = 2$$

すなわち

$$9m^2 = m^2 + 1$$

$$\therefore \quad m = \pm\frac{\sqrt{2}}{4}, \ n = \pm\frac{3\sqrt{2}}{2}$$

（複号同順）

$n = -2m$ のとき，① より

$$\frac{|-2m|}{\sqrt{m^2 + 1}} = 2$$

すなわち

$$m^2 = m^2 + 1$$

となり，これをみたす m は存在しない。

したがって，残りの接線は

$$y = \pm\frac{\sqrt{2}}{4}x \pm \frac{3\sqrt{2}}{2}$$

（複号同順）

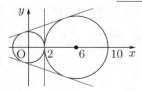

2.39 円 $C_0 : (x-8)^2 + (y-15)^2 = 25$ は，中心 A(8, 15)，半径 5 の円である。円 C_0 に外接する原点中心の円について，接点を B とすると

$$
\begin{aligned}
(半径 OB) &= OA - AB \\
&= \sqrt{8^2 + 15^2} - 5 \\
&= 17 - 5 \\
&= 12
\end{aligned}
$$

であるから，円 C_0 に外接する円の方程式は

$$x^2 + y^2 = 144$$

また，円 C_0 は原点中心の円に内接するから，接点を C とすると

$$(半径 OC) = OA + AC$$

$$= 17 + 5$$

$$= 22$$

であるから，円 C_0 が内接する円の方程式は

$$x^2 + y^2 = 484$$

2.40 $C_1 : x^2 + y^2 = 9$ は原点 O を中心とした半径 $r_1 = 3$ の円である。また，$C_2 : x^2 - 2ax + y^2 - 2y + 1 = 0$ は

$$(x - a)^2 + (y - 1)^2 = a^2$$

と変形できるので，$a > 0$ より，中心 P $(a, 1)$，半径 $r_2 = a$ の円である。

2 円が共有点をもつ条件は

$$|r_1 - r_2| \leq OP \leq r_1 + r_2$$

$$|3 - a| \leq \sqrt{a^2 + 1} \leq 3 + a$$

$$(3 - a)^2 \leq a^2 + 1 \leq (3 + a)^2$$

$$a^2 - 6a + 9 \leq a^2 + 1 \leq a^2 + 6a + 9$$

$$
\begin{cases}
-6a \leq -8 \\
-8 \leq 6a
\end{cases}
$$

$$\therefore \quad a \geq \frac{4}{3}$$

よって，共有点をもたない条件は

$$0 < a < \frac{4}{3}$$

別解

$C_2 : (x - a)^2 + (y - 1)^2 = a^2$ は，C_1 の内部の点 $(0, 1)$ において y 軸と接する円であるから，2 円が分離することはない。よって，C_2 が C_1 に内包される場合を考えればよく

$$OP < |r_1 - r_2|$$

$$\sqrt{a^2 + 1} < |3 - a|$$

$$a^2 + 1 < (3 - a)^2$$

$$\therefore \quad 0 < a < \frac{4}{3}$$

問題

共通弦を含む直線 ....

☐ **2.41** 3 点 $(7, 7)$, $(1, 7)$, $(8, 0)$ を通る円を C_1 とする。円 C_1 と $x^2 + y^2 = 4$ で表される円 C_2 の 2 つの交点を通る直線の式は $y = \boxed{}$ である。

（小樽商科大）

☐ **2.42** a を実数とし，
$$C_1 : x^2 + y^2 - 1 = 0, \quad C_2 : x^2 - 6ax + y^2 - 8ay + 4 = 0$$
とおく。C_2 が 2 点以上からなる図形を表すための a の条件は $\boxed{}$ である。このとき C_1, C_2 の共有点の個数が 2 個であるための a の条件は $\boxed{}$ であり，この 2 つの共有点を通る直線の方程式は $\boxed{}$ である。 （立命館大）

☐ **2.43** 半径 3 の円 C と円 $x^2 + y^2 = 4$ との異なる 2 個の共有点を通る直線が $6x + 2y + 5 = 0$ となるとき，円 C の中心の座標は $\left(\boxed{}, \boxed{}\right)$ または $\left(\boxed{}, \boxed{}\right)$ である。 （西南学院大）

☐ **2.44** 2 つの円
$$C_1 : x^2 + y^2 - 24x - 10y + 44 = 0$$
$$C_2 : x^2 + y^2 - 4x + 10y + 4 = 0$$
について考える。C_1 と C_2 の相異なる 2 つの交点を P, Q とする。線分 PQ の長さを求めよ。 （自治医大 改）

チェック・チェック

基本 check！

共有点のすべてを通る図形

2つの図形 $f(x, y) = 0$, $g(x, y) = 0$ が共有点をもつとき，方程式
$$mf(x, y) + ng(x, y) = 0 \ (m, n \text{ は定数}) \ \cdots\cdots (*)$$
は，m, n の値に関わらずつねに2つの図形の共有点のすべてを通る図形を表す。

2.41 2円の2交点を通る直線

まずは与えられた3点を通る円 C_1 の方程式 $f(x, y) = 0$ を求めます。円 C_2 の方程式を $g(x, y) = 0$ とし，$m = 1$, $n = -1$ とすると，**基本 check！**の $(*)$ は x, y の1次式となるので，$(*)$ は2円の交点を通る直線の方程式となります。

2.42 2円が2交点を持つ条件

$C_2 : (x - 3a)^2 + (y - 4a)^2 = 25a^2 - 4$ において
$25a^2 - 4 > 0$ ならば，C_2 は円
$25a^2 - 4 = 0$ ならば，C_2 は点 $(3a, 4a)$
$25a^2 - 4 < 0$ ならば，C_2 は図形を表さない（虚円）
したがって，2点以上からなる図形 C_2 は円です。

また，C_1, C_2 の方程式をそれぞれ $f(x, y) = 0$, $g(x, y) = 0$ として，$f(x, y) = 0$, $g(x, y) = 0$ を連立すると
$$\begin{cases} f(x, y) = 0 & \cdots\cdots ① \\ g(x, y) = 0 & \cdots\cdots ② \end{cases} \iff \begin{cases} f(x, y) = 0 & \cdots\cdots ① \\ f(x, y) - g(x, y) = 0 & \cdots\cdots ③ \end{cases}$$
と同値変形できるので，2円①と②の共有点は円①と直線③の共有点であると言い換えることができます。

2.43 円と直線の2交点を通る円

円 C の方程式を
$$(x^2 + y^2 - 4) + k(6x + 2y + 5) = 0 \quad (k \text{ は定数})$$
とおくことができますね。

2.44 2円の2交点を結ぶ線分の長さ

直線 PQ の方程式は
$$(x^2 + y^2 - 24x - 10y + 44) - (x^2 + y^2 - 4x + 10y + 4) = 0$$
であり，この直線と C_1（あるいは C_2）の中心との距離を求めることにより，線分 PQ の長さを求めることができます。

あるいは2円を連立して，2交点 P，Q の座標を求めて，2点間の距離の公式を用いてもよいでしょう。

解答・解説

2.41 $C_1 : x^2 + y^2 + px + qy + r = 0$
とおく。3 点 $(7,\ 7),\ (1,\ 7),\ (8,\ 0)$ を
通るから

$$
\begin{cases}
7p + 7q + r + 98 = 0 & \cdots\cdots \text{①} \\
p + 7q + r + 50 = 0 & \cdots\cdots \text{②} \\
8p + r + 64 = 0 & \cdots\cdots \text{③}
\end{cases}
$$

①$-$②より

$$6p + 48 = 0$$

$$\therefore \quad p = -8$$

③に代入して

$$r = 0$$

以上より

$$p = -8,\ q = -6,\ r = 0$$

であるから

$$C_1 : x^2 + y^2 - 8x - 6y = 0$$
$$\cdots\cdots \text{④}$$
$$C_2 : x^2 + y^2 - 4 = 0 \quad \cdots\cdots \text{⑤}$$

⑤$-$④より

$$8x + 6y - 4 = 0$$

となり，これは④と⑤の共有点を通る直
線であるから，求める直線の方程式は

$$y = -\frac{4}{3}x + \frac{2}{3}$$

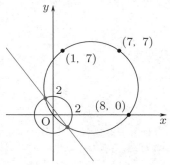

2.42 $C_2 : x^2 - 6ax + y^2 - 8ay + 4 = 0$
を変形すると

$$(x - 3a)^2 + (y - 4a)^2 = 25a^2 - 4$$

C_2 が 2 点以上からなる図形すなわち円
を表すための a の条件は

$$25a^2 - 4 > 0$$

$$\therefore \quad a < -\frac{2}{5},\ \frac{2}{5} < a$$

C_1，C_2 の共有点が 2 個であるとき，こ
れら 2 個の共有点を通る直線の方程式
は，C_1，C_2 の辺々をひくことにより

$$(x^2 + y^2 - 1)$$
$$-(x^2 - 6ax + y^2 - 8ay + 4) = 0$$
$$\therefore \quad 6ax + 8ay - 5 = 0$$

C_1，C_2 の共有点が 2 個である条件は，
この直線が C_1 と 2 個の共有点をもつこ
とであるから

(C_1 の中心と直線の距離)

$$< (C_1 \text{の半径})$$

より

$$\frac{|-5|}{\sqrt{(6a)^2 + (8a)^2}} < 1$$

$$\frac{5}{10|a|} < 1$$

$$\therefore \quad |a| > \frac{1}{2}$$

よって

$$a < -\frac{1}{2},\ \frac{1}{2} < a$$

2.43 円 C と円 $x^2 + y^2 = 4$ の異なる 2
個の共有点を通る直線が $6x + 2y + 5 = 0$
だから，円 C の方程式は

$$(x^2 + y^2 - 4) + k(6x + 2y + 5) = 0$$

とおける。これを整理すると

$$x^2 + y^2 + 6kx + 2ky + 5k - 4 = 0$$
$$\therefore \quad (x + 3k)^2 + (y + k)^2$$
$$= 10k^2 - 5k + 4$$

円 C の半径は 3 であるから

$$10k^2 - 5k + 4 = 3^2$$
$$(2k + 1)(k - 1) = 0$$

$$\therefore \quad k = 1, \ -\frac{1}{2}$$

円 C の中心の座標は $(-3k, \ -k)$ なので

$$\underline{(-3, \ -1)} \ \text{または} \ \underline{\left(\frac{3}{2}, \ \frac{1}{2}\right)}$$

である。

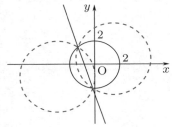

2.44 2 つの円 C_1 と C_2 の相異なる 2 つの交点 P，Q を通る直線の方程式は，C_1，C_2 の方程式を辺々ひくことにより

$$(x^2 + y^2 - 24x - 10y + 44)$$
$$-(x^2 + y^2 - 4x + 10y + 4) = 0$$
$$\therefore \quad x + y - 2 = 0$$

$C_2 : x^2 + y^2 - 4x + 10y + 4 = 0$ を変形すると

$$(x - 2)^2 + (y + 5)^2 = 25$$

となるので，C_2 の中心は $(2, \ -5)$，半径は 5 である。

　C_2 の中心を A，A から PQ に下ろした垂線の足を H とおくと，A と直線 $x + y - 2 = 0$ の距離 AH は

$$AH = \frac{|2 + (-5) - 2|}{\sqrt{1^2 + 1^2}}$$
$$= \frac{5\sqrt{2}}{2}$$

PH の長さは，三平方の定理より

$$PH = \sqrt{5^2 - \left(\frac{5\sqrt{2}}{2}\right)^2}$$
$$= \frac{5\sqrt{2}}{2}$$

H は PQ の中点なので，線分 PQ の長さは

$$PQ = 2PH = \mathbf{5\sqrt{2}}$$

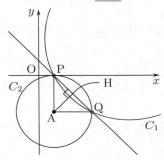

別解

　2 点 P，Q を通る直線は

$$x + y - 2 = 0$$
$$\therefore \quad y = -x + 2$$

これを C_2 の式に代入すると

$$x^2 + (-x + 2)^2$$
$$-4x + 10(-x + 2) + 4 = 0$$
$$2x^2 - 18x + 28 = 0$$
$$(x - 2)(x - 7) = 0$$
$$\therefore \quad x = 2, \ 7$$

よって，C_1 と C_2 の相異なる 2 つの交点は $(2, \ 0)$，$(7, \ -5)$ であるから，線分 PQ の長さは

$$\sqrt{(7 - 2)^2 + (-5 - 0)^2}$$
$$= 5\sqrt{2}$$

§3　軌跡と領域

📖 **問題**

距離の比が与えられた点の軌跡 ┄┄┄┄┄┄┄┄┄┄┄┄┄┄┄┄┄┄┄┄┄┄┄┄┄┄┄

☐ **2.45** 平面上の 2 点 (1, 6) および (5, 3) から等距離にある点の軌跡は直線 $y = \boxed{} x + \boxed{}$ である。 （日本大）

☐ **2.46** 直線 $y = \dfrac{1}{\sqrt{2}} x + 3$ と直線 $y = -\dfrac{1}{\sqrt{2}} x - 1$ から等距離にある点 P の軌跡を求めよ。 （兵庫大）

☐ **2.47** 2 点 C(2, 1), D(5, 4) に対して，CP : DP = 1 : 2 となるような点 P(x, y) の軌跡の方程式は，$\boxed{}$ である。 （西南学院大　改）

軌跡の方程式 ┄┄┄┄┄┄┄┄┄┄┄┄┄┄┄┄┄┄┄┄┄┄┄┄┄┄┄┄┄┄┄┄┄┄┄┄┄┄┄

☐ **2.48** 放物線 $y = x^2$ 上の 2 点 P(a, a^2), Q(b, b^2) が，$b = a + 2$ をみたしながら動くとする。このとき線分 PQ の中点の軌跡の方程式を求め，グラフをえがきなさい。 （津田塾大）

☐ **2.49** 点 P が円 $x^2 + y^2 = 4$ の周上を動くとき，点 A(8, 0) と点 P を結ぶ線分 AP を AQ : QP = 2 : 3 に内分する点 Q の軌跡は中心 $\boxed{}$，半径 $\boxed{}$ の円である。 （北九州市立大）

☐ **2.50** xy 平面において，原点 O 以外の点 P(x, y) に対して，半直線 OP 上に OP・OQ = 4 を満たす点 Q(s, t) をとる。
(1) 点 P(x, y) の座標 x, y を，点 Q(s, t) の座標 s, t を用いて表せ。
(2) 点 P が直線 $x + 2y = 5$ 上を動くとき，点 Q の軌跡を求めよ。

（岐阜薬大　改）

チェック・チェック

基本 check！

軌跡の求め方

　ある条件のもとに点 P が動くとき，点 P の描く図形をその条件をみたす点の軌跡という。軌跡を求めるには，解析的方法と幾何的方法がある。

(ⅰ) 解析的方法：動点 P の座標を $(x,\ y)$ とおいて，
　　　　　　　　　与えられた条件をみたす $x,\ y$ の関係式を求める方法

(ⅱ) 幾何的方法：動点 P を図形的にとらえる方法

2.45　2 定点から等距離にある点の軌跡

　2 定点から等距離にある点の軌跡は，幾何的にとらえると，2 点を結ぶ線分の垂直二等分線です。

2.46　2 直線から等距離にある点の軌跡

　交わる 2 直線から等距離にある点の軌跡は，幾何的にとらえると，2 直線のなす角の二等分線です。

2.47　2 定点との距離の比が一定である点の軌跡

　2 定点との距離の比が $m:n\ (m>0,\ n>0,\ m \neq n)$ である点の軌跡はアポロニウスの円とよばれています。幾何的に解くこともできますが，解析的な解法の方が扱いやすいでしょう。

2.48　放物線が切り取る線分の中点の軌跡

　$b=a+2$ より $Q(b,\ b^2)$ は $P(a,\ a^2)$ の x 座標 a で表され，PQ の中点も a で表すことができます。そこで，中点 $(x,\ y)$ を a で表して，x と y の条件を求めます。

2.49　定点と動点を $m:n$ に内分する点の軌跡

　$P(x,\ y)$，$Q(X,\ Y)$ とおいて動点 P と Q の関係式をつくりましょう。P について，$x^2+y^2=4$ をみたすことから X と Y の条件を求めます。

2.50　反転

　半直線 OP 上の点 Q に対し，P と Q の関係が OP・OQ = (一定) である変換を反転といいます。(1) の誘導にあるように x と y を $s,\ t$ で表すことが大切です。ベクトル学習後であるならば $\overrightarrow{OP}=k\overrightarrow{OQ}\ (k>0)$ です。

解答・解説

2.45 求める点 P の座標を (x, y) とし，A$(1, 6)$，B$(5, 3)$ とおくと，PA $=$ PB より

$$(x-1)^2 + (y-6)^2$$
$$= (x-5)^2 + (y-3)^2$$
$$-2x - 12y + 37$$
$$= -10x - 6y + 34$$
$$6y = 8x + 3$$
$$\therefore \quad y = \underline{\frac{4}{3}}x + \underline{\frac{1}{2}}$$

別解

2 定点から等距離にある点の軌跡は 2 点を結ぶ線分の垂直二等分線である。

2 点 $(1, 6)$，$(5, 3)$ の中点は

$$\left(3, \ \frac{9}{2}\right)$$

2 点 $(1, 6)$，$(5, 3)$ を結ぶ直線の傾きは

$$\frac{3-6}{5-1} = -\frac{3}{4}$$

であるから，求める軌跡の方程式は

$$y - \frac{9}{2} = \frac{4}{3}(x - 3)$$
$$\therefore \quad y = \frac{4}{3}x + \frac{1}{2}$$

2.46 P(x, y) とおくと，2 直線

$$x - \sqrt{2}y + 3\sqrt{2} = 0,$$
$$x + \sqrt{2}y + \sqrt{2} = 0$$

までの距離は等しいから，点と直線の距離の公式より

$$\frac{\left|x - \sqrt{2}y + 3\sqrt{2}\right|}{\sqrt{1 + (-\sqrt{2})^2}}$$
$$= \frac{\left|x + \sqrt{2}y + \sqrt{2}\right|}{\sqrt{1 + (\sqrt{2})^2}}$$
$$\left|x - \sqrt{2}y + 3\sqrt{2}\right|$$
$$= \left|x + \sqrt{2}y + \sqrt{2}\right|$$

ゆえに

$$x - \sqrt{2}y + 3\sqrt{2}$$
$$= \pm(x + \sqrt{2}y + \sqrt{2})$$

したがって，点 P の軌跡は

2 つの直線 $y = 1$, $x = -2\sqrt{2}$

別解

2 直線の交点 Q の座標は

$$Q(-2\sqrt{2}, \ 1)$$

であり，求める点 P の軌跡は，2 直線のなす角の二等分線であることから

Q を通り x 軸，y 軸に平行な直線

であることがわかる。このことから

2 つの直線 $y = 1$, $x = -2\sqrt{2}$

と求めることもできる。

2.47 CP : DP $= 1 : 2$ より

$$DP = 2CP$$
$$\therefore \quad DP^2 = 4CP^2$$

であるから

$$(x-5)^2 + (y-4)^2$$
$$= 4\{(x-2)^2 + (y-1)^2\}$$
$$x^2 - 10x + y^2 - 8y + 41$$
$$= 4(x^2 - 4x + y^2 - 2y + 5)$$
$$3x^2 - 6x + 3y^2 = 21$$
$$x^2 - 2x + y^2 = 7$$
$$\therefore \quad \underline{(x-1)^2 + y^2 = 8}$$

2.48 線分 PQ の中点 R の座標を (x, y) とおくと

$$x = \frac{a+b}{2}, \quad y = \frac{a^2 + b^2}{2}$$

であり，$b = a + 2$ を代入して

$$x = \frac{a + (a+2)}{2}$$
$$= a + 1 \quad \cdots\cdots ①$$
$$y = \frac{a^2 + (a+2)^2}{2}$$
$$= a^2 + 2a + 2 \quad \cdots\cdots ②$$

①より $a = x - 1$ であり，これを②に代入して

$$y = (x - 1)^2 + 2(x - 1) + 2$$
$$\therefore \quad y = x^2 + 1$$

よって，求める軌跡の方程式は

$$\underline{y = x^2 + 1}$$

であり，これを図示すると <u>次の図の太線</u> のようになる。

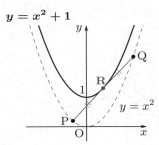

$y = x^2 + 1$

2.49 $P(x, y)$，$Q(X, Y)$ とすると $AQ : QP = 2 : 3$ より

$$\begin{cases} X = \dfrac{3 \times 8 + 2x}{2 + 3} \\ Y = \dfrac{3 \times 0 + 2y}{2 + 3} \end{cases}$$

$$\begin{cases} 5X = 2x + 24 \\ 5Y = 2y \end{cases}$$

$$\therefore \quad \begin{cases} x = \dfrac{5X - 24}{2} \\ y = \dfrac{5}{2} Y \end{cases}$$

点 P は円 $x^2 + y^2 = 4$ の周上を動くので

$$\left(\dfrac{5X - 24}{2} \right)^2 + \left(\dfrac{5}{2} Y \right)^2 = 4$$

$$\therefore \quad \left(X - \dfrac{24}{5} \right)^2 + Y^2 = \left(\dfrac{4}{5} \right)^2$$

したがって，点 Q の軌跡は

中心 $\left(\dfrac{24}{5}, 0 \right)$，半径 $\dfrac{4}{5}$

の円である。

2.50 (1) $P(x, y)$ に対して，$Q(s, t)$ は半直線 OP 上の点なので

$$x = ks, \ y = kt \ (k > 0)$$

と表せる。

$\mathrm{OP} \cdot \mathrm{OQ} = 4$ より $\mathrm{OQ} \neq 0$ なので

$$(s, t) \neq (0, 0)$$

であり

$$\mathrm{OP} \cdot \mathrm{OQ} = 4$$
$$\sqrt{(ks)^2 + (kt)^2} \cdot \sqrt{s^2 + t^2} = 4$$
$$k(s^2 + t^2) = 4$$
$$\therefore \quad k = \dfrac{4}{s^2 + t^2}$$

よって

$$\underline{x = \dfrac{4s}{s^2 + t^2}, \ y = \dfrac{4t}{s^2 + t^2}}$$

$$\underline{((s, t) \neq (0, 0))}$$

(2) $P(x, y)$ が直線 $x + 2y = 5$ 上を動くとき，(1) の結果より

$$\dfrac{4s}{s^2 + t^2} + 2 \cdot \dfrac{4t}{s^2 + t^2} = 5$$
$$4s + 8t = 5(s^2 + t^2)$$
$$s^2 + t^2 - \dfrac{4}{5} s - \dfrac{8}{5} t = 0$$
$$\left(s - \dfrac{2}{5} \right)^2 + \left(t - \dfrac{4}{5} \right)^2 = \dfrac{4}{5}$$

ただし $(s, t) \neq (0, 0)$ である。

したがって，点 Q の軌跡は

$$\underline{円 : \left(x - \dfrac{2}{5} \right)^2 + \left(y - \dfrac{4}{5} \right)^2 = \dfrac{4}{5}}$$

<u>ただし，原点 O を除く</u>

である。

📖 問題

パラメータ表示された点の軌跡 ⋯⋯⋯⋯⋯⋯⋯⋯⋯⋯⋯⋯⋯⋯⋯⋯⋯⋯

☐ **2.51** t を媒介変数とする。方程式

$$\begin{cases} x = 3t + 1 \\ y = -2t + 4 \end{cases}$$

より，x と y の方程式を求めよ。 （高崎経済大）

☐ **2.52** 2 本の直線

$$mx - y = 0 \quad \cdots\cdots ①, \qquad x + my - m - 2 = 0 \quad \cdots\cdots ②$$

の交点を P とする。m が実数全体を動くとき，P の軌跡は

$$円 \left(x - \boxed{}\right)^2 + \left(y - \boxed{}\right)^2 = \boxed{} \ から$$

$$1 点 \left(\boxed{}, \ \boxed{}\right) を除いたもの$$

となる。 （獨協医大）

☐ **2.53** 放物線 $C : y = x^2$ と直線 $l : y = m(x - 1)$ は相異なる 2 点 A，B で交わっている。

(1) 定数 m の値の範囲を求めよ。

(2) m の値が変化するとき，線分 AB の中点の軌跡を求めよ。

（北海学園大）

☐ **2.54** 直線 $y = ax$ が放物線 $y = x^2 - 2x + 2$ に異なる 2 点 P，Q で交わるとき，点 P，Q と点 R(1, 0) の作る三角形の重心を G とする。a を動かしたときの G の軌跡を求めよ。 （日本女子大）

☐ **2.55** 実数 x，y が $x^2 + y^2 = 1$ という関係をみたしながら動くとき，点 P$(x + y, \ xy)$ の軌跡を求め，図示せよ。 （名古屋市立大）

📖 チェック・チェック

基本 check！

パラメータ表示された点の軌跡

一般に，パラメータ m を含む 2 つの方程式 $f(x, y, m) = 0$, $g(x, y, m) = 0$ をみたす点の軌跡を求めるということは

$$(*) \begin{cases} f(x, y, m) = 0 \\ g(x, y, m) = 0 \end{cases}$$

をみたす x, y の条件式を求めるということである。もう少し具体的にいうと，パラメータ m の値を与えることにより，$(*)$ をみたす点 (x, y) が対応するので，$(*)$ をみたす実数 m が存在するための x, y の条件を求めることになる。

2.51　パラメータ表示された点の軌跡

2 式をみたす実数 t が存在するための x, y の条件，つまり，t の 2 つの方程式とみて，共通な実数解をもつ条件を求めます。

2.52　パラメータ表示された 2 直線の交点の軌跡

交点 P を m で表してから **2.51** と同じようにしても解けますが，最初から①，② を同時にみたす実数 m が存在するための x, y の条件を求めます。

2.53　動く線分の中点の軌跡

放物線と直線の方程式を連立してできる 2 次方程式 $x^2 = m(x - 1)$ の異なる 2 つの実数解を α, β とすると，2 交点の中点 (x, y) は

$$x = \frac{\alpha + \beta}{2}, \quad y = m\left(\frac{\alpha + \beta}{2} - 1\right)$$

をみたし，x, y は m を用いて表すことができます。$x = \dfrac{m}{2}$, $y = m(x - 1)$ および (1) をみたす m が存在するための x, y の条件を求めましょう。

2.54　動く三角形の重心の軌跡

3 点 $A(a_1, a_2)$, $B(b_1, b_2)$, $C(c_1, c_2)$ でつくられる $\triangle ABC$ の重心 G の座標は $\left(\dfrac{a_1 + b_1 + c_1}{3}, \dfrac{a_2 + b_2 + c_2}{3}\right)$ です。$G(x, y)$ は a でパラメータ表示されます。

2.55　$X = x + y$, $Y = xy$ の軌跡

$\begin{cases} X = x + y \\ Y = xy \end{cases}$ とおくと，$x^2 + y^2 = 1$ は X, Y で表すことができます。また，x, y は $t^2 - Xt + Y = 0$ の解です。x, y が実数であるための条件を，X, Y で表すことを忘れないでください。

解答・解説

2.51
$$\begin{cases} x = 3t + 1 & \cdots\cdots① \\ y = -2t + 4 & \cdots\cdots② \end{cases}$$

①より $t = \dfrac{x-1}{3}$ であるから，これを②に代入して

$$y = -2 \cdot \dfrac{x-1}{3} + 4$$

$$\therefore \quad \boldsymbol{y = -\dfrac{2}{3}x + \dfrac{14}{3}}$$

2.52 ①かつ②をみたす実数 m が存在するための $x,\ y$ の条件を求める。

(i) $x = 0$ のとき，①より
$$y = 0$$

$x = 0,\ y = 0$ を②に代入すると
$$m = -2$$

よって，点 $(0,\ 0)$ は $m = -2$ のときの 2 直線の交点である。

(ii) $x \neq 0$ のとき，①より
$$mx = y$$

$$\therefore \quad m = \dfrac{y}{x} \quad \cdots\cdots③$$

③を②に代入して
$$x + \dfrac{y}{x} \cdot y - \dfrac{y}{x} - 2 = 0$$

$$x^2 + y^2 - y - 2x = 0$$

$$\therefore \quad (x-1)^2 + \left(y - \dfrac{1}{2}\right)^2 = \dfrac{5}{4}$$

$x \neq 0$ より $(0,\ 0),\ (0,\ 1)$ は除く。

(i), (ii) より，求める軌跡は

$$円\ (x - \boldsymbol{1})^2 + \left(y - \dfrac{\boldsymbol{1}}{\boldsymbol{2}}\right)^2 = \dfrac{\boldsymbol{5}}{\boldsymbol{4}}$$

から 1 点 $(\boldsymbol{0},\ \boldsymbol{1})$ を除いたもの

2.53 (1) C と l の交点の x 座標は
$$x^2 = m(x-1)$$

$$\therefore \quad x^2 - mx + m = 0 \quad \cdots\cdots①$$

の解であり，異なる 2 点で交わることから，①の判別式を D とすると

$$D = m^2 - 4m$$
$$= m(m-4) > 0$$

よって，求める m の値の範囲は
$$\boldsymbol{m < 0,\ 4 < m}$$

(2) 交点 A, B の x 座標を $\alpha,\ \beta$ とおくと，①の解と係数の関係より
$$\alpha + \beta = m$$

よって，線分 AB の中点の x 座標は
$$x = \dfrac{\alpha + \beta}{2} = \dfrac{m}{2} \quad \cdots\cdots②$$

②から $m = 2x$ であり，$y = m(x-1)$ に代入すると
$$y = 2x(x-1) = 2x^2 - 2x$$

また，(1) の結果と②より
$$2x < 0,\ 4 < 2x$$

$$\therefore \quad x < 0,\ 2 < x$$

よって，求める軌跡は

$$\boldsymbol{放物線\ y = 2x^2 - 2x\ の}$$
$$\boldsymbol{x < 0,\ 2 < x\ をみたす部分}$$

2.54 $y = ax$ と $y = x^2 - 2x + 2$ より
$$x^2 - (a+2)x + 2 = 0 \quad \cdots\cdots①$$

異なる 2 点で交わるための条件は，①の判別式を D とすると
$$D = (a+2)^2 - 8$$
$$= a^2 + 4a - 4 > 0$$

ゆえに
$$a < -2 - 2\sqrt{2},\ a > -2 + 2\sqrt{2}$$
$$\cdots\cdots②$$

②のもとで①の 2 解を $\alpha,\ \beta$ とおくと，解と係数の関係より
$$\alpha + \beta = a + 2 \quad \cdots\cdots③$$

また，P, Q は $y = ax$ 上の点なので，P$(\alpha,\ a\alpha)$, Q$(\beta,\ a\beta)$ と表せる。△PQR の重心 G の座標を $(x,\ y)$ とおくと，③より

$$\begin{cases} x = \dfrac{\alpha + \beta + 1}{3} = \dfrac{a+3}{3} \\ \qquad\qquad\qquad\qquad \cdots\cdots \text{④} \\ y = \dfrac{a\alpha + a\beta + 0}{3} = \dfrac{a(\alpha + \beta)}{3} \\ \quad = \dfrac{a(a+2)}{3} \quad \cdots\cdots \text{⑤} \end{cases}$$

②，④，⑤を同時にみたす a が存在するための x，y の条件を求める。

④より $a = 3x - 3$ であり，⑤に代入して

$$y = \frac{(3x-3)(3x-3+2)}{3}$$
$$= (x-1)(3x-1)$$
$$= 3x^2 - 4x + 1$$

さらに②より

$$3x - 3 < -2 - 2\sqrt{2},$$
$$3x - 3 > -2 + 2\sqrt{2}$$
$$\therefore \quad x < \frac{1-2\sqrt{2}}{3}, \quad x > \frac{1+2\sqrt{2}}{3}$$

以上より，求める G の軌跡は

放物線 $\boldsymbol{y = 3x^2 - 4x + 1}$ の

$\boldsymbol{x < \dfrac{1-2\sqrt{2}}{3}}$, $\boldsymbol{x > \dfrac{1+2\sqrt{2}}{3}}$

をみたす部分

2.55 $\mathrm{P}(X, Y)$ とおくと

$$\begin{cases} X = x + y \\ Y = xy \end{cases}$$

なので，x，y は t の 2 次方程式
$t^2 - Xt + Y = 0$ の実数解である。

この 2 次方程式の判別式を D とすると，x，y が実数より

$$D = X^2 - 4Y \geqq 0$$
$$\therefore \quad Y \leqq \frac{1}{4}X^2$$

さらに，$x^2 + y^2 = 1$ より

$$(x+y)^2 - 2xy = 1$$

であるから

$$X^2 - 2Y = 1$$
$$\therefore \quad Y = \frac{1}{2}X^2 - \frac{1}{2}$$

以上より，点 P の軌跡は，放物線

$$y = \frac{1}{2}x^2 - \frac{1}{2}$$

の $y \leqq \dfrac{1}{4}x^2$ をみたす部分

すなわち

放物線 $\boldsymbol{y = \dfrac{1}{2}x^2 - \dfrac{1}{2}}$ の

$\boldsymbol{-\sqrt{2} \leqq x \leqq \sqrt{2}}$ をみたす部分

であり，図示すると 次の図の実線部分 となる。

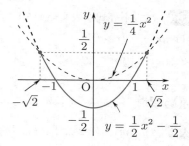

📖 問題

不等式で表された領域 ⋯⋯⋯⋯⋯⋯⋯⋯⋯⋯⋯⋯⋯⋯⋯⋯⋯⋯⋯⋯⋯⋯⋯⋯⋯⋯⋯

☐ **2.56** 次の連立不等式が表す領域の面積を求めよ。

$$\begin{cases} x^2 + y^2 - 2x \leqq 0 \\ x + y - 2 \geqq 0 \end{cases}$$

（専修大）

☐ **2.57** 不等式 $(x^2 - 4x + y^2 - 2y + 1)(x - y + 1) \leqq 0$ の表す領域を図示せよ。

☐ **2.58** 次の不等式が表す領域を図示せよ。

(1) $|x| - |y| > 0$ （津田塾大　改）

(2) $|x| + |2y| \leqq 2$ （北見工大）

通過領域 ⋯⋯⋯⋯⋯⋯⋯⋯⋯⋯⋯⋯⋯⋯⋯⋯⋯⋯⋯⋯⋯⋯⋯⋯⋯⋯⋯⋯⋯⋯⋯⋯⋯⋯⋯

☐ **2.59** xy 平面上の 2 点 $(t,\ t)$, $(t-1,\ 1-t)$ を通る直線を l_t とする。次の問いに答えよ。

(1) l_t の方程式を求めよ。

(2) t がすべての実数を動くとき，l_t の通り得る範囲を図示せよ。

（京都産業大）

☐ **2.60** 実数 t に対して xy 平面上の直線 $l_t : y = 2tx - t^2$ を考える。次の問に答えよ。

(1) 点 P を通る直線 l_t はただ 1 つであるとする。このような点 P の軌跡の方程式を求めよ。

(2) t が $|t| \geqq 1$ の範囲を動くとき，直線 l_t が通る点 $(x,\ y)$ の全体を図示せよ。 （神大）

チェック・チェック

基本 check！

不等式で表された領域

　不等式で表された領域とは，不等式をみたす点 (x, y) の集合のことである。
- $y > f(x)$ $(y < f(x))$ は，$y = f(x)$ のグラフの上側（下側）
- $(x - a)^2 + (y - b)^2 > r^2$ $(< r^2)$ は，円 $(x - a)^2 + (y - b)^2 = r^2$ の外部（内部）

を表す。

直線の通過領域

　直線 $l_t : f(x, y, t) = 0$ の通り得る範囲を求めるということは，通り得る範囲を表す x, y の不等式を求めることである。パラメータ t が 1 つ与えられると直線が 1 本に決まり，その直線上の点が求める領域内の点ということになる。すなわち，$f(x, y, t) = 0$ をみたす実数 t が存在するための x, y の条件を求めればよい。

2.56　2 つの不等式で表された領域

境界は円と直線ですね。

2.57　不等式で表された領域

$$AB \leqq 0 \iff \begin{cases} A \geqq 0 \\ B \leqq 0 \end{cases} \text{ または } \begin{cases} A \leqq 0 \\ B \geqq 0 \end{cases} \text{ です。}$$

2.58　絶対値記号を含む不等式で表された領域

(1) 絶対値記号の中身の符号で場合分けすると 4 つの場合分けが必要です。

$$|x| - |y| > 0 \iff |y| < |x| \iff y^2 < x^2$$

として絶対値記号をはずすこともできますね。

　あるいは，グラフの対称性に目をむけるのもよい方法です。

(2) グラフの対称性に着目しましょう。

2.59　直線の通過領域

(2) は，(1) の方程式において，実数 t が存在するための x, y の条件を求めます。

2.60　直線の通過領域（包絡線）

(1) t の方程式とみて，実数解を 1 つだけもつ条件を求めます。

(2) パラメータ t に $|t| \geqq 1$ という条件がついていることに注意しましょう。t の 2 次方程式についての解の配置の問題となります。あるいは，直線 l_t は (1) で求めた軌跡の接線であることに気づくと直接領域を図示することもできます。(1) の軌跡はパラメータ t を動かしてできる直線群の包絡線とよばれています。

解答・解説

2.56 $x^2 + y^2 - 2x \leqq 0$

$\therefore \quad (x-1)^2 + y^2 \leqq 1$

よって，中心 $(1, 0)$，半径 1 の円の周および内部である。

$x + y - 2 \geqq 0$

$\therefore \quad y \geqq -x + 2$

よって，直線 $y = -x + 2$ およびその上側である。よって，与えられた領域は次の図の斜線部分となる。ただし，境界線を含む。

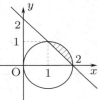

求める面積は半径 1 の四分円から 3 辺が 1，1，$\sqrt{2}$ の直角二等辺三角形を除けばよいので

$$\frac{1}{4}\pi \cdot 1^2 - \frac{1}{2} \cdot 1 \cdot 1$$

$$= \frac{\pi}{4} - \frac{1}{2}$$

2.57 $(x^2 - 4x + y^2 - 2y + 1)(x - y + 1) \leqq 0$

を変形すると

$$\begin{cases} x^2 - 4x + y^2 - 2y + 1 \geqq 0 \\ x - y + 1 \leqq 0 \end{cases}$$

または

$$\begin{cases} x^2 - 4x + y^2 - 2y + 1 \leqq 0 \\ x - y + 1 \geqq 0 \end{cases}$$

すなわち

$$\begin{cases} (x-2)^2 + (y-1)^2 \geqq 4 \\ y \geqq x + 1 \end{cases}$$

または

$$\begin{cases} (x-2)^2 + (y-1)^2 \leqq 4 \\ y \leqq x + 1 \end{cases}$$

よって，求める領域は，<u>次の図の斜線部分。ただし，境界線を含む。</u>

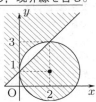

2.58 (1) $|x| - |y| > 0$ より $|y| < |x|$ であるから，両辺を 2 乗して

$$y^2 < x^2$$

$$\therefore \quad (y+x)(y-x) < 0$$

すなわち

$$\begin{cases} y > -x \\ y < x \end{cases} \text{ または } \begin{cases} y < -x \\ y > x \end{cases}$$

よって，求める領域は，<u>次の図の斜線部分。ただし，境界線を含まない。</u>

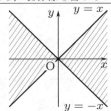

別解

$|y| < |x|$ は x 軸および y 軸に関して対称な領域だから，$x \geqq 0$ かつ $y \geqq 0$ のときの領域を図示して，x 軸および y 軸に関して対称移動させると同じ領域を得る。

(2) $|x| + |2y| \leqq 2$ は x 軸および y 軸に関して対称な領域である。

$x \geqq 0$ かつ $y \geqq 0$ のときの領域は

$$x + 2y \leqq 2$$

の $x \geqq 0$，$y \geqq 0$ の部分であるから，これを x 軸および y 軸に関して対称

移動させればよいので，求める領域は**次の図の斜線部分。ただし，境界線を含む。**

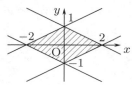

2.59 (1) 求める直線 l_t の方程式は
$$y = \frac{t - (1-t)}{t - (t-1)}(x - t) + t$$
$$y = (2t - 1)(x - t) + t$$
$$\therefore \quad \boldsymbol{y = (2t-1)x - 2t^2 + 2t}$$

(2) (1) で求めた方程式を t について整理すると
$$2t^2 - 2(x+1)t + x + y = 0$$
これが実数解 t をもつための x，y の条件を求める。この 2 次方程式の判別式を D とすると
$$\frac{D}{4} = (x+1)^2 - 2(x+y) \geqq 0$$
$$\therefore \quad y \leqq \frac{1}{2}x^2 + \frac{1}{2}$$
したがって，l_t の通過する領域は，**次の図の斜線部分。ただし，境界線を含む。**

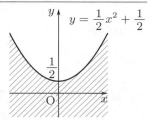

2.60 l_t の方程式を t について整理すると
$$t^2 - 2xt + y = 0 \quad \cdots\cdots ①$$
ここで，$f(t) = t^2 - 2xt + y$ とおく。
(1) t の 2 次方程式①がただ 1 つの実数解をもつための x，y の条件は，①の判

別式を D として
$$\frac{D}{4} = x^2 - y = 0$$
$$\therefore \quad \boldsymbol{y = x^2}$$

(2) ①が $|t| \geqq 1$ の範囲で少なくとも 1 つの実数解をもつための x，y の条件を求めればよい。
$$f(t) = (t - x)^2 - x^2 + y$$
より，軸 $t = x$ の位置で場合分けする。
(i) $x \leqq -1$ または $1 \leqq x$ のとき
$$f(x) \leqq 0 \quad \therefore \quad y \leqq x^2$$
(ii) $-1 < x < 1$ のとき
$$f(-1) \leqq 0 \text{ または } f(1) \leqq 0$$
$$\therefore \quad y \leqq -2x - 1 \text{ または } y \leqq 2x - 1$$
(i)，(ii) から，求める領域は，**次の図の斜線部分。ただし，境界線を含む。**

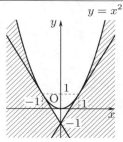

別解

(1) より l_t は放物線 $y = x^2$ ……② の接線であり，①，②より，接点の x 座標は t であるから，$|t| \geqq 1$ の範囲で接線を引くことにより，l_t の通過領域は次の図の斜線部分である。ただし，境界線を含む。

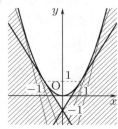

問題

領域における最大・最小 ···

2.61 x, y が 3 つの不等式 $x \leqq 2$, $x + 2y - 8 \leqq 0$, $2x + y - 4 \geqq 0$ をみたすとき, $x + y$ のとる値の最大値, 最小値を求めよ。 （大阪工大）

2.62 連立不等式

$$2x - y - 2 \geqq 0, \quad x \leqq \frac{5}{2}, \quad y \geqq 1$$

の表す領域を D とする。点 $\mathrm{P}(x, y)$ が領域 D を動くとき, $\dfrac{y}{x^2}$ の最大値と最小値を求めよ。また, それぞれの値を与える点 P の座標を求めよ。

（学習院大）

2.63 点 (x, y) が連立不等式

$$\begin{cases} y \geqq x^2 - 1 \\ y \leqq x + 1 \end{cases}$$

の表す領域を動くとき, $x^2 + y^2 - 4y$ の最大値と最小値を求めよ。 （熊本大）

2.64 二種類の食品 A, B の 100g 当たりの栄養素含有量は下表の通りである。

	糖　質	蛋白質	脂　質
A	20g	5g	3g
B	10g	10g	3g

食品 A と B を組み合わせて糖質を 40g 以上, 蛋白質を 20g 以上とる必要がある。一方, 脂質摂取量は最小に押さえたい。このような条件下で脂質は何グラムとることになるか。

（自治医大）

チェック・チェック

基本 check !

領域における最大・最小

　xy 平面上の領域 D について，「$f(x, y)$ の値が k である」ということは

$$f(x, y) = k \text{ をみたす点 } (x, y) \text{ が } D \text{ に存在する}$$

ということである。すなわち

$$f(x, y) = k \text{ と領域 } D \text{ が共有点をもつ}$$

ということである。xy 平面において $f(x, y) = k$ が表す図形がわかるのであれば，D と共有点をもつように $f(x, y) = k$ が表す図形を動かして最大・最小を調べればよい。

2.61 $x + y$ の最大・最小

　まずは，3 つの不等式で表された領域 D を図示します。$x + y = k$ とおくと，$y = -x + k$ は傾き -1 の直線であり，D と共有点をもつときの y 切片 k の最大・最小を調べます。

2.62 $\dfrac{y}{x^2}$ の最大・最小

　$\dfrac{y}{x^2} = a$ とおくと $y = ax^2$ であり，P が D を動くとき $a > 0$ であり，$y = ax^2$ は下に凸の放物線を表します。領域 D とこの放物線とが共有点をもつための a の条件を考えます。

2.63 $x^2 + y^2 - 4y$ の最大・最小

　$x^2 + y^2 - 4y = k$ とおくと $x^2 + (y - 2)^2 = k + 4$ であり，$k + 4 > 0$ のとき，$\sqrt{k + 4}$ は中心 $(0, 2)$ の円の半径です。

2.64 線形計画法

　A, B をそれぞれ x g, y g とったとして，与えられた条件を式で表してみましょう。このときの脂質摂取量は $0.03x + 0.03y$ です。

解答・解説

2.61 $x \leqq 2$, $x + 2y - 8 \leqq 0$,
$2x + y - 4 \geqq 0$
ゆえに
$x \leqq 2$, $y \leqq -\dfrac{1}{2}x + 4$,
$y \geqq -2x + 4$

3 つの不等式をみたす領域は次の図の斜線部分。ただし，境界線を含む。

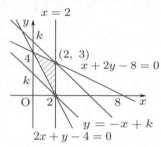

$x + y = k$（k は実数）とおくと，
$y = -x + k$ となり，これは傾き -1 の直線を表す。

　この直線の y 切片 k の値が最大となるのは点 $(2, 3)$ を通るときであり，また，最小となるのは点 $(2, 0)$ を通るときである。よって

　　最大値：5，最小値：2

2.62 $y \leqq 2x - 2$, $x \leqq \dfrac{5}{2}$, $y \geqq 1$ より，D は次の図の斜線部分。ただし，境界線を含む。

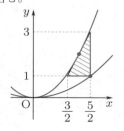

D は第一象限にあるので，$\dfrac{y}{x^2} = a$
とおくと $a > 0$ であり，点 $\mathrm{P}(x, y)$ が D を動くとき，$y = ax^2$ は下に凸の放物線を表す。この放物線が D と共有点をもつときの a の最大値と最小値を求める。

　まず，放物線が直線 $y = 2x - 2$ と接するのは
$$ax^2 = 2x - 2$$
$$ax^2 - 2x + 2 = 0 \quad \cdots\cdots ①$$
が重解をもつときであるので，2 次方程式①の判別式を D' とおくと
$$\frac{D'}{4} = 1 - 2a = 0$$
$$\therefore \quad a = \frac{1}{2}$$
このときの①の解は $x = 2$ で，接点は D 内にあるから，a は最大となり

　　$\mathrm{P}(2, 2)$ のとき

　　最大値は，$\dfrac{2}{2^2} = \dfrac{1}{2}$

また，放物線が $\left(\dfrac{5}{2}, 1\right)$ を通るとき a は最小となるので

　　$\mathrm{P}\left(\dfrac{5}{2}, 1\right)$ のとき

　　最小値は，$\dfrac{1}{\left(\dfrac{5}{2}\right)^2} = \dfrac{4}{25}$

2.63 連立不等式の表す領域を D とすると，D は次のページの図の斜線部分である。ただし，境界線を含む。
$$x^2 + y^2 - 4y = k \text{ とおくと}$$
$$x^2 + (y - 2)^2 = k + 4$$
点 $(0, 2)$ は D の外部にあるから，点 (x, y) が D を動くとき
$$x^2 + (y - 2)^2 > 0$$

であり，これは中心 A(0, 2)，半径 $\sqrt{k+4}$ の円を表す。

この円と D が共有点をもつときの k の範囲を調べる。

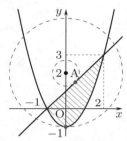

A と直線 $x-y+1=0$ ……①
の距離は

$$\frac{|0-2+1|}{\sqrt{1^2+(-1)^2}}=\frac{1}{\sqrt{2}}$$

で，この円が直線①に接するとき

$$\sqrt{k+4}=\frac{1}{\sqrt{2}}$$

$$\therefore \quad k=-\frac{7}{2}$$

このとき，この円と直線①の接点の座標は $\left(\dfrac{1}{2},\ \dfrac{3}{2}\right)$ で D 内にあるから，$k=-\dfrac{7}{2}$ は k の最小値である。

次に $y=x^2-1$ 上の点を

$$P(t,\ t^2-1)\ (-1\leqq t\leqq 2)$$

とすると

$$\begin{aligned}AP^2&=t^2+(t^2-3)^2\\&=t^4-5t^2+9\\&=\left(t^2-\frac{5}{2}\right)^2+\frac{11}{4}\\&\qquad\qquad (0\leqq t^2\leqq 4)\end{aligned}$$

より，AP は $t=0$ のとき，最大値

$$\sqrt{\frac{25}{4}+\frac{11}{4}}=3$$

をとる。このときの AP が最大となる場合の半径なので

$$\sqrt{k+4}=3 \quad \therefore \quad k=5$$

以上より

$$\underline{\text{最大値 } \mathbf{5},\ \text{最小値} -\frac{7}{2}}$$

2.64 A を x g，B を y g とると すると
$$x\geqq 0,\ y\geqq 0 \quad\cdots\cdots①$$
である。また，糖質については
$$0.2x+0.1y\geqq 40$$
$$\therefore\quad y\geqq -2x+400 \quad\cdots\cdots②$$
蛋白質については
$$0.05x+0.1y\geqq 20$$
$$\therefore\quad y\geqq -\frac{1}{2}x+200 \quad\cdots\cdots③$$
さらに，このときの脂質を k g とすると
$$k=0.03x+0.03y$$
$$\therefore\quad y=-x+\frac{100}{3}k \quad\cdots\cdots④$$
連立不等式①，②，③の表す領域 D は次の図の斜線部分である。ただし，境界線を含む。D の下で④をみたす k の最小値を求めればよい。

④は傾き -1，y 切片 $\dfrac{100}{3}k$ の直線を表すので，D と共有点をもつときの k の最小値は④が $\left(\dfrac{400}{3},\ \dfrac{400}{3}\right)$ を通るときである。よって，このとき

$$\begin{aligned}k&=0.03\times\frac{400}{3}+0.03\times\frac{400}{3}\\&=4+4\\&=\underline{\mathbf{8}\ (\text{グラム})}\end{aligned}$$

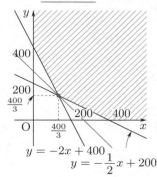

$$y=-2x+400$$
$$y=-\frac{1}{2}x+200$$

📖 問題

必要条件・十分条件と真理集合 ···

☐ **2.65** x, y が実数であるとき，次の文中の空欄に当てはまるものを，下の
① , ② , ③ , ④ から 1 つ選べ。

(1)「 $x + y > 0$ かつ $xy > 0$ 」は，「 $x > 0$ かつ $y > 0$ 」であるための
　　　ア 。

(2)「 $x + y > 2$ または $x + y < -2$ 」は，「 $x > 1$ かつ $y > 1$ 」であるた
　　めの イ 。

(3)「 $|x| < 1$ かつ $|y| < 1$ 」は，「 $xy + 1 > x + y$ 」であるための ウ 。

(4)「 $y \leqq x^2$ 」は，「 $y \leqq x$ 」であるための エ 。

(5)「 $x^2 + y^2 < 2$ 」は，「 $|x| + |y| < 2$ 」であるための オ 。
　　　① 必要十分条件である
　　　② 必要条件であるが，十分条件ではない
　　　③ 十分条件であるが，必要条件ではない
　　　④ 必要条件でも十分条件でもない　　　　　　　　　　　　（成蹊大　改）

☐ **2.66** 実数 x, y に関する 2 つの条件
$$p : 3x - y + k \geqq 0, \qquad q : x^2 + y^2 \leqq 5$$
について，p が q の必要条件となるような実数 k の範囲を求めなさい。

（龍谷大）

📖 チェック・チェック

基本 check !

必要条件・十分条件

命題「$p \Longrightarrow q$」(p ならば q）が真であるとき

q は p であるための必要条件,

p は q であるための十分条件

であるという。

真理集合

条件 p, q をみたす要素全体の集合（真理集合という）をそれぞれ P, Q と表すと

「$p \Longrightarrow q$ が真である」 $\Longleftrightarrow$ 「$P \subset Q$」

が成り立つ。

2.65 必要条件・十分条件と真理集合

x, y の値の組についての命題を考えるので，xy 平面上に領域を図示して，2 つの命題「$p \Longrightarrow q$」,「$q \Longrightarrow p$」の真偽を調べます。

2.66 必要条件と真理集合

まずは，xy 平面上に p, q が表す領域を図示しましょう。p が q の必要条件となるとき，命題「$p \Longleftarrow q$」が真なので，q が表す領域が p が表す領域に含まれていることになります。

📖 解答・解説

2.65 (1) p_1:「$x+y>0$ かつ $xy>0$」、q_1:「$x>0$ かつ $y>0$」として、p_1, q_1 の真理集合をそれぞれ P_1, Q_1 とおくと、P_1 について

$$x+y>0 \text{ かつ } xy>0$$
$$\iff y>-x \text{ かつ}$$
$$\text{「} \begin{cases} x>0 \\ y>0 \end{cases} \text{または} \begin{cases} x<0 \\ y<0 \end{cases} \text{」}$$

なので、P_1, Q_1 の表す領域はそれぞれ次の図の斜線部分である。ただし、ともに境界線を含まない。

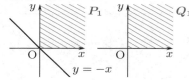

つまり、$P_1 = Q_1$ なので、p_1 は q_1 であるための必要十分条件である。

①

(2) p_2:「$x+y>2$ または $x+y<-2$」、q_2:「$x>1$ かつ $y>1$」として、p_2, q_2 の真理集合をそれぞれ P_2, Q_2 とおくと

$$P_2 = \{(x, y) \mid y>-x+2$$
$$\text{または } y<-x-2\}$$
$$Q_2 = \{(x, y) \mid x>1 \text{ かつ } y>1\}$$

なので、P_2, Q_2 の表す領域はそれぞれ次の図の斜線部分である。ただし、ともに境界線を含まない。

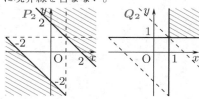

つまり、$P_2 \supset Q_2$ なので、$p_2 \Longleftarrow q_2$ は

真であるが、$p_2 \Longrightarrow q_2$ は偽である。

よって、p_2 は q_2 であるための必要条件であるが、十分条件ではない。

②

(3) p_3:「$|x|<1$ かつ $|y|<1$」、q_3:「$xy+1>x+y$」として、p_3, q_3 の真理集合をそれぞれ P_3, Q_3 とおくと、P_3 について

$$P_3 = \{(x, y) \mid -1<x<1$$
$$\text{かつ} -1<y<1\}$$

また、Q_3 について

$$xy+1>x+y$$
$$x(y-1)-(y-1)>0$$
$$(x-1)(y-1)>0$$
$$\begin{cases} x-1>0 \\ y-1>0 \end{cases} \text{または} \begin{cases} x-1<0 \\ y-1<0 \end{cases}$$

より、Q_3 は xy 平面において

$$\begin{cases} x>1 \\ y>1 \end{cases} \text{または} \begin{cases} x<1 \\ y<1 \end{cases}$$

の表す領域なので、P_3, Q_3 の表す領域はそれぞれ次の図の斜線部分である。ただし、ともに境界線を含まない。

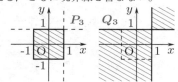

つまり、$P_3 \subset Q_3$ なので、$p_3 \Longrightarrow q_3$ は真であるが、$p_3 \Longleftarrow q_3$ は偽である。

よって、p_3 は q_3 であるための十分条件であるが必要条件ではない。

③

(4) p_4:「$y \leqq x^2$」、q_4:「$y \leqq x$」として、p_4, q_4 の真理集合をそれぞれ P_4, Q_4 とおくと、P_4, Q_4 の表す領域はそれ

ぞれ次の図の斜線部分である。ただし，ともに境界線を含む。

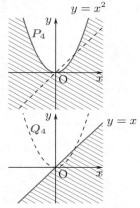

$P_4 \subset Q_4$，$P_4 \supset Q_4$ いずれも成り立たないので，$p_4 \Longrightarrow q_4$，$p_4 \Longleftarrow q_4$ いずれも偽である。

よって，p_4 は q_4 であるための必要条件でも十分条件でもない。

(5) $p_5 : \lceil x^2 + y^2 < 2 \rfloor$，$q_5 : \lceil |x| + |y| < 2 \rfloor$ として，p_5，q_5 の真理集合をそれぞれ P_5，Q_5 とおく。

Q_5 について，$|x| + |y| < 2$ は x 軸および y 軸に関して対称な領域である。$x \geqq 0$ かつ $y \geqq 0$ のときの領域は

$$x + y < 2 \qquad \therefore \quad y < -x + 2$$

の $x \geqq 0$ かつ $y \geqq 0$ の部分であるから，P_5，Q_5 の表す領域はそれぞれ次の図の斜線部分である。ただし，ともに境界線を含まない。

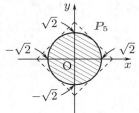

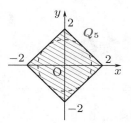

つまり，$P_5 \subset Q_5$ なので，$p_5 \Longrightarrow q_5$ は真であるが，$p_5 \Longleftarrow q_5$ は偽である。

よって，p_5 は q_5 であるための十分条件であるが，必要条件ではない。

③

2.66 p, q の真理集合をそれぞれ P, Q とおくと

$$P = \{(x, y) \mid y \leqq 3x + k\}$$
$$Q = \{(x, y) \mid x^2 + y^2 \leqq 5\}$$

であり，p が q の必要条件となるのは，「$p \Longleftarrow q$ が真」すなわち「$P \supset Q$」が成り立つ場合である。

直線 $y = 3x + k$ つまり $3x - y + k = 0$ が円 $x^2 + y^2 = 5$ と接する条件は，中心 O と直線 $3x - y + k = 0$ の距離が円の半径 $\sqrt{5}$ となる場合であり

$$\frac{|3 \times 0 - 0 + k|}{\sqrt{9 + 1}} = \sqrt{5}$$

$$|k| = 5\sqrt{2}$$

$$\therefore \quad k = \pm 5\sqrt{2}$$

k は直線 $y = 3x + k$ の y 切片なので，$P \supset Q$ となる条件は，次の図より

$$\underline{k \geqq 5\sqrt{2}}$$

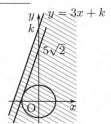

§1 加法定理

📖 問題

一般角 ・・

□ **3.1** $\sin 600° = \boxed{}$ である。 （東京工芸大）

□ **3.2** θ が第3象限の角で，$\sin \theta = -\dfrac{4}{5}$ のとき，$\cos \theta = \boxed{}$，

$\tan \theta = \boxed{}$ である。 （神奈川工科大）

弧度法 ・・

□ **3.3** 144° を弧度で表すと $\boxed{}\pi$ ラジアンである。また，$\dfrac{23}{12}\pi$ ラジアン

を度で表すと $\boxed{}°$ である。 （センター試験）

□ **3.4** $\sin 1$，$\sin 2$，$\sin 3$，$\cos 1$ という4つの数値を小さい方から順に並べ
よ。ただし 1，2，3 は，それぞれ1ラジアン，2ラジアン，3ラジアンを表
す。 （鹿児島大）

□ **3.5** 長さ2の線分 AB を直径とする半円の弧 AB 上に点 P をとる。この
とき，下の問いに答えよ。

(1) 線分 AB の中点を O とし，∠POB $= \theta$ とするとき，弧 AP と弦 AP
で囲まれる部分の面積を θ で表せ。

(2) 弦 AP がこの半円の面積を2等分するとき，不等式 $2\overset{\frown}{\mathrm{BP}} < \overset{\frown}{\mathrm{AP}} < 3\overset{\frown}{\mathrm{BP}}$

が成り立つことを示せ。ただし，$\overset{\frown}{\mathrm{AP}}$，$\overset{\frown}{\mathrm{BP}}$ は弧 AP，弧 BP の長さを表す。
 （東京学芸大）

📖 チェック・チェック

基本 check！

一般角

　負の角や 360° よりも大きい角にまで拡張した角を一般角という。

　各象限での sin，cos，tan の符号は次の通りである。

 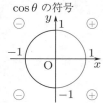 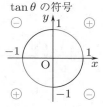

弧度法と扇形

　半径と同じ長さの弧に対する中心角を 1 ラジアンまたは 1 弧度といい，これを単位とする角の表し方を弧度法という。

　半径が r，中心角が θ の扇形の弧の長さを l，面積を S とすると

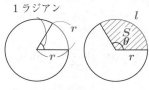

$$l = \frac{\theta}{2\pi} \times 2\pi r = r\theta, \ S = \frac{\theta}{2\pi} \times \pi r^2 = \frac{1}{2} r^2 \theta = \frac{1}{2} rl$$

3.1　$360° + \theta$，$180° + \theta$ の三角比

$600° = 360° + 240°$ であり，$240° = 180° + 60°$ です。

3.2　sin, cos, tan の符号

θ が第 3 象限の角であるとき，$\sin\theta < 0$，$\cos\theta < 0$，$\tan\theta > 0$ です。

3.3　度数法と弧度法

$180° = \pi$ ラジアンより，$1° = \dfrac{\pi}{180}$ ラジアン，1 ラジアン $= \left(\dfrac{180}{\pi}\right)°$ です。

3.4　大小比較

$\sin 2 = \sin(\pi - 2)$，$\sin 3 = \sin(\pi - 3)$，$\cos 1 = \sin\left(\dfrac{\pi}{2} - 1\right)$ であり，1，$\pi - 2$，$\pi - 3$，$\dfrac{\pi}{2} - 1$ はすべて第 1 象限の角です。第 1 象限において $\sin\theta$ は単調増加ですから，4 つの角の大小がわかれば，$\sin 1$，$\sin 2$，$\sin 3$，$\cos 1$ の大小がわかります。

3.5　扇形の面積・弧長

扇形の面積・弧長は弧度法で考えましょう。

解答・解説

3.1
$$\sin 600° = \sin(360° + 240°)$$
$$= \sin 240°$$
$$= \sin(180° + 60°)$$
$$= -\sin 60° = -\frac{\sqrt{3}}{2}$$

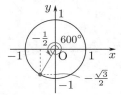

3.2 θ は第 3 象限の角であるから
$$\cos\theta < 0$$
$\sin\theta = -\dfrac{4}{5}$ より
$$\cos\theta = -\sqrt{1-\sin^2\theta} = -\frac{3}{5}$$
$$\tan\theta = \frac{\sin\theta}{\cos\theta}$$
$$= \left(-\frac{4}{5}\right)\cdot\left(-\frac{5}{3}\right) = \frac{4}{3}$$

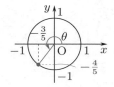

3.3 $180° = \pi$ ラジアンより，$144°$ は
$$\frac{\pi}{180} \times 144 = \frac{4}{5}\pi \text{ ラジアン}$$
$\dfrac{23}{12}\pi$ ラジアンは
$$\frac{23}{12} \times 180° = \mathbf{345°}$$

3.4 $\cos 1 = \sin\left(\dfrac{\pi}{2} - 1\right)$ であり
$$0 < \frac{\pi}{2} - 1 < 1 < \frac{\pi}{2} < 2 < 3 < \pi$$
である。また

$$\sin 2 = \sin(\pi - 2)$$
$$\sin 3 = \sin(\pi - 3)$$
であり，$0 < \pi - 3 < 1 < \pi - 2 < 2$ に
注意する。
$$\left(\frac{\pi}{2} - 1\right) - (\pi - 3) = \frac{4-\pi}{2} > 0$$
$$\frac{\pi}{2} - (\pi - 2) = \frac{4-\pi}{2} > 0$$
より
$$0 < \pi - 3 < \frac{\pi}{2} - 1$$
$$< 1 < \pi - 2 < \frac{\pi}{2}$$
である。$0 \leqq x \leqq \dfrac{\pi}{2}$ において，$\sin x$ は
単調増加であるから
$$\sin(\pi - 3) < \sin\left(\frac{\pi}{2} - 1\right)$$
$$< \sin 1 < \sin(\pi - 2)$$
$$\therefore \quad \mathbf{\sin 3 < \cos 1 < \sin 1 < \sin 2}$$
【参考】
　単位円周上に y 座標が $\sin 1,\ \sin 2,$
$\sin 3,\ \cos 1 = \sin\left(\dfrac{\pi}{2} - 1\right)$ となる点を
とると次の図のようになる。

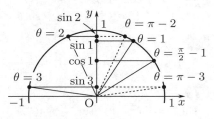

3.5 (1) 求める面積を S とおくと
$$S$$
$$= (\text{扇形 OAP}) - \triangle\text{OAP}$$
$$= \frac{1}{2}\cdot 1^2 \cdot (\pi - \theta) - \frac{1}{2}\cdot 1^2 \cdot \sin(\pi - \theta)$$
$$= \frac{1}{2}(\pi - \theta - \sin\theta)$$

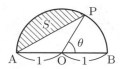

(2) 弦 AP が半円の面積を 2 等分するとき

$$S = \frac{1}{2} \times \frac{\pi \cdot 1^2}{2}$$

$$\Longleftrightarrow \frac{1}{2}(\pi - \theta - \sin\theta) = \frac{\pi}{4}$$

$$\therefore \quad \frac{\pi}{2} - \theta - \sin\theta = 0 \quad \cdots\cdots ①$$

が成り立つ。ここで

$$2\overset{\frown}{\text{BP}} < \overset{\frown}{\text{AP}} < 3\overset{\frown}{\text{BP}}$$

$$\Longleftrightarrow 2\theta < \pi - \theta < 3\theta$$

$$\Longleftrightarrow \frac{\pi}{4} < \theta < \frac{\pi}{3}$$

であり，① をみたす θ は $\dfrac{\pi}{4} < \theta < \dfrac{\pi}{3}$ をみたすことを示せばよい。

$f(\theta) = \dfrac{\pi}{2} - \theta - \sin\theta$ とおく。

$$f(\theta) = 0 \iff \frac{\pi}{2} - \theta = \sin\theta$$

であり，θ は $0 \leqq \theta \leqq \dfrac{\pi}{2}$ の範囲に存在し，この範囲で $f(\theta)$ は単調減少である。

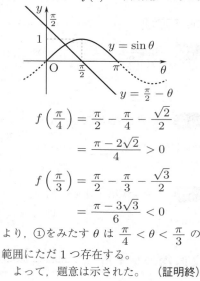

$$f\left(\frac{\pi}{4}\right) = \frac{\pi}{2} - \frac{\pi}{4} - \frac{\sqrt{2}}{2}$$

$$= \frac{\pi - 2\sqrt{2}}{4} > 0$$

$$f\left(\frac{\pi}{3}\right) = \frac{\pi}{2} - \frac{\pi}{3} - \frac{\sqrt{3}}{2}$$

$$= \frac{\pi - 3\sqrt{3}}{6} < 0$$

より，① をみたす θ は $\dfrac{\pi}{4} < \theta < \dfrac{\pi}{3}$ の範囲にただ 1 つ存在する。

よって，題意は示された。　　　（証明終）

【補足】　一般角と単位円

　一般角について考えるときは，**3.1** や **3.2** のように単位円を用いるとよい。次の (i)～(iv) の公式も，単位円を用いてイメージをすることで理解しやすくなる。

(i) **$\theta + 2n\pi$ の三角関数 (n は整数)**

$$\sin(\theta + 2n\pi) = \sin\theta, \ \cos(\theta + 2n\pi) = \cos\theta, \ \tan(\theta + 2n\pi) = \tan\theta$$

(ii) **$-\theta$ の三角関数**

$$\sin(-\theta) = -\sin\theta, \ \cos(-\theta) = \cos\theta, \ \tan(-\theta) = -\tan\theta$$

(iii) **$\theta + \pi$ の三角関数**

$$\sin(\theta + \pi) = -\sin\theta, \ \cos(\theta + \pi) = -\cos\theta, \ \tan(\theta + \pi) = \tan\theta$$

(iv) **$\theta + \dfrac{\pi}{2}$ の三角関数**

$$\sin\left(\theta + \frac{\pi}{2}\right) = \cos\theta, \ \cos\left(\theta + \frac{\pi}{2}\right) = -\sin\theta, \ \tan\left(\theta + \frac{\pi}{2}\right) = -\frac{1}{\tan\theta}$$

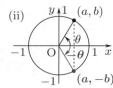 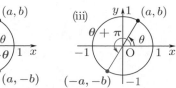 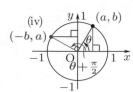

いずれも $a = \cos\theta, \ b = \sin\theta$ とする。

📖 問題

加法定理 ···

☐ **3.6** $\sin \dfrac{5}{12}\pi = \boxed{}$, $\cos \dfrac{5}{12}\pi = \boxed{}$, $\tan \dfrac{5}{12}\pi = \boxed{}$

（湘南工科大）

☐ **3.7** α, β は鋭角で, $\sin \alpha = \dfrac{3}{5}$, $\cos \beta = \dfrac{1}{2}$ のとき, $\sin(\alpha + \beta) = \boxed{}$,

$\cos(\alpha + \beta) = \boxed{}$ である。 （玉川大）

☐ **3.8** α, β が第 1 象限の角で, $\tan(\alpha + \beta) = 1$, $\tan(\alpha - \beta) = \dfrac{1}{7}$ のとき,

$\tan \alpha = \boxed{}$, $\tan \beta = \boxed{}$ である。 （青山学院大）

2 直線のなす角 ··

☐ **3.9** 座標平面上の 2 つの直線 $y = \dfrac{1}{3}x + 1$ と $y = 2x - 3$ がなす角 θ の大きさを求めなさい。ただし, $0 \leqq \theta \leqq \dfrac{\pi}{2}$ とする。 （公立千歳科技大）

☐ **3.10** 直線 $y = \dfrac{2}{3}x$ を, 原点を中心として正の向き（反時計回り）に $\dfrac{\pi}{4}$ 回転した直線の方程式は $y = \boxed{}x$ である。 （東邦大）

チェック・チェック

基本 check !

加法定理

$$\sin(\alpha \pm \beta) = \sin\alpha\cos\beta \pm \cos\alpha\sin\beta$$
$$\cos(\alpha \pm \beta) = \cos\alpha\cos\beta \mp \sin\alpha\sin\beta$$
$$\tan(\alpha \pm \beta) = \frac{\tan\alpha \pm \tan\beta}{1 \mp \tan\alpha\tan\beta}$$

（すべて複号同順）

2 直線のなす角

2 直線 $y = m_1 x + n_1$, $y = m_2 x + n_2$ と x 軸の正方向とのなす角をそれぞれ α, β $(0 \leqq \alpha \leqq \beta < \pi)$ とすると，この 2 直線のなす角 θ について

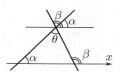

(i) $m_1 m_2 \neq -1$ のとき

$$\tan\theta = \tan(\beta - \alpha) = \frac{\tan\beta - \tan\alpha}{1 + \tan\beta\tan\alpha} = \frac{m_2 - m_1}{1 + m_2 m_1}$$

θ を鋭角にとるときには，$\tan\theta > 0$ より $\tan\theta = \left| \dfrac{m_2 - m_1}{1 + m_2 m_1} \right|$ となる。

(ii) $m_1 m_2 = -1$ のとき

$$\theta = \frac{\pi}{2}$$

3.6　加法定理

$\dfrac{5}{12}\pi = \dfrac{\pi}{4} + \dfrac{\pi}{6}$ として，$\dfrac{5}{12}\pi$ を既知の角で表すことができます。

3.7　sin, cos の加法定理

$\sin\alpha$, $\cos\beta$ の値が与えられており，α, β が鋭角ということから $\cos\alpha$, $\sin\beta$ の値が一意に決まります。

3.8　tan の加法定理

$\tan\alpha = A$, $\tan\beta = B$ とおけば，与えられた条件は A, B についての連立方程式となります。

3.9　2 直線のなす角

$\tan$ の加法定理を用いましょう。

3.10　原点のまわりの直線の回転

直線 $y = \dfrac{2}{3}x$ と x 軸の正方向とのなす角を θ とすると，求める直線と x 軸の正方向とのなす角は $\theta + \dfrac{\pi}{4}$ です。

解答・解説

3.6 加法定理より

$$\sin \frac{5}{12}\pi$$

$$= \sin \left(\frac{\pi}{4} + \frac{\pi}{6} \right)$$

$$= \sin \frac{\pi}{4} \cos \frac{\pi}{6} + \cos \frac{\pi}{4} \sin \frac{\pi}{6}$$

$$= \frac{1}{\sqrt{2}} \times \frac{\sqrt{3}}{2} + \frac{1}{\sqrt{2}} \times \frac{1}{2}$$

$$= \boldsymbol{\frac{\sqrt{6} + \sqrt{2}}{4}}$$

$$\cos \frac{5}{12}\pi$$

$$= \cos \left(\frac{\pi}{4} + \frac{\pi}{6} \right)$$

$$= \cos \frac{\pi}{4} \cos \frac{\pi}{6} - \sin \frac{\pi}{4} \sin \frac{\pi}{6}$$

$$= \frac{1}{\sqrt{2}} \times \frac{\sqrt{3}}{2} - \frac{1}{\sqrt{2}} \times \frac{1}{2}$$

$$= \boldsymbol{\frac{\sqrt{6} - \sqrt{2}}{4}}$$

$$\tan \frac{5}{12}\pi = \tan \left(\frac{\pi}{4} + \frac{\pi}{6} \right)$$

$$= \frac{\tan \frac{\pi}{4} + \tan \frac{\pi}{6}}{1 - \tan \frac{\pi}{4} \tan \frac{\pi}{6}}$$

$$= \frac{1 + \dfrac{1}{\sqrt{3}}}{1 - 1 \times \dfrac{1}{\sqrt{3}}}$$

$$= \frac{\sqrt{3} + 1}{\sqrt{3} - 1}$$

$$= \frac{(\sqrt{3} + 1)^2}{3 - 1}$$

$$= \boldsymbol{2 + \sqrt{3}}$$

別解

$$\tan \frac{5}{12}\pi = \frac{\sin \dfrac{5}{12}\pi}{\cos \dfrac{5}{12}\pi}$$

$$= \frac{\sqrt{6} + \sqrt{2}}{4} \times \frac{4}{\sqrt{6} - \sqrt{2}}$$

$$= \frac{\sqrt{6} + \sqrt{2}}{\sqrt{6} - \sqrt{2}}$$

$$= 2 + \sqrt{3}$$

3.7 α, β は鋭角であるから

$$\cos \alpha = \sqrt{1 - \sin^2 \alpha} = \frac{4}{5}$$

$$\sin \beta = \sqrt{1 - \cos^2 \beta} = \frac{\sqrt{3}}{2}$$

したがって

$$\sin (\alpha + \beta)$$

$$= \sin \alpha \cos \beta + \cos \alpha \sin \beta$$

$$= \boldsymbol{\frac{3 + 4\sqrt{3}}{10}}$$

$$\cos (\alpha + \beta)$$

$$= \cos \alpha \cos \beta - \sin \alpha \sin \beta$$

$$= \boldsymbol{\frac{4 - 3\sqrt{3}}{10}}$$

3.8 $\tan \alpha = A$, $\tan \beta = B$ とおくと，条件より

$$\tan (\alpha + \beta) = \frac{A + B}{1 - AB} = 1$$

$$\therefore \quad A + B = 1 - AB \quad \cdots\cdots ①$$

$$\tan (\alpha - \beta) = \frac{A - B}{1 + AB} = \frac{1}{7}$$

$$\therefore \quad 7(A - B) = 1 + AB \quad \cdots\cdots ②$$

① + ② より

$$8A - 6B = 2$$

$$\therefore \quad B = \frac{4A - 1}{3} \quad \cdots\cdots ③$$

③を①に代入すると

$$A + \frac{4A - 1}{3} = 1 - A \times \frac{4A - 1}{3}$$

$$7A - 1 = -4A^2 + A + 3$$

$$4A^2 + 6A - 4 = 0$$

$$\therefore \quad 2(2A - 1)(A + 2) = 0$$

$0 < \alpha < \dfrac{\pi}{2}$ より $A = \tan \alpha > 0$ であるから

$$A = \tan\alpha = \frac{1}{2}$$

$$B = \tan\beta = \frac{2-1}{3} = \frac{1}{3}$$

3.9 直線 $y = \frac{1}{3}x+1$, $y = 2x-3$ が x 軸の正方向となす角をそれぞれ α, β $\left(0 < \alpha < \beta < \frac{\pi}{2}\right)$ とおくと，求める角 θ は $\theta = \beta - \alpha$ である。

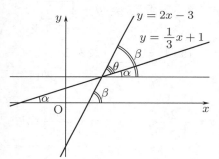

$\tan\alpha = \frac{1}{3}$, $\tan\beta = 2$ より

$$\tan\theta = \tan(\beta - \alpha)$$
$$= \frac{\tan\beta - \tan\alpha}{1 + \tan\beta\tan\alpha}$$
$$= \frac{2 - \frac{1}{3}}{1 + 2\cdot\frac{1}{3}}$$
$$= 1$$

$0 \leqq \theta \leqq \frac{\pi}{2}$ であるから

$$\theta = \frac{\pi}{4}$$

別解

2 直線は垂直ではないので，$0 \leqq \theta < \frac{\pi}{2}$，すなわち θ は鋭角であり，α, β の範囲および大小をおさえることなく

$$\tan\theta = \left|\frac{\tan\beta - \tan\alpha}{1 + \tan\beta\tan\alpha}\right|$$
$$= \cdots = 1$$
$$\therefore\quad \theta = \frac{\pi}{4}$$

としてもよい。

別解

内積（ベクトル）を利用してもよい。

2 直線

$$l_1 : y = \frac{1}{3}x + 1$$
$$l_2 : y = 2x - 3$$

のそれぞれの方向ベクトルとして

$$\vec{l_1} = (3,\ 1),\quad \vec{l_2} = (1,\ 2)$$

をとることができる。l_1, l_2 のなす角 θ は $0 \leqq \theta \leqq \frac{\pi}{2}$ であるから

$$\cos\theta = \left|\frac{\vec{l_1}\cdot\vec{l_2}}{|\vec{l_1}||\vec{l_2}|}\right|$$
$$= \frac{|3\times 1 + 1\times 2|}{\sqrt{10}\cdot\sqrt{5}}$$
$$= \frac{1}{\sqrt{2}}$$

であり，$\theta = \frac{\pi}{4}$ である。

3.10 直線 $y = \frac{2}{3}x$ と x 軸の正方向のなす角を θ とすると，$\tan\theta = \frac{2}{3}$ であり，求める直線の傾きは

$$\tan\left(\theta + \frac{\pi}{4}\right)$$
$$= \frac{\tan\theta + \tan\frac{\pi}{4}}{1 - \tan\theta\tan\frac{\pi}{4}}$$
$$= \frac{\frac{2}{3} + 1}{1 - \frac{2}{3}\times 1} = 5$$
$$\therefore\quad y = \underline{5}x$$

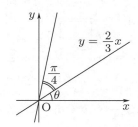

📖 問題

2 倍角の公式 ···

□ **3.11** 次の問いに答えよ。

(1) θ が第 2 象限の角で，$\sin\theta = \dfrac{4}{5}$ のとき，$\sin 2\theta$ の値は □ である。

(北海道薬大)

(2) $\cos\theta = x$ のとき，$\cos 4\theta$ を x の式で書き表すと $\cos 4\theta =$ □ となる。

(京都薬大)

(3) $\tan\gamma = \dfrac{1}{5}$ のとき，$\tan 2\gamma =$ □ ，$\tan 4\gamma =$ □ である。

(関西大)

□ **3.12** 次の問いに答えよ。

(1) $\tan\dfrac{x}{2} = m$ とするとき，等式 $\sin x = \dfrac{2m}{1+m^2}$，$\cos x = \dfrac{1-m^2}{1+m^2}$ が成り立つことを示せ。

(2) $-\pi < x < \dfrac{\pi}{2}$ のとき，次の不等式が成り立つことを示せ。

$$\sin x + \cos x \geqq \tan\dfrac{x}{2}$$

(徳島大)

半角の公式 ···

□ **3.13** 次の問いに答えよ。

(1) $\sin\dfrac{3}{8}\pi$ の値を求めよ。

(山形大)

(2) $0 < \theta < \pi$ で $\tan\theta = -2\sqrt{2}$ のとき，$\cos\theta$ と $\cos\dfrac{\theta}{2}$ の値を求めよ。

(長崎大)

(3) $0 < \theta < \dfrac{\pi}{2}$ のとき，$\tan\theta = \dfrac{3}{4}$ ならば，$\tan\dfrac{\theta}{2} =$ □ であり，$\tan\dfrac{\theta}{4} = \sqrt{\boxed{}} -$ □ である。

(明治大)

□ **3.14** $a = \cos\dfrac{\pi}{5}$，$b = \cos\dfrac{\pi}{7}$ とする。

(1) $\cos\dfrac{\pi}{10}$ を a を用いた式で表せ。

(2) $\sin\dfrac{\pi}{14}$ を b を用いた式で表せ。

(3) $\cos\dfrac{\pi}{35}$ を a と b を用いた式で表せ。

(愛知教育大)

📖 チェック・チェック

基本 check！

2 倍角の公式

$$\sin 2\theta = 2\sin\theta\cos\theta$$
$$\cos 2\theta = \cos^2\theta - \sin^2\theta = 2\cos^2\theta - 1$$
$$= 1 - 2\sin^2\theta$$
$$\tan 2\theta = \frac{2\tan\theta}{1-\tan^2\theta}$$

半角の公式

$$\sin^2\frac{\theta}{2} = \frac{1-\cos\theta}{2}$$
$$\cos^2\frac{\theta}{2} = \frac{1+\cos\theta}{2}$$
$$\tan^2\frac{\theta}{2} = \frac{1-\cos\theta}{1+\cos\theta}$$

3.11 2 倍角の公式

(1) θ が第 2 象限の角，$\sin\theta = \dfrac{4}{5}$ ということより，$\cos\theta$ の値が一意に決まります。

(2) $4\theta = 2 \times 2\theta$ とみながら，2 倍角の公式を 2 回用います。

(3) tan の 2 倍角の公式の確認です。

3.12 sin, cos を tan で表す

(1) は三角関数を m の有理式で表す大切な置き換えの式です。

3.13 半角の公式 (1)

(1) は sin，(2) は cos，(3) は tan についての半角の公式の確認問題です。符号に注意しながら各値を求めましょう。

3.14 半角の公式 (2)

(1) は $\dfrac{\pi}{10} = \dfrac{1}{2}\cdot\dfrac{\pi}{5}$，(2) は $\dfrac{\pi}{14} = \dfrac{1}{2}\cdot\dfrac{\pi}{7}$ とみて半角の公式を利用します。(3) は $\dfrac{\pi}{35} = \dfrac{\pi}{5\cdot 7} = \dfrac{1}{2}\left(\dfrac{\pi}{5}-\dfrac{\pi}{7}\right) = \dfrac{\pi}{10}-\dfrac{\pi}{14}$ により (1)，(2) とつながります。

📖 解答・解説

3.11 (1) θ が第 2 象限の角なので

$$\cos\theta = -\sqrt{1 - \left(\frac{4}{5}\right)^2}$$
$$= -\frac{3}{5}$$

よって

$$\sin 2\theta = 2\sin\theta\cos\theta$$
$$= 2 \cdot \frac{4}{5} \cdot \left(-\frac{3}{5}\right)$$
$$= -\frac{\mathbf{24}}{\mathbf{25}}$$

(2)
$$\cos 4\theta = \cos 2(2\theta)$$
$$= 2\cos^2 2\theta - 1$$
$$= 2(2\cos^2\theta - 1)^2 - 1$$
$$= 2(2x^2 - 1)^2 - 1$$
$$= \mathbf{8x^4 - 8x^2 + 1}$$

(3) $\tan\gamma = \dfrac{1}{5}$ のとき

$$\tan 2\gamma = \frac{2\tan\gamma}{1 - \tan^2\gamma}$$
$$= \frac{2 \cdot \dfrac{1}{5}}{1 - \left(\dfrac{1}{5}\right)^2}$$
$$= \frac{10}{25 - 1}$$
$$= \frac{\mathbf{5}}{\mathbf{12}}$$

$$\tan 4\gamma = \frac{2\tan 2\gamma}{1 - \tan^2 2\gamma}$$
$$= \frac{2 \cdot \dfrac{5}{12}}{1 - \left(\dfrac{5}{12}\right)^2}$$
$$= \frac{120}{144 - 25}$$
$$= \frac{\mathbf{120}}{\mathbf{119}}$$

3.12 (1) $\tan\dfrac{x}{2} = m$ のとき，2 倍角の公式と $\cos^2\theta + \sin^2\theta = 1$ より

$$\sin x = \frac{2\sin\dfrac{x}{2}\cos\dfrac{x}{2}}{\cos^2\dfrac{x}{2} + \sin^2\dfrac{x}{2}}$$
$$= \frac{2\tan\dfrac{x}{2}}{1 + \tan^2\dfrac{x}{2}}$$
$$= \frac{2m}{1 + m^2} \qquad \text{（証明終）}$$

$$\cos x = \frac{\cos^2\dfrac{x}{2} - \sin^2\dfrac{x}{2}}{\cos^2\dfrac{x}{2} + \sin^2\dfrac{x}{2}}$$
$$= \frac{1 - \tan^2\dfrac{x}{2}}{1 + \tan^2\dfrac{x}{2}}$$
$$= \frac{1 - m^2}{1 + m^2} \qquad \text{（証明終）}$$

【参考】

$\tan\dfrac{x}{2} = m$ が存在することから，$\cos\dfrac{x}{2} \neq 0$ であり，分母・分子を $\cos^2\dfrac{x}{2}$ で割ることができる。

別解

次のように変形してもよい。

$$\sin x = 2\sin\frac{x}{2}\cos\frac{x}{2}$$
$$= 2 \cdot \frac{\sin\dfrac{x}{2}}{\cos\dfrac{x}{2}} \cdot \cos^2\frac{x}{2}$$
$$= \frac{2\tan\dfrac{x}{2}}{1 + \tan^2\dfrac{x}{2}}$$
$$= \frac{2m}{1 + m^2}$$

$$\cos x = 2\cos^2\frac{x}{2} - 1$$
$$= \frac{2}{1 + \tan^2\dfrac{x}{2}} - 1$$
$$= \frac{2}{1 + m^2} - 1$$

$$= \frac{1-m^2}{1+m^2}$$

(2) (1) より
$$\sin x + \cos x - \tan \frac{x}{2}$$
$$= \frac{2m}{1+m^2} + \frac{1-m^2}{1+m^2} - m$$
$$= \frac{2m + (1-m^2) - m(1+m^2)}{1+m^2}$$
$$= \frac{1 + m - m^2 - m^3}{1+m^2}$$
$$= \frac{1 + m - m^2(1+m)}{1+m^2}$$
$$= \frac{(1+m)^2(1-m)}{1+m^2}$$

$-\pi < x < \dfrac{\pi}{2}$ より
$$-\frac{\pi}{2} < \frac{x}{2} < \frac{\pi}{4}$$
であり
$$m = \tan \frac{x}{2} < 1$$
$$\therefore \quad 1 - m > 0$$
である。また
$$(1+m)^2 \geqq 0$$
であるから
$$\frac{(1+m)^2(1-m)}{1+m^2} \geqq 0$$
より
$$\sin x + \cos x \geqq \tan \frac{x}{2}$$
(等号は $m = -1$ のとき成り立つ。)
（証明終）

3.13 (1) 半角の公式より
$$\sin^2 \frac{3}{8}\pi = \frac{1 - \cos \frac{3}{4}\pi}{2}$$
$$= \frac{1}{2} \left\{ 1 - \left(-\frac{1}{\sqrt{2}} \right) \right\}$$
$$= \frac{2 + \sqrt{2}}{4}$$
であり，$\sin \dfrac{3}{8}\pi > 0$ より

$$\underline{\sin \frac{3}{8}\pi = \frac{\sqrt{2 + \sqrt{2}}}{2}}$$

(2) $\cos$ と $\tan$ の相互関係より
$$\frac{1}{\cos^2 \theta} = 1 + \tan^2 \theta$$
$$= 1 + (-2\sqrt{2})^2$$
$$= 9$$
$\tan \theta < 0$ と $0 < \theta < \pi$ から
$$\frac{\pi}{2} < \theta < \pi$$
であり，$\cos \theta < 0$ であるから
$$\cos \theta = -\frac{1}{3}$$
半角の公式より
$$\cos^2 \frac{\theta}{2} = \frac{1 + \cos \theta}{2}$$
$$= \frac{1}{2} \left(1 - \frac{1}{3} \right)$$
$$= \frac{1}{3}$$
$\dfrac{\pi}{2} < \theta < \pi$ より $\dfrac{\pi}{4} < \dfrac{\theta}{2} < \dfrac{\pi}{2}$ であり，$\cos \dfrac{\theta}{2} > 0$ であるから
$$\cos \frac{\theta}{2} = \sqrt{\frac{1}{3}} = \frac{\sqrt{3}}{3}$$
(3) $\tan \theta = \dfrac{3}{4} \ \left(0 < \theta < \dfrac{\pi}{2} \right)$ のとき
$\cos \theta = \dfrac{4}{5}$ である。

よって
$$\tan^2 \frac{\theta}{2} = \frac{1 - \cos \theta}{1 + \cos \theta}$$
$$= \frac{1 - \frac{4}{5}}{1 + \frac{4}{5}}$$
$$= \frac{1}{9}$$

$0 < \theta < \dfrac{\pi}{2}$ より $0 < \dfrac{\theta}{2} < \dfrac{\pi}{4}$ であり，$\tan \dfrac{\theta}{2} > 0$ であるから

$$\tan \dfrac{\theta}{2} = \underline{\dfrac{1}{3}}$$

このとき $\cos \dfrac{\theta}{2} = \dfrac{3}{\sqrt{10}}$ である。

よって

$$\tan^2 \dfrac{\theta}{4} = \dfrac{1 - \cos \dfrac{\theta}{2}}{1 + \cos \dfrac{\theta}{2}}$$

$$= \dfrac{1 - \dfrac{3}{\sqrt{10}}}{1 + \dfrac{3}{\sqrt{10}}}$$

$$= \dfrac{\sqrt{10} - 3}{\sqrt{10} + 3}$$

$$= \dfrac{\left(\sqrt{10} - 3\right)^2}{(\sqrt{10} + 3)(\sqrt{10} - 3)}$$

$$= \left(\sqrt{10} - 3\right)^2$$

$0 < \theta < \dfrac{\pi}{2}$ より $0 < \dfrac{\theta}{4} < \dfrac{\pi}{8}$ であり，$\tan \dfrac{\theta}{4} > 0$ であるから

$$\tan \dfrac{\theta}{4} = \underline{\boldsymbol{\sqrt{10} - 3}}$$

別解

$\tan \theta = \dfrac{3}{4}$ において

$$\tan \theta = \tan \left(2 \cdot \dfrac{\theta}{2}\right)$$

として，2 倍角の公式を用いると

$$\dfrac{2 \tan \dfrac{\theta}{2}}{1 - \tan^2 \dfrac{\theta}{2}} = \dfrac{3}{4}$$

であり，式を整理すると

$$8 \tan \dfrac{\theta}{2} = 3 \left(1 - \tan^2 \dfrac{\theta}{2}\right)$$

$$3 \tan^2 \dfrac{\theta}{2} + 8 \tan \dfrac{\theta}{2} - 3 = 0$$

$$\left(3 \tan \dfrac{\theta}{2} - 1\right)\left(\tan \dfrac{\theta}{2} + 3\right) = 0$$

$$\therefore \quad \tan \dfrac{\theta}{2} = \dfrac{1}{3}, \ -3$$

$0 < \theta < \dfrac{\pi}{2}$ より $0 < \dfrac{\theta}{2} < \dfrac{\pi}{4}$ であり，$\tan \dfrac{\theta}{2} > 0$ であるから

$$\tan \dfrac{\theta}{2} = \dfrac{1}{3}$$

さらに，$\tan \dfrac{\theta}{2} = \tan \left(2 \cdot \dfrac{\theta}{4}\right)$ として，2 倍角の公式を用いると

$$\dfrac{2 \tan \dfrac{\theta}{4}}{1 - \tan^2 \dfrac{\theta}{4}} = \dfrac{1}{3}$$

であり，式を整理すると

$$6 \tan \dfrac{\theta}{4} = 1 - \tan^2 \dfrac{\theta}{4}$$

$$\tan^2 \dfrac{\theta}{4} + 6 \tan \dfrac{\theta}{4} - 1 = 0$$

$$\therefore \quad \tan \dfrac{\theta}{4} = -3 \pm \sqrt{10}$$

$0 < \dfrac{\theta}{4} < \dfrac{\pi}{8}$ であり，$\tan \dfrac{\theta}{4} > 0$ であるから

$$\tan \dfrac{\theta}{4} = \sqrt{10} - 3$$

3.14 (1) 半角の公式より

$$\cos^2 \dfrac{\pi}{10} = \cos^2 \left(\dfrac{1}{2} \cdot \dfrac{\pi}{5}\right)$$

$$= \dfrac{1 + \cos \dfrac{\pi}{5}}{2}$$

$$= \dfrac{1 + a}{2}$$

である。$0 < \dfrac{\pi}{10} < \dfrac{\pi}{2}$ であるから，$\cos \dfrac{\pi}{10} > 0$ であり

$$\underline{\boldsymbol{\cos \dfrac{\pi}{10} = \sqrt{\dfrac{1 + a}{2}}}}$$

(2) (1) と同じく

$$\sin^2 \dfrac{\pi}{14} = \sin^2 \left(\dfrac{1}{2} \cdot \dfrac{\pi}{7}\right)$$

$$= \frac{1 - \cos \frac{\pi}{7}}{2}$$

$$= \frac{1 - b}{2}$$

である。$0 < \frac{\pi}{14} < \frac{\pi}{2}$ であるから，

$\sin \frac{\pi}{14} > 0$ であり

$$\sin \frac{\pi}{14} = \sqrt{\frac{1 - b}{2}}$$

(3) $\quad \frac{\pi}{35} = \frac{\pi}{5 \cdot 7}$

$$= \frac{1}{2} \left(\frac{1}{5} - \frac{1}{7} \right) \pi$$

$$= \frac{\pi}{10} - \frac{\pi}{14}$$

加法定理より

$$\cos \frac{\pi}{35}$$

$$= \cos \left(\frac{\pi}{10} - \frac{\pi}{14} \right)$$

$$= \cos \frac{\pi}{10} \cos \frac{\pi}{14} + \sin \frac{\pi}{10} \sin \frac{\pi}{14}$$

$$\cdots\cdots \text{①}$$

ここで，$\sin \frac{\pi}{10} > 0$, $\cos \frac{\pi}{14} > 0$ であることに注意すると，(1), (2) より

$$\sin \frac{\pi}{10} = \sqrt{1 - \cos^2 \frac{\pi}{10}}$$

$$= \sqrt{1 - \frac{1 + a}{2}}$$

$$= \sqrt{\frac{1 - a}{2}}$$

$$\cos \frac{\pi}{14} = \sqrt{1 - \sin^2 \frac{\pi}{14}}$$

$$= \sqrt{1 - \frac{1 - b}{2}}$$

$$= \sqrt{\frac{1 + b}{2}}$$

であるから，① は

$$\cos \frac{\pi}{35}$$

$$= \sqrt{\frac{1 + a}{2}} \sqrt{\frac{1 + b}{2}} + \sqrt{\frac{1 - a}{2}} \sqrt{\frac{1 - b}{2}}$$

$$= \frac{1}{2} \{ \sqrt{(1 + a)(1 + b)} + \sqrt{(1 - a)(1 - b)} \}$$

📖 問題

3 倍角の公式 ···

☐ **3.15** 次の問いに答えよ。

(1) 等式 $\sin 3\theta = 3\sin\theta - 4\sin^3\theta$ が成り立つことを示せ。

(2) 方程式 $8x^3 - 6x + 1 = 0$ が $\sin\dfrac{\pi}{18}$ を解にもつことを示せ。

（富山県立大）

☐ **3.16** 次の問いに答えなさい。

(1) 次の等式が成り立つことを示しなさい。

$$\cos 3\theta = 4\cos^3\theta - 3\cos\theta$$

(2) $\cos 54°$ の値を求めなさい。

(3) 頂点と重心との距離が r の正五角形の面積を求めなさい。 （福島大）

合成の公式 ···

☐ **3.17** $5\sin x + 3\cos x = \sqrt{\boxed{}}\,\sin(x+\alpha)$ と表せば

$$\sin\alpha = \frac{\boxed{}}{\sqrt{\boxed{}}}, \quad \cos\alpha = \frac{\boxed{}}{\sqrt{\boxed{}}}$$

（関東学院大）

☐ **3.18** $\sqrt{3}\cos\theta - \sin\theta = r\cos(\theta+\alpha)$ とおくとき，$\tan\alpha$ の値を求めよ。ただし，$r > 0$ とする。

（酪農学園大）

📖 チェック・チェック

基本 check！

3 倍角の公式

$$\sin 3\theta = 3\sin\theta - 4\sin^3\theta$$
$$\cos 3\theta = 4\cos^3\theta - 3\cos\theta$$

3 倍角の公式は，必要なときに導ければよい。

合成の公式

$$a\sin\theta + b\cos\theta = \sqrt{a^2 + b^2}\sin(\theta + \alpha)$$

$$\left(ただし, \cos\alpha = \frac{a}{\sqrt{a^2 + b^2}}, \sin\alpha = \frac{b}{\sqrt{a^2 + b^2}}\right)$$

$$a\cos\theta + b\sin\theta = \sqrt{a^2 + b^2}\cos(\theta - \beta)$$

$$\left(ただし, \cos\beta = \frac{a}{\sqrt{a^2 + b^2}}, \sin\beta = \frac{b}{\sqrt{a^2 + b^2}}\right)$$

3.15 **sin の 3 倍角の公式**

$\sin 3\theta = \sin(2\theta + \theta)$ として加法定理で展開し，$\sin\theta$ で表します。

3.16 **cos の 3 倍角の公式**

$\cos 3\theta = \cos(2\theta + \theta)$ として加法定理で展開し，$\cos\theta$ で表します。

3.17 **sin への合成**

$$a\sin x + b\cos x = \sqrt{a^2 + b^2}\left(\sin x \cdot \frac{a}{\sqrt{a^2 + b^2}} + \cos x \cdot \frac{b}{\sqrt{a^2 + b^2}}\right)$$

から出発し，sin の加法定理を用いて，式をまとめましょう。

3.18 **cos への合成**

$$a\cos\theta - b\sin\theta = \sqrt{a^2 + b^2}\left(\cos\theta \cdot \frac{a}{\sqrt{a^2 + b^2}} - \sin\theta \cdot \frac{b}{\sqrt{a^2 + b^2}}\right)$$

から出発し，cos の加法定理を用いて，式をまとめましょう。

📖 解答・解説

3.15 (1) 加法定理を用いると

$\sin 3\theta$

$= \sin(2\theta + \theta)$

$= \sin 2\theta \cos \theta + \cos 2\theta \sin \theta$

2 倍角の公式を用いると，この式は

$2\sin\theta\cos\theta \cdot \cos\theta$

$\qquad\qquad +(1 - 2\sin^2\theta) \cdot \sin\theta$

$= 2\sin\theta(1-\sin^2\theta)+\sin\theta-2\sin^3\theta$

$= 3\sin\theta - 4\sin^3\theta$ （証明終）

(2) $\sin 3\theta = 3\sin\theta - 4\sin^3\theta$ に

$\theta = \dfrac{\pi}{18}$ を代入すると

$$\sin\frac{\pi}{6} = 3\sin\frac{\pi}{18} - 4\sin^3\frac{\pi}{18}$$

$$4\sin^3\frac{\pi}{18} - 3\sin\frac{\pi}{18} + \frac{1}{2} = 0$$

$$8\sin^3\frac{\pi}{18} - 6\sin\frac{\pi}{18} + 1 = 0$$

よって，方程式 $8x^3 - 6x + 1 = 0$ は，

$\sin\dfrac{\pi}{18}$ を解にもつ。 （証明終）

3.16 (1) 加法定理を用いると

$\cos 3\theta$

$= \cos(2\theta + \theta)$

$= \cos 2\theta \cos \theta - \sin 2\theta \sin \theta$

2 倍角の公式を用いると，この式は

$(2\cos^2\theta - 1)\cos\theta$

$\qquad\qquad -2\sin\theta\cos\theta \cdot \sin\theta$

$= 2\cos^3\theta - \cos\theta - 2\cos\theta(1 - \cos^2\theta)$

$= 4\cos^3\theta - 3\cos\theta$ （証明終）

(2) $\theta = 54°$ とおくと，$5\theta = 270°$ であり，$3\theta = 270° - 2\theta$ が成り立つので

$$\cos 3\theta = \cos(270° - 2\theta)$$

$$\cos 3\theta = -\sin 2\theta$$

$$4\cos^3\theta - 3\cos\theta = -2\sin\theta\cos\theta$$

$\cos\theta = \cos 54° \neq 0$ より

$$4\cos^2\theta - 3 + 2\sin\theta = 0$$

$$4(1 - \sin^2\theta) - 3 + 2\sin\theta = 0$$

$$4\sin^2\theta - 2\sin\theta - 1 = 0$$

$0 < \sin\theta < 1$ なので

$$\sin\theta = \frac{1 + \sqrt{5}}{4}$$

である。よって

$$\cos 54° = \cos\theta$$

$$= \sqrt{1 - \sin^2\theta}$$

$$= \sqrt{1 - \left(\frac{1 + \sqrt{5}}{4}\right)^2}$$

$$= \underline{\frac{\sqrt{10 - 2\sqrt{5}}}{4}}$$

(3) 求める面積を S とおくと

$$S = 5 \times \frac{1}{2} \cdot 2r\cos 54° \cdot r\sin 54°$$

$$= 5r^2 \cdot \frac{\sqrt{10 - 2\sqrt{5}}}{4} \cdot \frac{1 + \sqrt{5}}{4}$$

$$= \frac{5}{16}r^2\sqrt{(10 - 2\sqrt{5})(1 + \sqrt{5})^2}$$

$$= \frac{5}{16}r^2\sqrt{(10 - 2\sqrt{5})(6 + 2\sqrt{5})}$$

$$= \frac{5}{8}r^2\sqrt{(5 - \sqrt{5})(3 + \sqrt{5})}$$

$$= \underline{\frac{5}{8}r^2\sqrt{10 + 2\sqrt{5}}}$$

3.17 $5\sin x + 3\cos x$

$$= \sqrt{25 + 9}\left(\sin x \cdot \frac{5}{\sqrt{34}}\right.$$

$$\left. + \cos x \cdot \frac{3}{\sqrt{34}}\right)$$

ここで

$$\left(\frac{5}{\sqrt{34}}\right)^2 + \left(\frac{3}{\sqrt{34}}\right)^2 = 1$$

であるから，点 $\left(\dfrac{5}{\sqrt{34}}, \dfrac{3}{\sqrt{34}}\right)$ は単位

円 $x^2 + y^2 = 1$ の周上の点であり

$$\sin\alpha = \frac{\mathbf{3}}{\sqrt{\mathbf{34}}}, \quad \cos\alpha = \frac{\mathbf{5}}{\sqrt{\mathbf{34}}}$$

とおくことができる。よって

$$5\sin x + 3\cos x$$
$$= \sqrt{34}(\sin x \cos\alpha + \cos x \sin\alpha)$$
$$= \underline{\sqrt{\mathbf{34}}\sin(x+\alpha)}$$

3.18 $\sqrt{3}\cos\theta - \sin\theta$
$$= \sqrt{3+1}\left(\cos\theta \cdot \frac{\sqrt{3}}{2} - \sin\theta \cdot \frac{1}{2}\right)$$

ここで $\cos\alpha = \dfrac{\sqrt{3}}{2},\ \sin\alpha = \dfrac{1}{2}$ とす

ると，この式は

$$2(\cos\theta\cos\alpha - \sin\theta\sin\alpha)$$
$$= 2\cos(\theta+\alpha)$$

したがって

$$\tan\alpha = \frac{\cos\alpha}{\sin\alpha} = \frac{\mathbf{1}}{\sqrt{\mathbf{3}}}$$

📖 問題

和積の公式，積和の公式 ・・

3.19 以下の問いに答えよ。

(1) 加法定理を利用し，等式

$$\sin\alpha - \sin\beta = 2\cos\frac{\alpha+\beta}{2}\sin\frac{\alpha-\beta}{2}$$

を証明せよ。

(2) $0° < \theta < 90°$ のとき，$\sin 2\theta = \sin 3\theta$ を満たす θ を求めよ。

(3) (2) で求めた θ に対して，$\cos\theta$ の値を求めよ。　　　　（浜松医大　改）

3.20 次の値を求めよ。

(1) $\cos\dfrac{2\pi}{9} + \cos\dfrac{4\pi}{9} + \cos\dfrac{8\pi}{9}$

(2) $\cos\dfrac{2\pi}{9}\cos\dfrac{4\pi}{9}\cos\dfrac{8\pi}{9}$　　　　　　　　（兵庫県立大）

チェック・チェック

基本 check！

和・差を積に直す公式

$$\sin A + \sin B = 2 \sin \frac{A+B}{2} \cos \frac{A-B}{2}$$

$$\sin A - \sin B = 2 \cos \frac{A+B}{2} \sin \frac{A-B}{2}$$

$$\cos A + \cos B = 2 \cos \frac{A+B}{2} \cos \frac{A-B}{2}$$

$$\cos A - \cos B = -2 \sin \frac{A+B}{2} \sin \frac{A-B}{2}$$

積を和・差に直す公式

$$\sin \alpha \cos \beta = \frac{1}{2} \{\sin(\alpha + \beta) + \sin(\alpha - \beta)\}$$

$$\cos \alpha \sin \beta = \frac{1}{2} \{\sin(\alpha + \beta) - \sin(\alpha - \beta)\}$$

$$\cos \alpha \cos \beta = \frac{1}{2} \{\cos(\alpha + \beta) + \cos(\alpha - \beta)\}$$

$$\sin \alpha \sin \beta = -\frac{1}{2} \{\cos(\alpha + \beta) - \cos(\alpha - \beta)\}$$

3.19 差を積に直す公式

(1) $A = \dfrac{\alpha + \beta}{2}$, $B = \dfrac{\alpha - \beta}{2}$ とおき，α，β を A，B で表してみましょう。

(2) 与式は $\sin 3\theta - \sin 2\theta = 0$ と変形されます。左辺で (1) を用いましょう。

(3) 2 倍角の公式，3 倍角の公式を用いて，(2) の式を $\cos \theta$ についての等式に直しましょう。

3.20 和を積に直す公式，積を和に直す公式

(1) 和を積に直す公式を用います。

$$\frac{1}{2} \left(\frac{2\pi}{9} + \frac{4\pi}{9} \right) = \frac{\pi}{3}, \quad \frac{1}{2} \left(\frac{2\pi}{9} - \frac{4\pi}{9} \right) = -\frac{\pi}{9}, \quad \frac{8\pi}{9} = \pi - \frac{\pi}{9}$$

であることに着目します。

(2) 積を和に直す公式を用います。

$$\frac{2\pi}{9} + \frac{4\pi}{9} = \frac{2\pi}{3}, \quad \frac{2\pi}{9} - \frac{4\pi}{9} = -\frac{2\pi}{9}, \quad \frac{8\pi}{9} = \pi - \frac{\pi}{9}$$

であることに着目します。

解答・解説

3.19 (1) $A = \dfrac{\alpha + \beta}{2}$, $B = \dfrac{\alpha - \beta}{2}$

とおくと

$$\begin{cases} \alpha + \beta = 2A \\ \alpha - \beta = 2B \end{cases}$$

$$\therefore \begin{cases} \alpha = A + B \\ \beta = A - B \end{cases}$$

である。加法定理を用いると

$$\sin \alpha - \sin \beta$$
$$= \sin(A + B) - \sin(A - B)$$
$$= (\sin A \cos B + \cos A \sin B)$$
$$\qquad - (\sin A \cos B - \cos A \sin B)$$
$$= 2 \cos A \sin B$$
$$= 2 \cos \frac{\alpha + \beta}{2} \sin \frac{\alpha - \beta}{2} \quad \text{（証明終）}$$

(2) $\quad \sin 2\theta = \sin 3\theta \quad \cdots\cdots ①$

(1) の等式を利用すると

$$\sin 3\theta - \sin 2\theta = 0$$
$$2 \cos \frac{5\theta}{2} \sin \frac{\theta}{2} = 0$$

$0° < \theta < 90°$ のとき

$$0° < \frac{5\theta}{2} < 225°$$
$$0° < \frac{\theta}{2} < 45°$$

より，① を満たす θ は

$$\frac{5\theta}{2} = 90°$$
$$\therefore \quad \boldsymbol{\theta = 36°}$$

別解

(1) を用いずに解くこともできる。

① より

$$3\theta = 2\theta + 360° \times n \text{ または}$$
$$\qquad (180° - 2\theta) + 360° \times n$$
$$\qquad\qquad (n \text{ は整数})$$

$$\therefore \quad \theta = 360° \times n \text{ または}$$
$$\qquad\qquad 180° \times \frac{2n+1}{5}$$

$0° < \theta < 90°$ より

$$\theta = 36°$$

(3) $\theta = 36°$ は ① を満たしており，2

倍角，3 倍角の公式を用いると

$$2 \sin\theta \cos\theta = 3\sin\theta - 4\sin^3\theta$$

$\sin\theta = \sin 36° \neq 0$ より

$$2\cos\theta = 3 - 4(1 - \cos^2\theta)$$
$$\therefore \quad 4\cos^2\theta - 2\cos\theta - 1 = 0$$

$\cos\theta = \cos 36° > 0$ より

$$\boldsymbol{\cos\theta = \dfrac{1 + \sqrt{5}}{4}}$$

3.20 (1) 和を積に直す公式を用いると

$$\cos \frac{2\pi}{9} + \cos \frac{4\pi}{9} + \cos \frac{8\pi}{9}$$
$$= 2\cos \frac{3\pi}{9} \cos\left(-\frac{\pi}{9}\right) + \cos\left(\pi - \frac{\pi}{9}\right)$$
$$= 2 \cdot \frac{1}{2} \cos\frac{\pi}{9} - \cos\frac{\pi}{9}$$
$$= \boldsymbol{0}$$

(2) 積を和に直す公式を用いると

$$\cos\frac{2\pi}{9}\cos\frac{4\pi}{9}\cos\frac{8\pi}{9}$$
$$= \frac{1}{2}\left\{\cos\frac{6\pi}{9} + \cos\left(-\frac{2\pi}{9}\right)\right\}$$
$$\qquad\qquad \cdot \cos\left(\pi - \frac{\pi}{9}\right)$$
$$= \frac{1}{2}\left(-\frac{1}{2} + \cos\frac{2\pi}{9}\right)\left(-\cos\frac{\pi}{9}\right)$$
$$= \frac{1}{4}\cos\frac{\pi}{9} - \frac{1}{2}\cos\frac{2\pi}{9}\cos\frac{\pi}{9}$$
$$= \frac{1}{4}\cos\frac{\pi}{9}$$
$$\qquad - \frac{1}{2} \cdot \frac{1}{2}\left(\cos\frac{3\pi}{9} + \cos\frac{\pi}{9}\right)$$
$$= \frac{1}{4}\cos\frac{\pi}{9} - \frac{1}{4}\left(\frac{1}{2} + \cos\frac{\pi}{9}\right)$$
$$= \boldsymbol{-\dfrac{1}{8}}$$

【MEMO】

§2 方程式・不等式，最大・最小

📖 問題

グラフと周期 ··

□ **3.21** 次の問いに答えよ。

(1) 次の関数のグラフをかきなさい。ただし，$0 \leqq \theta \leqq 4\pi$ とする。

$$y = 3\sin \frac{1}{2}\theta$$

（筑波技術大）

(2) $y = 2\sin\left(\theta + \dfrac{\pi}{3}\right)$ のグラフをかけ。ただし，$0 \leqq \theta \leqq 2\pi$ とする。

（山梨大）

□ **3.22** 次のグラフは，関数

$$y = a + b\sin(cx + d) \quad (x_1 \leqq x \leqq x_2)$$

のグラフである。ただし，$b > 0,\ c > 0,\ 0 \leqq d \leqq 2\pi$ とする。

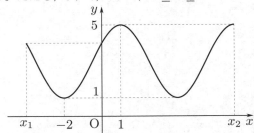

このとき，

$$a = \boxed{},\ b = \boxed{},\ c = \frac{\pi}{\boxed{}},$$

$$d = \frac{\pi}{\boxed{}},\ x_1 = \boxed{},\ x_2 = \boxed{}$$

である。

（上智大）

□ **3.23** 関数 $y = \sin^2 x$ の周期は $\boxed{}$，$y = \sin x + \cos x$ の周期は $\boxed{}$，$y = \sin 5x \cos x$ の周期は $\boxed{}$ である。

（明治学院大　改）

チェック・チェック

基本 check !

周期関数

$f(x) = f(x + p)$ (p は 0 でない定数) が成り立つとき，$f(x)$ は p を周期とする周期関数であるという。

$$f(x - p) = f(x - p + p) = f(x)$$

および

$$f(x) = f(x + p) = f(x + 2p) = \cdots = f(x + mp)$$

$$(m \text{ は自然数})$$

より，p が周期なら np (n は 0 でない整数) も周期である。周期のうち，正の最小なものを基本周期といい，これを単に周期ということが多い。

三角関数の周期とグラフ

$\sin\theta$，$\cos\theta$ の周期は 2π，$\tan\theta$ の周期は π である。また，$k \neq 0$ のとき $\sin k\theta$，$\cos k\theta$ の周期は $\dfrac{2\pi}{|k|}$，$\tan k\theta$ の周期は $\dfrac{\pi}{|k|}$ となる。

- $y = \sin\theta$ のグラフ 　　原点に関して対称 (奇関数)
- $y = \cos\theta$ のグラフ 　　y 軸に関して対称 (偶関数)
- $y = \tan\theta$ のグラフ 　　原点に関して対称 (奇関数)

3.21 　三角関数のグラフ

(1) $y = a\sin\theta$ のグラフは $y = \sin\theta$ のグラフを y 軸方向に a 倍したものであり，$y = \sin b\theta$ のグラフは $y = \sin\theta$ のグラフを θ 軸方向に $\dfrac{1}{b}$ 倍したものです。

(2) $y = \sin(\theta + \alpha)$ のグラフは $y = \sin\theta$ のグラフを θ 軸方向に $-\alpha$ だけ平行移動したものです。

3.22 　三角関数のグラフ

最大値・最小値，周期，グラフの対称性などに着目して数値を読み取りましょう。

3.23 　三角関数の周期

$\sin^2 x$ は半角の公式，$\sin x + \cos x$ は合成の公式，$\sin 5x \cos x$ は積を和に直す公式を用いて式を簡単にし，$\cos$, $\sin$ の (基本) 周期に着目します。

📖 解答・解説

3.21 (1) $y = 3\sin\dfrac{1}{2}\theta$ のグラフは $y = \sin\theta$ のグラフを θ 軸方向に 2 倍し，y 軸方向に 3 倍したものである。よって，周期は

$$\frac{2\pi}{\frac{1}{2}} = 4\pi$$

であり，$0 \leqq \theta \leqq 4\pi$ の範囲でのグラフは 次の図の実線部分となる。

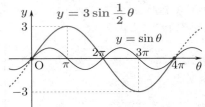

(2) $y = 2\sin\left(\theta + \dfrac{\pi}{3}\right)$ のグラフは $y = \sin\theta$ のグラフを θ 軸方向に $-\dfrac{\pi}{3}$ だけ平行移動し，y 軸方向に 2 倍したものであるから，$0 \leqq \theta \leqq 2\pi$ におけるグラフは 次の図の実線部分となる。

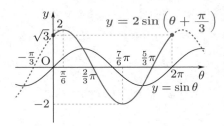

3.22 関数 $y = a + b\sin(cx + d)$ の最大値が 5，最小値が 1 であるから

$$\begin{cases} a + b = 5 \\ a - b = 1 \end{cases}$$

$$\therefore \quad \underline{a = 3, \ b = 2}$$

である。また，この関数は $x = -2$ で最小，$x = 1$ で最大となることから，周期が $2 \times \{1 - (-2)\} = 6$ とわかるので

$$\frac{2\pi}{c} = 6$$

$$\therefore \quad \underline{c = \frac{\pi}{3}}$$

である。ここまでで

$$y = 3 + 2\sin\left(\frac{\pi}{3}x + d\right)$$

とわかる。$x = 1$ のとき $y = 5$ であるから

$$3 + 2\sin\left(\frac{\pi}{3} + d\right) = 5$$

$$\sin\left(\frac{\pi}{3} + d\right) = 1$$

$0 \leqq d \leqq 2\pi$ より $\dfrac{\pi}{3} \leqq \dfrac{\pi}{3} + d \leqq \dfrac{7}{3}\pi$ であり

$$\frac{\pi}{3} + d = \frac{\pi}{2}$$

$$\therefore \quad \underline{d = \frac{\pi}{6}}$$

である。グラフは直線 $x = -2$ に関して対称であるから

$$\frac{x_1 + 0}{2} = -2$$

$$\therefore \quad x_1 = \underline{-4}$$

であり，周期が 6 であるから

$$x_2 = 1 + 6 = \underline{7}$$

3.23 $y = \sin^2 x = \dfrac{1 - \cos 2x}{2}$ であり，$\cos 2x$ の周期は $\dfrac{2\pi}{2} = \pi$ なので，$y = \sin^2 x$ の周期は $\underline{\pi}$ である。

次に，合成の公式より

$$y = \sin x + \cos x$$
$$= \sqrt{2}\sin\left(x + \frac{\pi}{4}\right)$$

なので，周期は $\underline{2\pi}$ である。

次に，積を和に直す公式より

$$y = \sin 5x\cos x$$
$$= \frac{1}{2}(\sin 6x + \sin 4x)$$

であり，$\sin 6x$ の周期は $\dfrac{2\pi}{6} = \dfrac{\pi}{3}$，

$\sin 4x$ の周期は $\dfrac{2\pi}{4} = \dfrac{\pi}{2}$ である。

したがって，$y = \sin 5x \cos x$ の周期は $\dfrac{\pi}{3}$ と $\dfrac{\pi}{2}$ の最小公倍数の $\boldsymbol{\pi}$ である。

【補足】

$\sin x$，$\cos x$ の周期は 2π なので，$\sin x + \cos x$ の周期も 2π である。

📖 問題

方程式 ···

☐ **3.24** 次の問いに答えよ。

(1) $0 \leqq x \leqq 2\pi$ のとき，$\sin\left(x + \dfrac{\pi}{4}\right) = \dfrac{\sqrt{3}}{2}$ が成り立つ x の値は

$\boxed{}$ と $\boxed{}$ である。 （静岡理工科大）

(2) $0 \leqq \theta \leqq \pi$ とするとき，等式 $\cos 4\theta = \cos 2\theta$ を満たす θ の値をすべて
求めよ。 （名古屋市立大）

(3) $0 \leqq \theta < 2\pi$ のとき，方程式 $\sqrt{3}\tan\left(\theta - \dfrac{\pi}{12}\right) = 1$ を解くと $\theta = \boxed{}$，
$\theta = \boxed{}$ である。 （静岡理工科大）

☐ **3.25** 方程式 $\sin 2x + \sqrt{3}\cos 2x = 2$ を $0 < x < \pi$ の範囲で解くと
$x = \boxed{}$ である。 （北海道工大）

☐ **3.26** $0 \leqq \theta \leqq \pi$ のとき，$\sin\theta + \sin 2\theta + \sin 3\theta = 0$ を満たす θ の値を求め
よ。 （北海学園大）

☐ **3.27** $\begin{cases} 2\sin\alpha + 2\cos\beta = 1 \\ 2\cos\alpha - 2\sin\beta = \sqrt{3} \end{cases}$ とする。このとき，α と β を求めよ。
ただし，$0 \leqq \alpha < 2\pi$ かつ $0 \leqq \beta < 2\pi$ とする。 （山梨大）

チェック・チェック

基本 check！

三角関数を含む方程式

　三角関数を含む方程式は単位円をかいて考えるとよい。角の範囲が指定されていないときは一般角で答える。

(i) $\sin x = p \quad (-1 \leqq p \leqq 1)$
　　∴　$x = \alpha + 2n\pi$ または $(\pi - \alpha) + 2n\pi$ （n は整数）

(ii) $\cos x = p \quad (-1 \leqq p \leqq 1)$
　　∴　$x = \pm\alpha + 2n\pi$ （n は整数）

(iii) $\tan x = p$ （p はすべての実数）
　　∴　$x = \alpha + n\pi$ （n は整数）

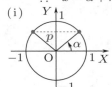 (i)
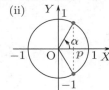 (ii)
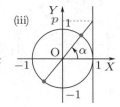 (iii)

三角方程式の解法

　三角方程式を解くときは，まずは $\sin x$, $\cos x$, $\tan x$ といった値を求める。そのためには，次のような方針をたててみるとよい。

- 関数および角をそろえる
- 因数分解や和を積に直す公式などを使い（　　）（　　）$= 0$ の形にする
- $a\sin x + b\cos x$ は合成する

3.24　三角方程式と単位円

(1) $\sin\theta$ は単位円周上の点の y 座標です。

(2) $\cos\theta$ は単位円周上の点の x 座標です。

(3) $\tan\theta$ は単位円の接線 $x = 1$ 上の点の y 座標です。

3.25　三角方程式と合成の公式

　合成の公式を用いて，変数を 1 つにまとめましょう。

3.26　三角方程式と 2 倍角・3 倍角の公式

　2 倍角や 3 倍角の公式を用いて変数を θ に統一し，積の形に整理しましょう。

3.27　連立の三角方程式

　等式 $\sin^2\theta + \cos^2\theta = 1$ を利用して 1 文字消去をしましょう。

解答・解説

3.24 (1) $0 \leqq x \leqq 2\pi$ より

$$\frac{\pi}{4} \leqq x + \frac{\pi}{4} \leqq 2\pi + \frac{\pi}{4}$$

であるから，$\sin\left(x + \dfrac{\pi}{4}\right) = \dfrac{\sqrt{3}}{2}$ のとき

$$x + \frac{\pi}{4} = \frac{\pi}{3}, \ \frac{2}{3}\pi$$

$$\therefore \quad x = \frac{\boldsymbol{\pi}}{\mathbf{12}}, \ \frac{\mathbf{5}}{\mathbf{12}}\boldsymbol{\pi}$$

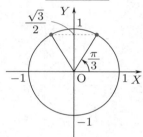

(2) $\qquad \cos 4\theta = \cos 2\theta \qquad \cdots\cdots①$

① に 2 倍角の公式を用いると

$$2\cos^2 2\theta - 1 = \cos 2\theta$$

$$2\cos^2 2\theta - \cos 2\theta - 1 = 0$$

$$(\cos 2\theta - 1)(2\cos 2\theta + 1) = 0$$

$$\therefore \quad \cos 2\theta = 1, \ -\frac{1}{2}$$

$0 \leqq \theta \leqq \pi$ より，$0 \leqq 2\theta \leqq 2\pi$ だから

$$2\theta = 0, \ 2\pi, \ \frac{2}{3}\pi, \ \frac{4}{3}\pi$$

$$\therefore \quad \boldsymbol{\theta = 0, \ \frac{\pi}{3}, \ \frac{2}{3}\pi, \ \pi}$$

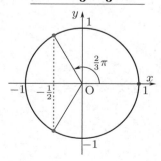

別解

① より

$$4\theta = \pm 2\theta + 2n\pi \qquad (n \text{ は整数})$$

であることを利用したり

$$\cos 4\theta - \cos 2\theta = 0$$

と変形して差を積に直す公式を用いたりして解くこともできる。

(3) $\qquad \sqrt{3}\tan\left(\theta - \dfrac{\pi}{12}\right) = 1$

$$\therefore \quad \tan\left(\theta - \frac{\pi}{12}\right) = \frac{1}{\sqrt{3}}$$

$0 \leqq \theta < 2\pi$ より

$$-\frac{\pi}{12} \leqq \theta - \frac{\pi}{12} < \frac{23}{12}\pi$$

であるから

$$\theta - \frac{\pi}{12} = \frac{\pi}{6}, \ \frac{7}{6}\pi$$

$$\therefore \quad \boldsymbol{\theta = \frac{\pi}{4}, \ \frac{5}{4}\pi}$$

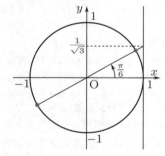

3.25 $\quad \sin 2x + \sqrt{3}\cos 2x = 2$

$$2\left(\sin 2x \cdot \frac{1}{2} + \cos 2x \cdot \frac{\sqrt{3}}{2}\right) = 2$$

$$\therefore \quad \sin\left(2x + \frac{\pi}{3}\right) = 1$$

$0 < x < \pi$ より

$$\frac{\pi}{3} < 2x + \frac{\pi}{3} < 2\pi + \frac{\pi}{3}$$

であるから

$$2x + \frac{\pi}{3} = \frac{\pi}{2}$$

$$\therefore \quad x = \frac{\pi}{12}$$

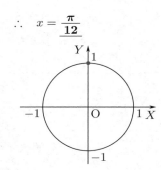

3.26 $\sin\theta + \sin 2\theta + \sin 3\theta = 0$ について，2 倍角の公式，3 倍角の公式を用いると

$$\sin\theta + 2\sin\theta\cos\theta$$
$$+(3\sin\theta - 4\sin^3\theta) = 0$$
$$4\sin\theta + 2\sin\theta\cos\theta - 4\sin^3\theta = 0$$
$$\sin\theta(2 + \cos\theta - 2\sin^2\theta) = 0$$
$$\sin\theta\{2 + \cos\theta - 2(1 - \cos^2\theta)\} = 0$$
$$\sin\theta\cos\theta(2\cos\theta + 1) = 0$$
$$\therefore \quad \sin\theta = 0 \ \text{または} \ \cos\theta = 0$$
$$\text{または} \ 2\cos\theta + 1 = 0$$

$0 \leqq \theta \leqq \pi$ だから

(i) $\sin\theta = 0$ のとき $\quad \theta = 0, \ \pi$

(ii) $\cos\theta = 0$ のとき $\quad \theta = \dfrac{\pi}{2}$

(iii) $2\cos\theta + 1 = 0$ のとき

$$\cos\theta = -\frac{1}{2}$$
$$\therefore \quad \theta = \frac{2}{3}\pi$$

以上，(i), (ii), (iii) より

$$\boldsymbol{\theta = 0, \ \frac{\pi}{2}, \ \frac{2}{3}\pi, \ \pi}$$

別解

和を積に直す公式を用いて
$$(\sin\theta + \sin 3\theta) + \sin 2\theta = 0$$
$$2\sin 2\theta\cos(-\theta) + \sin 2\theta = 0$$
$$\sin 2\theta(1 + 2\cos\theta) = 0$$
と変形して解いてもよい。

3.27
$$\begin{cases} 2\sin\alpha + 2\cos\beta = 1 \\ 2\cos\alpha - 2\sin\beta = \sqrt{3} \end{cases}$$
$$\Longleftrightarrow \begin{cases} \cos\beta = \dfrac{1}{2} - \sin\alpha \\ \sin\beta = -\dfrac{\sqrt{3}}{2} + \cos\alpha \end{cases}$$

$\sin^2\beta + \cos^2\beta = 1$ に代入して
$$\left(\frac{1}{2} - \sin\alpha\right)^2$$
$$+\left(-\frac{\sqrt{3}}{2} + \cos\alpha\right)^2 = 1$$
$$\Longleftrightarrow \left(\frac{1}{4} - \sin\alpha + \sin^2\alpha\right)$$
$$+\left(\frac{3}{4} - \sqrt{3}\cos\alpha + \cos^2\alpha\right) = 1$$
$$\Longleftrightarrow \sin\alpha + \sqrt{3}\cos\alpha = 1$$

合成の公式より，この式は
$$\sin\left(\alpha + \frac{\pi}{3}\right) = \frac{1}{2}$$

$0 \leqq \alpha < 2\pi$ より $\dfrac{\pi}{3} \leqq \alpha + \dfrac{\pi}{3} < \dfrac{7}{3}\pi$ なので

$$\alpha + \frac{\pi}{3} = \frac{5}{6}\pi, \ \frac{13}{6}\pi$$
$$\therefore \quad \alpha = \frac{\pi}{2}, \ \frac{11}{6}\pi$$

$0 \leqq \beta < 2\pi$ より，β は

(i) $\alpha = \dfrac{\pi}{2}$ のとき

$$\begin{cases} \cos\beta = -\dfrac{1}{2} \\ \sin\beta = -\dfrac{\sqrt{3}}{2} \end{cases}$$
$$\therefore \quad \beta = \frac{4}{3}\pi$$

(ii) $\alpha = \dfrac{11}{6}\pi$ のとき

$$\begin{cases} \cos\beta = 1 \\ \sin\beta = 0 \end{cases}$$
$$\therefore \quad \beta = 0$$

以上，(i), (ii) から

$$\underline{(\boldsymbol{\alpha, \ \beta})}$$
$$= \left(\frac{\pi}{2}, \ \frac{4}{3}\pi\right), \ \left(\frac{11}{6}\pi, \ 0\right)$$

📖 問題

不等式 ··

☐ **3.28** 次の問いに答えよ。

(1) $0 \leqq \theta < 2\pi$ の範囲で次の不等式を解け。

$$2 \sin \left(\theta - \frac{\pi}{6}\right) > 1$$

（福岡教育大）

(2) $0 \leqq x < 2\pi$ の範囲で次の不等式を解け。

$$2 \cos 2x - 2(\sqrt{3} - 1) \cos x + 2 - \sqrt{3} < 0$$

（弘前大）

(3) $0 < \theta < 2\pi$ であるとき，$\sqrt{3} \sin \theta - \cos \theta + \sqrt{3} \tan \theta > 1$ をみたす θ の範囲を求めよ。

（星薬大）

☐ **3.29** $\dfrac{\pi}{2} < x < \pi$ のとき，次の不等式を解け。

$$\sqrt{2} < \sqrt{3} \sin x - \cos x < \sqrt{3}$$

（九州芸術工科大）

☐ **3.30** $0 \leqq x \leqq 2\pi$ のとき，不等式

$$\sin 3x + \sin 2x < \sin x$$

を解け。

（長崎大）

☐ **3.31** 不等式 $\sin x + \sin y \leqq \cos \dfrac{x - y}{2}$ が成り立つ点 (x, y) の範囲を図示せよ。ただし，$0 < x < \pi$，$0 < y < \pi$ とする。

（兵庫県立大）

チェック・チェック

基本 check！

三角関数を含む不等式
　単位円を利用して角の範囲を押さえる。

(i) $\sin\theta > \sin\alpha$ （α は鋭角，$0 \leqq \theta < 2\pi$）
　ならば
$$\alpha < \theta < \pi - \alpha$$

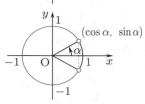

(ii) $\cos\theta < \cos\alpha$ （α は鋭角，$0 \leqq \theta < 2\pi$）
　ならば
$$\alpha < \theta < 2\pi - \alpha$$

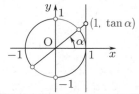

(iii) $\tan\theta > \tan\alpha$ （α は鋭角，$0 \leqq \theta < 2\pi$）
　ならば
$$\alpha < \theta < \frac{\pi}{2}, \ \pi + \alpha < \theta < \frac{3}{2}\pi$$

3.28 　三角関数を含む不等式と単位円
(1)sin，(2)cos，(3)tan についての不等式を単位円でとらえましょう。

3.29 　三角関数を含む不等式と合成の公式
合成の公式を用いて，変数を 1 つにまとめましょう。

3.30 　三角関数を含む不等式と **2 倍角・3 倍角の公式**
2 倍角や 3 倍角の公式を用いて変数を x に統一し，式を積の形に整理しましょう。

3.31 　三角関数を含む **2 変数の不等式**
和を積に直す公式を用いて共通な角をつくり，式を積の形に整理しましょう。

📖 解答・解説

3.28 (1) $2\sin\left(\theta - \dfrac{\pi}{6}\right) > 1$

$\therefore \quad \sin\left(\theta - \dfrac{\pi}{6}\right) > \dfrac{1}{2}$

$0 \leqq \theta < 2\pi$ より

$$-\dfrac{\pi}{6} \leqq \theta - \dfrac{\pi}{6} < \dfrac{11}{6}\pi$$

であるから

$$\dfrac{\pi}{6} < \theta - \dfrac{\pi}{6} < \dfrac{5}{6}\pi$$

$$\therefore \quad \boldsymbol{\dfrac{\pi}{3} < \theta < \pi}$$

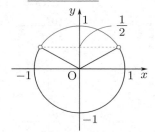

(2) $\cos 2x = 2\cos^2 x - 1$ より，与式は

$$2(2\cos^2 x - 1) - 2(\sqrt{3} - 1)\cos x$$
$$+ 2 - \sqrt{3} < 0$$
$$4\cos^2 x - 2(\sqrt{3} - 1)\cos x - \sqrt{3} < 0$$
$$(2\cos x - \sqrt{3})(2\cos x + 1) < 0$$

$$\therefore \quad -\dfrac{1}{2} < \cos x < \dfrac{\sqrt{3}}{2}$$

$0 \leqq x < 2\pi$ より

$$\boldsymbol{\dfrac{\pi}{6} < x < \dfrac{2}{3}\pi,}$$

$$\boldsymbol{\dfrac{4}{3}\pi < x < \dfrac{11}{6}\pi}$$

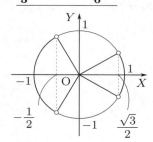

(3) $\tan\theta = \dfrac{\sin\theta}{\cos\theta}$ より

$$\sin\theta = \tan\theta\cos\theta$$

であるから，与式は

$$\sqrt{3}\tan\theta\cos\theta - \cos\theta + \sqrt{3}\tan\theta > 1$$
$$\sqrt{3}\tan\theta(\cos\theta + 1) - (\cos\theta + 1) > 0$$
$$(\cos\theta + 1)(\sqrt{3}\tan\theta - 1) > 0$$

ここで，$\cos\theta \geqq -1$ より $\cos\theta + 1 \geqq 0$ なので

$$\theta \neq \pi \text{ かつ } \sqrt{3}\tan\theta - 1 > 0$$

$$\therefore \quad \theta \neq \pi \text{ かつ } \tan\theta > \dfrac{1}{\sqrt{3}}$$

よって

$$\boldsymbol{\dfrac{\pi}{6} < \theta < \dfrac{\pi}{2}, \quad \dfrac{7}{6}\pi < \theta < \dfrac{3}{2}\pi}$$

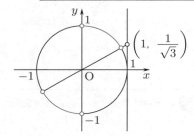

3.29 $\sqrt{3}\sin x - \cos x$

$$= 2\left(\sin x \cdot \dfrac{\sqrt{3}}{2} - \cos x \cdot \dfrac{1}{2}\right)$$

$$= 2\sin\left(x - \dfrac{\pi}{6}\right)$$

より，与式は

$$\sqrt{2} < 2\sin\left(x - \dfrac{\pi}{6}\right) < \sqrt{3}$$

$$\therefore \quad \dfrac{\sqrt{2}}{2} < \sin\left(x - \dfrac{\pi}{6}\right) < \dfrac{\sqrt{3}}{2}$$

$\dfrac{\pi}{2} < x < \pi$ より

$$\dfrac{\pi}{3} < x - \dfrac{\pi}{6} < \dfrac{5}{6}\pi$$

よって，求める x の範囲は

$$\dfrac{2}{3}\pi < x - \dfrac{\pi}{6} < \dfrac{3}{4}\pi$$

$$\therefore \quad \frac{5}{6}\pi < x < \frac{11}{12}\pi$$

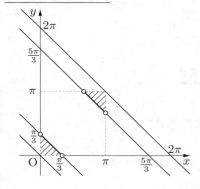

3.30 2倍角の公式，3倍角の公式を用いて，与えられた不等式を整理すると

$$(3\sin x - 4\sin^3 x)$$
$$+2\sin x\cos x < \sin x$$
$$2\sin x(1 - 2\sin^2 x + \cos x) < 0$$
$$\sin x\{1 - 2(1 - \cos^2 x) + \cos x\} < 0$$
$$\sin x(2\cos^2 x + \cos x - 1) < 0$$
$$\sin x(\cos x + 1)(2\cos x - 1) < 0$$

$0 \leqq x \leqq 2\pi$ に注意すると

（ i ）$\sin x > 0\ (0 < x < \pi)$ のとき
$$(\cos x + 1)(2\cos x - 1) < 0$$
$$-1 < \cos x < \frac{1}{2}$$
$$\therefore \quad \frac{\pi}{3} < x < \pi$$

（ii）$\sin x < 0\ (\pi < x < 2\pi)$ のとき
$$(\cos x + 1)(2\cos x - 1) > 0$$
$$\cos x < -1, \ \frac{1}{2} < \cos x$$
$$\therefore \quad \frac{5}{3}\pi < x < 2\pi$$

以上，（ i ），（ii）より

$$\frac{\pi}{3} < x < \pi, \ \frac{5}{3}\pi < x < 2\pi$$

3.31 $\sin x + \sin y \leqq \cos \dfrac{x-y}{2}$
和を積に直す公式より
$$2\sin\frac{x+y}{2}\cos\frac{x-y}{2} \leqq \cos\frac{x-y}{2}$$
$$\cos\frac{x-y}{2}\left(2\sin\frac{x+y}{2} - 1\right) \leqq 0$$
$$\cdots\cdots ①$$

ここで，$0 < x < \pi$, $0 < y < \pi$ より
$$-\frac{\pi}{2} < \frac{x-y}{2} < \frac{\pi}{2}$$
$$\therefore \quad \cos\frac{x-y}{2} > 0$$
であるから，① より
$$2\sin\frac{x+y}{2} - 1 \leqq 0$$
$$\therefore \quad \sin\frac{x+y}{2} \leqq \frac{1}{2}$$
$0 < \dfrac{x+y}{2} < \pi$ であるから
$$0 < \frac{x+y}{2} \leqq \frac{\pi}{6}$$
$$\text{または } \frac{5\pi}{6} \leqq \frac{x+y}{2} < \pi$$
$$\therefore \quad 0 < x+y \leqq \frac{\pi}{3}$$
$$\text{または } \frac{5\pi}{3} \leqq x+y < 2\pi$$

以上より，求める領域は 次の図の斜線部分である。ただし，境界線は実線の太線部分のみ含む。

159

📖 問題

最大・最小 ....

3.32 $0 \leqq \theta < 2\pi$ のとき関数 $y = 4\cos^2 \dfrac{\theta}{2} - \cos 2\theta + 1$ の最大値と最小値を求めよ。また，そのときの θ の値を求めよ。 （東京女子大）

3.33 $0 \leqq \alpha < \dfrac{\pi}{2}$ のとき，関数

$$f(x) = \sin(x - \alpha)\cos x \quad \left(\alpha \leqq x \leqq \dfrac{\pi}{2}\right)$$

は $x = \boxed{}$ において最大値をとる。この最大値が $\dfrac{1}{4}$ となるのは $\alpha = \boxed{}$ のときである。 （慶大）

3.34 $3\sin\theta + 4\cos\theta$ の $0 \leqq \theta \leqq \pi$ での最大値は $\boxed{}$ であり，最小値は $\boxed{}$ である。また，$\dfrac{\pi}{4} \leqq \theta \leqq \dfrac{\pi}{2}$ での最大値は $\boxed{}$ であり，最小値は $\boxed{}$ である。 （金沢医大）

3.35 関数 $f(x) = 3\cos^2 x + 6\sin x \cos x - 5\sin^2 x + 3$ は

$$f(x) = \boxed{}\cos 2x + \boxed{}\sin 2x + \boxed{}$$

と変形できる。$f(x)$ の最大値は $\boxed{}$，最小値は $\boxed{}$ である。 （千葉工大）

3.36 関数 $f(\theta) = \sin 2\theta + 2(\sin\theta + \cos\theta) - 1$ を考える。ただし，$0 \leqq \theta \leqq \pi$ とする。次の問いに答えよ。

(1) $t = \sin\theta + \cos\theta$ とおくとき，$f(\theta)$ を t の式で表せ。

(2) t のとりうる値の範囲を求めよ。

(3) $f(\theta)$ の最大値，最小値を求め，そのときの θ の値を求めよ。 （秋田大）

チェック・チェック

3.32 $\cos\theta$ について平方完成

半角の公式，2倍角の公式を用いて式を整理すると，$\cos\theta$ についての2次式となります。平方完成して，最大値と最小値を探りましょう。

3.33 $-1 \leqq \sin\theta \leqq 1$ の利用

積を和に直す公式を用いて，変数 x を1つにまとめましょう。あとは最大となる x が存在することの確認を忘れないようにしましょう。

3.34 合成の公式で変数をまとめる

$$3\sin\theta + 4\cos\theta = \sqrt{3^2 + 4^2}\left(\sin\theta \cdot \frac{3}{\sqrt{3^2+4^2}} + \cos\theta \cdot \frac{4}{\sqrt{3^2+4^2}}\right)$$

$$= 5\left(\sin\theta \cdot \frac{3}{5} + \cos\theta \cdot \frac{4}{5}\right)$$

$$= 5\sin(\theta + \alpha)$$

ただし，$\cos\alpha = \dfrac{3}{5}$，$\sin\alpha = \dfrac{4}{5}$ ですから，α は $\dfrac{\pi}{4} < \alpha < \dfrac{\pi}{2}$ をみたす定角として考えます。

3.35 半角の公式を用いて次数下げ

$f(x)$ は $\sin x$，$\cos x$ についての2次式なので，次数下げを行います。使うのは2倍角の公式，半角の公式です。

3.36 $t = \sin\theta + \cos\theta$ の置き換え

$\sin 2\theta = 2\sin\theta\cos\theta$ ですから，$f(\theta)$ は $\sin\theta$，$\cos\theta$ についての対称式です。基本対称式 $\sin\theta + \cos\theta$，$\sin\theta\cos\theta$ において

$$\sin\theta + \cos\theta = t$$

とおくと，$t^2 = 1 + 2\sin\theta\cos\theta$ ですから

$$\sin\theta\cos\theta = \frac{t^2 - 1}{2}$$

となり，$f(\theta)$ は t について2次関数となります。

解答・解説

3.32 半角の公式，2倍角の公式を用いると

$$y$$
$$= 4\cos^2\frac{\theta}{2} - \cos 2\theta + 1$$
$$= 4 \cdot \frac{1+\cos\theta}{2} - (2\cos^2\theta - 1) + 1$$
$$= -2\cos^2\theta + 2\cos\theta + 4$$
$$= -2\left(\cos\theta - \frac{1}{2}\right)^2 + \frac{9}{2}$$

$0 \leqq \theta < 2\pi$ のとき，$-1 \leqq \cos\theta \leqq 1$ であり，y は $\cos\theta = \frac{1}{2}$ のとき，すなわち

$$\underline{\theta = \frac{\pi}{3},\ \frac{5}{3}\pi \text{ のとき，最大値 } \frac{9}{2}}$$

をとり，$\cos\theta = -1$ のとき，すなわち

$$\underline{\theta = \pi \text{ のとき，最小値 } 0}$$

をとる。

3.33 積を和に直す公式より

$$f(x)$$
$$= \sin(x-\alpha)\cos x$$
$$= \frac{1}{2}\{\sin(2x-\alpha) + \sin(-\alpha)\}$$
$$= \frac{1}{2}\{\sin(2x-\alpha) - \sin\alpha\}$$

ここで，$\alpha \leqq x \leqq \frac{\pi}{2}$ であるから

$$\alpha \leqq 2x - \alpha \leqq \pi - \alpha$$

であり，$0 \leqq \alpha < \frac{\pi}{2}$ であるから

$$2x - \alpha = \frac{\pi}{2} \quad \cdots\cdots ①$$

となる x は存在し

$$f(x) \leqq \frac{1}{2}(1 - \sin\alpha)$$

が成り立つ。等号が成り立つとき $f(x)$ は最大となる。このときの x は ① を満たすから

$$\underline{x = \frac{\alpha}{2} + \frac{\pi}{4}}$$

である。この最大値が $\frac{1}{4}$ となるのは

$$\frac{1}{2}(1 - \sin\alpha) = \frac{1}{4}$$
$$\therefore \quad \sin\alpha = \frac{1}{2}$$

のときであり，$0 \leqq \alpha < \frac{\pi}{2}$ だから

$$\underline{\alpha = \frac{\pi}{6}}$$

3.34 $3\sin\theta + 4\cos\theta = 5\sin(\theta + \alpha)$

$$\left(\text{ただし，} \cos\alpha = \frac{3}{5},\ \sin\alpha = \frac{4}{5}\right)$$

$0 \leqq \theta \leqq \pi$ のとき，$\alpha \leqq \theta + \alpha \leqq \pi + \alpha$ であるから

$$-\frac{4}{5} \leqq \sin(\theta + \alpha) \leqq 1$$
$$\therefore \quad -4 \leqq 5\sin(\theta + \alpha) \leqq 5$$

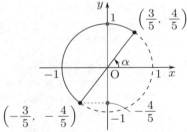

よって，最大値は $\underline{5}$，最小値は $\underline{-4}$ である。

$\frac{\pi}{4} \leqq \theta \leqq \frac{\pi}{2}$ のとき $\frac{\pi}{4} < \alpha < \frac{\pi}{2}$ より

$$\left(\frac{\pi}{2} <\right) \frac{\pi}{4} + \alpha \leqq \theta + \alpha$$
$$\leqq \frac{\pi}{2} + \alpha (< \pi)$$

であるから

$$\sin\left(\frac{\pi}{4} + \alpha\right) \geqq \sin(\theta + \alpha)$$
$$\geqq \sin\left(\frac{\pi}{2} + \alpha\right)$$

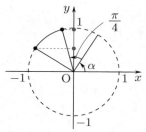

すなわち，$\theta = \dfrac{\pi}{4}$ のとき最大，$\theta = \dfrac{\pi}{2}$ のとき最小となる。

よって，最大値は

$$3 \cdot \frac{1}{\sqrt{2}} + 4 \cdot \frac{1}{\sqrt{2}} = \underline{\frac{7\sqrt{2}}{2}}$$

最小値は

$$3 \cdot 1 + 4 \cdot 0 = \underline{\mathbf{3}}$$

3.35 2倍角の公式，半角の公式を利用して変形すると

$$\begin{aligned}
f(x) &= 3\cos^2 x + 6\sin x\cos x - 5\sin^2 x + 3 \\
&= 3 \cdot \frac{1 + \cos 2x}{2} + 3\sin 2x \\
&\qquad - 5 \cdot \frac{1 - \cos 2x}{2} + 3 \\
&= \underline{\mathbf{4}}\cos 2x + \underline{\mathbf{3}}\sin 2x + \underline{\mathbf{2}} \\
&= 5\left(\sin 2x \cdot \frac{3}{5} + \cos 2x \cdot \frac{4}{5}\right) + 2 \\
&= 5\sin(2x + \alpha) + 2
\end{aligned}$$

ただし，$\cos\alpha = \dfrac{3}{5}$，$\sin\alpha = \dfrac{4}{5}$ である。$-1 \leqq \sin(2x + \alpha) \leqq 1$ より

最大値は **7**，最小値は **−3**

3.36 (1) $t^2 = (\sin\theta + \cos\theta)^2$
$\qquad\qquad = 1 + 2\sin\theta\cos\theta$

より

$$2\sin\theta\cos\theta = t^2 - 1$$

である。したがって，2倍角の公式より

$$\begin{aligned}
f(\theta) &= 2\sin\theta\cos\theta + 2(\sin\theta + \cos\theta) - 1
\end{aligned}$$

$$\begin{aligned}
&= (t^2 - 1) + 2t - 1 \\
&= \mathbf{t^2 + 2t - 2}
\end{aligned}$$

(2) 合成の公式より

$$t = \sqrt{2}\sin\left(\theta + \frac{\pi}{4}\right)$$

であり，$0 \leqq \theta \leqq \pi$ より，$\dfrac{\pi}{4} \leqq \theta + \dfrac{\pi}{4} \leqq \dfrac{5}{4}\pi$ であるから

$$-\frac{1}{\sqrt{2}} \leqq \sin\left(\theta + \frac{\pi}{4}\right) \leqq 1$$

$$\therefore \quad \underline{\mathbf{-1 \leqq t \leqq \sqrt{2}}}$$

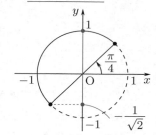

(3) (1) より

$$f(\theta) = (t + 1)^2 - 3$$

よって，$t = -1$ のとき **最小値 −3** をとる。このときの θ は

$$\sqrt{2}\sin\left(\theta + \frac{\pi}{4}\right) = -1$$

$$\therefore \quad \sin\left(\theta + \frac{\pi}{4}\right) = -\frac{1}{\sqrt{2}}$$

より

$$\theta + \frac{\pi}{4} = \frac{5}{4}\pi$$

$$\therefore \quad \underline{\boldsymbol{\theta = \pi}}$$

また，$t = \sqrt{2}$ のとき **最大値 $2\sqrt{2}$** をとる。このときの θ は

$$\sqrt{2}\sin\left(\theta + \frac{\pi}{4}\right) = \sqrt{2}$$

$$\therefore \quad \sin\left(\theta + \frac{\pi}{4}\right) = 1$$

より

$$\theta + \frac{\pi}{4} = \frac{\pi}{2}$$

$$\therefore \quad \underline{\boldsymbol{\theta = \frac{\pi}{4}}}$$

📖 問題

応用問題 ···

☐ **3.37** 点 P(x, y) が原点 O を中心とする半径 $\sqrt{2}$ の円周上を動くとき，$\sqrt{3}x + y$ の最小値は ☐ であり，$x^2 + 2xy + 3y^2$ の最大値は ☐ である。 （名城大）

☐ **3.38** 地表からの目の高さが 1.5m の人が，少し離れた位置に立っている木の上の端を見上げる 仰角 ($\overset{ぎょうかく}{仰角}$) が 45° で，木の根元を見下ろす 俯角 ($\overset{ふかく}{俯角}$) が 15° のとき，この木の高さは ☐ m である。 （金沢工大）

☐ **3.39** 三角形 ABC において，AB $= a$，AC $= b$ とする。辺 BC を一辺とする正三角形 BDC を，三角形 ABC の反対側につくるとき，以下の設問に答えよ。

(1) ∠BAC $= \theta$ として，三角形 ABC の面積 S_1 を a, b, θ を用いて表せ。

(2) 正三角形 BDC の面積 S_2 を a, b, θ を用いて表せ。

(3) 四角形 ABDC の面積 S の最大値と，そのときの θ の値を求めよ。

（日本歯大）

☐ **3.40** 長さ 1 の線分 AB を直径とする円周上の点を P とするとき，次の問いに答えよ。ただし，P は A, B とは異なるものとする。

(1) ∠PAB $= \theta$ とするとき，線分 AP，BP の長さを θ を用いて表せ。

(2) P から AB に下ろした垂線と AB との交点を C とする。△APC と △BPC の周の長さの和 L を θ を用いて表せ。

(3) L の最大値を求め，そのときの θ の値を求めよ。 （滋賀大）

チェック・チェック

3.37 変数の置き換え

円 $x^2 + y^2 = r^2$ $(r > 0)$ の周上の点 $(x,\ y)$ は

$$\begin{cases} x = r\cos\theta \\ y = r\sin\theta \end{cases} \quad (0 \leqq \theta < 2\pi)$$

とおくことができます。前半は図形的に処理することも可能ですが，後半はこの置き換えが効力を発揮します。

3.38 仰角・俯角

三角関数の出発である三角比の問題です。$15°$ は $45° - 30°$（あるいは $60° - 45°$）とみることができます。

3.39 面積の最大値

(1) 三角形の面積の公式そのものですね。

(2) BC の長さは，$\triangle$ABC において余弦定理を用います。

(3) S は (1), (2) より $\sin\theta$, $\cos\theta$ の 1 次式となります。合成の公式を用いて変数を 1 つにまとめましょう。

3.40 長さの和の最大値

$\sin\theta$ と $\cos\theta$ の対称式が現れたら，$t = \sin\theta + \cos\theta$ とおきましょう。$t^2 = 1 + 2\sin\theta\cos\theta$ であり，基本対称式 $\sin\theta + \cos\theta$, $\sin\theta\cos\theta$ を t で表すことができます。t の動く範囲にも注意しましょう。

📖 解答・解説

3.37 $P(x, y)$ は原点 O を中心とする
半径 $\sqrt{2}$ の円周上の点なので
$$x = \sqrt{2}\cos\theta, \quad y = \sqrt{2}\sin\theta$$
$$(0 \leqq \theta < 2\pi)$$
とおくことができる。このとき，合成の
公式より
$$\sqrt{3}x + y$$
$$= \sqrt{2}(\sqrt{3}\cos\theta + \sin\theta)$$
$$= 2\sqrt{2}\left(\frac{1}{2}\sin\theta + \frac{\sqrt{3}}{2}\cos\theta\right)$$
$$= 2\sqrt{2}\sin\left(\theta + \frac{\pi}{3}\right)$$
であり，$\frac{\pi}{3} \leqq \theta + \frac{\pi}{3} < \frac{7}{3}\pi$ なので

最小値は $\quad \boldsymbol{-2\sqrt{2}}$

また，半角の公式，2 倍角の公式より
$$x^2 + 2xy + 3y^2$$
$$= 2\cos^2\theta + 4\sin\theta\cos\theta + 6\sin^2\theta$$
$$= 2 \cdot \frac{1 + \cos 2\theta}{2} + 2\sin 2\theta$$
$$\qquad\qquad + 6 \cdot \frac{1 - \cos 2\theta}{2}$$
$$= 2(\sin 2\theta - \cos 2\theta) + 4$$
$$= 2\sqrt{2}\sin\left(2\theta - \frac{\pi}{4}\right) + 4$$
であり，$-\frac{\pi}{4} \leqq 2\theta - \frac{\pi}{4} < \frac{15}{4}\pi$ なの
で，最大値は
$$\boldsymbol{2\sqrt{2} + 4}$$

別解

前半は円 $x^2 + y^2 = 2$ と直線 $\sqrt{3}x + y = k$ が共有点をもつ条件を考えて
（中心と直線との距離）$\leqq$（半径）
$$\frac{|-k|}{\sqrt{3+1}} \leqq \sqrt{2}$$
$$|k| \leqq 2\sqrt{2}$$
$$\therefore \quad -2\sqrt{2} \leqq k \leqq 2\sqrt{2}$$
よって，$\sqrt{3}x + y$ の最小値は $-2\sqrt{2}$ と

してよいが，後半はこのような図形的な
手法は使えない。

3.38 次の図のように，木の上端を A，
木の根元を B，目の位置を C とし，C
から AB に下ろした垂線と AB との交
点を D とする。

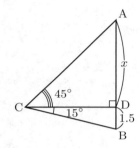

このとき，AD $= x$ (m) とすると，木
の高さ AB は
$$\text{AB} = \text{AD} + \text{DB}$$
$$= x + 1.5 \,(\text{m})$$
であり，$\triangle$ACD は $\angle$ADC $= 90°$ の直
角二等辺三角形であるから
$$\text{CD} = \text{AD} = x$$
である。$\triangle$BCD は $\angle$BDC $= 90°$ の直
角三角形であり，$\angle$BCD $= 15°$ である
から
$$\tan 15° = \frac{\text{BD}}{\text{CD}} = \frac{1.5}{x}$$
$$\therefore \quad x = \frac{3}{2\tan 15°}$$
ここで
$$\tan 15° = \tan(45° - 30°)$$
$$= \frac{\tan 45° - \tan 30°}{1 + \tan 45° \tan 30°}$$
$$= \frac{1 - \dfrac{1}{\sqrt{3}}}{1 + 1 \cdot \dfrac{1}{\sqrt{3}}}$$

$$=\frac{\sqrt{3}-1}{\sqrt{3}+1}=\frac{4-2\sqrt{3}}{2}$$
$$=2-\sqrt{3}$$

である。よって，木の高さ AB は

$$AB=\frac{3}{2(2-\sqrt{3})}+\frac{3}{2}$$
$$=\frac{3(2+\sqrt{3})}{2}+\frac{3}{2}$$
$$=\boldsymbol{\frac{9+3\sqrt{3}}{2}}$$

3.39 (1) $\boldsymbol{S_1=\frac{1}{2}ab\sin\theta}$

(2) $BC=c$ とおく。余弦定理より
$$c^2=a^2+b^2-2ab\cos\theta$$
さらに，△BCD は正三角形なので
$$S_2=\frac{1}{2}c^2\sin 60°=\frac{\sqrt{3}}{4}c^2$$
$$=\frac{\sqrt{3}}{4}(a^2+b^2-2ab\cos\theta)$$

(3) S
$$=S_1+S_2$$
$$=\frac{1}{2}ab\sin\theta$$
$$\qquad+\frac{\sqrt{3}}{4}(a^2+b^2-2ab\cos\theta)$$
$$=ab\left(\frac{1}{2}\sin\theta-\frac{\sqrt{3}}{2}\cos\theta\right)$$
$$\qquad+\frac{\sqrt{3}}{4}(a^2+b^2)$$
$$=ab\sin\left(\theta-\frac{\pi}{3}\right)+\frac{\sqrt{3}}{4}(a^2+b^2)$$

$0<\theta<\pi$ より $-\frac{\pi}{3}<\theta-\frac{\pi}{3}<\frac{2}{3}\pi$
だから，S は $\theta-\frac{\pi}{3}=\frac{\pi}{2}$ すなわち，
$\boldsymbol{\theta=\frac{5}{6}\pi}$ のとき，最大値

$$\boldsymbol{ab+\frac{\sqrt{3}}{4}(a^2+b^2)}$$

3.40 (1) $\angle APB=\frac{\pi}{2}$ より
$$AP=AB\cos\theta=\underline{\cos\theta}$$

$$BP=AB\sin\theta=\underline{\sin\theta}$$

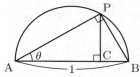

(2) (1) の結果より
$$PC=AP\sin\theta=\cos\theta\sin\theta$$
である。
$$L=(AP+PC+CA)$$
$$\qquad+(CB+BP+PC)$$
$$=2PC+AP+BP+AB$$
$$=\boldsymbol{2\sin\theta\cos\theta+\sin\theta}$$
$$\boldsymbol{\qquad+\cos\theta+1}$$

(3) $t=\sin\theta+\cos\theta\ \left(0<\theta<\frac{\pi}{2}\right)$
とおくと
$$t^2=(\sin\theta+\cos\theta)^2$$
$$=1+2\sin\theta\cos\theta$$
$$\therefore\ \ 2\sin\theta\cos\theta=t^2-1$$
であるから
$$L=(t^2-1)+t+1$$
$$=\left(t+\frac{1}{2}\right)^2-\frac{1}{4}$$
ここで，t の動く範囲は
$$t=\sin\theta+\cos\theta$$
$$=\sqrt{2}\sin\left(\theta+\frac{\pi}{4}\right)$$
と $\frac{\pi}{4}<\theta+\frac{\pi}{4}<\frac{3}{4}\pi$ より
$$1<t\leqq\sqrt{2}$$
であるから，L は $t=\sqrt{2}$，すなわち
$$\sin\left(\theta+\frac{\pi}{4}\right)=1$$
$$\theta+\frac{\pi}{4}=\frac{\pi}{2}$$
$$\therefore\ \ \boldsymbol{\theta=\frac{\pi}{4}}$$
のとき，最大値
$$(\sqrt{2})^2+\sqrt{2}=\boldsymbol{2+\sqrt{2}}$$

第4章

指数関数・対数関数

§1 指数関数

📖 問題

指数計算 ··

□ **4.1** 次の式を簡単にせよ。

(1) $(4 \times 10^3) \times (2 \times 10^{-2}) \div (8 \times 10^{-5}) = \boxed{}$ （湘南工科大）

(2) $\left(\dfrac{1}{2}\right)^{\frac{1}{3}} \div \left(\dfrac{1}{2}\right)^{\frac{1}{2}} \times 2^{\frac{5}{6}} = \boxed{}$ （東北工大）

□ **4.2** 次の問いに答えよ。

(1) $\sqrt[3]{243} \times \sqrt{18} \div \sqrt[3]{16}$ を $2^x 3^y$ の形で表すとき，x, y の値を求めよ。

（京都産業大）

(2) $a > 0$ のとき，$\sqrt{a\sqrt{a\sqrt{a}}} = a^{\boxed{}}$ である。 （京都薬大）

式の値 ··

□ **4.3** 次の問いに答えよ。

(1) $\dfrac{1}{64} = 2^a$ のとき $a = \boxed{}$ である。また，$8^{-2b+1} = \dfrac{1}{16}$ のとき

$b = \boxed{}$ である。 （北海道工大）

(2) $67^x = 27$, $603^y = 81$ のとき，$\dfrac{4}{y} - \dfrac{3}{x}$ の値を求めよ。 （自治医大）

□ **4.4** $a > 0$, $x > 0$ が $a^x + a^{-x} = 5$ をみたしているとき，次の (1), (2) に答えよ。

(1) $a^{\frac{1}{2}x} + a^{-\frac{1}{2}x}$ の値を求めよ。

(2) $a^{\frac{3}{2}x} + a^{-\frac{3}{2}x}$ の値を求めよ。 （弘前大）

チェック・チェック

基本 check !

指数法則

自然数 m，n に対して次の法則（指数法則）が成り立つ。

(I) $a^m a^n = a^{m+n}$

(II) $(a^m)^n = a^{mn}$

(III) $(ab)^n = a^n b^n$

$a \neq 0$ のとき，$a^0 = 1$，$a^{-n} = \dfrac{1}{a^n}$ と定義することにより，m，n は整数の範囲で成り立つ。

累乗根と指数法則の拡張

$a > 0$，$b > 0$ で m，n が自然数のとき

(i) $\sqrt[n]{a}$ は $x^n = a$ をみたすただ 1 つの正の実数 x である。

(ii) $\sqrt[n]{a} \times \sqrt[n]{b} = \sqrt[n]{ab}$，$\dfrac{\sqrt[n]{b}}{\sqrt[n]{a}} = \sqrt[n]{\dfrac{b}{a}}$

(iii) $(\sqrt[n]{a})^m = \sqrt[n]{a^m}$

(iv) $\sqrt[m]{\sqrt[n]{a}} = \sqrt[mn]{a}$

指数法則 (I)〜(III) は，$a^{\frac{m}{n}} = \sqrt[n]{a^m}$ $(a > 0)$ と定義することにより有理数の範囲で成り立ち，極限の概念を入れることにより実数の範囲でも成り立つ。

4.1 指数法則の拡張

(1) 整数の範囲で指数法則を用います。

(2) 有理数の範囲で指数法則を用います。

4.2 累乗根

(1) 累乗根を指数で表し，式を整理しましょう。

(2) 根号が重なっていますが，(1) と同じ要領で式を整理しましょう。

4.3 式の値

(1) 左辺，右辺ともに $2^{\square}$ の形に直し，指数を比較します。

(2) $\dfrac{4}{y} - \dfrac{3}{x}$ が現れるように式を変形します。

4.4 対称式

$a^x + a^{-x}$，$a^{\frac{3}{2}x} + a^{-\frac{3}{2}x}$ は $a^{\frac{1}{2}x}$，$a^{-\frac{1}{2}x}$ についての対称式ですから

基本対称式 $a^{\frac{1}{2}x} + a^{-\frac{1}{2}x}$，$a^{\frac{1}{2}x} \cdot a^{-\frac{1}{2}x}$ $(= a^{\frac{1}{2}x - \frac{1}{2}x} = a^0 = 1)$

で表すことができます。

解答・解説

4.1 (1) $(4 \times 10^3) \times (2 \times 10^{-2}) \div (8 \times 10^{-5})$

$= 2^2 \times 10^3 \times 2 \times 10^{-2} \times 2^{-3} \times 10^5$

$= 2^{2+1-3} \times 10^{3-2+5}$

$= \underline{\mathbf{10^6}}$

(2) $\left(\dfrac{1}{2}\right)^{\frac{1}{3}} \div \left(\dfrac{1}{2}\right)^{\frac{1}{2}} \times 2^{\frac{5}{6}}$

$= (2^{-1})^{\frac{1}{3}} \div (2^{-1})^{\frac{1}{2}} \times 2^{\frac{5}{6}}$

$= 2^{-\frac{1}{3}} \div 2^{-\frac{1}{2}} \times 2^{\frac{5}{6}}$

$= 2^{-\frac{1}{3} - \left(-\frac{1}{2}\right) + \frac{5}{6}}$

$= 2^{\frac{-2+3+5}{6}}$

$= \underline{\mathbf{2}}$

4.2 (1) $\sqrt[3]{243} \times \sqrt{18} \div \sqrt[3]{16}$

$= \sqrt[3]{3^5} \times \sqrt{2 \times 3^2} \div \sqrt[3]{2^4}$

$= 3^{\frac{5}{3}} \times 2^{\frac{1}{2}} \times 3 \times 2^{-\frac{4}{3}}$

$= 2^{\frac{1}{2} - \frac{4}{3}} \times 3^{\frac{5}{3}+1}$

$= 2^{-\frac{5}{6}} \times 3^{\frac{8}{3}}$

よって，与式を $2^x 3^y$ の形で表すと

$$\underline{\boldsymbol{x = -\dfrac{5}{6}, \quad y = \dfrac{8}{3}}}$$

(2) $\sqrt{a\sqrt{a\sqrt{a}}}$

$= \sqrt{a\sqrt{a \times a^{\frac{1}{2}}}}$

$= \sqrt{a\sqrt{a^{\frac{3}{2}}}}$

$= \sqrt{a \times \left(a^{\frac{3}{2}}\right)^{\frac{1}{2}}}$

$= \sqrt{a^{1+\frac{3}{4}}}$

$= \left(a^{\frac{7}{4}}\right)^{\frac{1}{2}}$

$= \underline{\boldsymbol{a^{\frac{7}{8}}}}$

4.3 (1) $\dfrac{1}{64} = \dfrac{1}{2^6} = 2^{-6}$ より

$$\dfrac{1}{64} = 2^a$$

のとき

$$\underline{\boldsymbol{a = -6}}$$

また

$$8^{-2b+1} = 2^{3(-2b+1)} = 2^{-6b+3}$$

$$\dfrac{1}{16} = \dfrac{1}{2^4} = 2^{-4}$$

であるから

$$8^{-2b+1} = \dfrac{1}{16}$$

のとき，指数を比較して

$$-6b + 3 = -4$$

$$\therefore \quad \underline{\boldsymbol{b = \dfrac{7}{6}}}$$

(2) $67^x = 27$, $603^y = 81$ より

$$67 = 27^{\frac{1}{x}} = 3^{\frac{3}{x}}$$

$$603 = 81^{\frac{1}{y}} = 3^{\frac{4}{y}}$$

これより

$$3^{\frac{4}{y} - \frac{3}{x}} = \dfrac{3^{\frac{4}{y}}}{3^{\frac{3}{x}}} = \dfrac{603}{67} = 9 = 3^2$$

よって

$$\dfrac{4}{y} - \dfrac{3}{x} = \underline{\mathbf{2}}$$

別解

底を 3 とする対数をとると

$$x\log_3 67 = \log_3 3^3 = 3$$

$$y\log_3 603 = \log_3 3^4 = 4$$

より

$$\dfrac{3}{x} = \log_3 67, \quad \dfrac{4}{y} = \log_3 603$$

したがって

$$\dfrac{4}{y} - \dfrac{3}{x} = \log_3 603 - \log_3 67$$

$$= \log_3 \dfrac{603}{67}$$

$$= \log_3 3^2$$

$$= 2$$

4.4 (1) $a^x + a^{-x} = 5$ より

$$\left(a^{\frac{1}{2}x} + a^{-\frac{1}{2}x}\right)^2$$
$$= a^x + 2a^{\frac{1}{2}x} \cdot a^{-\frac{1}{2}x} + a^{-x}$$
$$= 5 + 2$$
$$= 7$$

$a > 0$ より，$a^{\frac{1}{2}x} + a^{-\frac{1}{2}x} > 0$ だから

$$a^{\frac{1}{2}x} + a^{-\frac{1}{2}x} = \underline{\boldsymbol{\sqrt{7}}}$$

(2) $a^{\frac{3}{2}x} + a^{-\frac{3}{2}x}$

$$= \left(a^{\frac{1}{2}x}\right)^3 + \left(a^{-\frac{1}{2}x}\right)^3$$
$$= \left(a^{\frac{1}{2}x} + a^{-\frac{1}{2}x}\right)\left(a^x - a^{\frac{1}{2}x} \cdot a^{-\frac{1}{2}x} + a^{-x}\right)$$
$$= \sqrt{7}(5 - 1)$$
$$= \underline{\boldsymbol{4\sqrt{7}}}$$

別解

$$a^{\frac{3}{2}x} + a^{-\frac{3}{2}x}$$
$$= \left(a^{\frac{1}{2}x}\right)^3 + \left(a^{-\frac{1}{2}x}\right)^3$$
$$= \left(a^{\frac{1}{2}x} + a^{-\frac{1}{2}x}\right)^3$$
$$\qquad - 3a^{\frac{1}{2}x} \cdot a^{-\frac{1}{2}x}\left(a^{\frac{1}{2}x} + a^{-\frac{1}{2}x}\right)$$
$$= (\sqrt{7})^3 - 3 \cdot 1 \cdot \sqrt{7}$$
$$= 4\sqrt{7}$$

📖 問題

指数関数のグラフ ···

☐ **4.5** $y = \dfrac{1}{8} \cdot 2^x$ は, $y = 2^x$ を x 軸の正の方向に $\boxed{}$ だけ平行移動した

グラフであり, これを $x = 2$ を軸に線対称にうつすと, $y = \boxed{} \cdot 2^{-x}$ の

グラフとなる。 （慶大）

指数の値と大小比較 ···

☐ **4.6** 次の数の大小を調べよ。

(1) $2^{\frac{7}{9}}$, $3^{\frac{1}{2}}$, $5^{\frac{1}{3}}$, $2^{\frac{3}{4}}$ （宮崎大）

(2) $\sqrt{2}$, $\sqrt[3]{3}$, $\sqrt[4]{4}$, $\sqrt[5]{5}$ （北九州市立大）

指数関数の最大・最小 ···

☐ **4.7** 次の問いに答えよ。

(1) 関数 $y = 3^{2x-1} - 2 \cdot 3^{x+1} + 4$ の $0 \leqq x \leqq 3$ における最大値と最小値, お
よびそれを与える x の値を求めよ。 （弘前大）

(2) 2 つの実数 x, y が $4^x + 9^y = 1$ をみたして変化するとき, $2^{x+1} + 3^{2y+1}$
の最大値は $\boxed{}$ である。 （日本獣医畜産大）

☐ **4.8** 関数 $y = 8^x + \left(\dfrac{1}{2}\right)^{3x+2}$ は $x = \boxed{}$ のとき最小値 $\boxed{}$ をとる。
（近畿大）

☐ **4.9** 関数 $y = -(4^x + 4^{-x}) + 3(2^x + 2^{-x})$ について, $t = 2^x + 2^{-x}$ とお
くと, この関数は $y = \boxed{} t^2 + \boxed{} t + \boxed{}$ と表される。このとき,
y の最大値は $\boxed{}$ である。 （青山学院大）

チェック・チェック

基本 check！

関数 $y = f(x)$ のグラフの移動

(i) x 軸方向に a , y 軸方向に b だけ平行移動 $y - b = f(x - a)$

(ii) x 軸に関する対称移動 $y = -f(x)$

(iii) y 軸に関する対称移動 $y = f(-x)$

(iv) 原点に関する対称移動 $y = -f(-x)$

4.5 指数関数のグラフの移動

曲線 $y = f(x)$ 上の点 (x, y) を直線 $x = a$ に関して対称移動した点を (X, Y) とおくと

$$\begin{cases} \dfrac{x + X}{2} = a \\ Y = y \end{cases} \quad \text{すなわち} \quad \begin{cases} x = 2a - X \\ y = Y \end{cases}$$

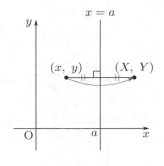

$y = f(x)$ に代入すると

$$Y = f(2a - X)$$

よって，移動後の曲線の方程式は

$$y = f(2a - x)$$

となります。

4.6 指数の値と大小比較

指数の分母をそろえることを考えましょう。

(1) 4 つの数を同時にそろえるのはつらいので，まずは $3^{\frac{1}{2}}$, $5^{\frac{1}{3}}$, $2^{\frac{3}{4}}$ から始めます。
この 3 つの数をそれぞれ 12 乗して，指数の分母を払ったものを比較しましょう。

(2) $\sqrt[4]{4} = (2^2)^{\frac{1}{4}} = 2^{\frac{1}{2}} = \sqrt{2}$ より，$\sqrt{2}$, $\sqrt[3]{3}$, $\sqrt[5]{5}$ を 30 乗して比較しましょう。

4.7 指数関数の最大・最小

(1) $3^x = t$ とおきます。$0 \leqq x \leqq 3$ より t は $1 \leqq t \leqq 27$ の範囲で動きます。

(2) $4^x + 9^y = 1$ より，$2^{x+1} + 3^{2y+1}$ から x または y を消去することができます。
消去した文字の条件を，残した文字に反映させることを忘れないようにしましょう。

4.8 相加平均・相乗平均の関係と最小値

$2^{3x} = t$ とおきます。$aX + \dfrac{1}{bX}$ （a, b は正の定数，$X > 0$）の最小値を求める

には，相加平均・相乗平均の関係を利用するとよいでしょう。

4.9 相加平均・相乗平均の関係と最大値

相加平均・相乗平均の関係を使って，$t = 2^x + 2^{-x}$ の最小値をおさえます。

解答・解説

4.5 与えられた関数を変形すると

$$y = \frac{1}{8} \cdot 2^x = 2^{-3} \cdot 2^x = 2^{x-3}$$

よって，$y = \dfrac{1}{8} \cdot 2^x$ のグラフは $y = 2^x$ のグラフを x 軸の正の方向に **3** だけ平行移動したグラフである。

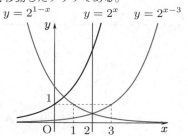

$y = 2^{1-x}$　　　$y = 2^x$　　$y = 2^{x-3}$

このグラフ上の点 (x, y) を $x = 2$ を軸に対称移動した点を (X, Y) とすると

$$\begin{cases} \dfrac{x+X}{2} = 2 \\ Y = y \end{cases}$$

$$\therefore \quad \begin{cases} x = 4 - X \\ y = Y \end{cases}$$

より

$$y = 2^{x-3}$$
$$Y = 2^{(4-X)-3} = 2^{1-X}$$

よって，移動後は

$$y = 2^{1-x}$$
$$\therefore \quad y = \mathbf{2} \cdot 2^{-x}$$

のグラフとなる。

4.6 (1) $\left(3^{\frac{1}{2}}\right)^{12} = 3^6 = 729$

$$\left(5^{\frac{1}{3}}\right)^{12} = 5^4 = 625$$

$$\left(2^{\frac{3}{4}}\right)^{12} = 2^9 = 512$$

これより

$$2^{\frac{3}{4}} < 5^{\frac{1}{3}} < 3^{\frac{1}{2}}$$

また

$$\left(2^{\frac{7}{9}}\right)^9 - \left(5^{\frac{1}{3}}\right)^9$$

$$= 2^7 - 5^3 = 128 - 125 = 3 > 0$$

$$\left(2^{\frac{7}{9}}\right)^{18} - \left(3^{\frac{1}{2}}\right)^{18}$$

$$= 2^{14} - 3^9 = 16384 - 19683 < 0$$

よって

$$\underline{2^{\frac{3}{4}} < 5^{\frac{1}{3}} < 2^{\frac{7}{9}} < 3^{\frac{1}{2}}}$$

(2) $\sqrt[4]{4} = (2^2)^{\frac{1}{4}} = 2^{\frac{1}{2}} = \sqrt{2}$ である。
また

$$(\sqrt[5]{5})^{30} = (5^{\frac{1}{5}})^{30} = 5^6 = 15625$$

$$(\sqrt[3]{3})^{30} = (3^{\frac{1}{3}})^{30} = 3^{10} = 59049$$

$$(\sqrt{2})^{30} = (2^{\frac{1}{2}})^{30} = 2^{15} = 32768$$

より

$$(\sqrt[5]{5})^{30} < (\sqrt{2})^{30} < (\sqrt[3]{3})^{30}$$
$$\therefore \quad \underline{\sqrt[5]{5} < \sqrt{2} = \sqrt[4]{4} < \sqrt[3]{3}}$$

4.7 (1) $3^x = t$ とおくと，$0 \leqq x \leqq 3$ より

$$3^0 \leqq t \leqq 3^3$$
$$\therefore \quad 1 \leqq t \leqq 27$$

また

$$y = \frac{1}{3} \cdot 3^{2x} - 2 \cdot 3 \cdot 3^x + 4$$

$$= \frac{1}{3}t^2 - 6t + 4$$

$$= \frac{1}{3}(t - 9)^2 - 23$$

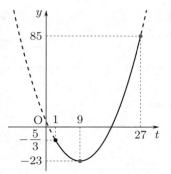

よって，$t = 3^x = 27$ すなわち $\underline{\boldsymbol{x = 3}}$
のとき，最大値 $\dfrac{1}{3} \cdot 18^2 - 23 = \underline{\boldsymbol{85}}$ を
とり，$t = 3^x = 9$ すなわち $\underline{\boldsymbol{x = 2}}$ のと
き，最小値 $\underline{\boldsymbol{-23}}$ をとる。

(2) $4^x + 9^y = 1$ より $3^{2y} = 1 - 2^{2x}$
であるから，$2^{x+1} + 3^{2y+1} = z$ とおくと
$$z = 2 \cdot 2^x + 3 \cdot 3^{2y}$$
$$= 2 \cdot 2^x + 3(1 - 2^{2x})$$
ここで，$2^x = t \ (t > 0)$ とおくと
$1 - t^2 = 9^y > 0$ より $0 < t < 1$ であり
$$z = 2t + 3(1 - t^2)$$
$$= -3t^2 + 2t + 3$$
$$= -3\left(t - \dfrac{1}{3}\right)^2 + \dfrac{10}{3}$$

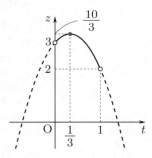

よって，$t = \dfrac{1}{3}$ のとき最大となり，最大

値は $\underline{\dfrac{10}{3}}$ である。

4.8 $2^{3x} = t \ (t > 0)$ とおくと
$$y = 2^{3x} + \dfrac{1}{2^{3x+2}}$$
$$= 2^{3x} + \dfrac{1}{4 \cdot 2^{3x}}$$
$$= t + \dfrac{1}{4 \cdot t}$$
ここで，$t > 0$，$\dfrac{1}{4t} > 0$ だから，
相加平均・相乗平均の関係より
$$t + \dfrac{1}{4t} \geqq 2\sqrt{t \cdot \dfrac{1}{4t}}$$
$$= 2 \cdot \dfrac{1}{2} = 1$$
等号が成り立つのは，$t = \dfrac{1}{4t}$ すなわち
$t^2 = \dfrac{1}{4}$ のときであり，$t > 0$ より
$$t = \dfrac{1}{2}$$
$$\therefore \quad 2^{3x} = 2^{-1}$$
したがって，y は $\underline{\boldsymbol{x = -\dfrac{1}{3}}}$ のとき，最
小値 $\underline{\boldsymbol{1}}$ をとる。

4.9 相加平均・相乗平均の関係より
$$t = 2^x + 2^{-x} \geqq 2\sqrt{2^x \cdot 2^{-x}} = 2$$
であり，等号は $2^x = 2^{-x}$ すなわち
$x = 0$ のときに成り立つ。
$$y$$
$$= -(4^x + 4^{-x}) + 3(2^x + 2^{-x})$$
$$= -\{(2^x + 2^{-x})^2 - 2 \cdot 2^x \cdot 2^{-x}\}$$
$$\qquad +3(2^x + 2^{-x})$$
$$= -(2^x + 2^{-x})^2 + 3(2^x + 2^{-x}) + 2$$
$$= \underline{\boldsymbol{-t^2 + 3t + 2}}$$
$$= -\left(t - \dfrac{3}{2}\right)^2 + \dfrac{17}{4}$$
y は $t \geqq \dfrac{3}{2}$ で単調減少で，t の最小値は
2 であるから，$t = 2$ のとき y は最大と
なり，最大値は
$$-2^2 + 3 \cdot 2 + 2 = \underline{\boldsymbol{4}}$$

📖 問題

指数方程式 ....

☐ **4.10** 次の問いに答えよ。

(1) 次の方程式を解け。

$$27^{x-2} = \frac{1}{3^x}$$ （いわき明星大）

(2) 整数 x, y が

$$\frac{1}{27} \cdot \left(\frac{1}{8}\right)^{\frac{-2x+5y}{3}} = \frac{1}{32} \cdot 27^{x-2y}$$

をみたすとき，$x = \boxed{}$，$y = \boxed{}$ である。 （日本大）

☐ **4.11** 次の問いに答えよ。

(1) 方程式 $4^x - 3 \cdot 2^{x+2} + 32 = 0$ を解け。 （東京電機大）

(2) $8^x - 4^{x+1} = 2^{x+5}$ を解け。 （徳島文理大）

(3) $x > 0$ で，$2 + x^{\frac{1}{6}} + x^{\frac{1}{3}} = x^{\frac{1}{2}}$ のとき，$x = \boxed{}$ である。

（慈恵医大）

☐ **4.12** $8(4^x + 4^{-x}) - 54(2^x + 2^{-x}) + 101 = 0$ を解くと，$x = \boxed{}$ である。 （小樽商科大）

☐ **4.13** 次の方程式を解け。

$$\begin{cases} 2^x - 3^{y+1} = -19 \\ 2^{x+1} + 3^y = 25 \end{cases}$$ （高知工科大）

チェック・チェック

基本 check !

指数方程式の解法

$a > 0$，$a \neq 1$ のとき

- $a^X = a^Y \iff X = Y$
- $a^x = t$ とおき，$t > 0$ に注意しながら，t についての方程式を解く。

4.10　指数の比較

(1) 底を 3 にそろえて両辺の指数を比較します。

(2) x，y は整数なので，素因数分解の一意性より

$$2^x \cdot 3^y = 2^X \cdot 3^Y \iff \begin{cases} x = X \\ y = Y \end{cases}$$

です。

4.11　置き換え (1)

(1) $2^x = t \; (> 0)$ とおくと，与式は t についての 2 次方程式になります。

(2) $2^x = t \; (> 0)$ とおくと，与式は t についての 3 次方程式になります。

(3) $x^{\frac{1}{6}} = t \; (> 0)$ とおくと，与式は t についての 3 次方程式になります。

4.12　置き換え (2)

$2^x + 2^{-x} = t$ とおき，t についての 2 次方程式を解きます。

4.13　連立方程式

$2^x = X \; (> 0), \; 3^y = Y \; (> 0)$ とおき，正の数 X，Y についての連立方程式を解きます。

解答・解説

4.10 (1) $27^{x-2} = (3^3)^{x-2} = 3^{3x-6}$

$\dfrac{1}{3^x} = 3^{-x}$

よって, $27^{x-2} = \dfrac{1}{3^x}$ より

$3x - 6 = -x$

$\therefore \quad \underline{\underline{x = \dfrac{3}{2}}}$

(2) $\quad \dfrac{1}{27} \cdot \left(\dfrac{1}{8}\right)^{\frac{-2x+5y}{3}} = \dfrac{1}{32} \cdot 27^{x-2y}$

$3^{-3} \cdot (2^{-3})^{\frac{-2x+5y}{3}} = 2^{-5} \cdot (3^3)^{x-2y}$

$\therefore \quad 2^{2x-5y} \cdot 3^{-3} = 2^{-5} \cdot 3^{3(x-2y)}$

$x,\ y$ は整数で, 2 と 3 は互いに素なので, 指数を比較して

$$\begin{cases} 2x - 5y = -5 \\ 3(x - 2y) = -3 \end{cases}$$

$\therefore \quad \begin{cases} 2x - 5y = -5 \\ x - 2y = -1 \end{cases}$

これを解いて

$$\underline{\underline{x = 5,\ y = 3}}$$

($x,\ y$ は整数であることをみたす)

4.11 (1) $4^x - 3 \cdot 2^{x+2} + 32 = 0$

$2^{2x} - 3 \cdot 4 \cdot 2^x + 32 = 0$

$2^x = t\ (t > 0)$ とおくと

$t^2 - 12t + 32 = 0$

$(t - 4)(t - 8) = 0$

$\therefore \quad t = 4,\ 8$

よって

$2^x = 2^2,\ 2^3$

$\therefore \quad \underline{\underline{x = 2,\ 3}}$

(2) $\quad 8^x - 4^{x+1} = 2^{x+5}$

$2^{3x} - 4 \cdot 2^{2x} - 32 \cdot 2^x = 0$

$2^x = t\ (t > 0)$ とおくと

$t^3 - 4t^2 - 32t = 0$

$t(t - 8)(t + 4) = 0$

$t > 0$ より

$t = 8$

よって

$2^x = 2^3$

$\therefore \quad \underline{\underline{x = 3}}$

(3) $\quad 2 + x^{\frac{1}{6}} + x^{\frac{1}{3}} = x^{\frac{1}{2}}$

$2 + x^{\frac{1}{6}} + \left(x^{\frac{1}{6}}\right)^2 = \left(x^{\frac{1}{6}}\right)^3$

$x^{\frac{1}{6}} = t\ (t > 0)$ とおくと

$2 + t + t^2 = t^3$

$t^3 - t^2 - t - 2 = 0$

$(t - 2)(t^2 + t + 1) = 0$

$t > 0$ より

$t = 2$

よって

$x^{\frac{1}{6}} = 2$

$\therefore \quad x = 2^6 = \underline{\underline{64}}$

4.12 $2^x + 2^{-x} = t$ とおくと, 相加平均・相乗平均の関係より

$t = 2^x + 2^{-x} \geqq 2\sqrt{2^x \cdot 2^{-x}} = 2$

であり, 等号は $2^x = 2^{-x}$ すなわち $x = 0$ のときに成り立つ。また

$4^x + 4^{-x}$

$= (2^x)^2 + (2^{-x})^2$

$= (2^x + 2^{-x})^2 - 2 \cdot 2^x \cdot 2^{-x}$

$= t^2 - 2$

よって

$8(4^x + 4^{-x}) - 54(2^x + 2^{-x})$
$\qquad\qquad\qquad + 101 = 0$

$8(t^2 - 2) - 54t + 101 = 0$

$8t^2 - 54t + 85 = 0$

$(2t - 5)(4t - 17) = 0$

$\therefore \quad t = \dfrac{5}{2},\ \dfrac{17}{4}$

(ともに $t \geqq 2$ をみたす)

$t = \dfrac{5}{2}$ のとき，$2^x + 2^{-x} = \dfrac{5}{2}$ を解くと

$$2^{2x} - \frac{5}{2} \cdot 2^x + 1 = 0$$

$2^x = s \ (s > 0)$ とおくと

$$s^2 - \frac{5}{2}s + 1 = 0$$
$$2s^2 - 5s + 2 = 0$$
$$(2s - 1)(s - 2) = 0$$
$$\therefore \quad s = \frac{1}{2}, \ 2$$

したがって，$2^x = 2^{-1}, \ 2$ より

$$x = -1, \ 1$$

$t = \dfrac{17}{4}$ のときも同様にして

$2^x + 2^{-x} = \dfrac{17}{4}$ を解くと

$$2^{2x} - \frac{17}{4} \cdot 2^x + 1 = 0$$
$$4s^2 - 17s + 4 = 0$$
$$(4s - 1)(s - 4) = 0$$
$$\therefore \quad s = \frac{1}{4}, \ 4$$

したがって，$2^x = 2^{-2}, \ 2^2$ より

$$x = -2, \ 2$$

以上より

$$x = \underline{\boldsymbol{-2, \ -1, \ 1, \ 2}}$$

4.13 $2^x = X, \ 3^y = Y$ とおくと

$$\begin{cases} X - 3Y = -19 & \cdots\cdots ① \\ 2X + Y = 25 & \cdots\cdots ② \end{cases}$$

②より $Y = 25 - 2X$ であり，これを①に代入して

$$X - 3(25 - 2X) = -19$$
$$\therefore \quad X = 8$$

したがって，$2^x = 8$ より

$$\underline{\boldsymbol{x = 3}}$$

また

$$Y = 25 - 2 \times 8 = 9$$

したがって，$3^y = 9$ より

$$\underline{\boldsymbol{y = 2}}$$

📖 問題

指数不等式 ···

□ **4.14** 次の問いに答えよ。

(1) $16 < 4^{x-1} < 8 \cdot 2^x$ を満たす x の範囲は $\boxed{} < x < \boxed{}$ である。

（東北工大）

(2) 不等式 $3^{2x} - 12 \cdot 3^x + 27 < 0$ の解は $\boxed{}$ である。 （昭和薬大）

(3) $8^{x+1} + 15 \cdot 4^x - 2^{x+1} \geqq 0$ をみたす実数 x の範囲を求めよ。

（東京水産大）

□ **4.15** 次の問いに答えよ。

(1) 不等式 $\dfrac{1}{4^x} - \dfrac{1}{2^x} - 2 > 0$ をみたす x の範囲は $\boxed{}$ である。

（愛知工大）

(2) $a > 0$, $a \neq 1$ のとき，不等式 $a^{2x-1} - a^{x+2} - a^{x-3} + 1 \leqq 0$ をみたす x の範囲を求めよ。 （富山大）

□ **4.16** $y > 0$ とするとき，不等式
$$y^{\frac{2}{x}} + y^{-\frac{2}{x}} - 6\left(y^{\frac{1}{x}} + y^{-\frac{1}{x}}\right) + 10 \leqq 0$$
について，次の各問に答えよ。

(1) $X = y^{\frac{1}{x}} + y^{-\frac{1}{x}}$ とするとき，この不等式を，X を用いて表せ。

(2) この不等式を満たす点 (x, y) の全体が表す図形を座標平面上に図示せよ。

（宮崎大）

チェック・チェック

基本 check !

指数関数のグラフと指数不等式

指数関数 $y = a^x$ のグラフをかくと，指数不等式は次のようになる。

(i) $0 < a < 1$ のとき

(ii) $a > 1$ のとき

$a^{x_1} < a^{x_2} \iff x_1 > x_2$

$a^{x_1} < a^{x_2} \iff x_1 < x_2$

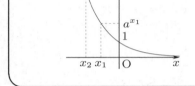 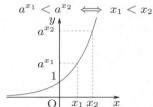

4.14 指数比較・置き換え

(1) $a > 1$ のとき，$a^X < a^Y \iff X < Y$ です。

(2) $3^x = t \ (> 0)$ とおけば，与式は t についての 2 次不等式です。

(3) $2^x = t \ (> 0)$ とおくと，与式は t についての 3 次不等式になりますね。$t > 0$ の条件が強く効いてきます。

4.15 底の範囲に注意

(1) $\left(\dfrac{1}{2}\right)^x = t(>0)$ とおきます。$0 < a < 1$ のとき，$a^X < a^Y \iff X > Y$ です。

(2) $a^x = t \ (> 0)$ とおきます。t の 2 次不等式を解く際に $t > 0$ に注意しましょう。

4.16 解の領域

X についての不等式を解き，x，y の関係式として整理しましょう。また，
$(0 <) \ a < b$ において

$$\begin{cases} x > 0 \ \text{のとき} & a^x < b^x \\ x = 0 \ \text{のとき} & a^x = b^x \ (= 1) \\ x < 0 \ \text{のとき} & a^x > b^x \end{cases}$$

であることに注意しましょう。

$1 < a < b$ のとき　　　$0 < a < 1 < b$ のとき　　　$0 < a < b < 1$ のとき

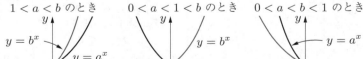 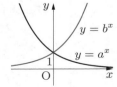  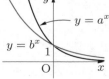

解答・解説

4.14 (1) $16 = 2^4$

$$4^{x-1} = (2^2)^{x-1} = 2^{2(x-1)}$$
$$8 \cdot 2^x = 2^3 \cdot 2^x = 2^{x+3}$$

より

$$2^4 < 2^{2(x-1)} < 2^{x+3}$$

底 2 は 1 より大きいので

$$4 < 2(x-1) < x+3$$

よって

$$4 < 2(x-1)$$
$$\therefore \quad x > 3$$
$$2(x-1) < x+3$$
$$\therefore \quad x < 5$$

したがって

$$\underline{\mathbf{3 < x < 5}}$$

(2) $3^x = t \ (t > 0)$ とおくと

$$3^{2x} - 12 \cdot 3^x + 27 < 0$$
$$t^2 - 12t + 27 < 0$$
$$(t-3)(t-9) < 0$$

$t > 0$ より $3 < t < 9$ であるから

$$3 < 3^x < 3^2$$
$$\therefore \quad \underline{\mathbf{1 < x < 2}}$$

(3) $2^x = t \ (t > 0)$ とおくと

$$8^{x+1} + 15 \cdot 4^x - 2^{x+1} \geqq 0$$
$$8 \cdot 2^{3x} + 15 \cdot 2^{2x} - 2 \cdot 2^x \geqq 0$$
$$8t^3 + 15t^2 - 2t \geqq 0$$
$$\therefore \quad t(t+2)(8t-1) \geqq 0$$

$t > 0$ より $t(t+2) > 0$ であるから

$$8t - 1 \geqq 0$$
$$\therefore \quad t \geqq \frac{1}{8}$$

したがって

$$2^x \geqq \frac{1}{8} = 2^{-3}$$

底 2 は 1 より大きいので

$$\therefore \quad \underline{\mathbf{x \geqq -3}}$$

4.15 (1) $\left(\frac{1}{2}\right)^x = t \ (t > 0)$ とおくと

$$\frac{1}{4^x} - \frac{1}{2^x} - 2 > 0$$
$$\left(\frac{1}{2}\right)^{2x} - \left(\frac{1}{2}\right)^x - 2 > 0$$
$$t^2 - t - 2 > 0$$
$$(t-2)(t+1) > 0$$

$t > 0$ より $t > 2$ であるから

$$\left(\frac{1}{2}\right)^x > \left(\frac{1}{2}\right)^{-1}$$

底 $\frac{1}{2}$ は 1 より小さいので

$$\underline{\mathbf{x < -1}}$$

(2) 与えられた不等式を変形すると

$$a^{2x-1} - a^{x+2} - a^{x-3} + 1 \leqq 0$$
$$a^{-1} \cdot (a^x)^2 - (a^2 + a^{-3})a^x + 1 \leqq 0$$

$a^x = t \ (t > 0)$ とおくと

$$\frac{1}{a}t^2 - \left(a^2 + \frac{1}{a^3}\right)t + 1 \leqq 0$$

両辺を $a^3(> 0)$ 倍すると

$$a^2t^2 - (a^5 + 1)t + a^3 \leqq 0$$
$$(a^2t - 1)(t - a^3) \leqq 0$$

a^3 と $\frac{1}{a^2}$ の大小は

$$a^3 - \frac{1}{a^2} = \frac{a^5 - 1}{a^2}$$

より, $0 < a < 1$, $a > 1$ により決まる。

(i) $0 < a < 1$ のとき, $a^3 < \frac{1}{a^2}$ なので

$$a^3 \leqq t \leqq \frac{1}{a^2}$$
$$a^3 \leqq a^x \leqq a^{-2}$$

底 a は 1 より小さいので

$$-2 \leqq x \leqq 3$$

(ii) $a > 1$ のとき, $a^3 > \frac{1}{a^2}$ なので

$$\frac{1}{a^2} \leqq t \leqq a^3$$
$$a^{-2} \leqq a^x \leqq a^3$$

底 a は 1 より大きいので
$$-2 \leqq x \leqq 3$$
以上 (i)，(ii) より
$$\underline{\boldsymbol{-2 \leqq x \leqq 3}}$$

4.16 $y^{\frac{2}{x}} + y^{-\frac{2}{x}} - 6(y^{\frac{1}{x}} + y^{-\frac{1}{x}})$
$$+10 \leqq 0 \cdots\cdots (*)$$

(1) $X = y^{\frac{1}{x}} + y^{-\frac{1}{x}}$ とすると
$$y^{\frac{2}{x}} + y^{-\frac{2}{x}}$$
$$= (y^{\frac{1}{x}} + y^{-\frac{1}{x}})^2 - 2y^{\frac{1}{x}} \cdot y^{-\frac{1}{x}}$$
$$= (y^{\frac{1}{x}} + y^{-\frac{1}{x}})^2 - 2$$
$$= X^2 - 2$$
となるから，不等式 $(*)$ は X を用いて
$$(X^2 - 2) - 6X + 10 \leqq 0$$
$$\therefore \quad \underline{\boldsymbol{X^2 - 6X + 8 \leqq 0}}$$
と表される。

(2) (1) の不等式を解くと
$$(X - 2)(X - 4) \leqq 0$$
よって $2 \leqq X \leqq 4$ である。

$X \geqq 2$ を x, y で表すと
$$y^{\frac{1}{x}} + y^{-\frac{1}{x}} \geqq 2$$
$y^{\frac{1}{x}} (> 0)$ を両辺にかけて移項すると
$$(y^{\frac{1}{x}})^2 - 2y^{\frac{1}{x}} + 1 \geqq 0$$
$$(y^{\frac{1}{x}} - 1)^2 \geqq 0 \quad \cdots\cdots ①$$
また，$X \leqq 4$ を x, y で表すと
$$y^{\frac{1}{x}} + y^{-\frac{1}{x}} \leqq 4$$
$y^{\frac{1}{x}} (> 0)$ を両辺にかけて移項すると
$$(y^{\frac{1}{x}})^2 - 4y^{\frac{1}{x}} + 1 \leqq 0$$
$$2 - \sqrt{3} \leqq y^{\frac{1}{x}} \leqq 2 + \sqrt{3}$$
$$\cdots\cdots ②$$

$y > 0$ のとき，①はつねに成り立つから
$$(*) \Longleftrightarrow ②$$
であり，指数が $\dfrac{1}{x}$ であることから，
$x \neq 0$ である。②の各辺を x 乗すると
　　$x > 0$ のとき
$$(2 - \sqrt{3})^x \leqq y \leqq (2 + \sqrt{3})^x$$

　　$x < 0$ のとき
$$(2 - \sqrt{3})^x \geqq y \geqq (2 + \sqrt{3})^x$$
　　$0 < 2 - \sqrt{3} < 1 < 2 + \sqrt{3}$ であることにも注意すると，点 (x, y) の全体が表す図形は 次の図の斜線部分となる。ただし，境界は点 $\boldsymbol{(0, 1)}$ のみ除く。

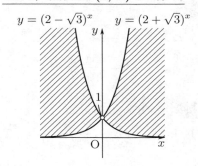

$$y = (2 - \sqrt{3})^x \qquad y = (2 + \sqrt{3})^x$$

§2　対数関数

📖 問題

式の値 ··

☐ **4.17** 次の問いに答えよ。

(1) $\log_9 3 = \boxed{}$, $\log_{\frac{1}{7}} 49 = \boxed{}$, $3^{2\log_3 2} = \boxed{}$ （上智大）

(2) $a > 1$, $b = \dfrac{\log_a 3}{\log_a 2}$ とする。このとき，4^b の値を求めよ。 （甲南大）

☐ **4.18** 次の問いに答えよ。

(1) $\log_{10} 2\sqrt{125} + \dfrac{1}{\log_{\sqrt{2}} 10} = \boxed{}$ （小樽商科大）

(2) $\log_2 3 \cdot \log_{\sqrt{5}} 8 \cdot \log_9 25 = \boxed{}$ （北海道科学大）

(3) $2^{\log_3 54 + \log_3 10 - 2\log_9 20} = \boxed{}$ （日本大）

☐ **4.19** 次の問いに答えよ。

(1) $10^a = 5$ のとき，$\log_5 10 = \boxed{}$, $\log_{10} 2 = \boxed{}$, $5^{\frac{1+a}{a}} = \boxed{}$ である。 （帝京大）

(2) $\log_{10} 2 = 0.301$, $\log_{10} 3 = 0.477$ とするとき，小数第 3 位を四捨五入して表すと，$\log_{10} 18 = \boxed{}$, $\log_{32} 15 = \boxed{}$ となる。 （東海大）

📖 チェック・チェック

基本 check !

対数の性質

　対数 $\log_a x \ (a > 0, \ a \neq 1)$ について，指数法則と対数の定義により，次の性質が導かれる。

　$M > 0, \ N > 0$ のとき

　　(i) $\log_a MN = \log_a M + \log_a N$

　　(ii) $\log_a \dfrac{M}{N} = \log_a M - \log_a N$

　　(iii) $\log_a M^p = p \log_a M$

また

　　(iv) $\log_a M = \dfrac{\log_b M}{\log_b a}$ 　　　$(b > 0, \ b \neq 1$　底の変換公式$)$

も成り立つ。

4.17 　**対数の性質**

(1) 底の変換公式 (iv) や累乗の対数公式 (iii) を使います。3 番目の値については，対数の定義
$$\log_a x = y \iff a^y = x$$
より $a^{\log_a x} = x$ となることを利用しましょう。

(2) $b = \dfrac{\log_a 3}{\log_a 2} = \log_2 3$ です。4^b の底を 2 に直しましょう。

4.18 　**底の統一**

(1) 底を 10 にそろえて式を整理していきます。

(2) 各因数の底をそろえることを考えましょう。

(3) 指数部分の整理からはじめましょう。

4.19 　**10 を底とする対数の変換**

(1) $10^a = 5$ より $\log_{10} 5 = a$ ですから，底を 10 とし，$\log_{10} 5$ が現れるように変形していきます。

(2) $\log_{10} 4, \ \log_{10} 5, \ \log_{10} 6, \ \log_{10} 8, \ \log_{10} 9$ は $\log_{10} 2, \ \log_{10} 3$ を用いて表すことができます。たとえば
$$\log_{10} 5 = \log_{10} \frac{10}{2} = \log_{10} 10 - \log_{10} 2 = 1 - \log_{10} 2$$
といった具合です。

解答・解説

4.17 (1) 底を 3 にとると

$$\log_9 3 = \frac{\log_3 3}{\log_3 9}$$

$$= \frac{1}{\log_3 3^2}$$

$$= \underline{\frac{1}{2}}$$

底を 7 にとると

$$\log_{\frac{1}{7}} 49 = \frac{\log_7 49}{\log_7 \frac{1}{7}}$$

$$= \frac{\log_7 7^2}{\log_7 7^{-1}}$$

$$= \frac{2}{-1}$$

$$= \underline{-2}$$

対数の定義より

$$3^{2\log_3 2} = 3^{\log_3 4}$$

$$= \underline{4}$$

別解

$$\log_9 3 = \log_9 9^{\frac{1}{2}} = \frac{1}{2}$$

$$\log_{\frac{1}{7}} 49 = \log_{\frac{1}{7}} \left(\frac{1}{7}\right)^{-2} = -2$$

$3^{2\log_3 2} = x$ とおくと

$$\log_3 x = 2\log_3 2 = \log_3 2^2$$

$$\therefore \quad x = 2^2 = 4$$

よって

$$3^{2\log_3 2} = 4$$

(2) b を変形すると

$$b = \frac{\log_a 3}{\log_a 2} = \log_2 3$$

である。このとき

$$4^b = 4^{\log_2 3} = 2^{2\log_2 3}$$

$$= 2^{\log_2 9}$$

$$= \underline{9}$$

4.18 (1) $\log_{\sqrt{2}} 10 = \dfrac{\log_{10} 10}{\log_{10} \sqrt{2}}$

$$= \frac{1}{\log_{10} 2^{\frac{1}{2}}}$$

よって

$$\log_{10} 2\sqrt{125} + \frac{1}{\log_{\sqrt{2}} 10}$$

$$= \log_{10}(2 \times 5^{\frac{3}{2}}) + \log_{10} 2^{\frac{1}{2}}$$

$$= \log_{10}(2 \times 5^{\frac{3}{2}} \times 2^{\frac{1}{2}})$$

$$= \log_{10}(2^{\frac{3}{2}} \times 5^{\frac{3}{2}})$$

$$= \log_{10} 10^{\frac{3}{2}}$$

$$= \underline{\frac{3}{2}}$$

(2) 各因数の底を 2 にそろえると

$$\log_{\sqrt{5}} 8 = \frac{\log_2 2^3}{\log_2 5^{\frac{1}{2}}}$$

$$= \frac{3}{\frac{1}{2}\log_2 5}$$

$$= \frac{6}{\log_2 5}$$

$$\log_9 25 = \frac{\log_2 5^2}{\log_2 3^2}$$

$$= \frac{2\log_2 5}{2\log_2 3}$$

$$= \frac{\log_2 5}{\log_2 3}$$

よって

$$\log_2 3 \cdot \log_{\sqrt{5}} 8 \cdot \log_9 25$$

$$= \log_2 3 \cdot \frac{6}{\log_2 5} \cdot \frac{\log_2 5}{\log_2 3}$$

$$= \underline{6}$$

(3) 指数部分を整理すると

$$\log_3 54 + \log_3 10 - 2\log_9 20$$

$$= \log_3 (2 \cdot 3^3) + \log_3 (2 \cdot 5)$$

$$- 2 \cdot \frac{\log_3 (2^2 \cdot 5)}{\log_3 3^2}$$

$$= (\log_3 2 + 3) + (\log_3 2 + \log_3 5)$$
$$-2 \cdot \frac{2\log_3 2 + \log_3 5}{2}$$
$$= (\log_3 2 + 3) + (\log_3 2 + \log_3 5)$$
$$-(2\log_3 2 + \log_3 5)$$
$$= 3$$

よって
$$2^{\log_3 54 + \log_3 10 - 2\log_9 20} = 2^3 = \underline{\mathbf{8}}$$

4.19 (1) $10^a = 5$ より $a = \log_{10} 5$
であるから

$$\log_5 10 = \frac{\log_{10} 10}{\log_{10} 5}$$
$$= \underline{\frac{\mathbf{1}}{\boldsymbol{a}}}$$

$$\log_{10} 2 = \log_{10} \frac{10}{5}$$
$$= \log_{10} 10 - \log_{10} 5$$
$$= \underline{\mathbf{1} - \boldsymbol{a}}$$

$$5^{\frac{1+a}{a}} = (10^a)^{\frac{1+a}{a}}$$
$$= 10^{1+a}$$
$$= 10 \cdot 10^a$$
$$= 10 \cdot 5$$
$$= \underline{\mathbf{50}}$$

(2) $\log_{10} 18$, $\log_{32} 15$ を $\log_{10} 2$ と
$\log_{10} 3$ を用いて表す。

$$\log_{10} 18 = \log_{10}(2 \cdot 3^2)$$
$$= \log_{10} 2 + 2\log_{10} 3$$
$$= 0.301 + 2 \times 0.477$$
$$= 1.255$$

であるから，小数第 3 位を四捨五入して
表すと

$$\log_{10} 18 = \underline{\mathbf{1.26}}$$

また

$$\log_{32} 15 = \frac{\log_{10} 15}{\log_{10} 32}$$
$$= \frac{\log_{10}(3 \cdot 5)}{\log_{10} 2^5}$$
$$= \frac{\log_{10} 3 + \log_{10} 5}{5\log_{10} 2}$$
$$= \frac{\log_{10} 3 + \log_{10} \frac{10}{2}}{5\log_{10} 2}$$
$$= \frac{\log_{10} 3 + 1 - \log_{10} 2}{5\log_{10} 2}$$
$$= \frac{0.477 + 1 - 0.301}{5 \times 0.301}$$
$$= \frac{1.176}{1.505} = 0.781\cdots$$

であるから，小数第 3 位を四捨五入して
表すと

$$\log_{32} 15 = \underline{\mathbf{0.78}}$$

📖 問題

対数関数のグラフ

□ **4.20** $y = 2^x$ のグラフと $y = \left(\dfrac{1}{2}\right)^x$ のグラフは ア である。

$y = 2^x$ のグラフと $y = \log_2 x$ のグラフは イ である。

$y = \log_2 x$ のグラフと $y = \log_{\frac{1}{2}} x$ のグラフは ウ である。

$y = \log_2 x$ のグラフと $y = \log_2 \dfrac{1}{x}$ のグラフは エ である。

ア ～ エ に当てはまるものを，次の ⓪ ～ ③ のうちから一つずつ選べ。ただし，同じものを繰り返し選んでもよい。

⓪ 同一のもの　　　① x 軸に関して対称

② y 軸に関して対称　③ 直線 $y = x$ に関して対称　　（センター試験　改）

□ **4.21** 関数 $y = f(x)$ のグラフを x 軸方向に -2 だけ，y 軸方向に 5 だけ平行移動したグラフは，関数 $y = 3^x$ のグラフと直線 $y = x$ に関して対称である。このとき，もとの関数は $y = \log_{\square}\left(x - \boxed{}\right) - \boxed{}$ である。　　（金沢工大）

対数の値と大小比較

□ **4.22** 次の数の大小関係を調べよ。ただし，$\log_{10} 2 = 0.3010$，$\log_{10} 3 = 0.4771$ としてよい。

(1) 15^{16}，16^{15}　　　　（津田塾大）　(2) $\left(\dfrac{3}{2}\right)^{\frac{4}{3}}$，$\left(\dfrac{4}{3}\right)^{\frac{3}{2}}$　　　（宮崎大）

□ **4.23** 次の問いに答えよ。

(1) $\dfrac{\log_{0.5} 3}{3}$，$\dfrac{\log_{0.5} 4}{4}$，$\dfrac{\log_{0.5} 6}{6}$ の大小を比較せよ。　　（中央大　改）

(2) $\log_2 8$，$\log_3 8$，$\log_4 8$，$\log_3 24$ の大小を比較すると $\boxed{}$ となる。

（北海道工大）

□ **4.24** $0 < a < x < 1$ とする。このとき $A = \log_a x$ と $B = (\log_a x)^2$ の大小を比較せよ。　　（津田塾大）

チェック・チェック

基本 check！

関数 $y = f(x)$ のグラフの移動

　関数 $y = f(x)$ のグラフを直線 $y = x$ に関して対
称移動したグラフの式は

$$x = f(y)$$

$y = a^x \Longleftrightarrow x = \log_a y$ より $y = a^x$ と $y = \log_a x$
のグラフは直線 $y = x$ に対して対称である。
(平行移動や，その他の対称移動については，173 ページの**基本 check！**を参照
するとよい。)

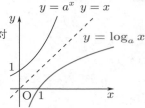

4.20　2 つのグラフの位置関係
指数関数のグラフ，対数関数のグラフに慣れておきましょう。

4.21　グラフの移動
逆の移動を行うと，もとの関数のグラフにたどり着きます。

4.22　$\log_{10} 2 = 0.3010$, $\log_{10} 3 = 0.4771$ の利用
(1), (2) ともに底 10 の対数をとって，与えられた 2 つの数の大小を比較します。

4.23　対数の大小比較 (1)

(1) 各値を 12 倍して，分母を払ってしまいましょう。また，底が 0 より大きく 1 よ
り小さい対数関数は単調減少です。

(2) $\log_2 8$, $\log_3 8$, $\log_4 8$ は真数が一致しているの
で，底の大小により，この 3 つの数の大小は決まり
ます。$1 < a < b$ のとき

$x > 1$ ならば　　$\log_a x > \log_b x$
$0 < x < 1$ ならば $\log_a x < \log_b x$

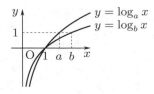

4.24　対数の大小比較 (2)

$0 < a < 1$ のとき，$y = \log_a x$ のグラフは単調減少であり，$a < x < 1$ のとき
$\log_a x$ は $\log_a a > \log_a x > \log_a 1$ より $1 > \log_a x > 0$ となります。

解答・解説

4.20 アについて

$$y = \left(\frac{1}{2}\right)^x = (2^{-1})^x = 2^{-x}$$

より，$y = 2^x$ のグラフと $y = \left(\frac{1}{2}\right)^x$
のグラフは

$\boldsymbol{y}$ **軸に対して対称** (②)

イについて

$$y = \log_2 x \iff x = 2^y$$

より，$y = 2^x$ のグラフと $y = \log_2 x$ の
グラフは

直線 $\boldsymbol{y = x}$ に対して対称 (③)

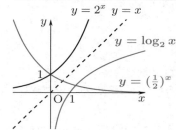

ウについて

$$y = \log_{\frac{1}{2}} x = \frac{\log_2 x}{\log_2 \frac{1}{2}}$$

$$= \frac{\log_2 x}{-1}$$

$$= -\log_2 x$$

より，$y = \log_2 x$ のグラフと $y = \log_{\frac{1}{2}} x$
のグラフは

$\boldsymbol{x}$ **軸に対して対称** (①)

エについて

$$y = \log_2 \frac{1}{x} = \log_2 x^{-1}$$

$$= -\log_2 x$$

より，$y = \log_2 x$ のグラフと
$y = \log_2 \frac{1}{x}$ のグラフは

$\boldsymbol{x}$ **軸に対して対称** (①)

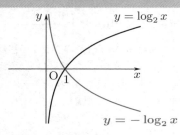

4.21 $y = 3^x \iff x = \log_3 y$
であるから，関数 $y = 3^x$ のグラフと直
線 $y = x$ に関して対称なグラフをもつ
関数は，x と y を入れかえてできる

$$y = \log_3 x$$

である。さらに，x 軸方向に 2，y 軸方
向に -5 だけ平行移動したグラフは，も
との関数のグラフとなる。したがって，
求める関数は

$$y = \boldsymbol{\log_3(x - 2) - 5}$$

4.22 (1) 底 **10** の対数を考えると

$$\log_{10} 15^{16}$$
$$= 16 \log_{10} 15$$
$$= 16(\log_{10} 3 + \log_{10} 5)$$
$$= 16 \left(\log_{10} 3 + \log_{10} \frac{10}{2}\right)$$
$$= 16(\log_{10} 3 + 1 - \log_{10} 2)$$
$$= 16(0.4771 + 1 - 0.3010)$$
$$= 16 \times 1.1761$$
$$= 18.8176$$

$$\log_{10} 16^{15} = 15 \log_{10} 16$$
$$= 15 \log_{10} 2^4$$
$$= 15 \times 4 \log_{10} 2$$
$$= 60 \times 0.3010$$
$$= 18.0600$$

よって

$$\log_{10} 15^{16} > \log_{10} 16^{15}$$

$$\therefore \quad \boldsymbol{15^{16} > 16^{15}}$$

(2) 底 10 の対数を考えると

$$\log_{10}\left(\frac{3}{2}\right)^{\frac{4}{3}}$$

$$= \frac{4}{3}(\log_{10} 3 - \log_{10} 2)$$

$$= \frac{4}{3}(0.4771 - 0.3010)$$

$$= 0.2348$$

$$\log_{10}\left(\frac{4}{3}\right)^{\frac{3}{2}}$$

$$= \frac{3}{2}(\log_{10} 4 - \log_{10} 3)$$

$$= \frac{3}{2}(2 \times 0.3010 - 0.4771)$$

$$= 0.18735$$

よって

$$\log_{10}\left(\frac{3}{2}\right)^{\frac{4}{3}} > \log_{10}\left(\frac{4}{3}\right)^{\frac{3}{2}}$$

$$\therefore \quad \underline{\left(\frac{3}{2}\right)^{\frac{4}{3}} > \left(\frac{4}{3}\right)^{\frac{3}{2}}}$$

4.23 (1) 各数を 12 倍して，分母を払うと

$$12 \cdot \frac{\log_{0.5} 3}{3} = \log_{0.5} 3^4$$

$$= \log_{0.5} 81$$

$$12 \cdot \frac{\log_{0.5} 4}{4} = \log_{0.5} 4^3$$

$$= \log_{0.5} 64$$

$$12 \cdot \frac{\log_{0.5} 6}{6} = \log_{0.5} 6^2$$

$$= \log_{0.5} 36$$

底 0.5 の対数関数 $\log_{0.5} x$ は単調減少であるから，$36 < 64 < 81$ に対し

$$\log_{0.5} 36 > \log_{0.5} 64 > \log_{0.5} 81$$

であり，与えられた 3 数の大小は

$$\underline{\frac{\log_{0.5} 3}{3} < \frac{\log_{0.5} 4}{4} < \frac{\log_{0.5} 6}{6}}$$

(2) $\log_2 8$, $\log_3 8$, $\log_4 8$ は真数が同じなので，底の大小関係から

$$\log_4 8 < \log_3 8 < \log_2 8 = 3$$

......①

また

$$\log_3 24 = \log_3 3 + \log_3 8$$

$$= 1 + \log_3 8 > \log_3 8$$

であり

$$\log_3 24 < \log_3 27 = 3$$

$$= \log_2 8$$

なので，①と合わせて

$$\underline{\log_4 8 < \log_3 8}$$

$$\underline{< \log_3 24 < \log_2 8}$$

別解

底 3 は 1 より大きいので，$8 < 24 < 27$ より

$$\log_3 8 < \log_3 24 < \log_3 27 = \log_2 8$$

また，$\log_4 8$, $\log_3 8$ は真数が同じなので，底の大小関係から

$$\log_4 8 < \log_3 8$$

以上より

$$\log_4 8 < \log_3 8 < \log_3 24 < \log_2 8$$

4.24 $B - A = (\log_a x)^2 - \log_a x$

$$= \log_a x(\log_a x - 1)$$

ここで，$0 < a < x < 1$ なので

$$\log_a a > \log_a x > \log_a 1$$

$$\therefore \quad 1 > \log_a x > 0$$

つまり，$\log_a x > 0$ かつ $\log_a x - 1 < 0$ なので

$$B - A < 0$$

$$\therefore \quad \underline{B < A}$$

📖 問題

対数関数の最大・最小 ....

□ **4.25** 次の問いに答えよ。

(1) $\dfrac{1}{2} \leqq x \leqq 8$ のとき, $y = (\log_2 x)^2 - \log_2 x^4$ の最大値を求めよ。

（酪農学園大）

(2) 関数 $y = \log_2 x + 2\log_x 2 \ (x > 1)$ の最小値は $\boxed{}$ である。

（京都産業大）

□ **4.26** 次の問いに答えよ。

(1) $0 \leqq x \leqq 7$ のとき, $f(x) = \log_{10}(x+3) + \log_{10}(9-x)$ の最大値は $\boxed{}$, 最小値は $\boxed{}$ である。 （北海道工大）

(2) 関数 $y = \log_{\frac{1}{3}}(x+6) + \log_{\frac{1}{3}}(-x+12)$ は $x = \boxed{}$ のとき, 最小値 $\boxed{}$ をとる。

（広島工大）

対数関数の最大・最小（**2変数**） ....

□ **4.27** 正の数 x, y が $2x + 3y = 6$ をみたすとき, $\log_{10} x + \log_{10} y$ の最大値を求めよ。 （城西大）

□ **4.28** 正の数 x, y が条件 $xy^2 = 64$ をみたすとき, $(\log_2 x^4)(\log_2 y)$ の最大値は $\boxed{}$ である。 （中京大）

チェック・チェック

4.25 対数関数の最大・最小

(1) $\log_2 x = t$ とおけば，y は t の 2 次関数です。

(2) 底をそろえることから出発します。$x > 1$ より $\log_2 x > 0$ なので，相加平均・相乗平均の関係を用いることができます。

4.26 真数の大小と対数の大小

(1) 真数条件（真数 > 0）より

$$\begin{cases} x + 3 > 0 \\ 9 - x > 0 \end{cases} \qquad \therefore \quad -3 < x < 9$$

$f(x)$ はこの範囲で定義される関数ですが，$0 \leqq x \leqq 7$ はさらに強い条件となっています。$y = \log_{10} X$ は単調増加関数なので，真数 X が最大のとき y は最大となり，真数 X が最小のとき y は最小となります。

(2) まず，真数条件（真数 > 0）をおさえます。与式は

$$y = \log_{\frac{1}{3}} \{(x + 6)(-x + 12)\}$$

と変形できます。$y = \log_{\frac{1}{3}} X$ は単調減少関数なので，真数 X が最大のとき y は最小となります。

4.27，4.28 対数関数の最大・最小 (2 変数)

2 変数の最大・最小問題ですが，等式による条件があるので 1 文字消去が可能です。**4.27** は相加平均・相乗平均の関係を使うこともできます。

解答・解説

4.25 (1) $\log_2 x = t$ とおく。

$\dfrac{1}{2} \le x \le 8$ より

$$\log_2 2^{-1} \le \log_2 x \le \log_2 2^3$$
$$\therefore \quad -1 \le t \le 3$$

与式を t で表すと

$$y = t^2 - 4t = (t-2)^2 - 4$$

よって，$t = -1$ において，最大値は

$$(-1-2)^2 - 4 = \underline{5}$$

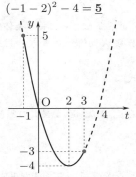

(2) 与えられた関数を変形すると

$$y = \log_2 x + 2\log_x 2$$
$$= \log_2 x + 2 \cdot \dfrac{\log_2 2}{\log_2 x}$$
$$= \log_2 x + \dfrac{2}{\log_2 x}$$

$x > 1$ より $\log_2 x = t > 0$ である。よって，相加平均・相乗平均の関係より

$$y \ge 2\sqrt{\log_2 x \cdot \dfrac{2}{\log_2 x}}$$
$$= 2\sqrt{2}$$

等号が成立するのは $\log_2 x = \dfrac{2}{\log_2 x}$ ，すなわち

$$\log_2 x = \sqrt{2} \ (>0)$$
$$\therefore \quad x = 2^{\sqrt{2}}$$

のときである。$2^{\sqrt{2}} > 1$ より等号は成立し，求める最小値は

$$\underline{2\sqrt{2}}$$

$y = \log_2 x + \dfrac{2}{\log_2 x}$ の値域を求める。

$\log_2 x = t$ とおく。このとき $x > 1$ より $t > 0$ であり，y のとり得る値の範囲は $y = t + \dfrac{2}{t}$ をみたす正の数 t が存在するような y の値の集合である。

ここで，$t \ne 0$ より

$$y = t + \dfrac{2}{t} \iff t^2 - yt + 2 = 0$$

であり，(2 解の積) $= 2 \ (> 0)$ であることに注意すると，求める条件は

$$\begin{cases} (判別式) \ge 0 \\ (2 \text{解の和}) > 0 \end{cases}$$
$$\iff \begin{cases} y^2 - 4 \cdot 2 \ge 0 \\ y > 0 \end{cases}$$
$$\therefore \quad y \ge 2\sqrt{2}$$

であるから，y の最小値は $2\sqrt{2}$ となる。

4.26 (1) $0 \le x \le 7$ は (真数) > 0 をみたすから

$$f(x) = \log_{10}(x+3) + \log_{10}(9-x)$$
$$= \log_{10}(x+3)(9-x)$$
$$= \log_{10}(-x^2 + 6x + 27)$$

ここで

$$g(x) = -x^2 + 6x + 27$$
$$= -(x-3)^2 + 36$$

とおくと，$0 \le x \le 7$ より，$g(x)$ の最大値 $g(3) = 36$ ，最小値 $g(7) = 20$ である。

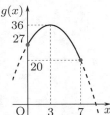

よって, $f(x) = \log_{10} g(x)$ の最大値は
$$f(3) = \log_{10} 36$$
$$= \boldsymbol{2 \log_{10} 6}$$

最小値は
$$f(7) = \log_{10} 20$$
$$= \boldsymbol{1 + \log_{10} 2}$$

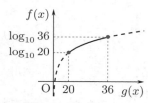

(2) (真数) > 0 より
$$x + 6 > 0 \text{ かつ } -x + 12 > 0$$
すなわち
$$-6 < x < 12$$
与式を変形すると
$$y = \log_{\frac{1}{3}} \{(x+6)(-x+12)\}$$
$$= \log_{\frac{1}{3}} (-x^2 + 6x + 72)$$
底が 1 より小さいので
$$-x^2 + 6x + 72 = -(x-3)^2 + 81$$
が最大となるとき, y は最小となる。
よって, $\underline{\boldsymbol{x = 3}}$ のとき, 最小値
$$\log_{\frac{1}{3}} 81 = \log_{\frac{1}{3}} \left(\frac{1}{3}\right)^{-4} = \underline{\boldsymbol{-4}}$$

4.27 $2x + 3y = 6 \ (x > 0, \ y > 0)$ より
$$y = -\frac{2}{3}x + 2 \ (0 < x < 3) \text{ であり}$$
$$\log_{10} x + \log_{10} y$$
$$= \log_{10} xy$$
$$= \log_{10} \left\{ x \left(-\frac{2}{3}x + 2\right)\right\}$$
$$= \log_{10} \left\{ -\frac{2}{3} \left(x - \frac{3}{2}\right)^2 + \frac{3}{2}\right\}$$
よって, $x = \frac{3}{2} \ (y = 1)$ のとき, 最大
値は $\boldsymbol{\log_{10} \dfrac{3}{2}}$ である。

別解

$\log_{10} x + \log_{10} y = \log_{10} xy$ より, xy
の最大値を求めればよい。

$x > 0$ かつ $y > 0$ より, 相加平均・相
乗平均の関係を用いると
$$6 = 2x + 3y$$
$$\geqq 2\sqrt{2x \cdot 3y} = 2\sqrt{6xy}$$
$$\therefore \quad \frac{3}{2} \geqq xy$$
等号が成り立つのは
$$\begin{cases} 2x = 3y \\ 2x + 3y = 6 \end{cases} \quad \therefore \quad \begin{cases} x = \dfrac{3}{2} \\ y = 1 \end{cases}$$
のときである。
よって, 最大値は $\log_{10} \dfrac{3}{2}$ である。

4.28 $xy^2 = 64$ より
$$\log_2 xy^2 = \log_2 64$$
$$\log_2 x + 2\log_2 y = 6$$
$$\therefore \quad \log_2 y = 3 - \frac{1}{2}\log_2 x$$
ここで, $\log_2 x = X$ とおくと
$$(\log_2 x^4)(\log_2 y)$$
$$= 4\log_2 x \cdot \left(3 - \frac{1}{2}\log_2 x\right)$$
$$= 4X \left(3 - \frac{1}{2}X\right)$$
$$= -2X^2 + 12X$$
$$= -2(X-3)^2 + 18$$
X は実数全体を動くから $X = 3$ のと
き, 最大値は $\underline{\boldsymbol{18}}$ である。

問題

対数方程式

4.29 次の問いに答えよ。

(1) 次の方程式を解け。

(ⅰ) $\log_5 x = 3$

(ⅱ) $\log_x 8 = \dfrac{3}{2}$ （いわき明星大）

(2) 方程式 $\log_4(\log_2 x) = 1$ の解は [　　] である。 （神奈川大）

(3) $\log_{x-1}(x^3 - 2x^2 - 2x + 3) = 3$ のとき $x =$ [　　] である。 （摂南大）

4.30 次の方程式を解け。

(1) $(\log_9 x)^2 - 2\log_3 x + 4 = 0$ （東京都市大）

(2) $\log_2 x^2 = 2 + \log_2 |x - 2|$ （長崎大）

対数不等式

4.31 次の不等式を解け。

(1) $2\log_2(x - 3) < \log_2 4x$ （神奈川大）

(2) $\log_{\frac{1}{4}}(2 + x) - 1 \leqq \log_{\frac{1}{2}}(3 - x)$ （岡山理科大）

(3) $2\log_a(x - 3) > \log_a(x - 1)$ （ただし, $a > 0$, $a \neq 1$ とする） （昭和薬大）

4.32 以下の各問に答えよ。

(1) 不等式 $\log_x y > 0$ の表す領域を座標平面上に図示せよ。

(2) 不等式 $\log_y x < \log_x y$ の表す領域を座標平面上に図示せよ。

（茨城大）

チェック・チェック

基本 check !

対数方程式の解法

(I) 真数条件：(真数) > 0 と 底条件：(底) > 0, (底) $\neq 1$ を確認する。

(II) (I) の条件のもとで，式を適切な形に整理して解く。

- $\log_a f(x) = \log_a g(x)$ の形に整理し，$f(x) = g(x)$ を解く。
- $\log_a x = t$ とおき，t についての方程式を解く。

対数不等式の解法

(I) 真数条件：(真数) > 0 と 底条件：(底) > 0, (底) $\neq 1$ を確認する。

(II) $\log_a f(x) > \log_a g(x)$ の形に整理して

      (i) $a > 1$ のとき，$f(x) > g(x)$

      (ii) $0 < a < 1$ のとき，$f(x) < g(x)$

を (I) の条件のもとで解く。

4.29 対数方程式 (1)

まずは真数条件と底条件をおさえましょう。

(1) $\log_a x = b = \log_a a^b$ より $x = a^b$ としてもよいですが，対数の定義にもどれば
$$\log_a x = b \iff x = a^b$$
ですね。

(2) 真数条件は「$x > 0$ かつ $\log_2 x > 0$」です。

(3) 底条件「$x - 1 > 0$ かつ $x - 1 \neq 1$」，真数条件「$x^3 - 2x^2 - 2x + 3 > 0$」ですが，これを解くのはメンドウですね。十分性の確認として用いることにしましょう。

4.30 対数方程式 (2)

(1) 真数条件をおさえて，$\log_3 x = t$ とおきましょう。

(2) 真数条件をおさえて，与式を $\log_2 f(x) = \log_2 g(x)$ の形に変形しましょう。

4.31 対数不等式

(1) (底)> 1 のタイプです。

(2) $0 <$(底)< 1 のタイプです。

(3) 底 a の $a > 1$，$0 < a < 1$ による場合分けが必要となります。

4.32 対数不等式と領域

まずは真数条件と底条件をおさえましょう。次に底をそろえて真数を比較します。

解答・解説

4.29 (1) (i) 真数条件より
$$x > 0$$
また, $\log_5 x = 3$ より
$$x = 5^3$$
であるから
$$\underline{\boldsymbol{x = 125}}$$
(ii) 底条件より
$$x > 0 \ \text{かつ} \ x \neq 1$$
また, $\log_x 8 = \dfrac{3}{2}$ より
$$x^{\frac{3}{2}} = 8$$
であるから
$$x = (2^3)^{\frac{2}{3}} = 2^2 = \underline{\boldsymbol{4}}$$
(2) 真数条件より
$$x > 0 \ \text{かつ} \ \log_2 x > 0$$
すなわち, $x > 1$ であり
$$\log_4(\log_2 x) = 1$$
$$\log_2 x = 4$$
$$\therefore \quad x = 2^4 = \underline{\boldsymbol{16}}$$
(3) 底条件より
$$x - 1 > 0 \ \text{かつ} \ x - 1 \neq 1$$
真数条件より
$$x^3 - 2x^2 - 2x + 3 > 0 \quad \cdots\cdots ①$$
また, $\log_{x-1}(x^3 - 2x^2 - 2x + 3) = 3$ より
$$x^3 - 2x^2 - 2x + 3 = (x-1)^3$$
$$x^3 - 2x^2 - 2x + 3 = x^3 - 3x^2 + 3x - 1$$
$$x^2 - 5x + 4 = 0$$
$$\therefore \quad (x-1)(x-4) = 0$$
$x = 1$ は底条件をみたさないので不適である。 $x = 4$ は底条件をみたし, ① の左辺に $x = 4$ を代入すると
$$4^3 - 2 \cdot 4^2 - 2 \cdot 4 + 3 = 27 > 0$$
であり, 真数条件もみたす。よって
$$\underline{\boldsymbol{x = 4}}$$
【注意】
　底条件のもとで①を解くと,

$x > \dfrac{1 + \sqrt{13}}{2}$ となるが, $x = 1, 4$ が真数条件と底条件をみたすか否かをチェックすれば十分である。

4.30 (1) 真数条件より
$$x > 0$$
$\log_3 x = t$ とおくと
$$\log_9 x = \frac{\log_3 x}{\log_3 9} = \frac{t}{2}$$
であるから, 与式を変形して
$$\left(\frac{t}{2}\right)^2 - 2t + 4 = 0$$
$$t^2 - 8t + 16 = 0$$
$$\therefore \quad t = 4$$
よって, $\log_3 x = 4$ であるから
$$x = 3^4 = \underline{\boldsymbol{81}}$$
(2) 真数条件より
$$x^2 > 0 \ \text{かつ} \ |x - 2| > 0$$
$$\therefore \quad x \neq 0, \ 2$$
このとき与式は
$$\log_2 x^2 = \log_2 2^2 + \log_2 |x-2|$$
$$\log_2 x^2 = \log_2 4|x-2|$$
$$\therefore \quad x^2 = 4|x-2| \quad \cdots\cdots ①$$
(i) $x > 2$ のとき
$$① \iff x^2 = 4(x-2)$$
$$\therefore \quad x^2 - 4x + 8 = 0$$
$x^2 - 4x + 8 = (x-2)^2 + 4 > 0$ より, ①をみたす実数 x は存在しない。
(ii) $x < 2$, $x \neq 0$ のとき
$$① \iff x^2 = -4(x-2)$$
$$\therefore \quad x^2 + 4x - 8 = 0$$
$$\therefore \quad x = -2 \pm 2\sqrt{3}$$
ここで
$$2 - (-2 + 2\sqrt{3})$$
$$= 4 - 2\sqrt{3}$$
$$= 2(2 - \sqrt{3}) > 0$$

であり，$-2 \pm 2\sqrt{3}$ はともに $x < 2$，$x \neq 0$ をみたす。

(i), (ii) より，解は

$$\boldsymbol{x = -2 \pm 2\sqrt{3}}$$

4.31 (1) 真数条件 より

$$x - 3 > 0 \ \text{かつ} \ 4x > 0$$

すなわち

$$x > 3 \quad \cdots\cdots ①$$

このとき与式は

$$\log_2 (x-3)^2 < \log_2 4x$$

底が 1 より大きいので

$$(x-3)^2 < 4x$$
$$x^2 - 10x + 9 < 0$$
$$(x-9)(x-1) < 0$$
$$\therefore \quad 1 < x < 9$$

①より

$$\boldsymbol{3 < x < 9}$$

(2) 真数条件より

$$2 + x > 0 \ \text{かつ} \ 3 - x > 0$$

すなわち

$$-2 < x < 3 \quad \cdots\cdots ①$$

このとき与式は

$$\frac{\log_{\frac{1}{2}}(2+x)}{\log_{\frac{1}{2}} \frac{1}{4}} - \log_{\frac{1}{2}} \frac{1}{2} \leqq \log_{\frac{1}{2}}(3-x)$$

$\log_{\frac{1}{2}} \frac{1}{4} = 2$ より，両辺に 2 をかけて

$$\log_{\frac{1}{2}}(2+x) + 2\log_{\frac{1}{2}} 2 \leqq 2\log_{\frac{1}{2}}(3-x)$$

$$\log_{\frac{1}{2}} 4(2+x) \leqq \log_{\frac{1}{2}}(3-x)^2$$

底が 1 より小さいので

$$4(2+x) \geqq (3-x)^2$$
$$8 + 4x \geqq 9 - 6x + x^2$$
$$x^2 - 10x + 1 \leqq 0$$
$$\therefore \quad 5 - 2\sqrt{6} \leqq x \leqq 5 + 2\sqrt{6}$$

①より

$$\boldsymbol{5 - 2\sqrt{6} \leqq x < 3}$$

(3) 真数条件より

$$x - 3 > 0 \ \text{かつ} \ x - 1 > 0$$

すなわち

$$x > 3 \quad \cdots\cdots ①$$

このとき与式は

$$\log_a (x-3)^2 > \log_a (x-1)$$

(i) $a > 1$ のとき

$$(x-3)^2 > x - 1$$
$$x^2 - 7x + 10 > 0$$
$$(x-2)(x-5) > 0$$

①より

$$x > 5$$

(ii) $0 < a < 1$ のとき

$$(x-3)^2 < x - 1$$
$$x^2 - 7x + 10 < 0$$
$$(x-2)(x-5) < 0$$

①より

$$3 < x < 5$$

よって

$$\begin{cases} \boldsymbol{a > 1 \, \text{のとき} \, x > 5} \\ \boldsymbol{0 < a < 1 \, \text{のとき} \, 3 < x < 5} \end{cases}$$

4.32 (1) 真数条件より

$$y > 0$$

底条件より

$$x > 0 \ \text{かつ} \ x \neq 1$$

また，$\log_x y > 0 = \log_x 1$ であるから

$$0 < x < 1 \ \text{のとき} \ 0 < y < 1$$
$$x > 1 \ \text{のとき} \ y > 1$$

よって，求める領域は <u>次の図の斜線部分である。ただし，境界線は含まない。</u>

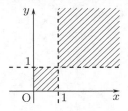

(2) 真数条件および底条件より

$$\begin{cases} x > 0 \text{ かつ } x \neq 1 \\ y > 0 \text{ かつ } y \neq 1 \end{cases}$$

与式を変形すると

$$\log_x y - \frac{1}{\log_x y} > 0$$

$$\frac{(\log_x y)^2 - 1}{\log_x y} > 0$$

ここで，$y \neq 1$ より $\log_x y \neq 0$ であるから，両辺に $(\log_x y)^2 \ (> 0)$ をかけて

$$\log_x y(\log_x y + 1)(\log_x y - 1) > 0$$

$$\therefore \quad -1 < \log_x y < 0, \ 1 < \log_x y$$

よって，$\log_x \dfrac{1}{x} < \log_x y < \log_x 1$,

$\log_x x < \log_x y$ であるから

$\quad 0 < x < 1$ のとき

$$1 < y < \frac{1}{x}, \ 0 < y < x$$

$\quad x > 1$ のとき

$$\frac{1}{x} < y < 1, \ x < y$$

以上より，求める領域は <u>次の図の斜線</u>
<u>部分である。ただし,境界線は含まない。</u>

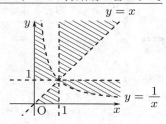

【MEMO】

📖 問題

桁数 ....

☐ **4.33** $\log_{10} 2 = 0.3010,\ \log_{10} 3 = 0.4771,\ \log_{10} 7 = 0.8451$ とするとき，15^{50} は ☐ 桁の整数である。また，15^{50} の最高位の数字は ☐ である。

（早大）

☐ **4.34** $\log_{10} 2 = 0.3010$, $\log_{10} 3 = 0.4771$ とする。0.45^{33} は小数第何位に初めて 0 以外の数字が現れるか。また，その数字は何か答えよ。 （福井工大）

常用対数の応用 ....

☐ **4.35** 15 分ごとに分裂して，個数が 2 倍に増える細菌があるとする。初め 100 個であったこの細菌が 1 億個以上に増えるのは何時間後か。ただし，$\log_{10} 2 = 0.30$ とする。

（北海道薬大）

☐ **4.36** 光を透過させるとその光の強さが 80 ％に低下するプラスチック板がある。これを何枚以上重ねると，それを透過する光の強さが，透過前の強さの 1 ％以下になるか答えよ。ただし，$\log_{10} 2 = 0.3010$ とする。 （信州大）

チェック・チェック

基本 check！

桁数

「正の数 N は n 桁の整数である」

$\iff 10^{n-1} \leqq N < 10^n$

$\iff n-1 \leqq \log_{10} N < n$

「正の数 N は n 桁で最高位の数字が a である整数である」

$\iff a \cdot 10^{n-1} \leqq N < (a+1) \cdot 10^{n-1}$

$\iff n-1+\log_{10} a \leqq \log_{10} N < n-1+\log_{10}(a+1)$

小数第 n 位で初めて 0 でない数字が現れる数

「正の数 α は小数第 n 位で初めて 0 でない数字が現れる数である」

$\iff \dfrac{1}{10^n} \leqq \alpha < \dfrac{1}{10^{n-1}}$

$\iff 10^{-n} \leqq \alpha < 10^{-n+1}$

$\iff -n \leqq \log_{10} \alpha < -n+1$

「正の数 α は小数第 n 位で初めて 0 でない数字 a が現れる数である」

$\iff a \times 10^{-n} \leqq \alpha < (a+1) \times 10^{-n}$

$\iff -n+\log_{10} a \leqq \log_{10} \alpha < -n+\log_{10}(a+1)$

4.33 n 桁で最高位の数字が a である整数

$a \cdot 10^{n-1} \leqq 15^{50} < (a+1) \cdot 10^{n-1}$ をみたす a, n を求めます。

4.34 小数第 n 位で初めて 0 ではない数字 a が現れる数

$a \cdot 10^{-n} \leqq 0.45^{33} < (a+1) \cdot 10^{-n}$ をみたす a, n を求めます。

4.35 細菌の繁殖

$15 \times n$ 分後には細菌は 100×2^n 個になります。

4.36 光の透過

n 枚のプラスチック板に光を透過させると，光の強さは $\left(\dfrac{8}{10}\right)^n$ 倍に低下します。

解答・解説

4.33 15^{50} が n 桁の整数で最高位の数字は a であるということは，自然数 a，n が
$$a \times 10^{n-1} \leqq 15^{50} < (a+1) \times 10^{n-1}$$
をみたすということである。
$$\log_{10} 15^{50}$$
$$= 50 \log_{10} 15$$
$$= 50 \log_{10} \frac{10 \times 3}{2}$$
$$= 50(1 + \log_{10} 3 - \log_{10} 2)$$
$$= 50(1 + 0.4771 - 0.3010)$$
$$= 58.805$$
ここで
$$\log_{10} 6 = \log_{10} 2 + \log_{10} 3$$
$$= 0.3010 + 0.4771$$
$$= 0.7781$$
より
$$\log_{10} 6 < 0.805 < \log_{10} 7$$
であるから
$$58 + \log_{10} 6 < \log_{10} 15^{50} < 58 + \log_{10} 7$$
$$\therefore \quad 6 \times 10^{58} < 15^{50} < 7 \times 10^{58}$$
よって，15^{50} は **59** 桁の整数であり，最高位の数字は **6** である。

4.34 0.45^{33} の小数第 n 位に初めて 0 以外の数字 a が現れるということは，自然数 a，n が
$$a \times 10^{-n} \leqq 0.45^{33} < (a+1) \times 10^{-n}$$
をみたすということである。
$\log_{10} 2 = 0.3010$，$\log_{10} 3 = 0.4771$
より
$$\log_{10} 0.45^{33}$$
$$= 33 \log_{10} \frac{45}{100}$$
$$= 33 \log_{10} \frac{3^2}{2 \cdot 10}$$
$$= 33 \{2 \log_{10} 3 - (\log_{10} 2 + 1)\}$$
$$= 33 \{2 \times 0.4771 - (0.3010 + 1)\}$$

$$= 33 \times (-0.3468)$$
$$= -11.4444$$
$$= -12 + 0.5556$$
ここで
$$\log_{10} 4 = \log_{10} 2^2$$
$$= 2 \times 0.3010$$
$$= 0.6020$$
より
$$\log_{10} 3 < 0.5556 < \log_{10} 4$$
であり
$$-12 + \log_{10} 3 < \log_{10} 0.45^{33}$$
$$< -12 + \log_{10} 4$$
$$\therefore \quad 3 \times 10^{-12} < 0.45^{33} < 4 \times 10^{-12}$$
である。すなわち，0.45^{33} は小数第 **12** 位に初めて 0 以外の数字 **3** が現れる。

4.35 $15 \times n$ 分後には 100×2^n 個に増えるので
$$100 \times 2^n \geqq 100000000$$
より
$$2^n \geqq 10^6$$
$$n \log_{10} 2 \geqq 6$$
$$\therefore \quad n \geqq \frac{6}{\log_{10} 2} = \frac{6}{0.30} = 20$$
したがって，細菌が 1 億個以上に増えるのは $15 \times 20 = 300$ (分後)，すなわち
5 時間後

4.36 n 枚のプラスチック板に光を透過させるとその光の強さは $\left(\frac{8}{10}\right)^n$ 倍に低下する。したがって，光の強さが 1 ％以下，すなわち $\frac{1}{100}$ 倍以下になるのは
$$\left(\frac{8}{10}\right)^n \leqq \frac{1}{100}$$
をみたすときである。辺々で常用対数をとると

$$n \log_{10} \frac{8}{10} \leqq \log_{10} \frac{1}{100}$$

$$n(3 \log_{10} 2 - 1) \leqq -2$$

$3 \log_{10} 2 - 1 < 0$ より

$$n \geqq \frac{-2}{3 \log_{10} 2 - 1}$$

$$= \frac{2}{1 - 3 \log_{10} 2}$$

$$= \frac{2}{1 - 3 \times 0.3010}$$

$$= \frac{2}{0.097} = 20.6 \cdots$$

したがって，光の強さが透過前の強さの
1 ％以下になるのは

21 枚以上

§1　微分係数と導関数，接線の方程式

📖 問題

極限 ··

□ **5.1** 次の値を求めよ。

(1) $\displaystyle\lim_{x \to 1} \frac{2x^2 - x - 1}{x^3 - x^2 - 25x + 25}$ （専修大）

(2) $\displaystyle\lim_{x \to 3} \left(\frac{8x + 5}{x - 3} + \frac{3x - 154}{x^2 - x - 6} \right)$ （西南学院大）

□ **5.2** 次の問いに答えよ。

(1) $\displaystyle\lim_{x \to 2} \frac{bx^2 + (4b^2 - 2)x}{x - 2} = 1$ をみたす定数 b の値は，$b = \boxed{}$ である。 （芝浦工大）

(2) 次の 2 条件をみたす 3 次関数 $f(x)$ を求めよ。

$$\lim_{x \to 0} \frac{f(x)}{x} = 1, \quad \lim_{x \to 1} \frac{f(x)}{x - 1} = 2$$ （岡山理科大）

平均変化率と微分係数 ··

□ **5.3** 2 次関数 $f(x) = x^2 + 3x$ について，x が a から $a + h$ まで変わるときの平均変化率と，$x = a + \theta h$ における微分係数 $f'(a + \theta h)$ が等しいとき，θ の値は $\boxed{}$ となる。ただし，$h \neq 0$ とする。 （西南学院大）

□ **5.4** 関数 $f(x)$ の $x = 3$ における微分係数が 3 ならば

$$\lim_{h \to 0} \frac{f(3 + 4h) - f(3 - 2h)}{h} = \boxed{}$$

である。 （神奈川大）

チェック・チェック

基本 check！

極限

(I) 関数 $f(x)$ において，x が a と異なる値をとりながら a に限りなく近づくとき，$f(x)$ が一定の値 α に限りなく近づくならば

$$\lim_{x \to a} f(x) = \alpha \text{（または，} x \to a \text{ のとき } f(x) \to \alpha\text{）}$$

と書き，α を x が a に限りなく近づくときの $f(x)$ の極限値という。

(II) $\displaystyle\lim_{x \to a} \frac{f(x)}{g(x)} = \alpha$（$\alpha$ は有限確定値）かつ $\displaystyle\lim_{x \to a} g(x) = 0$ ならば

$$\lim_{x \to a} f(x) = 0$$

平均変化率，微分係数

関数 $y = f(x)$ において，x が a から b まで変化するとき，$\dfrac{f(b) - f(a)}{b - a}$ を x が a から b まで変化するときの $f(x)$ の平均変化率という。また

$$\lim_{b \to a} \frac{f(b) - f(a)}{b - a} \left(h = b - a \text{ とおくと } \lim_{h \to 0} \frac{f(a + h) - f(a)}{h} \right)$$

が存在するとき，これを $f'(a)$ で表し，$x = a$ における $f(x)$ の微分係数という。

5.1 関数の極限

(1) このまま極限をとると，分母も分子も 0 に近づくので，$\dfrac{0}{0}$ の不定形となります。$x - 1$ で約分しましょう。

(2) このまま極限をとると，$\dfrac{定数}{0} + \dfrac{定数}{0}$ となります。通分して式を整理しましょう。

5.2 $\displaystyle\lim_{x \to a} \dfrac{f(x)}{g(x)} = (\text{有限確定値})$ かつ $\displaystyle\lim_{x \to a} g(x) = 0$

(1) $\displaystyle\lim_{x \to a} (\text{分子}) = 0$ が必要です。

(2) 条件より，3 次関数 $f(x)$ は x と $x - 1$ を因数にもつので

$$f(x) = x(x - 1)(ax + b) \quad (a \neq 0)$$

とおくことができます。

5.3 平均変化率と微分係数

平均変化率と微分係数の定義を確認しておきましょう。

5.4 微分係数

$f(x)$ の $x = 3$ における微分係数が現れるように式を変形しましょう。

解答・解説

5.1 (1) 式を整理すると

$$\lim_{x \to 1} \frac{2x^2 - x - 1}{x^3 - x^2 - 25x + 25}$$

$$= \lim_{x \to 1} \frac{(x - 1)(2x + 1)}{(x - 1)(x^2 - 25)}$$

$$= \lim_{x \to 1} \frac{2x + 1}{x^2 - 25}$$

$$= \frac{3}{-24}$$

$$= -\frac{1}{8}$$

(2) 式を整理すると

$$\lim_{x \to 3} \left(\frac{8x + 5}{x - 3} + \frac{3x - 154}{x^2 - x - 6} \right)$$

$$= \lim_{x \to 3} \frac{(8x + 5)(x + 2) + 3x - 154}{(x - 3)(x + 2)}$$

$$= \lim_{x \to 3} \frac{8x^2 + 24x - 144}{(x - 3)(x + 2)}$$

$$= \lim_{x \to 3} \frac{8(x + 6)(x - 3)}{(x - 3)(x + 2)}$$

$$= \lim_{x \to 3} \frac{8(x + 6)}{x + 2}$$

$$= \frac{72}{5}$$

5.2 (1) $x \to 2$ のとき，(分母) $\to 0$ であるから，左辺が有限確定値となるためには

$$\lim_{x \to 2} (分子) = 0$$

すなわち

$$4b + (4b^2 - 2) \cdot 2 = 0$$
$$8b^2 + 4b - 4 = 0$$
$$(2b - 1)(b + 1) = 0$$
$$b = \frac{1}{2}, \ -1$$

であることが必要である。

(i) $b = \dfrac{1}{2}$ のとき

(左辺)

$$= \lim_{x \to 2} \frac{\dfrac{1}{2}x^2 + \left(4 \cdot \dfrac{1}{4} - 2 \right) x}{x - 2}$$

$$= \lim_{x \to 2} \frac{\dfrac{1}{2}x^2 - x}{x - 2}$$

$$= \lim_{x \to 2} \frac{\dfrac{x}{2}(x - 2)}{x - 2} = \lim_{x \to 2} \frac{x}{2}$$

$$= 1$$

であり，有限確定値であるから十分であり，与えられた条件をみたす。

(ii) $b = -1$ のとき

(左辺)

$$= \lim_{x \to 2} \frac{-x^2 + (4 \cdot 1 - 2)x}{x - 2}$$

$$= \lim_{x \to 2} \frac{-x^2 + 2x}{x - 2}$$

$$= \lim_{x \to 2} \frac{-x(x - 2)}{x - 2} = \lim_{x \to 2} (-x)$$

$$= -2$$

であり，有限確定値であるから十分であるが，与えられた条件をみたさない。

以上 (i)，(ii) より，求める b の値は

$$b = \frac{1}{2}$$

(2) 条件より

$$f(0) = f(1) = 0$$

であることが必要で，3 次関数 $f(x)$ は

$$f(x) = x(x - 1)(ax + b) \ (a \neq 0)$$

とおける。このとき

$$\lim_{x \to 0} \frac{f(x)}{x} = \lim_{x \to 0} (x - 1)(ax + b)$$

$$= -b$$

$$\lim_{x \to 1} \frac{f(x)}{x - 1} = \lim_{x \to 1} x(ax + b)$$

$$= a + b$$

より，与えられた条件は
$$\begin{cases} -b = 1 \\ a + b = 2 \end{cases}$$
$$\therefore \quad b = -1, \ a = 3 \quad (a \neq 0)$$
したがって
$$f(x) = x(x-1)(3x-1)$$
より
$$\boldsymbol{f(x) = 3x^3 - 4x^2 + x}$$

5.3 x が a から $a+h$ まで変わるときの $f(x)$ の平均変化率は
$$\frac{f(a+h) - f(a)}{h}$$
$$= \frac{\{(a+h)^2 + 3(a+h)\} - (a^2 + 3a)}{h}$$
$$= \frac{2ah + h^2 + 3h}{h}$$
$$= 2a + h + 3 \quad \cdots\cdots①$$

① より，$f(x)$ の $x = a$ における微分係数 $f'(a)$ は
$$f'(a) = \lim_{h \to 0} \frac{f(a+h) - f(a)}{h}$$
$$= \lim_{h \to 0} (2a + h + 3)$$
$$= 2a + 3$$

であり，a を $a + \theta h$ に置き換えることにより，$x = a + \theta h$ における $f(x)$ の微分係数 $f'(a + \theta h)$ が得られる。
$$f'(a + \theta h)$$
$$= 2(a + \theta h) + 3$$
$$= 2a + 2\theta h + 3 \quad \cdots\cdots②$$
であり，① と ② が等しくなるのは
$$2a + h + 3 = 2a + 2\theta h + 3$$
の両辺を比較して
$$2\theta h = h$$
のときである。$h \neq 0$ より，θ の値は
$$\underline{\frac{1}{2}}$$
となる。

【補足】

微分係数については，導関数
$$f'(x) = 2x + 3$$
を求めて，$x = a + \theta h$ を代入して求めてもよい。

また，平均変化率は曲線 $y = f(x)$ 上の 2 点 A$(a, f(a))$，B$(a+h, f(a+h))$ を通る直線の傾きを表しており，微分係数 $f'(a + \theta h)$ は曲線 $y = f(x)$ 上の点 T$(a + \theta h, f(a + \theta h))$ における接線の傾きを示している。

$0 \leqq \theta \leqq 1$ のとき，$a \leqq a + \theta h \leqq a + h$ であり
$$f'(a + \theta h) = (直線 AB の傾き)$$
をみたす θ は直線 AB と平行な接線の位置を与えており，$\theta = \dfrac{1}{2}$ ということは接点 T の x 座標は線分 AB の中点の x 座標に等しいことを示している。

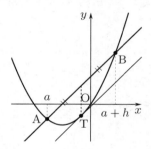

5.4 与式を変形すると
$$\lim_{h \to 0} \left\{ 4 \cdot \frac{f(3+4h) - f(3)}{4h} \right.$$
$$\left. + 2 \cdot \frac{f(3-2h) - f(3)}{-2h} \right\}$$
$$= 4f'(3) + 2f'(3)$$
$$= 6f'(3)$$
$$f'(3) = 3 \ より，求める値は$$
$$\underline{18}$$

問題

導関数

□ **5.5** 導関数の定義にもとづいて，次の (1)，(2) を証明せよ。

(1) $(x^4)' = 4x^3$

(2) $\{(ax+b)^4\}' = 4a(ax+b)^3$ （a，b は定数）

□ **5.6** $\displaystyle \lim_{h \to 0} \frac{(x+h)^3 - (x-h)^3}{h} = \boxed{}$ である。 （大阪薬大）

□ **5.7** 次の問いに答えよ。

(1) 関数 $y = 3x^2 - 5x + 6$ の導関数を求めよ。 （岩手大）

(2) $y = (x-2)(x^2 + 3x - 1)$ を微分せよ。 （広島電機大）

チェック・チェック

基本 check !

導関数の定義

$$f'(x) = \lim_{h \to 0} \frac{f(x+h) - f(x)}{h}$$

導関数の公式

$(x^n)' = nx^{n-1}$ （n は正の整数）

$c' = 0$ （c は定数）

$\{(ax+b)^n\}' = n(ax+b)^{n-1} \cdot a$ （n は正の整数，a, b は定数）

導関数の性質

$\{af(x) + bg(x)\}' = af'(x) + bg'(x)$ （a, b は定数）

5.5 導関数の定義

(1) $(x+h)^4$ は二項定理

$$(a+b)^n = a^n + {}_nC_1 a^{n-1}b + \cdots + {}_nC_r a^{n-r}b^r + \cdots + b^n$$

を用いて展開しましょう。

(2) (1) と同じように展開してもよいのですが，(1) の結果を用いることにしましょう。

5.6 導関数

直接計算するか，導関数の定義にもち込むか，いずれの方法でもよいでしょう。

5.7 導関数の性質

(1) $\{af(x) + bg(x)\}' = af'(x) + bg'(x)$ を用います。

(2) 展開してから微分します。数学IIIで微分を学んだ人は，積の微分の公式

$$\{f(x)g(x)\}' = f'(x)g(x) + f(x)g'(x)$$

を用いてもよいでしょう。

📖 解答・解説

5.5 (1) 二項定理より

$$(x+h)^4 - x^4$$
$$= (x^4 + 4x^3h + 6x^2h^2 + 4xh^3 + h^4) - x^4$$
$$= 4x^3h + 6x^2h^2 + 4xh^3 + h^4$$

であり，導関数の定義より

$$(x^4)'$$
$$= \lim_{h \to 0} \frac{(x+h)^4 - x^4}{h}$$
$$= \lim_{h \to 0} \frac{4x^3h + 6x^2h^2 + 4xh^3 + h^4}{h}$$
$$= \lim_{h \to 0} (4x^3 + 6x^2h + 4xh^2 + h^3)$$
$$= 4x^3 \qquad \text{（証明終）}$$

(2) 導関数の定義より

$$\{(ax+b)^4\}'$$
$$= \lim_{h \to 0} \frac{\{a(x+h)+b\}^4 - (ax+b)^4}{h}$$
$$= \lim_{h \to 0} \frac{(ax+b+ah)^4 - (ax+b)^4}{h}$$

ここで，$X = ax + b$ とおくと

$$\{(ax+b)^4\}'$$
$$= \lim_{h \to 0} \frac{(X+ah)^4 - X^4}{h}$$
$$= \lim_{h \to 0} a \cdot \frac{(X+ah)^4 - X^4}{ah}$$
$$= a(X^4)'$$

であり，(1) より $(X^4)' = 4X^3$ であるから

$$a(X^4)' = a \cdot 4X^3$$
$$= 4a(ax+b)^3$$

よって

$$\{(ax+b)^4\}' = 4a(ax+b)^3$$
$$\text{（証明終）}$$

【補足】

合成関数の微分（数学 III）を用いると

$$\{(ax+b)^4\}'$$
$$= 4(ax+b)^3 \cdot (ax+b)'$$
$$= 4(ax+b)^3 \cdot a$$
$$= 4a(ax+b)^3$$

となる。

5.6 分子を計算すると

$$(x+h)^3 - (x-h)^3$$
$$= (x^3 + 3x^2h + 3xh^2 + h^3)$$
$$\qquad - (x^3 - 3x^2h + 3xh^2 - h^3)$$
$$= h(6x^2 + 2h^2)$$

よって

$$（与式） = \lim_{h \to 0} (6x^2 + 2h^2)$$
$$= \boldsymbol{6x^2}$$

別解

導関数の定義と公式を使うと次のようになる。$f(x) = x^3$ とおくと

$$f'(x) = 3x^2$$

であるから

$$（与式）$$
$$= \lim_{h \to 0} \frac{f(x+h) - f(x-h)}{h}$$
$$= \lim_{h \to 0} \left\{ \frac{f(x+h) - f(x)}{h} \right.$$
$$\left. + \frac{f(x-h) - f(x)}{-h} \right\}$$
$$= f'(x) + f'(x)$$
$$= 2 \cdot 3x^2$$
$$= 6x^2$$

5.7 (1) 導関数の公式と性質を用いると

$$y' = (3x^2 - 5x + 6)'$$
$$= 3(x^2)' - 5(x)' + (6)'$$
$$= 3 \cdot 2x - 5 \cdot 1 + 0$$
$$= 6x - 5$$

であるから

$$\boldsymbol{y' = 6x - 5}$$

(2) 与式を展開すると

$$y = (x - 2)(x^2 + 3x - 1)$$
$$= x^3 + x^2 - 7x + 2$$

であるから

$$\boldsymbol{y' = 3x^2 + 2x - 7}$$

別解

積の微分の公式（数学 III）を用いると

$$y' = (x - 2)'(x^2 + 3x - 1)$$
$$\qquad + (x - 2)(x^2 + 3x - 1)'$$
$$= 1 \cdot (x^2 + 3x - 1)$$
$$\qquad\qquad + (x - 2)(2x + 3)$$
$$= 3x^2 + 2x - 7$$

📖 問題

放物線の接線・法線 ··

☐ **5.8** 放物線 $C : y = x^2 - 3x + 2$ 上の点 $(3,\ 2)$ における C の接線の方程式を求めよ。 （北海学園大）

☐ **5.9** 点 $(-1,\ -3)$ から放物線 $y = x^2$ へ引いた 2 本の接線の方程式を求めよ。 （中部大）

☐ **5.10** 放物線 $y = x^2 - 1$ の表す曲線を C とする。

(1) C 上の点 $\mathrm{A}(t,\ t^2 - 1)$ における法線の方程式を求めよ。

(2) 放物線 $y = x^2$ 上に点 P をとる。点 P を通る C の法線がちょうど 2 本存在する点 P の座標をすべて求めよ。 （徳島大）

3 次関数のグラフの接線・法線 ································

☐ **5.11** 曲線 $C : y = x^3 + x^2$ 上の点 $\mathrm{A}(1,\ 2)$ における接線は C と A 以外の点 $\left(\boxed{},\ \boxed{} \right)$ で交わる。 （千葉工大）

☐ **5.12** 曲線 $y = x(x-1)(x-4)$ の接線のうち，原点を通るものの方程式をすべて求めよ。 （東京電機大）

☐ **5.13** $f(x) = x^3 - x + 5$ として，曲線 $y = f(x)$ を C とする。点 $\mathrm{P}(a,\ f(a))$ における C の法線を n とする。ただし，点 P における C の法線とは，点 P を通り，かつ点 P における C の接線に直交する直線のことである。

(1) n の方程式を求めよ。

(2) $|a| < \dfrac{1}{\sqrt{3}}$ のときには，n と C との共有点が P 以外にも存在することを示せ。 （茨城大　改）

チェック・チェック

基本 check !

接線の方程式

曲線 $y = f(x)$ 上の点 $(a,\ f(a))$ における接線の方程式は
$$y - f(a) = f'(a)(x - a)$$

法線の方程式

曲線 $y = f(x)$ 上の点 $(a,\ f(a))$ における法線の方程式は

$f'(a) \neq 0$ のとき $\qquad y - f(a) = -\dfrac{1}{f'(a)}(x - a)$

$f'(a) = 0$ のとき $\qquad x = a$

これらは
$$f'(a)(y - f(a)) = -(x - a)$$
としてまとめられる。

5.8 放物線上の点における接線の方程式

微分係数 $f'(a)$ は，曲線 $y = f(x)$ 上の点 $(a,\ f(a))$ における接線の傾きです。

5.9 放物線外の点を通る接線の方程式

まずは，放物線上の接点を $(t,\ t^2)$ とおきましょう。この接点における接線が点 $(-1,\ -3)$ を通ることから t の値が決まります。

5.10 放物線の法線

(1) では y 軸と平行な法線を忘れないようにしましょう。

(2) は，(1) より，放物線 $y = x^2$ 上の点 $P(p,\ p^2)$ を通る C の法線がみたす式は
$$p + 2tp^2 = 2t^3 - t$$
であることから考えてみましょう。

5.11 曲線上の点における接線の方程式

まずは，接線の方程式を求めてみましょう。接線の方程式を $y = mx + n$ として
$$x^3 + x^2 - (mx + n) = (x - 1)^2(x + a)$$
の式から出発することもできます。

5.12 曲線上の点を通る接線の方程式

原点は曲線 $y = x(x - 1)(x - 4)$ 上の点ですが，接点とは限りません。

5.13 3 次関数のグラフの法線

(1) $f'(a) = 0$ のときの法線にも注意しましょう。

(2) n と C との共有点の x 座標が $x = a$ 以外にも存在することを示します。

📖 解答・解説

5.8 $y' = 2x - 3$ より，C 上の点 $(3, 2)$ における接線の方程式は
$$y = (2 \cdot 3 - 3)(x - 3) + 2$$
$$\therefore \quad \boldsymbol{y = 3x - 7}$$

5.9 $y' = 2x$ より，放物線 $y = x^2$ 上の点 (t, t^2) における接線の方程式は
$$y = 2t(x - t) + t^2$$
$$\therefore \quad y = 2tx - t^2 \quad \cdots\cdots ①$$
これが点 $(-1, -3)$ を通るので
$$-3 = -2t - t^2$$
$$t^2 + 2t - 3 = 0$$
$$(t + 3)(t - 1) = 0$$
$$\therefore \quad t = 1, -3$$
①より，求める接線の方程式は
$$\boldsymbol{y = 2x - 1, \quad y = -6x - 9}$$

5.10 (1) $f(x) = x^2 - 1$ とおくと
$$f'(x) = 2x$$
であり，C 上の点 A $(t, t^2 - 1)$ における法線 n の方程式は，$t \neq 0$ のとき
$$y = -\frac{1}{2t}(x - t) + t^2 - 1$$
$$\therefore \quad x + 2ty = 2t^3 - t \quad \cdots\cdots ①$$
$t = 0$ のとき，C 上の点 A$(0, -1)$ における法線 n は y 軸すなわち $x = 0$ である。よって，① は $t = 0$ でも成り立つ。

以上より，点 A$(t, t^2 - 1)$ における法線 n の方程式は
$$\boldsymbol{x + 2ty = 2t^3 - t}$$

(2) 異なる t に対して ① は異なる直線を表すので，放物線 $y = x^2$ 上の点 P(p, p^2) を通る C の法線 n がちょうど 2 本存在する条件は
$$p + 2tp^2 = 2t^3 - t \quad \cdots\cdots ②$$
をみたす実数 t がちょうど 2 個存在す

ることである。② を整理すると
$$2t^3 - (2p^2 + 1)t - p = 0$$
$$(t + p)(2t^2 - 2pt - 1) = 0$$
すなわち
$$t = -p \text{ または } 2t^2 - 2pt - 1 = 0$$
となる。方程式
$$2t^2 - 2pt - 1 = 0 \quad \cdots\cdots ③$$
の判別式を D とおくと
$$\frac{D}{4} = p^2 + 2 > 0$$
であるから，③ は異なる 2 つの実数解をもつ。

よって，条件をみたすのは，③ が $t = -p$ を解にもつ場合であり
$$2(-p)^2 - 2p(-p) - 1 = 0$$
$$\therefore \quad p = \pm\frac{1}{2}$$
であるから，P の座標のすべては
$$\boldsymbol{\left(\pm\frac{1}{2}, \frac{1}{4}\right)}$$

5.11 $y' = 3x^2 + 2x$ より，点 A$(1, 2)$ における接線の方程式は
$$y = (3 \cdot 1^2 + 2 \cdot 1)(x - 1) + 2$$
$$\therefore \quad y = 5x - 3$$
この接線と曲線の共有点の x 座標は
$$x^3 + x^2 = 5x - 3$$
$$\therefore \quad (x - 1)^2(x + 3) = 0$$
であり，点 A 以外の共有点の x 座標は
$$x = -3$$
このとき
$$y = 5 \times (-3) - 3 = -18$$
よって，求める点の座標は
$$\boldsymbol{(-3, -18)}$$

別解

C 上の点 A$(1, 2)$ における接線の方程式を $y = mx + n$（m, n は定数）と

おくと，定数 a を用いて
$$x^3 + x^2 - (mx + n) = (x - 1)^2 (x + a)$$
と表すことができる。右辺を展開すると
$$x^3 + (a - 2)x^2 + (1 - 2a)x + a$$
となり，両辺の係数を比較すると
$$\begin{cases} 1 = a - 2 \\ -m = 1 - 2a \\ -n = a \end{cases}$$
$$\therefore \quad a = 3, \ m = 5, \ n = -3$$
よって，求める点の x 座標は $x = -3$，
接線の方程式は $y = 5x - 3$ であるから，
求める点の y 座標は
$$y = 5 \cdot (-3) - 3 = -18$$

5.12 $f(x) = x(x - 1)(x - 4)$ とおく。
$$f(x) = x^3 - 5x^2 + 4x$$
$$\therefore \quad f'(x) = 3x^2 - 10x + 4$$
であるから，曲線 $y = f(x)$ 上の点
$(t, \ t^3 - 5t^2 + 4t)$ における接線の方
程式は
$$y = (3t^2 - 10t + 4)(x - t)$$
$$+ (t^3 - 5t^2 + 4t)$$
この接線が原点を通るとき
$$0 = (3t^2 - 10t + 4)(-t)$$
$$+ (t^3 - 5t^2 + 4t)$$
$$2t^3 - 5t^2 = 0$$
$$\therefore \quad t^2(2t - 5) = 0$$
が成り立つから，求める接線の接点の x
座標は
$$x = 0 \ (\text{重解}), \ \frac{5}{2}$$
である。
$$f'(0) = 4,$$
$$f'\left(\frac{5}{2}\right)$$
$$= 3 \cdot \left(\frac{5}{2}\right)^2 - 10 \cdot \frac{5}{2} + 4$$
$$= -\frac{9}{4}$$
であるから，原点を通る接線の方程式は
$$\underline{y = 4x, \quad y = -\frac{9}{4}x}$$

5.13 (1) $f'(x) = 3x^2 - 1$ より，曲線
C 上の点 $\mathrm{P}(a, \ f(a))$ における C の法
線 n の方程式は
$$(3a^2 - 1)\{y - (a^3 - a + 5)\}$$
$$= -(x - a)$$
すなわち
$$\underline{x + (3a^2 - 1)y}$$
$$\underline{-(3a^2 - 1)(a^3 - a + 5) - a = 0}$$
(2) n と C の共有点の x 座標は
$$x + (3a^2 - 1)\{(x^3 - x + 5)$$
$$-(a^3 - a + 5)\} - a = 0$$
$$(3a^2 - 1)(x^3 - x - a^3 + a)$$
$$+ (x - a) = 0$$
の解である。n と C が点 P を共有する
ことに注意すると
$$(3a^2 - 1)(x - a)(x^2 + ax + a^2 - 1)$$
$$+ (x - a) = 0$$
すなわち
$$(x - a)\{(3a^2 - 1)x^2 + a(3a^2 - 1)x$$
$$+ 3a^4 - 4a^2 + 2\} = 0 \quad \cdots\cdots ①$$
となる。
$$g(x) = (3a^2 - 1)x^2 + a(3a^2 - 1)x$$
$$+ 3a^4 - 4a^2 + 2$$
とおくと，$|a| < \dfrac{1}{\sqrt{3}}$ のとき
$$a^2 < \frac{1}{3} \quad \therefore \quad 3a^2 - 1 < 0$$
より，$y = g(x)$ のグラフは上に凸な放
物線である。ここで
$$g(a)$$
$$= (3a^2 - 1)a^2 + a^2(3a^2 - 1)$$
$$+ 3a^4 - 4a^2 + 2$$
$$= 9a^4 - 6a^2 + 2$$
$$= (3a^2 - 1)^2 + 1 > 0$$
であるから，方程式 $g(x) = 0$ は $x = a$
以外の実数解をもつ，すなわち①は
$x = a$ 以外の実数解をもつ。

よって，n と C との共有点が P 以外
にも存在する。 （証明終）

📖 問題

共通接線, 二重接線 ....

5.14 a を正の実数とする。座標平面上に 2 つの放物線
$$C_1 : y = x^2 + 4ax + a^2$$
$$C_2 : y = -x^2 + 4ax - a^2$$
がある。 C_1, C_2 の両方に接する 2 つの直線のうち傾きが大きいものを l_1, 傾きが小さいものを l_2 とおく。直線 l_1, l_2 の方程式を a を用いて表せ。 (弘前大 改)

5.15 $a < b$ とする。関数 $f(x) = x^4 - 2x^2 - x$ のグラフ上の点 $(a, f(a))$ における接線 l が点 $(b, f(b))$ においても $y = f(x)$ に接する。このとき, 次の問いに答えよ。

(1) $k = a + b$, $m = ab$ とし, m を k を用いて表せ。

(2) l の方程式を求めよ。

接する 2 曲線, 直交する 2 曲線 ....

5.16 2 つの曲線 $C_1 : y = x^3 - x^2 - 12x - 1$, $C_2 : y = -x^3 + 2x^2 + a$ (a は自然数) について考える。曲線 C_1 と C_2 が接するとき, a の値を求めよ。 (自治医大)

5.17 x の 2 次関数で, そのグラフが $y = x^2$ のグラフと 2 点で直交するようなものをすべて求めよ。ただし, 2 つの関数のグラフがある点で直交するとは, その点が 2 つのグラフの共有点であり, かつ接線どうしが直交することをいう。 (京大)

📖 チェック・チェック

5.14 共通接線

2 曲線 $y = f(x)$，$y = g(x)$ の両方に接する直線の方程式を求めるには，それぞれの曲線についての接線の方程式

$$y = f'(s)(x - s) + f(s) \ \text{と} \ y = g'(t)(x - t) + g(t)$$

をつくり，2 直線の一致条件すなわち

$$\begin{cases} 傾き：f'(s) = g'(t) \\ y \, 切片：f(s) - sf'(s) = g(t) - tg'(t) \end{cases}$$

をみたす実数 s，t を求めればよい。本問では曲線がどちらも放物線なので，一方の放物線の接線が他方の放物線に接するとみて，(判別式)＝0 に持ちこんでもよい。

5.15 二重接線

ある曲線の異なる 2 点で接する直線を二重接線（複接線）という。

曲線 $y = f(x)$ 上の 2 点における接線の方程式

$$y = f'(a)(x - a) + f(a) \ \text{と} \ y = f'(b)(x - b) + f(b)$$

をつくり，2 直線の一致条件

$$\begin{cases} 傾き：f'(a) = f'(b) \\ y \, 切片：f(a) - af'(a) = f(b) - bf'(b) \end{cases}$$

をみたす実数 a，b を求める。あるいは，接線の方程式を $y = mx + n$ とおくと，$f(x)$ が 4 次関数で，4 次の係数が 1 であるから

$$f(x) - (mx + n) = (x - a)^2(x - b)^2$$

となることを利用してもよい。

5.16 接する 2 曲線

2 曲線 $y = f(x)$，$y = g(x)$ が共有点 P をもち，P におけるそれぞれの接線が一致するとき，2 曲線は接するという。

したがって，2 曲線が接する条件は

$$\begin{cases} f(t) = g(t) & （共有点をもつ条件） \\ f'(t) = g'(t) & （接線の傾きが一致する条件） \end{cases}$$

をみたす実数 t が存在することである。

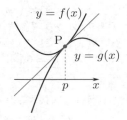

5.17 直交する 2 曲線

2 曲線 $y = f(x)$，$y = g(x)$ が共有点 P をもち，P におけるそれぞれの接線が直交するとき，2 曲線は点 P で直交するという。したがって，2 曲線が直交する条件は

$$\begin{cases} f(t) = g(t) & （共有点をもつ条件） \\ f'(t) \cdot g'(t) = -1 & （接線が直交する条件） \end{cases}$$

をみたす実数 t が存在することである。（接線が座標軸に平行でないとき）

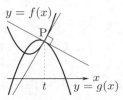

解答・解説

5.14 C_1 上の点 $(t,\ t^2+4at+a^2)$ における接線の方程式は，$y'=2x+4a$ より

$$y=(2t+4a)(x-t)$$
$$+t^2+4at+a^2$$
$$\therefore\quad y=(2t+4a)x-t^2+a^2$$
$$\cdots\cdots①$$

C_2 上の点 $(s,\ -s^2+4as-a^2)$ における接線の方程式は，$y'=-2x+4a$ より

$$y=(-2s+4a)(x-s)$$
$$-s^2+4as-a^2$$
$$\therefore\quad y=(-2s+4a)x+s^2-a^2$$
$$\cdots\cdots②$$

C_1，C_2 の両方に接する直線であることは，①と②が一致することであり

$$\begin{cases} 2t+4a=-2s+4a & \cdots\cdots③ \\ -t^2+a^2=s^2-a^2 & \cdots\cdots④ \end{cases}$$

③より

$$t=-s\quad\cdots\cdots⑤$$

④，⑤より

$$(-s)^2+s^2=2a^2$$

$$\therefore\quad (s,\ t)=(\pm a,\ \mp a)\ (複号同順)$$

であり，$a>0$ で，傾きが大きいものが l_1，傾きが小さいものが l_2 であるから

$$\boldsymbol{l_1:y=6ax,\quad l_2:y=2ax}$$

別解
　①が C_2 に接するから，方程式

$$-x^2+4ax-a^2$$
$$=(2t+4a)x-t^2+a^2$$
$$\therefore\quad x^2+2tx-t^2+2a^2=0$$

は重解をもつ。この 2 次方程式の判別式を D とおくと

$$\frac{D}{4}=t^2-(-t^2+2a^2)$$
$$=2(t^2-a^2)$$

であり，$D=0$ であるから

$$t=\pm a$$

　$a>0$ で，傾きが大きいものが l_1，傾きが小さいものが l_2 であるから，①より

$$l_1:y=6ax,\quad l_2:y=2ax$$

5.15 (1) $f'(x)=4x^3-4x-1$ より，$y=f(x)$ 上の点 $(a,\ f(a))$ における接線の方程式は

$$y=(4a^3-4a-1)(x-a)$$
$$+a^4-2a^2-a$$
$$\therefore\quad y=(4a^3-4a-1)x$$
$$-3a^4+2a^2$$
$$\cdots\cdots①$$

① が点 $(b,\ f(b))$ $(a<b)$ においても $y=f(x)$ に接するとき，これら 2 点における接線の傾きは等しいので，$f'(a)=f'(b)$ であり

$$4a^3-4a-1=4b^3-4b-1$$
$$4(a^3-b^3)-4(a-b)=0$$
$$(a-b)(a^2+ab+b^2-1)=0$$

$a<b$ より

$$a^2+ab+b^2-1=0$$
$$\therefore\quad (a+b)^2-ab-1=0$$

$k=a+b,\ m=ab$ より

$$k^2-m-1=0$$
$$\therefore\quad \boldsymbol{m=k^2-1}\quad\cdots\cdots②$$

(2) 2 点 $(a,\ f(a))$，$(b,\ f(b))$ における接線の y 切片は等しいので

$$-3a^4+2a^2=-3b^4+2b^2$$
$$3(a^4-b^4)-2(a^2-b^2)=0$$
$$(a-b)(a+b)\{3(a^2+b^2)-2\}=0$$

$a<b$ より

$$(a+b)\{3(a^2+b^2)-2\}=0$$

$$(a+b)\{3(a+b)^2 - 6ab - 2\} = 0$$
$$\therefore\ k(3k^2 - 6m - 2) = 0$$
$$\cdots\cdots ③$$

$k \neq 0$ の場合と $k = 0$ の場合に分けて，接線 l の方程式を調べる。

(i) $k \neq 0$ のとき，③ より
$$3k^2 - 6m - 2 = 0$$
②を代入して
$$3k^2 - 6(k^2 - 1) - 2 = 0$$
$$-3k^2 + 4 = 0$$
$$\therefore\ k = \pm\frac{2}{\sqrt{3}}$$

この値を②に代入して
$$m = \left(\pm\frac{2}{\sqrt{3}}\right)^2 - 1 = \frac{1}{3}$$
よって
$$a + b = \pm\frac{2}{\sqrt{3}},\quad ab = \frac{1}{3}$$

a, b は 2 次方程式
$$t^2 \mp \frac{2}{\sqrt{3}}t + \frac{1}{3} = 0$$
の解であり
$$\left(t \mp \frac{1}{\sqrt{3}}\right)^2 = 0$$
$$\therefore\ t = \pm\frac{1}{\sqrt{3}}\ \text{（重解）}$$
$$\text{（以上，複号同順）}$$

このとき，$a = b$ となり，$a < b$ に反するから，不適。

(ii) $k = 0$ のとき
②より，$m = -1$ であり
$$a + b = 0,\quad ab = -1$$
であるから a, b は 2 次方程式
$$t^2 - 1 = 0$$
の解であり
$$t = \pm 1$$
$a < b$ より
$$a = -1,\quad b = 1$$
であり，$a = -1$ を ① に代入して
$$y = -x - 1$$

を得る。

以上，(i)，(ii) より，求める接線 l の方程式は

$$\boldsymbol{y = -x - 1}$$

【補足】

$f(x)$ は最高次の係数が 1 の 4 次関数であり，曲線 $y = f(x)$ と直線 $y = mx + n$ が 2 点 $(a, f(a))$, $(b, f(b))$ $(a < b)$ において接するから
$$f(x) - (mx + n)$$
$$= (x - a)^2(x - b)^2$$
と表すことができる。辺々展開して係数を比較すると
$$\begin{cases} 0 = -2(a+b) & \cdots\cdots ㋐ \\ -2 = a^2 + 4ab + b^2 & \cdots\cdots ㋑ \\ -1 - m = -2ab(a+b) & \cdots\cdots ㋒ \\ -n = a^2 b^2 & \cdots\cdots ㋓ \end{cases}$$
を得る。㋐より
$$a + b = 0$$
㋑より
$$-2 = (a+b)^2 + 2ab$$
$$-2 = 0^2 + 2ab$$
$$\therefore\ ab = -1$$
㋒，㋓に $a + b = 0$, $ab = -1$ を代入して
$$m = -1,\quad n = -1$$
よって，曲線 $y = f(x)$ は直線 $y = -x - 1$ に 2 点 $(-1, f(-1))$, $(1, f(1))$ で接することがわかる。

5.16 $f_1(x) = x^3 - x^2 - 12x - 1,$
$\qquad f_2(x) = -x^3 + 2x^2 + a$
とおくと
$$f_1{}'(x) = 3x^2 - 2x - 12$$
$$f_2{}'(x) = -3x^2 + 4x$$
曲線 C_1, C_2 が接するということは
$$\begin{cases} f_1(t) = f_2(t) \\ f_1{}'(t) = f_2{}'(t) \end{cases} \cdots\cdots (*)$$

をみたす実数 t が存在するということである。(*) は

$$\begin{cases} t^3 - t^2 - 12t - 1 = -t^3 + 2t^2 + a \\ 3t^2 - 2t - 12 = -3t^2 + 4t \end{cases}$$

すなわち

$$\begin{cases} a = 2t^3 - 3t^2 - 12t - 1 & \cdots\cdots\text{①} \\ 6t^2 - 6t - 12 = 0 & \cdots\cdots\text{②} \end{cases}$$

となる。②を解くと

$$6(t + 1)(t - 2) = 0$$
$$\therefore \quad t = -1, \ 2$$

① に代入すると

$$t = -1 \text{ のとき } a = 6$$
$$t = 2 \text{ のとき } a = -21$$

であり、a は自然数であるから、求める a の値は

$$\underline{a = 6}$$

5.17 $f(x) = x^2$ とおき、求める 2 次関数を $g(x) = ax^2 + bx + c \quad (a \neq 0)$ とおくと、$y = f(x)$ のグラフと $y = g(x)$ のグラフが 2 点で直交する条件は、2 交点における接線が座標軸に平行でないことから

$$\begin{cases} f(t) = g(t) & \cdots\cdots\text{①} \\ f'(t) \cdot g'(t) = -1 & \cdots\cdots\text{②} \end{cases}$$

をみたす実数 t がちょうど 2 つ存在することである。

①を整理すると

$$t^2 = at^2 + bt + c$$
$$\therefore \quad (a - 1)t^2 + bt + c = 0$$
$$\cdots\cdots\text{①}'$$

となり、また

$$f'(x) = 2x, \quad g'(x) = 2ax + b$$

であるから、② を整理すると

$$2t \cdot (2at + b) = -1$$
$$\therefore \quad 4at^2 + 2bt + 1 = 0$$
$$\cdots\cdots\text{②}'$$

となる。①′ かつ ②′ をみたす実数 t が

ちょうど 2 つ存在する条件は、2 次方程式 ①′、②′ の t^2 の係数と判別式に着目して

$$\begin{cases} a \neq 1 & \cdots\cdots\text{③} \\ b^2 - 4(a - 1)c > 0 & \cdots\cdots\text{④} \end{cases}$$

かつ

$$\begin{cases} a \neq 0 & \cdots\cdots\text{⑤} \\ b^2 - 4a > 0 & \cdots\cdots\text{⑥} \end{cases}$$

が成り立ち、さらに、①′、②′ の解は一致するから、2 解の和について

$$-\frac{b}{a - 1} = -\frac{b}{2a} \qquad \cdots\cdots\text{⑦}$$

2 解の積について

$$\frac{c}{a - 1} = \frac{1}{4a} \qquad \cdots\cdots\text{⑧}$$

も成り立つことである。③、⑤ のもとで、⑦ より

$$2ab = (a - 1)b$$
$$(a + 1)b = 0$$
$$\therefore \quad b = 0 \text{ または } a = -1$$

⑧より

$$c = \frac{a - 1}{4a}$$

であるから

$$(\text{i}) \ b = 0 \text{ かつ } c = \frac{a - 1}{4a}$$

または

$$(\text{ii}) \ a = -1 \text{ かつ } c = \frac{1}{2}$$

である。以下、(i)、(ii) において ④、⑥ を検証する。

(i)のとき、④は

$$b^2 - 4(a - 1)c$$
$$= 0^2 - 4(a - 1) \cdot \frac{a - 1}{4a}$$
$$= -\frac{(a - 1)^2}{a}$$

⑥は

$$b^2 - 4a = 0^2 - 4a$$
$$= -4a$$

であるから、④、⑥ はどちらも $a < 0$ のときに成り立つ。

(ii)のとき，④は

$$b^2 - 4(a-1)c$$
$$= b^2 - 4 \cdot (-1-1) \cdot \frac{1}{2}$$
$$= b^2 + 4$$

⑥は

$$b^2 - 4a = b^2 - 4 \cdot (-1)$$
$$= b^2 + 4$$

であるから，④，⑥はどちらも任意の実数 b に対して成り立つ。

以上 (i)，(ii) より，求める 2 次関数は

$$y = ax^2 + \frac{a-1}{4a} \ (a < 0),$$

$$y = -x^2 + bx + \frac{1}{2}$$

$$(b \text{ は任意の実数})$$

である。

【補足】

2 数 α，β が 2 次方程式

$$ax^2 + bx + c = 0$$

の解であることと，解と係数の関係

$$\begin{cases} \alpha + \beta = -\dfrac{b}{a} \\ \alpha\beta = \dfrac{c}{a} \end{cases}$$

は同値なので，「⑦ かつ ⑧」が成り立つならば，①′，②′ の解は一致しており，実数解である条件は ①′，②′ の一方を調べれば十分であるが，ここでは両方を確認した。

求めた 2 次関数のグラフの具体例を図示すると次のようになる。

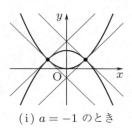

(i) $a = -1$ のとき

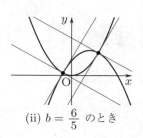

(ii) $b = \dfrac{6}{5}$ のとき

§2　微分法の応用

📖 問題

極値 ....

☐ **5.18** 関数 $y = 9x - 3x^2 - 5x^3$ の極値を求めよ。 （成城大）

☐ **5.19** 関数 $f(x) = x^3 + 3ax^2 + 3(10 - 3a)x$ が極値をもつような実数 a の範囲を求めよ。 （東京都市大）

☐ **5.20** 3 次関数 $y = x^3 + px$ が，$x = 1$ で極小値をとるとき，極大値を与える x の値は $\boxed{}$ である。 （法政大）

☐ **5.21** 3 次関数 $f(x) = x^3 - 9x^2 + 12x - 1$ で，(極大値) − (極小値) の値を求めよ。 （千葉工大）

チェック・チェック

基本 check！

極値

関数 $f(x)$ において，$x = a$ を内部に含む十分小さい区間（すなわち端点は含まない）において，a と異なる任意の x に対して

$f(a) < f(x)$ ならば，$f(a)$ を極小値
$f(x) < f(a)$ ならば，$f(a)$ を極大値

という。つまり，局所的な最小値が極小値，局所的な最大値が極大値である。

微分可能な関数においては，$f'(x)$ の符号が負から正に変わるところが極小値，正から負に変わるところが極大値である。

連続な関数においては

減少から増加に変わるところが極小値
増加から減少に変わるところが極大値

である。

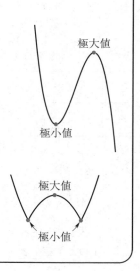

5.18 **増減表と極値**
導関数の符号の変化を増減表で示し，極大・極小となる値を求めましょう。

5.19 **極値の存在**
微分可能な関数 $f(x)$ が極値をもつということは，$f'(x)$ の符号の変化があるということです。

5.20 $x = \alpha$ で極値 $\Longrightarrow f'(\alpha) = 0$
$f'(\alpha) = 0$ は $x = \alpha$ で極値であるための必要条件です。

5.21 **極値の差**
$f'(x) = 0$ の解 α，β が代入しやすい値のときは $|f(\alpha) - f(\beta)|$ を直接計算すればよいのですが，$f(\alpha)$，$f(\beta)$ の計算が複雑なときは，$f(x)$ を $f'(x)$ でわって

$$f(x) = f'(x)q(x) + r(x) \quad （q(x) は商，r(x) は余り）$$

という等式を準備しておきます。$f'(\alpha) = f'(\beta) = 0$ なので

$$|f(\alpha) - f(\beta)| = |r(\alpha) - r(\beta)|$$

となります。定積分の利用も考えられます。

解答・解説

5.18 $y = -5x^3 - 3x^2 + 9x$ より

$$y' = -15x^2 - 6x + 9$$
$$= -3(5x^2 + 2x - 3)$$
$$= -3(x+1)(5x-3)$$

となるから，増減表は次のようになる。

x	$\cdots$	-1	$\cdots$	$\dfrac{3}{5}$	$\cdots$
y'	$-$	0	$+$	0	$-$
y	$\searrow$	極小	$\nearrow$	極大	$\searrow$

したがって，求める極値は，$x = \dfrac{3}{5}$ のとき **極大値**

$$-5 \cdot \left(\frac{3}{5}\right)^3 - 3 \cdot \left(\frac{3}{5}\right)^2 + 9 \cdot \frac{3}{5}$$

$$= \frac{\mathbf{81}}{\mathbf{25}}$$

$x = -1$ のとき **極小値**

$$-5 \cdot (-1)^3 - 3 \cdot (-1)^2 + 9 \cdot (-1)$$

$$= \mathbf{-7}$$

5.19 $f(x) = x^3 + 3ax^2 + 3(10 - 3a)x$ より

$$f'(x)$$
$$= 3x^2 + 6ax + 3(10 - 3a)$$
$$= 3(x + a)^2 - 3a^2 - 9a + 30$$

$f(x)$ が極値をもつための条件は，$f'(x)$ の符号が変化する実数 x が存在すること，すなわち

$$-3a^2 - 9a + 30 < 0$$
$$a^2 + 3a - 10 > 0$$
$$(a+5)(a-2) > 0$$

が成り立つことであり，求める a の値の範囲は

$$\mathbf{a < -5 \text{ または } 2 < a}$$

別解

$f'(x)$ の符号が変化する実数 x が存在する条件は，$f'(x) = 0$ が異なる 2 つの実数解をもつことである。すなわち，$f'(x) = 0$ の判別式を D とすると $D > 0$ である。

$$\frac{D}{4} = (3a)^2 - 3 \cdot 3(10 - 3a)$$
$$= 9(a^2 + 3a - 10)$$
$$= 9(a+5)(a-2) > 0$$

より，求める条件は

$$a < -5 \text{ または } 2 < a$$

であるとしてもよい。

5.20 $f(x) = x^3 + px$ とおくと

$$f'(x) = 3x^2 + p$$

$f(x)$ が $x = 1$ で極小値をもつから

$$f'(1) = 0$$

すなわち

$$3 + p = 0 \qquad \therefore \quad p = -3$$

であることが必要である。このとき

$$f'(x) = 3x^2 - 3$$
$$= 3(x+1)(x-1)$$

であり，$f(x)$ の増減表は次のようになり，$x = 1$ で極小となるので，十分である。

x	$\cdots$	-1	$\cdots$	1	$\cdots$
$f'(x)$	$+$	0	$-$	0	$+$
$f(x)$	$\nearrow$	極大	$\searrow$	極小	$\nearrow$

よって，極大値を与える x の値は，増減表より

$$x = \mathbf{-1}$$

5.21 $f(x) = x^3 - 9x^2 + 12x - 1$ より

$$f'(x) = 3x^2 - 18x + 12$$
$$= 3(x^2 - 6x + 4)$$

$f'(x) = 0$ のとき

$$x = 3 \pm \sqrt{5}$$

$\alpha = 3 - \sqrt{5}$, $\beta = 3 + \sqrt{5}$ とすると，増減表は次のようになる。

x	$\cdots$	α	$\cdots$	β	$\cdots$
$f'(x)$		$+$	0	$-$	0	$+$
$f(x)$	$\nearrow$	極大	$\searrow$	極小	$\nearrow$

よって，$f(x)$ は $x = \alpha$ で極大，$x = \beta$ で極小となる。$f(x)$ を $x^2 - 6x + 4$ でわったときの

商は $x - 3$

余りは $-10x + 11$

であるから

$$f(x)$$
$$= (x^2 - 6x + 4)(x - 3) - 10x + 11$$

である。α, β は方程式

$$x^2 - 6x + 4 = 0$$

の 2 解であるから

$$\begin{cases} \alpha^2 - 6\alpha + 4 = 0 \\ \beta^2 - 6\beta + 4 = 0 \end{cases}$$

を利用すると

$$f(\alpha) - f(\beta)$$
$$= (-10\alpha + 11) - (-10\beta + 11)$$
$$= 10(\beta - \alpha)$$
$$= 10 \cdot 2\sqrt{5}$$
$$= \mathbf{20\sqrt{5}}$$

別解

積分を学んだ人は（α, β を設定するところまでは同じで）

$$f(\alpha) - f(\beta)$$
$$= \int_\beta^\alpha f'(x)\,dx$$
$$= \int_\beta^\alpha 3(x - \alpha)(x - \beta)\,dx$$
$$= 3 \cdot \left\{ -\frac{1}{6}(\alpha - \beta)^3 \right\}$$
$$= -\frac{1}{2}(-2\sqrt{5})^3$$
$$= 20\sqrt{5}$$

としてもよい。

【補足】

5.21 の筆算

$$
\begin{array}{r}
x \quad\quad -3 \\
x^2 - 6x + 4 \overline{) x^3 - 9x^2 + 12x\quad -1} \\
\underline{x^3 - 6x^2\quad +4x\quad\quad} \\
-3x^2\quad +8x\quad -1 \\
\underline{-3x^2 +18x\quad -12} \\
-10x +11
\end{array}
$$

📖 問題

3 次関数のグラフ ··

☐ **5.22** 次の各問いに答えよ。

(1) 関数 $y = x^3 - 12x + 5$ のグラフをえがけ。 （津田塾大）

(2) $f(x) = -x^3 + 8x + 3$ とするとき，関数 $y = f(x)$ の極値を求め，グラフをかけ。 （東京海洋大　改）

☐ **5.23** x についての 3 次関数 $f(x) = x^3 + px^2 + 27x$ がある。$f(x)$ が単調増加関数となる p の最大値を求めよ。 （自治医大）

☐ **5.24** 3 次関数 $y = ax^3 + bx^2 + cx + d$ のグラフは，点 $(3, -2)$ に関して対称であり，$x = 1$ で極大値 $\dfrac{2}{3}$ をとる。a, b, c, d の値を求めよ。 （福島大）

チェック・チェック

基本 check !

3 次関数のグラフ

3 次関数
$$y = ax^3 + bx^2 + cx + d \ (a \neq 0)$$
のグラフは，極大となる点と極小となる点の中点（変曲点という）に関して点対称であり，$a > 0$ のときは右の図のようになる。

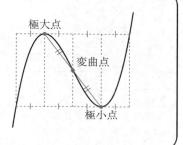

極大点

変曲点

極小点

5.22 **3 次関数のグラフ**

増減表を作成して，グラフをかきましょう。

5.23 **単調増加な関数**

3 次関数 $f(x)$ が単調増加である条件は，つねに $f'(x) \geqq 0$ となることです。

5.24 **3 次関数のグラフの対称性**

曲線 $y = f(x)$ のグラフが点 (a, b) に関して対称であるということは，任意の h に対して

$$\frac{f(a - h) + f(a + h)}{2} = b$$

が成り立つということです。$h = 0$ のときは $f(a) = b$ となるから，本問の点 $(3, -2)$ は $y = f(x)$ 上にあります。

📖 解答・解説

5.22 (1) $y = x^3 - 12x + 5$ より

$$y' = 3x^2 - 12$$
$$= 3(x+2)(x-2)$$

よって，増減表は次のようになる。

x	$\cdots$	-2	$\cdots$	2	$\cdots$
y'	$+$	0	$-$	0	$+$
y	↗	21	↘	-11	↗

したがって，グラフは 次の図 のようになる。

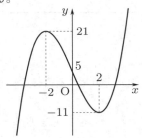

(2) $f(x) = -x^3 + 8x + 3$ より

$$f'(x) = -3x^2 + 8$$

$f'(x) = 0$ を解くと $x = \pm\dfrac{2\sqrt{6}}{3}$ だから，$f(x)$ の増減表は次のようになる。

x	$\cdots$	$-\dfrac{2\sqrt{6}}{3}$	$\cdots$	$\dfrac{2\sqrt{6}}{3}$	$\cdots$
$f'(x)$	$-$	0	$+$	0	$-$
$f(x)$	↘	極小	↗	極大	↘

$f(x)$ を $f'(x)$ でわると

$$
\begin{array}{r}
\frac{1}{3}x \\
-3x^2 + 8 \overline{\smash{)}\ -x^3 + 8x + 3} \\
\underline{-x^3 + \frac{8}{3}x} \\
\frac{16}{3}x + 3
\end{array}
$$

より

商は $\dfrac{1}{3}x$

余りは $\dfrac{16}{3}x + 3$

であるから

$$f(x) = f'(x) \cdot \frac{1}{3}x + \frac{16}{3}x + 3$$

また

$$f'\left(\pm\frac{2\sqrt{6}}{3}\right) = 0$$

である。

よって，<u>極小値</u> は

$$f\left(-\frac{2\sqrt{6}}{3}\right)$$

$$= \frac{16}{3} \cdot \left(-\frac{2\sqrt{6}}{3}\right) + 3$$

$$= \frac{27 - 32\sqrt{6}}{9}$$

<u>極大値</u> は

$$f\left(\frac{2\sqrt{6}}{3}\right)$$

$$= \frac{16}{3} \cdot \frac{2\sqrt{6}}{3} + 3$$

$$= \frac{27 + 32\sqrt{6}}{9}$$

であり，グラフは 次の図 のようになる。

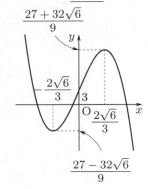

5.23 3 次関数 $f(x)$ が単調増加である条件は，つねに $f'(x) \geqq 0$ となることである。

$$f'(x) = 3x^2 + 2px + 27$$
$$= 3\left(x + \frac{p}{3}\right)^2 + 27 - \frac{p^2}{3}$$

よって

$$27 - \frac{p^2}{3} \geqq 0$$
$$p^2 \leqq 81$$
$$\therefore \quad -9 \leqq p \leqq 9$$

求める p の最大値は **9** である。

5.24 $f(x) = ax^3 + bx^2 + cx + d$ とおく。$y = f(x)$ のグラフは，点 $(3, \ -2)$ に関して対称であり，$x = 1$ で極大値をとるから，$x = 5$ で極小値をとる。

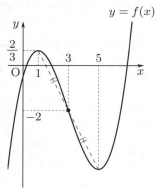

$$y = f(x)$$

よって，$a > 0$ であり

$$f'(x) = 3a(x-1)(x-5)$$
$$= 3ax^2 - 18ax + 15a$$

$f'(x) = 3ax^2 + 2bx + c$ と係数を比較して

$$b = -9a, \ c = 15a$$

したがって

$$f(x) = a(x^3 - 9x^2 + 15x) + d$$
$$\cdots\cdots(*)$$

となる。すると

$$f(3) = -2, \ f(1) = \frac{2}{3}$$

より

$$\begin{cases} a(27 - 81 + 45) + d = -2 \\ a(1 - 9 + 15) + d = \dfrac{2}{3} \end{cases}$$

すなわち

$$\begin{cases} -9a + d = -2 & \cdots\cdots\text{①} \\ 7a + d = \dfrac{2}{3} & \cdots\cdots\text{②} \end{cases}$$

② $-$ ① より

$$16a = \frac{8}{3}$$
$$\therefore \quad a = \frac{1}{6} \ (a > 0 \ をみたす)$$

① より

$$d = -2 + \frac{9}{6} = -\frac{1}{2}$$

ゆえに，$(*)$ より

$$f(x)$$
$$= \frac{1}{6}(x^3 - 9x^2 + 15x) - \frac{1}{2}$$
$$= \frac{1}{6}x^3 - \frac{3}{2}x^2 + \frac{5}{2}x - \frac{1}{2}$$

よって

$$\underline{a = \frac{1}{6}, \ b = -\frac{3}{2},}$$
$$\underline{c = \frac{5}{2}, \ d = -\frac{1}{2}}$$

📖 問題

最大・最小 ···

☐ **5.25** 関数 $f(x) = 2x^3 - 3x^2 - 12x + 6$ $(-2 \leq x \leq 4)$ の最大値と最小値を求めよ。 （公立はこだて未来大）

☐ **5.26** 関数 $f(x) = x^3 - 6x^2 + 9x + 2$ の極大値が $0 \leq x \leq a$ の範囲における $f(x)$ の最大値になるならば $\boxed{} \leq a \leq \boxed{}$ である。 （北海道工大）

☐ **5.27** x の関数 $f(x) = 2x^3 - 3(a+1)x^2 + 6ax$ の $0 \leq x \leq 1$ における最大値，最小値およびそれぞれのときの x の値を求めよ。 （関西大）

☐ **5.28** a は実数の定数として，$a \leq x \leq a+4$ における $f(x) = x^3 - 3x^2 + 4$ の最小値を m，最大値を M とする。

$m = 0$ となるのは $\boxed{} \leq a \leq \boxed{}$ のときであり，$M = 4$ となるのは $\boxed{} \leq a \leq \boxed{}$ のときである。 （東京薬大）

チェック・チェック

5.25 最大・最小

区間 $a \leqq x \leqq b$ で定義された関数の最大値，最小値は，この区間での関数の極値と端点での関数値の大小で決まります。増減表を作成し，グラフをかくとこれを視覚的にみることができます。

5.26 極大値が最大値

極大値が最大値になるためには，まず極大となる x の値が与えられた範囲 $0 \leqq x \leqq a$ に含まれなければなりません。

5.27 極値をとる点の位置で場合分け

極大値，極小値および端点における関数の値が最大値，最小値の候補になります。定義域 $0 \leqq x \leqq 1$ の中に極値を与える x の値があるか否かで場合分けが生じます。

5.28 定義域のとり方

$f(x)$ の最小値 m が 0 であるということは，$a \leqq x \leqq a+4$ をみたすすべての x に対して

$f(x) \geqq 0$ であり，$f(x) = 0$ となる x が存在する

ということです。グラフをかくことにより

$f(x) \geqq 0$ をみたすのは $x \geqq -1$

$f(x) = 0$ をみたすのは $x = -1,\ 2$

であることがわかります。

解答・解説

5.25 $f(x) = 2x^3 - 3x^2 - 12x + 6$ より
$$f'(x) = 6x^2 - 6x - 12$$
$$= 6(x - 2)(x + 1)$$
よって，$f(x)$ が極値をとるのは
$$x = 2, \ -1$$
のときであり，$-2 \leqq x \leqq 4$ において，最大・最小となるのは
$$x = -2, \ -1, \ 2, \ 4$$
のいずれかである。
$$f(-2) = -16 - 12 + 24 + 6$$
$$= 2$$
$$f(-1) = -2 - 3 + 12 + 6$$
$$= 13$$
$$f(2) = 16 - 12 - 24 + 6$$
$$= -14$$
$$f(4) = 128 - 48 - 48 + 6$$
$$= 38$$
の大小を比較すると，$f(x)$ の最大値と最小値は

最大値 38，最小値 -14

【補足】

最大値，最小値を求めるだけなので，グラフは必要ないのだが，$y = f(x)$ の $-2 \leqq x \leqq 4$ における $f(x)$ の増減表と $y = f(x)$ のグラフは次のようになる。

x	-2	$\cdots$	-1	$\cdots$	2	$\cdots$	4
$f'(x)$		$+$	0	$-$	0	$+$	
$f(x)$	2	↗	13	↘	-14	↗	38

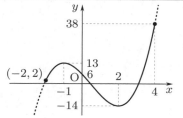

5.26 $f(x) = x^3 - 6x^2 + 9x + 2$ より
$$f'(x) = 3x^2 - 12x + 9$$
$$= 3(x - 1)(x - 3)$$
よって，$x \geqq 0$ における $f(x)$ の増減表は次のようになる。

x	0	$\cdots$	1	$\cdots$	3	$\cdots$
$f'(x)$		$+$	0	$-$	0	$+$
$f(x)$	2	↗	6	↘	2	↗

増減表より，極大値は
$$f(1) = 6$$
ここで，$f(x) = f(1)$ を解くと
$$x^3 - 6x^2 + 9x + 2 = 6$$
$$x^3 - 6x^2 + 9x - 4 = 0$$
$$(x - 1)^2(x - 4) = 0$$
$$\therefore \quad x = 1, \ 4$$
よって，極大値 6 が $0 \leqq x \leqq a$ における $f(x)$ の最大値となる a の値の範囲は
$$\underline{1 \leqq a \leqq 4}$$

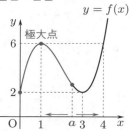

5.27 $f(x) = 2x^3 - 3(a + 1)x^2 + 6ax$
$$f'(x) = 6x^2 - 6(a + 1)x + 6a$$
$$= 6(x - 1)(x - a)$$
よって，$x = a$ が定義域 $0 \leqq x \leqq 1$ の中にあるか否かで場合分けする。

（i）$a \leqq 0$ のとき，$f(x)$ の増減表は次のようになる。

x	0	$\cdots$	1
$f'(x)$		$-$	0
$f(x)$		↘	

最大値：$f(0) = 0$
最小値：$f(1) = 3a - 1$

(ii) $0 < a < 1$ のとき，$f(x)$ の増減表
は次のようになる。

x	0	$\cdots$	a	$\cdots$	1
$f'(x)$		+	0	−	0
$f(x)$		↗	極大	↘	

最大値：$f(a) = -a^3 + 3a^2$
最小値は
$$f(0) = 0, \ f(1) = 3a - 1$$
の大きくない方，つまり

$0 < a < \dfrac{1}{3}$ のとき，$f(1) = 3a - 1$

$a = \dfrac{1}{3}$ のとき，$f(0) = f(1) = 0$

$\dfrac{1}{3} < a < 1$ のとき，$f(0) = 0$

(iii) $a \geqq 1$ のとき，$f(x)$ の増減表は次
のようになる。

x	0	$\cdots$	1
$f'(x)$		+	0
$f(x)$		↗	

最大値：$f(1) = 3a - 1$
最小値：$f(0) = 0$

以上 (ⅰ)〜(ⅲ) をまとめると，

最大値は

$$\begin{cases} a \leqq 0 \text{ のとき，} \ 0 \ (x = 0) \\ 0 < a < 1 \text{ のとき，} \ -a^3 + 3a^2 \ (x = a) \\ 1 \leqq a \text{ のとき，} \ 3a - 1 \ (x = 1) \end{cases}$$

最小値は

$$\begin{cases} a < \dfrac{1}{3} \text{ のとき，} \ 3a - 1 \ (x = 1) \\ a = \dfrac{1}{3} \text{ のとき，} \ 0 \ (x = 0, \ 1) \\ \dfrac{1}{3} < a \text{ のとき，} \ 0 \ (x = 0) \end{cases}$$

5.28 $f(x) = x^3 - 3x^2 + 4$ より
$$\begin{aligned} f'(x) &= 3x^2 - 6x \\ &= 3x(x - 2) \end{aligned}$$

$f(x)$ の増減表は次のようになる。

x	$\cdots$	0	$\cdots$	2	$\cdots$
$f'(x)$	+	0	−	0	+
$f(x)$	↗	4	↘	0	↗

また，$f(x) = 0$ より
$$x^3 - 3x^2 + 4 = 0$$
$$(x - 2)^2(x + 1) = 0$$
$$\therefore \quad x = 2, \ -1$$
$f(x) = 4$ より
$$x^3 - 3x^2 + 4 = 4$$
$$x^2(x - 3) = 0$$
$$\therefore \quad x = 0, \ 3$$
であるから，$y = f(x)$ のグラフは次の
ようになる。

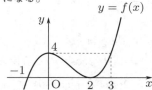

また，区間 $a \leqq x \leqq a + 4$ の幅は 4 で
ある。よって，グラフにおいて定義域を
動かすことにより，$a \leqq x \leqq a + 4$ にお
いて $m = 0$ となるのは

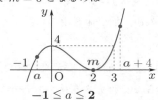

$$\underline{-1} \leqq a \leqq \underline{2}$$

$M = 4$ となるのは

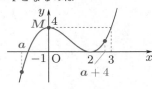

$$0 \leqq a + 4 \leqq 3$$
$$\therefore \quad \underline{-4} \leqq a \leqq \underline{-1}$$

📖 問題

最大・最小（置き換え） ···

☐ **5.29** 関数 $y = -\dfrac{2}{x^3} + \dfrac{3}{x^2}$ について，以下の問いに答えよ。

(1) $t = \dfrac{1}{x}$ とおいて，関数 y を t の関数に書き換えよ。

(2) $\dfrac{1}{2} \leqq x \leqq 2$ における関数 y の最大値，最小値を求めよ。　（日本福祉大）

☐ **5.30** $0 \leqq \theta \leqq \dfrac{2}{3}\pi$ の範囲で，関数 $\sin^2\theta\cos\theta$ の最大値は 　　 で，最小値は 　　 である。　（立教大）

☐ **5.31** $0 \leqq \theta \leqq \pi$ とする。

(1) $x = \sin\theta + \cos\theta$ のとる値の範囲を求めよ。

(2) $y = 2(\sin^3\theta + \cos^3\theta) + (\sin\theta + \cos\theta)$ を (1) の x の式で表せ。

(3) (2) の y の最大値，最小値を求めよ。　（滋賀大）

☐ **5.32** 関数 $f(x) = \dfrac{1}{3} \times 8^{x+\frac{1}{3}} - 5 \times 4^{x-\frac{1}{2}} + 2^{x+1}$ の区間 $0 \leqq x \leqq 2$ における最大値，最小値を求めよ。　（武蔵工大）

☐ **5.33** $\dfrac{1}{3} \leqq x \leqq 3$ で定義された関数 $y = -2(\log_3 3x)^3 + 3(\log_3 x + 1)^2 + 1$ がある。関数 y の最大値と最小値，およびそのときの x の値を求めよ。　（長崎大）

📖 チェック・チェック

5.29 $t = \dfrac{1}{x}$ の置き換え

(1) の誘導がなくても，この置き換えはできるようにしたいものです。

5.30 $t = \cos\theta$ の置き換え

$t = \cos\theta$ とおけば，$\sin^2\theta\cos\theta$ は t についての 3 次式になります。

また，$0 \leqq \theta \leqq \dfrac{2}{3}\pi$ ですから，t のとり得る値の範囲は $-\dfrac{1}{2} \leqq t \leqq 1$ です。

5.31 $x = \sin\theta + \cos\theta$ の置き換え

(1) の誘導がなくても (2) の y は $\sin\theta$，$\cos\theta$ についての対称式ですから
$$x = \sin\theta + \cos\theta$$
とおきましょう。このとき，両辺を 2 乗して変形すれば
$$x^2 = (\sin\theta + \cos\theta)^2$$
$$x^2 = 1 + 2\sin\theta\cos\theta$$
$$\therefore \quad \sin\theta\cos\theta = \frac{x^2 - 1}{2}$$
です。(1) は三角関数の合成を利用します。

5.32 $X = 2^x$ の置き換え

$X = 2^x$ とおきましょう。このときの x の範囲は $0 \leqq x \leqq 2$ で，底が 1 より大きいから，$2^0 \leqq 2^x \leqq 2^2$ すなわち $1 \leqq X \leqq 4$ です。

5.33 対数の置き換え

(真数) > 0 により，x の範囲が絞られます。$X = \log_3 x$ とおくと
$$y = -2(1 + X)^3 + 3(X + 1)^2 + 1$$
となるので，y を X の関数とみて解くこともできますが，$t = X + 1$ とおくことで
$$y = -2t^3 + 3t^2 + 1$$
とすることができます。

解答・解説

5.29 (1) $t = \dfrac{1}{x}$ とおくと

$y = -2 \cdot \left(\dfrac{1}{x}\right)^3 + 3 \cdot \left(\dfrac{1}{x}\right)^2$ より

$$\underline{y = -2t^3 + 3t^2}$$

(2) $\dfrac{1}{2} \leqq x \leqq 2$ より

$\dfrac{1}{2} \leqq t \leqq 2$

$f(t) = -2t^3 + 3t^2$ とおくと

$\quad f'(t) = -6t^2 + 6t$

$\quad\quad\quad = -6t(t-1)$

したがって, $\dfrac{1}{2} \leqq t \leqq 2$ における $f(t)$ の増減表は次のようになる。

t	$\dfrac{1}{2}$	$\cdots$	1	$\cdots$	2
$f'(t)$		$+$	0	$-$	
$f(t)$	$\dfrac{1}{2}$	$\nearrow$	1	$\searrow$	-4

よって, **最大値 1, 最小値 −4**

5.30 $\quad \sin^2\theta\cos\theta$

$= (1 - \cos^2\theta)\cos\theta$

$= \cos\theta - \cos^3\theta$

$t = \cos\theta$ とおくと, $0 \leqq \theta \leqq \dfrac{2}{3}\pi$ より

$$-\dfrac{1}{2} \leqq t \leqq 1$$

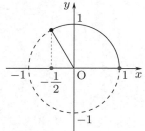

$f(t) = t - t^3$ とおくと

$\quad f'(t) = 1 - 3t^2$

$= -3\left(t + \dfrac{1}{\sqrt{3}}\right)\left(t - \dfrac{1}{\sqrt{3}}\right)$

したがって, $-\dfrac{1}{2} \leqq t \leqq 1$ における $f(t)$ の増減表は次のようになる。

t	$-\dfrac{1}{2}$	$\cdots$	$\dfrac{1}{\sqrt{3}}$	$\cdots$	1
$f'(t)$		$+$	0	$-$	
$f(t)$	$-\dfrac{3}{8}$	$\nearrow$	$\dfrac{2\sqrt{3}}{9}$	$\searrow$	0

よって, 最大値 $\underline{\dfrac{2\sqrt{3}}{9}}$, 最小値 $\underline{-\dfrac{3}{8}}$

5.31 (1) 三角関数の合成より

$\quad x = \sin\theta + \cos\theta$

$\quad\quad = \sqrt{2}\sin\left(\theta + \dfrac{\pi}{4}\right)$

$0 \leqq \theta \leqq \pi$ より

$\quad \dfrac{\pi}{4} \leqq \theta + \dfrac{\pi}{4} \leqq \dfrac{5}{4}\pi$

よって

$\quad -\dfrac{1}{\sqrt{2}} \leqq \sin\left(\theta + \dfrac{\pi}{4}\right) \leqq 1$

$\quad -1 \leqq \sqrt{2}\sin\left(\theta + \dfrac{\pi}{4}\right) \leqq \sqrt{2}$

$\quad \therefore \quad \underline{-1 \leqq x \leqq \sqrt{2}}$

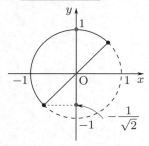

(2) $x = \sin\theta + \cos\theta$ の両辺を 2 乗して

$\quad x^2 = (\sin\theta + \cos\theta)^2$

$\quad\quad = 1 + 2\sin\theta\cos\theta$

$$\therefore \quad \sin\theta\cos\theta = \frac{x^2-1}{2}$$

したがって

$$
\begin{aligned}
y &= 2(\sin^3\theta+\cos^3\theta)+(\sin\theta+\cos\theta)\\
&= (\sin\theta+\cos\theta)\\
&\quad \times\{2(\sin^2\theta-\sin\theta\cos\theta+\cos^2\theta)+1\}\\
&= x\left\{2\left(1-\frac{x^2-1}{2}\right)+1\right\}\\
&= -x^3+4x
\end{aligned}
$$

$$\therefore \quad \boldsymbol{y=-x^3+4x}$$

(3) $y'=-3x^2+4$ より $y'=0$ を解くと $x=\pm\dfrac{2\sqrt{3}}{3}$ である。(1) より，x の変域は $-1\leqq x\leqq\sqrt{2}$ であるから，y の増減表は次のようになる。

x	-1	$\cdots$	$\dfrac{2\sqrt{3}}{3}$	$\cdots$	$\sqrt{2}$
y'		$+$	0	$-$	
y	-3	$\nearrow$	$\dfrac{16\sqrt{3}}{9}$	$\searrow$	$2\sqrt{2}$

よって

最大値 $\dfrac{16\sqrt{3}}{9}$，最小値 -3

5.32 $f(x)$

$$
\begin{aligned}
&= \frac{1}{3}\cdot 8^{x+\frac{1}{3}}-5\cdot 4^{x-\frac{1}{2}}+2^{x+1}\\
&= \frac{1}{3}\cdot 8^{\frac{1}{3}}(2^x)^3-5\cdot 4^{-\frac{1}{2}}(2^x)^2+2\cdot 2^x\\
&= \frac{2}{3}\cdot(2^x)^3-\frac{5}{2}\cdot(2^x)^2+2\cdot(2^x)
\end{aligned}
$$

ここで，$X=2^x$ とおくと，$0\leqq x\leqq 2$ より

$$1\leqq X\leqq 4 \quad \cdots\cdots ①$$

よって，この範囲における

$$F(X)=\frac{2}{3}X^3-\frac{5}{2}X^2+2X$$

の最大値，最小値を求めればよい。

$$F'(X)=2X^2-5X+2$$

$$= (2X-1)(X-2)$$

であるから，① における $F(X)$ の増減表は次のようになる。

X	1	$\cdots$	2	$\cdots$	4
$F'(X)$		$-$	0	$+$	
$F(X)$	$\dfrac{1}{6}$	$\searrow$	$-\dfrac{2}{3}$	$\nearrow$	$\dfrac{32}{3}$

よって，最大値 $\dfrac{32}{3}$，最小値 $-\dfrac{2}{3}$

5.33 y

$$= -2(\log_3 3x)^3+3(\log_3 x+1)^2+1 \quad \cdots\cdots ①$$

定義域 $\dfrac{1}{3}\leqq x\leqq 3$ は (真数)>0 をみたしている。$\log_3 3x=1+\log_3 x$ より，$t=\log_3 x+1$ とおくと，① は

$$y=-2t^3+3t^2+1$$

となる。t で微分すると

$$
\begin{aligned}
y' &= -6t^2+6t\\
&= -6t(t-1)
\end{aligned}
$$

$\dfrac{1}{3}\leqq x\leqq 3$ のとき

$$-1\leqq\log_3 x\leqq 1$$

$$\therefore \quad 0\leqq t\leqq 2$$

であるから，増減表は次のようになる。

t	0	$\cdots$	1	$\cdots$	2
y'		$+$	0	$-$	
y	1	$\nearrow$	2	$\searrow$	-3

よって，y は $t=1$ のとき

最大値 2

をとる。このときの x の値は

$$\log_3 x+1=1$$

より $\boldsymbol{x=1}$ である。

また，y は $t=2$ のとき

最小値 -3

をとる。このときの x の値は

$$\log_3 x+1=2$$

より $\boldsymbol{x=3}$ である。

📖 問題

最大・最小（応用問題） ....

☐ **5.34** 1 辺が x 軸上にあって，放物線 $y = 6x - x^2$ と x 軸とで，囲まれた部分に内接する長方形の面積の最大値を求めよ。また，そのときの長方形の周の長さを求めよ。 （東邦大）

☐ **5.35** 1 辺の長さが 1 の正六角形の厚紙のおのおのの隅から同じ大きさの四角形を一つずつ切り落として折り曲げ，側面が底面と垂直な正六角筒の箱を作る。この箱の容積が最大になるときの，側面積および底面積を求めよ。 （自治医大　改）

☐ **5.36** 側面を展開すると半径 a，中心角 $180°$ のおうぎ形になるような直円錐を考える。この直円錐に内接する直円柱の底面の半径を x とする。次の問いに答えよ。

(1) 直円柱の体積を x を用いて表せ。

(2) x を変えたとき，直円柱の体積の最大値を求めよ。 （東北学院大）

☐ **5.37** 縦，横，高さの和が 7 の直方体の表面積が 30 であるとき，この直方体の体積 V の最小値は ☐，最大値は ☐ である。また，V が最小値をとるときの縦，横，高さは，その値の小さいものから順に並べると ☐，☐，☐ である。 （日本大）

チェック・チェック

5.34　最大面積

どこを変数にとるか考えましょう。OA $= t$ とおき，AD と AB を t で表してみます。そうすれば，長方形 ABCD の面積も周の長さも t で表すことができます。

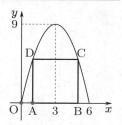

5.35　最大容積

まずは図をかいてみましょう。次は，どこを変数にとるかを考えましょう。

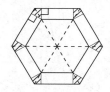

5.36　最大体積

やはり図をかいてみましょう。立体図形を把握するには
　　　展開図や断面図
も有効な手段となります。

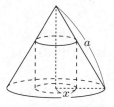

5.37　体積の最大・最小

3 次方程式の解と係数の関係を使います。すなわち
　「α, β, γ が 3 次方程式 $ax^3 + bx^2 + cx + d = 0$ $(a \neq 0)$ の解である」

$\iff ax^3 + bx^2 + cx + d = a(x - \alpha)(x - \beta)(x - \gamma)$

$$\iff \begin{cases} \alpha + \beta + \gamma = -\dfrac{b}{a} \\[2mm] \alpha\beta + \beta\gamma + \gamma\alpha = \dfrac{c}{a} \\[2mm] \alpha\beta\gamma = -\dfrac{d}{a} \end{cases}$$

📖 解答・解説

5.34 $y = 6x - x^2 = x(6 - x)$ であり，次の図のように長方形の各頂点を A, B, C, D とする。

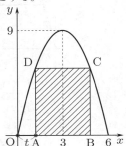

$\mathbf{OA} = t \ (0 < t < 3)$ とおくと，A$(t, 0)$, B$(6 - t, 0)$, D$(t, 6t - t^2)$ となり

$$\begin{cases} \text{AB} = 6 - 2t = 2(3 - t) \\ \text{AD} = 6t - t^2 = t(6 - t) \end{cases}$$
$$\cdots\cdots\text{①}$$

と表せる。したがって長方形 ABCD の面積 $S(t)$ は

$$\begin{aligned} S(t) &= \text{AB} \times \text{AD} \\ &= 2t(3 - t)(6 - t) \\ &= 2(t^3 - 9t^2 + 18t) \end{aligned}$$

となるから

$$\begin{aligned} S'(t) &= 2(3t^2 - 18t + 18) \\ &= 6(t^2 - 6t + 6) \end{aligned}$$

より $S'(t) = 0$ を解くと

$$t = 3 \pm \sqrt{3}$$

である。よって，$0 < t < 3$ における $S(t)$ の増減表は次のようになる。

t	(0)	$\cdots$	$3 - \sqrt{3}$	$\cdots$	(3)
$S'(t)$		$+$	0	$-$	
$S(t)$		↗	最大	↘	

増減表より，$t = 3 - \sqrt{3}$ のとき $S(t)$ は最大となり，①より

$$\begin{aligned} \text{AB} &= 2\{3 - (3 - \sqrt{3})\} \\ &= 2\sqrt{3} \\ \text{AD} &= (3 - \sqrt{3})\{6 - (3 - \sqrt{3})\} \\ &= (3 - \sqrt{3})(3 + \sqrt{3}) \\ &= 6 \end{aligned}$$

であるから，面積の最大値は

$$2\sqrt{3} \cdot 6 = \mathbf{12\sqrt{3}}$$

そのときの長方形の周の長さは

$$2(2\sqrt{3} + 6) = \mathbf{4(3 + \sqrt{3})}$$

5.35 1 辺の長さが 1 の正六角形を考える。題意の箱の作り方より，6 つの隅から $60°$，$30°$ の角をもつ直角三角形の斜辺を貼り合わせた四角形を切り落とせばよい。

箱の高さにあたる部分の長さを $\sqrt{3}x$ とおけば

$$\begin{aligned} &\text{（底面の正六角形の 1 辺の長さ）} \\ &= 1 - 2 \cdot \sqrt{3}x \tan 30° \\ &= 1 - 2x \ (> 0) \end{aligned}$$

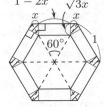

よって，容積を V とすれば，$0 < x < \dfrac{1}{2}$ において

$$\begin{aligned} &\text{（底面積）} \\ &= 6 \times \frac{1}{2}(1 - 2x)^2 \sin 60° \\ &= \frac{3\sqrt{3}}{2}(1 - 2x)^2 \end{aligned}$$

より

$$V = \text{（底面積）} \times \sqrt{3}x$$

$$= \frac{9}{2}x(1-2x)^2$$

$$= \frac{9}{2}(x - 4x^2 + 4x^3)$$

よって

$$V' = \frac{9}{2}(1 - 8x + 12x^2)$$

$$= \frac{9}{2}(2x - 1)(6x - 1)$$

となるので，$0 < x < \frac{1}{2}$ における V の

増減表は次のようになり，V は $x = \frac{1}{6}$

で極大かつ最大となる。

x	(0)	$\cdots$	$\frac{1}{6}$	$\cdots$	$\left(\frac{1}{2}\right)$
V'		$+$	0	$-$	
V		$\nearrow$	極大	$\searrow$	

よって，容積が最大になるときの側面積

は

$$6 \times (1 - 2x) \cdot \sqrt{3}x$$

$$= 6 \times \left(1 - \frac{2}{6}\right) \cdot \frac{\sqrt{3}}{6}$$

$$= \frac{2\sqrt{3}}{3}$$

底面積は

$$\frac{3\sqrt{3}}{2}\left(1 - 2 \cdot \frac{1}{6}\right)^2$$

$$= \frac{2\sqrt{3}}{3}$$

5.36 (1) 直円錐の母線の長さは a で

あり，底面の半径を r とすると，底面の

円周の長さと側面のおうぎ形の弧の長さ

は等しいから

$$2\pi r = 2\pi a \times \frac{180^\circ}{360^\circ}$$

より

$$r = \frac{a}{2}$$

ゆえに

$$(直円錐の高さ) = \sqrt{a^2 - \left(\frac{a}{2}\right)^2}$$

$$= \frac{\sqrt{3}}{2}a$$

したがって，直円錐に内接する直円柱

の底面の半径が x のとき，頂点と底面の

中心を通る平面による断面は，次の図の

ようになる。

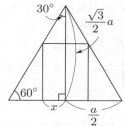

直円柱の体積 V は

$$(円柱の高さ) = \left(\frac{a}{2} - x\right)\tan 60^\circ$$

$$= \frac{\sqrt{3}}{2}(a - 2x)$$

より

$$V = \pi x^2 \times (円柱の高さ)$$

$$= \frac{\sqrt{3}}{2}\pi x^2(a - 2x)$$

$$\left(0 < x < \frac{a}{2}\right)$$

(2) $f(x) = x^2(a - 2x) = ax^2 - 2x^3$ と

おくと

$$f'(x) = 2ax - 6x^2$$

$$= -2x(3x - a)$$

よって，$f(x)$ の $0 < x < \frac{a}{2}$ における

増減表は次のようになる。

x	(0)	$\cdots$	$\dfrac{a}{3}$	$\cdots$	$\left(\dfrac{a}{2}\right)$
$f'(x)$		$+$	0	$-$	
$f(x)$		$\nearrow$	極大	$\searrow$	

増減表より，$x = \dfrac{a}{3}$ のとき V は極大か

つ最大となり，体積の最大値は

$$\frac{\sqrt{3}}{2}\pi\left(\frac{a}{3}\right)^2\left(a - 2\cdot\frac{a}{3}\right)$$

$$= \frac{\sqrt{3}}{54}\pi a^3$$

5.37 縦，横，高さをそれぞれ x, y, z とおくと，条件より

$$\begin{cases} x+y+z = 7 \\ 2(xy+yz+zx) = 30 \\ V = xyz \end{cases}$$

ゆえに

$$\begin{cases} x+y+z = 7 \\ xy+yz+zx = 15 \\ xyz = V \end{cases}$$

したがって，x, y, z は 3 次方程式

$$t^3 - 7t^2 + 15t - V = 0 \quad \cdots ①$$

の 3 つの正の解である。

ここで，$f(t) = t^3 - 7t^2 + 15t$ とおく
と

$$f'(t) = 3t^2 - 14t + 15$$
$$= (3t-5)(t-3)$$

となるから，$Y = f(t)$ の増減とグラフ
は次の図のようになる。

t	$\cdots$	$\dfrac{5}{3}$	$\cdots$	3	$\cdots$
$f'(t)$	$+$	0	$-$	0	$+$
$f(t)$	$\nearrow$	$\dfrac{275}{27}$	$\searrow$	9	$\nearrow$

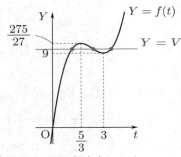

①が 3 つの正の解をもつのは

$$Y = f(t), \ Y = V$$

が 2 つまたは 3 つの共有点をもち，かつ
その t 座標が正のときであるから，V の
とり得る値の範囲は

$$9 \leqq V \leqq \frac{275}{27}$$

であり

最小値 **9**，最大値 $\dfrac{\boldsymbol{275}}{\boldsymbol{27}}$

また，$V = 9$ のとき，①は

$$t^3 - 7t^2 + 15t - 9 = 0$$
$$(t-1)(t-3)^2 = 0$$
$$\therefore \quad t = 1, \ 3 \ (\text{重解})$$

よって，x, y, z を小さい順に並べる
と **1, 3, 3** となる。

【MEMO】

📖 問題

方程式への応用 ··

☐ **5.38** 実数 a が変化するとき，3 次関数 $y = x^3 - 4x^2 + 6x$ と直線 $y = x + a$ のグラフの交点の個数はどのように変化するか。a の値によって分類せよ。

(京大)

☐ **5.39** 曲線 $y = 1 - x^2$ を C とする。

(1) C 上の点 $(t,\ 1 - t^2)$ における法線の方程式を求めよ。

(2) C の法線で原点を通るものの本数を求めよ。

(3) 点 $(a,\ 0)$ を通る C の法線がただ 1 本であるための a の条件を求めよ。

(津田塾大)

☐ **5.40** xy 平面上の点 $(a,\ b)$ から曲線 $y = x^3 - 2x$ に接線をひく。点 $(a,\ b)$ からの接線が 3 本ひけるときの $a,\ b$ についての条件を求め，点 $(a,\ b)$ の存在する領域を図示せよ。

(信州大)

チェック・チェック

5.38 曲線と直線の交点の個数

曲線 $y = f(x)$ と直線 $y = x + a$ の交点は連立方程式

$$\begin{cases} y = f(x) \\ y = x + a \end{cases}$$

の解 (x, y) ですから，交点の個数は

$$f(x) = x + a \quad \text{すなわち} \quad f(x) - x = a$$

の異なる実数解 x の個数と一致します。つまり，曲線 $y = f(x) - x$ と直線 $y = a$ との交点の個数でもあります。

5.39 法線の本数

(1) 曲線 $C : y = f(x)$ 上の点 $(t,\ f(t))$ における法線の方程式は

$$f'(t)(y - f(t)) = -(x - t)$$

でしたね。

(2) 法線の本数は法線を与える曲線上の点の個数と一致します。

5.40 接線の本数

接線の方程式，方程式への応用，グラフの図示といった内容を含む微分の総合問題になっています。

接点の個数と接線の本数の対応を考える際に，4 次関数のグラフでは二重接線も考慮しなければなりませんが，3 次関数のグラフでは異なる点における接線が重なることはないので，接点の個数と接線の本数は一致します。

📖 解答・解説

5.38 曲線 $y = x^3 - 4x^2 + 6x$ と直線 $y = x + a$ の交点の個数は，x の方程式

$$x^3 - 4x^2 + 6x = x + a$$

$$\therefore \quad x^3 - 4x^2 + 5x = a$$

の異なる実数解の個数であり，これは，曲線 $y = x^3 - 4x^2 + 5x$ と直線 $y = a$ の交点の個数と一致する。

$f(x) = x^3 - 4x^2 + 5x$ とおくと

$$f'(x) = 3x^2 - 8x + 5$$

$$= (x-1)(3x-5)$$

であり，$f(x)$ の増減表は次のようになる。

x	$\cdots$	1	$\cdots$	$\dfrac{5}{3}$	$\cdots$
$f'(x)$	$+$	0	$-$	0	$+$
$f(x)$	↗	2	↘	$\dfrac{50}{27}$	↗

よって，曲線 $y = f(x)$ と直線 $y = a$ は次の図のようになる。

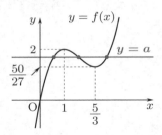

したがって，求める交点の個数は

$$\begin{cases} a < \dfrac{50}{27} \text{ のとき} & \textbf{1 個} \\[2mm] a = \dfrac{50}{27} \text{ のとき} & \textbf{2 個} \\[2mm] \dfrac{50}{27} < a < 2 \text{ のとき} & \textbf{3 個} \\[2mm] a = 2 \text{ のとき} & \textbf{2 個} \\[2mm] 2 < a \text{ のとき} & \textbf{1 個} \end{cases}$$

5.39 (1) $C : y = 1 - x^2$ より

$$y' = -2x$$

であるから，C 上の点 $(t, 1 - t^2)$ における法線の方程式は

$$-2t\{y - (1 - t^2)\} = -(x - t)$$

$$\therefore \quad \boldsymbol{x - 2ty = 2t^3 - t}$$

$$\cdots\cdots①$$

(2) 法線 ① が原点 $(0, 0)$ を通るとき

$$0 - 0 = 2t^3 - t$$

$$t(2t^2 - 1) = 0$$

$$\therefore \quad t = 0, \ \pm\dfrac{1}{\sqrt{2}}$$

異なる t に対して①は異なる直線を表すので，C の法線で原点を通るものは

3 本

(3) 点 $(a, 0)$ を通る法線①がただ 1 本であるための条件は

$$a - 0 = 2t^3 - t$$

$$\therefore \quad 2t^3 - t = a$$

をみたす実数 t がただ 1 個存在することであり，これは曲線 $y = 2t^3 - t$ のグラフと直線 $y = a$ がただ 1 つの共有点をもつことである。

$f(t) = 2t^3 - t$ とおくと

$$f'(t) = 6t^2 - 1$$

$$= 6\left(t + \dfrac{1}{\sqrt{6}}\right)\left(t - \dfrac{1}{\sqrt{6}}\right)$$

であり，$f(t)$ の増減は次の表となる。

t	$\cdots$	$-\dfrac{1}{\sqrt{6}}$	$\cdots$	$\dfrac{1}{\sqrt{6}}$	$\cdots$
$f'(t)$	$+$	0	$-$	0	$+$
$f(t)$	↗	$\dfrac{\sqrt{6}}{9}$	↘	$-\dfrac{\sqrt{6}}{9}$	↗

よって，曲線 $y = f(x)$ と直線 $y = a$ は次の図のようになる。

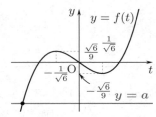

したがって，求める a の条件は

$$a < -\frac{\sqrt{6}}{9}, \quad a > \frac{\sqrt{6}}{9}$$

5.40 $y = x^3 - 2x$ より $y' = 3x^2 - 2$ であるから，曲線上の点 $(t,\ t^3 - 2t)$ における接線の方程式は

$$y - (t^3 - 2t) = (3t^2 - 2)(x - t)$$

この接線が点 $(a,\ b)$ を通るから

$$b - (t^3 - 2t) = (3t^2 - 2)(a - t)$$

$$b - t^3 + 2t$$

$$\qquad = -3t^3 + 3at^2 + 2t - 2a$$

$$\therefore \quad 2t^3 - 3at^2 + 2a + b = 0$$

$$\cdots\cdots \text{①}$$

が成り立つ。点 $(a,\ b)$ からの接線が 3 本ひける条件は，t の 3 次方程式 ① が 3 つの異なる実数解をもつことである。

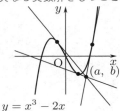

$f(t) = 2t^3 - 3at^2 + 2a + b$ とおくと

$$f'(t) = 6t^2 - 6at = 6t(t - a)$$

である。求める条件は，$y = f(t)$ のグラフが t 軸と異なる 3 点で交わることであり，これは $f(t)$ が極値をもち，極大値と極小値が異符号となることである。すなわち，$a \neq 0$ であり

$$f(0)f(a) < 0$$

$$\therefore \quad (b + 2a)(b - a^3 + 2a) < 0$$

をみたすことである。

　よって，点 $(a,\ b)$ の存在する領域は

$$\begin{cases} y + 2x > 0 \\ y - x^3 + 2x < 0 \end{cases}$$

または

$$\begin{cases} y + 2x < 0 \\ y - x^3 + 2x > 0 \end{cases}$$

すなわち

$$\begin{cases} y > -2x \\ y < x^3 - 2x \end{cases}$$

または

$$\begin{cases} y < -2x \\ y > x^3 - 2x \end{cases}$$

$y = x^3 - 2x$ について，$y' = 3x^2 - 2$ より，y の増減は次の表となる。

x	$\cdots$	$-\dfrac{\sqrt{6}}{3}$	$\cdots$	$\dfrac{\sqrt{6}}{3}$	$\cdots$
y'	$+$	0	$-$	0	$+$
y	$\nearrow$	$\dfrac{4\sqrt{6}}{9}$	$\searrow$	$-\dfrac{4\sqrt{6}}{9}$	$\nearrow$

　また，$y = -2x$ と $y = x^3 - 2x$ を連立すると

$$x^3 - 2x = -2x$$

$$\therefore \quad x = 0 \, (\text{3 重解})$$

であり，$y = -2x$ は $y = x^3 - 2x$ 上の点 $(0, 0)$ における接線である。

　以上より，求める領域は **次の図の斜線部分となる。ただし，境界線を含まない。**

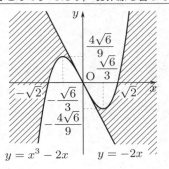

$y = x^3 - 2x$ 　　　$y = -2x$

📖 問題

不等式への応用 ···

☐ **5.41** $x \geqq 0$ のすべての x について，不等式が $a(x-1) \leqq x^3$ をみたす a の
最大値を求めよ。　　　　　　　　　　　　　　　　　　　（熊本県立大）

☐ **5.42** 3 次関数 $f(x) = -x^3 + 3ax^2 + b$ （a, b は実数の定数）について，
$0 \leqq x \leqq 2$ のとき $f(x) \leqq 4$ となるための a, b の条件を求めよ。

　　　　　　　　　　　　　　　　　　　　　　　　（東京海洋大　改）

☐ **5.43** a を実数の定数として，2 つの関数 $f(x)$, $g(x)$ を，
$$f(x) = x^3 - 12x + 20, \ g(x) = -x^2 - 7x + a$$
とする。

(1) $x \geqq -4$ をみたすすべての実数 x に対して，$f(x) \geqq g(x)$ が成り立つよ
うな a の値の範囲を求めよ。

(2) s, $t \geqq -4$ をみたすすべての実数 s, t に対して，$f(s) \geqq g(t)$ が成り立
つような a の値の範囲を求めよ。　　　　　　　　　　（西南学院大）

チェック・チェック

5.41 文字を含む不等式

$p(x) = x^3 - a(x-1) \geq 0$ を考えるか，または，曲線 $y = x^3$ と直線 $y = a(x-1)$ の位置関係を考えるかです。

5.42 2 つの文字を含む不等式

極値をとる x が定義域 $0 \leq x \leq 2$ の中にあるか否かで場合分けすることになります。すなわち，$f'(x) = -3x^2 + 6ax = -3x(x-2a)$ なので，$x = 2a$ が $0 \leq x \leq 2$ の中にあるか否かで場合分けします。

5.43 独立 2 変数の不等式

(1) は $(x^3 - 12x + 20) - (-x^2 - 7x) \geq a$ として，定数 a を分離しましょう。

(2) では s, t は独立に動きます。

$(s \geq -4$ での $f(s)$ の最小値$) \geq (t \geq -4$ での $g(t)$ の最大値$)$

となる a の値の範囲を求めましょう。

解答・解説

5.41 $p(x) = x^3 - a(x-1)$ とおき，$x \geqq 0$ で，つねに $p(x) \geqq 0$ が成り立つための a の条件を考える。

$$p'(x) = 3x^2 - a$$

(ⅰ) $a \leqq 0$ のとき，$p'(x) \geqq 0$ であり，$p(x)$ は単調増加関数である。$x \geqq 0$ でつねに 0 以上になるための条件は

$$p(0) = a \geqq 0$$

$a \leqq 0$ より

$$a = 0$$

(ⅱ) $a > 0$ のとき，$x \geqq 0$ において，$p(x)$ は $x = \sqrt{\dfrac{a}{3}}$ で極小かつ最小となるから，求める条件は

$$p\left(\sqrt{\frac{a}{3}}\right)$$
$$= \frac{a}{3}\sqrt{\frac{a}{3}} - a\left(\sqrt{\frac{a}{3}} - 1\right)$$
$$= a\left(1 - \frac{2}{3}\sqrt{\frac{a}{3}}\right) \geqq 0$$

$a > 0$ より

$$1 - \frac{2}{3}\sqrt{\frac{a}{3}} \geqq 0$$
$$\therefore \quad 0 < a \leqq \frac{27}{4}$$

(ⅰ)，(ⅱ) より，a のとり得る値の範囲は

$$0 \leqq a \leqq \frac{27}{4}$$

となるので，求める a の最大値は

$$\underline{\frac{27}{4}}$$

である。

別解

$f(x) = x^3$，$g(x) = a(x-1)$ とおく。$y = f(x)$ のグラフは次の図のようになり，$y = g(x)$ のグラフは定点 $(1, 0)$ を通る傾き a の直線を表す。

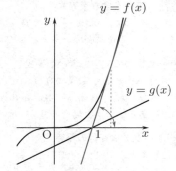

$y = g(x)$ が $y = f(x)$ に接するときを考える。$y = f(x)$ 上の点 (t, t^3) における接線の方程式は

$$y = 3t^2(x - t) + t^3$$
$$\therefore \quad y = 3t^2 x - 2t^3 \quad \cdots\cdots ①$$

これが点 $(1, 0)$ を通るのは

$$0 = 3t^2 - 2t^3$$
$$(2t - 3)t^2 = 0$$
$$\therefore \quad t = 0, \frac{3}{2}$$

のときであり，①に代入して接線の方程式を求めると，それぞれ

$$y = 0, \quad y = \frac{27}{4}(x - 1)$$

である。よって，題意の不等式が $x \geqq 0$ の範囲でつねに成り立つための条件は $0 \leqq a \leqq \dfrac{27}{4}$ だから，a の最大値は $\dfrac{27}{4}$ である。

5.42 $0 \leqq x \leqq 2$ での $f(x)$ の最大値が 4 以下となるための a，b の条件を求めればよい。

$f(x) = -x^3 + 3ax^2 + b$ より

$$f'(x) = -3x^2 + 6ax$$
$$= -3x(x - 2a)$$

であるから，$f(2a)$ が $0 \leqq x \leqq 2$ の範囲で極値となるか否かで場合分けする。

(i) $a \leqq 0$ のとき，$0 \leqq x \leqq 2$ の範囲で $f'(x) \leqq 0$ であり，最大値は
$$f(0) = b$$
である。
$$\therefore \quad b \leqq 4$$

(ii) $0 < a < 1$ のとき，$0 \leqq x \leqq 2$ の範囲で $f(x)$ は $x = 2a$ のときに極大かつ最大であり，最大値は
$$f(2a) = 4a^3 + b$$
である。よって
$$4a^3 + b \leqq 4$$
$$\therefore \quad b \leqq 4 - 4a^3$$

(iii) $1 \leqq a$ のとき，$0 \leqq x \leqq 2$ の範囲で $f'(x) \geqq 0$ であり，最大値は
$$f(2) = 12a + b - 8$$
である。よって
$$12a + b - 8 \leqq 4$$
$$\therefore \quad b \leqq 12 - 12a$$

(i)〜(iii) より，求める a, b の条件は
$$\begin{cases} a \leqq 0 \text{ のとき, } b \leqq 4 \\ 0 < a < 1 \text{ のとき, } b \leqq 4 - 4a^3 \\ a \geqq 1 \text{ のとき, } b \leqq 12 - 12a \end{cases}$$

5.43 (1) 「$x \geqq -4$ をみたすすべての実数 x に対して，$f(x) \geqq g(x)$ が成り立つ」ということは
$$f(x) \geqq g(x)$$
$$x^3 - 12x + 20 \geqq -x^2 - 7x + a$$
$$x^3 + x^2 - 5x + 20 \geqq a$$
$$\cdots\cdots ①$$
より，「$x \geqq -4$ をみたすすべての実数 x に対して ① が成り立つ」ということであり，これは ① の左辺を $h(x)$ とおくと，「$x \geqq -4$ での $h(x)$ の最小値が a 以上である」ということである。
$$h'(x) = 3x^2 + 2x - 5$$
$$= (3x + 5)(x - 1)$$
より，$x \geqq -4$ における $h(x)$ の増減は

次の表となる。

x	-4	$\cdots$	$-\dfrac{5}{3}$	$\cdots$	1	$\cdots$
$h'(x)$		$+$	0	$-$	0	$+$
$h(x)$		↗	極大	↘	極小	↗

ここで
$$h(-4) = -8, \quad h(1) = 17$$
であり，$x \geqq -4$ における $h(x)$ の最小値は -8 である。

よって，求める a の値の範囲は
$$\underline{a \leqq -8}$$

(2) 「$s, t \geqq -4$ をみたすすべての実数 s, t に対して，$f(s) \geqq g(t)$ が成り立つ」ということは

（$s \geqq -4$ での $f(s)$ の最小値）
$\geqq$（$t \geqq -4$ での $g(t)$ の最大値）

が成り立つことである。
$$f'(s) = 3s^2 - 12$$
$$= 3(s + 2)(s - 2)$$
より，$s \geqq -4$ における $f(s)$ の増減は次の表となる。

s	-4	$\cdots$	-2	$\cdots$	2	$\cdots$
$f'(s)$		$+$	0	$-$	0	$+$
$f(s)$		↗	極大	↘	極小	↗

ここで
$$f(-4) = 4, \quad f(2) = 4$$
であり，$s \geqq -4$ における $f(s)$ の最小値は 4 である。

また
$$g(t) = -\left(t + \frac{7}{2}\right)^2 + \frac{49}{4} + a$$
であり，$t \geqq -4$ における $g(t)$ の最大値は $\dfrac{49}{4} + a$ である。

よって，求める a の値の範囲は
$$4 \geqq \frac{49}{4} + a$$
$$\therefore \quad \underline{a \leqq -\frac{33}{4}}$$

§1　積分の計算

📖 問題

積分の計算 ··

☐ **6.1**　$F'(x) = 3x^2 + 3x - 2$, $F(-2) = 0$ のとき，$F(x) = \boxed{}$ で
ある。
（静岡理工科大）

☐ **6.2**　次の等式が成り立つことを証明せよ。

(1) $\displaystyle\int_\alpha^\beta (x-\alpha)(x-\beta)\,dx = -\frac{1}{6}(\beta-\alpha)^3$
（北海道教育大）

(2) $\displaystyle\int_\alpha^\beta (x-\alpha)^2(x-\beta)\,dx = -\frac{1}{12}(\beta-\alpha)^4$

(3) $\displaystyle\int_\alpha^\gamma (x-\alpha)(x-\beta)(x-\gamma)\,dx = \frac{(\gamma-\alpha)^3}{12}(2\beta-\alpha-\gamma)$

☐ **6.3**　$I = \displaystyle\int_{-x}^x (t+2t^2x)\,dt$ を計算すると，$I = \boxed{}$ である。
（日本工大）

☐ **6.4**　$\displaystyle\int_0^1 f(x)\,dx = 3$, $\displaystyle\int_1^2 f(x)\,dx = 4$, $\displaystyle\int_2^3 f(x)\,dx = -8$ のとき，
$\displaystyle\int_0^3 8f(x)\,dx = \boxed{}$ である。
（福岡工大）

📖 チェック・チェック

基本 check！

導関数と不定積分

$F'(x) = f(x)$ のとき，$\displaystyle\int f(x)\,dx = F(x) + C$（$C$ は定数）であり，$F(x)$ を $f(x)$ の不定積分または原始関数という。

$$\int kg(x)\,dx = k\int g(x)\,dx, \quad \int \{g(x) \pm h(x)\}\,dx = \int g(x)\,dx \pm \int h(x)\,dx \ \text{（複号同順）}$$

$$\int x^n\,dx = \frac{x^{n+1}}{n+1} + C \ \text{（n は負でない整数，C は積分定数）}$$

定積分

関数 $f(x)$ の原始関数の 1 つを $F(x)$ とすると

$$\int_a^b f(x)\,dx = \left[F(x)\right]_a^b = F(b) - F(a), \qquad \int_a^a f(x)\,dx = 0$$

$$\int_b^a f(x)\,dx = -\int_a^b f(x)\,dx, \qquad \int_a^b f(x)\,dx = \int_a^c f(x)\,dx + \int_c^b f(x)\,dx$$

6.1 不定積分

$\displaystyle\int F'(x)\,dx = F(x) + C$ であり，$F(-2) = 0$ により積分定数 C が決まります。

6.2 重要公式

$\displaystyle\int_\alpha^\beta (x - \alpha)(x - \beta)\,dx = -\frac{1}{6}(\beta - \alpha)^3$ は公式として覚えておくべきものです。(2), (3) は証明できるようにしておきましょう。

6.3 偶関数・奇関数

積分変数が t であることに注意します。また，積分区間が $-x \leqq t \leqq x$ ですから $f(t)$ が偶関数 $[f(-t) = f(t)]$ か奇関数 $[f(-t) = -f(t)]$ かに着目します。

$$f(t) \ \text{が偶関数なら} \qquad \int_{-x}^x f(t)\,dt = 2\int_0^x f(t)\,dt$$

$$f(t) \ \text{が奇関数なら} \qquad \int_{-x}^x f(t)\,dt = 0$$

6.4 連続した積分区間

$\displaystyle\int_a^b f(x)\,dx = \int_a^c f(x)\,dx + \int_c^b f(x)\,dx$ を使います。

📖 解答・解説

6.1
$$F(x) = \int F'(x)\,dx$$
$$= \int (3x^2 + 3x - 2)\,dx$$
$$= x^3 + \frac{3}{2}x^2 - 2x + C$$
（C は積分定数）

よって
$$F(-2)$$
$$= (-2)^3 + \frac{3}{2}\cdot(-2)^2 - 2\cdot(-2) + C$$
$$= 2 + C$$

$F(-2) = 0$ より
$$2 + C = 0 \qquad \therefore \quad C = -2$$

したがって
$$\underline{F(x) = x^3 + \frac{3}{2}x^2 - 2x - 2}$$

6.2 (1) $\displaystyle \int_{\alpha}^{\beta} (x - \alpha)(x - \beta)\,dx$
$$= \int_{\alpha}^{\beta} \{x^2 - (\alpha + \beta)x + \alpha\beta\}\,dx$$
$$= \int_{\alpha}^{\beta} x^2\,dx - (\alpha + \beta)\int_{\alpha}^{\beta} x\,dx$$
$$\qquad\qquad + \alpha\beta\int_{\alpha}^{\beta} dx$$
$$= \left[\frac{x^3}{3}\right]_{\alpha}^{\beta} - (\alpha + \beta)\left[\frac{x^2}{2}\right]_{\alpha}^{\beta}$$
$$\qquad\qquad + \alpha\beta\left[x\right]_{\alpha}^{\beta}$$
$$= \frac{1}{3}(\beta^3 - \alpha^3) - \frac{\alpha + \beta}{2}(\beta^2 - \alpha^2)$$
$$\qquad\qquad + \alpha\beta(\beta - \alpha)$$
$$= \frac{\beta - \alpha}{6}\{2(\beta^2 + \beta\alpha + \alpha^2)$$
$$\qquad\qquad - 3(\alpha + \beta)^2 + 6\alpha\beta\}$$
$$= \frac{\beta - \alpha}{6}(-\beta^2 + 2\alpha\beta - \alpha^2)$$

$$= \frac{\beta - \alpha}{6}\{-(\beta - \alpha)^2\}$$
$$= -\frac{1}{6}(\beta - \alpha)^3 \qquad\text{（証明終）}$$

別解
$$\int_{\alpha}^{\beta} (x - \alpha)(x - \beta)\,dx$$
$$= \int_{\alpha}^{\beta} (x - \alpha)\{x - \alpha - (\beta - \alpha)\}\,dx$$
$$= \int_{\alpha}^{\beta} \{(x - \alpha)^2 - (\beta - \alpha)(x - \alpha)\}\,dx$$
$$= \left[\frac{(x - \alpha)^3}{3} - (\beta - \alpha)\cdot\frac{(x - \alpha)^2}{2}\right]_{\alpha}^{\beta}$$
$$= \frac{(\beta - \alpha)^3}{3} - (\beta - \alpha)\cdot\frac{(\beta - \alpha)^2}{2}$$
$$= -\frac{1}{6}(\beta - \alpha)^3$$

(2) (1) の別解のように式を変形する。
$$\int_{\alpha}^{\beta} (x - \alpha)^2(x - \beta)\,dx$$
$$= \int_{\alpha}^{\beta} (x - \alpha)^2\{x - \alpha - (\beta - \alpha)\}\,dx$$
$$= \int_{\alpha}^{\beta} \{(x - \alpha)^3 - (\beta - \alpha)(x - \alpha)^2\}\,dx$$
$$= \left[\frac{(x - \alpha)^4}{4} - (\beta - \alpha)\cdot\frac{(x - \alpha)^3}{3}\right]_{\alpha}^{\beta}$$
$$= \frac{(\beta - \alpha)^4}{4} - (\beta - \alpha)\cdot\frac{(\beta - \alpha)^3}{3}$$
$$= -\frac{1}{12}(\beta - \alpha)^4 \qquad\text{（証明終）}$$

(3) (1) の別解のように式を変形する。
$$\int_{\alpha}^{\gamma} (x - \alpha)(x - \beta)(x - \gamma)\,dx$$
$$= \int_{\alpha}^{\gamma} (x - \alpha)\{x - \alpha - (\beta - \alpha)\}$$
$$\qquad\qquad \cdot\{x - \alpha - (\gamma - \alpha)\}\,dx$$

$$= \int_\alpha^\gamma (x-\alpha)\{(x-\alpha)^2$$
$$-(\beta+\gamma-2\alpha)(x-\alpha)$$
$$+(\beta-\alpha)(\gamma-\alpha)\}\,dx$$

$$= \int_\alpha^\gamma \{(x-\alpha)^3 + (2\alpha-\beta-\gamma)(x-\alpha)^2$$
$$+(\alpha-\beta)(\alpha-\gamma)(x-\alpha)\}\,dx$$

$$= \left[\frac{(x-\alpha)^4}{4} + (2\alpha-\beta-\gamma)\cdot\frac{(x-\alpha)^3}{3} \right.$$
$$\left. +(\alpha-\beta)(\alpha-\gamma)\cdot\frac{(x-\alpha)^2}{2} \right]_\alpha^\gamma$$

$$= \frac{(\gamma-\alpha)^4}{4} + (2\alpha-\beta-\gamma)\cdot\frac{(\gamma-\alpha)^3}{3}$$
$$+(\alpha-\beta)(\alpha-\gamma)\cdot\frac{(\gamma-\alpha)^2}{2}$$

$$= \frac{(\gamma-\alpha)^3}{12}\{3(\gamma-\alpha)$$
$$+4(2\alpha-\beta-\gamma)-6(\alpha-\beta)\}$$

$$= \frac{(\gamma-\alpha)^3}{12}(2\beta-\alpha-\gamma)$$

（証明終）

6.3 $t+2t^2x$ において，t は奇関数，$2t^2x$ は偶関数であるから

$$I = \int_{-x}^{x} (t+2t^2x)\,dt$$
$$= 2\int_0^x 2xt^2\,dt$$
$$= 2\left[2x\cdot\frac{t^3}{3} \right]_0^x$$
$$= \underline{\frac{4}{3}x^4}$$

6.4 与えられた条件の積分区間に着目すると

$$\int_0^3 8f(x)\,dx$$

$$= 8\left(\int_0^1 f(x)\,dx + \int_1^2 f(x)\,dx \right.$$
$$\left. + \int_2^3 f(x)\,dx \right)$$

$$= 8(3+4-8)$$
$$= \underline{-8}$$

📖 問題

絶対値記号を含む関数の積分 ··

☐ **6.5** 次の問いに答えよ。

(1) $\displaystyle\int_0^2 |x - 1|\,dx =$ ☐ （広島電機大）

(2) $\displaystyle\int_{-1}^2 (x + |x| + 1)^2\,dx =$ ☐ （関東学院大）

(3) 定積分 $\displaystyle\int_{-2}^2 (x^3 + x^2 + x + |x|)\,dx$ を求めよ。 （広島工大）

絶対値記号を含む関数の積分と最大・最小 ·····················

☐ **6.6** 関数 $f(x) = |2x - 6| - 4$ に対して，

$$F(x) = \int_0^x f(t)\,dt \quad (0 \leqq x \leqq 6)$$

とおく。$F(x)$ は $x =$ ☐ のとき最大値 ☐ をとり，$x =$ ☐ のとき最小値 ☐ をとる。 （金沢工大 改）

☐ **6.7** 関数 $f(x) = \displaystyle\int_0^1 |x - 12t|\,dt$ を最小にする x の値は ☐ であり，$f(x)$ の最小値は ☐ である。 （武蔵大 改）

📖 チェック・チェック

6.5 絶対値記号を含む関数の積分

(1) 絶対値記号をつけたまま

$$\int_0^2 |x-1|\,dx = \left[\left|\frac{x^2}{2} - x\right|\right]_0^2 = \cdots$$

などとしてはイケマセン。まずは絶対値記号をはずすことを考えます。すなわち

$$\int_0^2 |x-1|\,dx = \int_0^1 \{-(x-1)\}\,dx + \int_1^2 (x-1)\,dx$$

として積分区間を分割して計算していきます。

(2) $x = 0$ を境目にして積分区間を分割します。公式

$$\int (ax+b)^n\,dx = \frac{1}{a} \cdot \frac{(ax+b)^{n+1}}{n+1} + C \quad (a \neq 0,\ C\ \text{は積分定数})$$

も使えるようにしておくとよいでしょう。

(3) $\displaystyle\int_{-a}^{a} f(x)\,dx$ ときたら，偶関数であるか奇関数であるかをまず考えましょう。

6.6 積分区間に変数が含まれる定積分と最大・最小

被積分関数の絶対値記号をはずすためには，$y = f(x)$ のグラフの折れ目となる $x = 3$ が積分区間 $0 \leq t \leq x\ (0 \leq x \leq 6)$ の中にあるか否かで，$0 \leq x \leq 3$，$3 \leq x \leq 6$ の2通りに場合分けします。もちろん「$0 \leq x < 3,\ 3 \leq x \leq 6$」や「$0 \leq x \leq 3,\ 3 < x \leq 6$」で場合分けしてもよいです。

6.7 被積分関数に変数が含まれる定積分と最大・最小

積分変数は t なので，$y = |x - 12t|$ のグラフの折れ目の $t = \dfrac{x}{12}$ が積分区間 $0 \leq t \leq 1$ の内部にあるか否かで，$\dfrac{x}{12} \leq 0,\ 0 \leq \dfrac{x}{12} \leq 1,\ 1 \leq \dfrac{x}{12}$ の3通りに場合分けします。

また，$-\left[F(t)\right]_0^{\alpha} + \left[F(t)\right]_{\alpha}^{1}$ の形をした式の計算では

$$-\left[F(t)\right]_0^{\alpha} + \left[F(t)\right]_{\alpha}^{1} = -(F(\alpha) - F(0)) + (F(1) - F(\alpha))$$

$$= -F(\alpha) \cdot 2 + F(0) + F(1)$$

とすればよいですね。

解答・解説

6.5 (1) 積分区間を分けて，絶対値記号をはずすと

$$\int_0^2 |x-1|\,dx$$

$$= \int_0^1 \{-(x-1)\}\,dx + \int_1^2 (x-1)\,dx$$

$$= \left[-\frac{x^2}{2} + x \right]_0^1 + \left[\frac{x^2}{2} - x \right]_1^2$$

$$= \left(\frac{1}{2} - 0 \right) + \left\{ 0 - \left(-\frac{1}{2} \right) \right\}$$

$$= \underline{1}$$

別解

図のようなグラフがかければ，求める定積分は図の斜線部分の面積であるから，底辺 1，

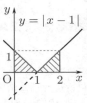

高さ 1 の三角形 2 つ分とみて

$$\int_0^2 |x-1|\,dx = 2 \cdot \frac{1}{2} \cdot 1 \cdot 1$$
$$= 1$$

(2) 積分区間を分けて，絶対値記号をはずすと

$$\int_{-1}^2 (x+|x|+1)^2\,dx$$

$$= \int_{-1}^0 (x-x+1)^2\,dx + \int_0^2 (x+x+1)^2\,dx$$

$$= \int_{-1}^0 dx + \int_0^2 (4x^2+4x+1)\,dx$$

$$= \Big[x \Big]_{-1}^0 + \left[\frac{4}{3}x^3 + 2x^2 + x \right]_0^2$$

$$= 1 + \left(\frac{32}{3} + 8 + 2 \right) = 1 + \frac{62}{3}$$

$$= \underline{\frac{65}{3}}$$

別解

$$\int_0^2 (x+x+1)^2\,dx$$

$$= \int_0^2 (2x+1)^2\,dx$$

$$= \left[\frac{1}{2} \cdot \frac{(2x+1)^3}{3} \right]_0^2 = \frac{125-1}{6}$$

$$= \frac{62}{3}$$

(3) x^3, x は奇関数，x^2, $|x|$ は偶関数であるから

$$\int_{-2}^2 (x^3+x^2+x+|x|)\,dx$$

$$= 2\int_0^2 (x^2+|x|)\,dx$$

$$= 2\int_0^2 (x^2+x)\,dx$$

$$= 2\left[\frac{x^3}{3} + \frac{x^2}{2} \right]_0^2 = 2\left(\frac{8}{3} + 2 \right)$$

$$= \underline{\frac{28}{3}}$$

6.6 $g(t) = |2t-6|$ とおき，$y = g(t)$ のグラフの折れ目になる $t = 3$ が積分区間 $0 \leqq t \leqq x$ の中にあるか否かで次の 2 つに場合分けする。

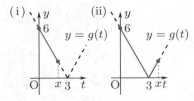

(i) $0 \leqq x \leqq 3$ のとき

$$F(x) = \int_0^x f(t)\,dt$$

$$= \int_0^x (-2t+6-4)\,dt$$

$$= \left[-t^2 + 2t\right]_0^x = -x^2 + 2x$$

(ii) $3 \leqq x \leqq 6$ のとき

$$F(x) = \int_0^x f(t)\, dt$$

$$= \int_0^3 (-2t + 6 - 4)\, dt + \int_3^x (2t - 6 - 4)\, dt$$

$$= \left[-t^2 + 2t\right]_0^3 + \left[t^2 - 10t\right]_3^x$$

$$= x^2 - 10x + 18$$

であり

$$-x^2 + 2x = -(x-1)^2 + 1$$
$$x^2 - 10x + 18 = (x-5)^2 - 7$$

であるから

$$F(x) = \begin{cases} -(x-1)^2 + 1 \\ \qquad\qquad (0 \leqq x \leqq 3) \\ (x-5)^2 - 7 \\ \qquad\qquad (3 \leqq x \leqq 6) \end{cases}$$

よって，$y = F(x)$ のグラフは次の図のようになる。したがって，$F(x)$ は

$\quad x = \underline{\mathbf{1}}$ のとき，最大値 $\underline{\mathbf{1}}$

$\quad x = \underline{\mathbf{5}}$ のとき，最小値 $\underline{-\mathbf{7}}$

をとる。

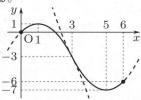

6.7 $g(t) = |x - 12t|$ とおき，$y = g(t)$ のグラフの折れ目になる $t = \dfrac{x}{12}$

が積分区間 $0 \leqq t \leqq 1$ の中にあるか否かで次の 3 つに場合分けする。

(i) $\quad$ (ii) $\quad$ (iii)

(i) $\dfrac{x}{12} \leqq 0 \ (x \leqq 0)$ のとき

$$f(x) = \int_0^1 (12t - x)\, dt$$

$$= \left[6t^2 - xt\right]_0^1 = 6 - x$$

(ii) $0 \leqq \dfrac{x}{12} \leqq 1 \ (0 \leqq x \leqq 12)$ のとき

$$f(x) = \int_0^{\frac{x}{12}} \{-(12t - x)\}\, dt$$

$$\qquad\qquad + \int_{\frac{x}{12}}^1 (12t - x)\, dt$$

$$= -\left[6t^2 - xt\right]_0^{\frac{x}{12}} + \left[6t^2 - xt\right]_{\frac{x}{12}}^1$$

$$= -2\left(\frac{x^2}{24} - \frac{x^2}{12}\right) + (6 - x)$$

$$= \frac{x^2}{12} - x + 6$$

$$= \frac{1}{12}(x-6)^2 + 3$$

(iii) $\dfrac{x}{12} \geqq 1 \ (x \geqq 12)$ のとき

$$f(x) = \int_0^1 \{-(12t - x)\}\, dt$$

$$= -\left[6t^2 - xt\right]_0^1 = x - 6$$

(i)，(ii)，(iii) より

$$f(x) = \begin{cases} -x + 6 & (x \leqq 0) \\ \dfrac{1}{12}(x-6)^2 + 3 & (0 \leqq x \leqq 12) \\ x - 6 & (x \geqq 12) \end{cases}$$

$y = f(x)$ のグラフをかくと次の図のようになるから，$f(x)$ は

$\quad x = \underline{\mathbf{6}}$ のとき最小値 $\underline{\mathbf{3}}$

をとる。

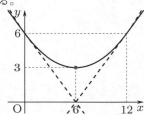

📖 問題

定積分を用いて表された関数 ……………………………………………

☐ **6.8** $f(x) = x^2 + \int_{-1}^{1} f(t)\,dt$ をみたす関数 $f(x)$ を求めなさい。

（公立千歳科技大）

☐ **6.9** $f(x) = 1 - \int_{0}^{1} (2x - t)f(t)\,dt$ のとき，関数 $f(x)$ を求めよ。

（小樽商科大）

☐ **6.10** $\int_{a}^{x} f(t)\,dt = \dfrac{3}{2}x^2 - 2x + \dfrac{2}{3}$ のとき，$f(x)$ と a の値を求めよ。

（中部大）

☐ **6.11** x の整式で表された関数 $P(x)$ は，次の条件をみたしている。

(ⅰ) $P(1) = 1$

(ⅱ) すべての実数 x に対し，

$$x\int_{1}^{x} P(t)\,dt = (x-2)\int_{1}^{x+1} P(t)\,dt$$

このとき $P(x) = \boxed{}$ である。

（早大）

チェック・チェック

基本 check !

定積分を用いて表された関数

（ i ）定数型：関数が定積分 $\displaystyle\int_a^b f(t)\,dt$ （a, b は定数）を含むときは

$$\int_a^b f(t)\,dt \text{ を定数 } k$$

とおく。

（ ii ）微分型：関数が定積分 $\displaystyle\int_a^x f(t)\,dt$ （a は定数）を含むときは

$$\frac{d}{dx}\int_a^x f(t)\,dt = f(x) \text{ かつ } \int_a^a f(t)\,dt = 0$$

を利用する。

6.8 定積分を用いて表された関数（定数型）

$\displaystyle\int_{-1}^1 f(t)\,dt = a$（定数）とおくことができます。

6.9 x を含む定積分 $\displaystyle\int_a^b xf(t)\,dt$

積分変数は t ですから，積分の計算において x は定数なので，x は積分記号の外に出してしまいます。

$$\int_0^1 (2x - t)f(t)\,dt = 2x\int_0^1 f(t)\,dt - \int_0^1 tf(t)\,dt$$

あとは **6.8** と同じ考え方です。

6.10 定積分を用いて表された関数（微分型）

$\displaystyle\int_a^x f(t)\,dt$ を含む関数では

「x で微分する」と「$x = a$ とおく」

を実行しましょう。

6.11 定積分を用いて表された整式

$P(x) = a_n x^n + a_{n-1}x^{n-1} + \cdots + a_1 x + a_0$ （$a_n \neq 0$）とおき，整式 $P(x)$ の次数を確定することから始めましょう。

📖 解答・解説

6.8 $f(x) = x^2 + \displaystyle\int_{-1}^{1} f(t)\, dt$

$$\cdots\cdots ①$$

$\displaystyle\int_{-1}^{1} f(t)\, dt$ は定数であり，これを a と

おくと，① は $f(x) = x^2 + a$ である。

$f(t) = t^2 + a$ は偶関数であるから

$$a = \int_{-1}^{1} f(t)\, dt$$

$$= 2\int_{0}^{1} (t^2 + a)\, dt$$

$$= 2\left[\frac{1}{3}t^3 + at\right]_{0}^{1}$$

$$= \frac{2}{3} + 2a$$

$$\therefore \quad a = -\frac{2}{3}$$

である。よって

$$\underline{\boldsymbol{f(x) = x^2 - \frac{2}{3}}}$$

6.9 x を積分記号の外に出すと

$f(x)$

$$= 1 - 2x\int_{0}^{1} f(t)\, dt + \int_{0}^{1} tf(t)\, dt$$

となるから，ここで

$$A = \int_{0}^{1} f(t)\, dt,$$

$$B = \int_{0}^{1} tf(t)\, dt$$

とおくと

$$f(x) = 1 + B - 2Ax$$

となる。

$$A = \int_{0}^{1} f(t)\, dt$$

$$= \int_{0}^{1} (1 + B - 2At)\, dt$$

$$= \Big[(1 + B)t - At^2\Big]_{0}^{1}$$

$$= (1 + B) - A$$

$$\therefore \quad 2A - B = 1 \quad \cdots\cdots ①$$

$$B = \int_{0}^{1} tf(t)\, dt$$

$$= \int_{0}^{1} t(1 + B - 2At)\, dt$$

$$= \int_{0}^{1} \{(1 + B)t - 2At^2\}\, dt$$

$$= \left[(1 + B)\cdot\frac{t^2}{2} - 2A\cdot\frac{t^3}{3}\right]_{0}^{1}$$

$$= \frac{1 + B}{2} - \frac{2}{3}A$$

$$\therefore \quad 4A + 3B = 3 \quad \cdots\cdots ②$$

①，② より

$$A = \frac{3}{5}, \quad B = \frac{1}{5}$$

であるから

$$f(x) = 1 + \frac{1}{5} - 2\cdot\frac{3}{5}x$$

$$\therefore \quad \underline{\boldsymbol{f(x) = \frac{6}{5} - \frac{6}{5}x}}$$

6.10 $\displaystyle\int_{a}^{x} f(t)\, dt = \frac{3}{2}x^2 - 2x + \frac{2}{3}$

$$\cdots\cdots ①$$

の両辺を x で微分すると

$$\underline{\boldsymbol{f(x) = 3x - 2}}$$

①において $x = a$ とおくと

$$\int_{a}^{a} f(t)\, dt = 0$$

であるから

$$0 = \frac{3}{2}a^2 - 2a + \frac{2}{3}$$

$$(3a - 2)^2 = 0$$

$$\therefore \quad \underline{\boldsymbol{a = \frac{2}{3}}}$$

6.11 整式 $P(x)$ の次数を n とし

$$P(x) = a_n x^n + a_{n-1} x^{n-1} + \cdots$$
$$\cdots + a_1 x + a_0 \ (a_n \neq 0)$$

とおく。条件 (ii) を変形すると

$$x \int_1^x P(t)\, dt = (x-2) \int_1^{x+1} P(t)\, dt$$

$$x \left(\int_1^{x+1} P(t)\, dt - \int_1^x P(t)\, dt \right)$$
$$= 2 \int_1^{x+1} P(t)\, dt$$

$$x \int_x^{x+1} P(t)\, dt = 2 \int_1^{x+1} P(t)\, dt$$
$$\cdots\cdots ①$$

となる。ここで，①の両辺について，x の最高次の項に着目して式変形すると

（① の左辺）

$$= x \int_x^{x+1} (a_n t^n + a_{n-1} t^{n-1} + \cdots)\, dt$$

$$= x \left[\frac{a_n}{n+1} t^{n+1} + \frac{a_{n-1}}{n} t^n + \cdots \right]_x^{x+1}$$

$$= x \left\{ \frac{a_n}{n+1} \left((x+1)^{n+1} - x^{n+1} \right) \right.$$
$$\left. + \frac{a_{n-1}}{n} \left((x+1)^n - x^n \right) + \cdots \right\}$$

$$= x \left\{ \frac{a_n}{n+1} \left((n+1)x^n + \cdots \right) \right.$$
$$\left. + \frac{a_{n-1}}{n} \left(nx^{n-1} + \cdots \right) + \cdots \right\}$$

$$= a_n x^{n+1} + \cdots$$

（① の右辺）

$$= 2 \int_1^{x+1} (a_n t^n + a_{n-1} t^{n-1} + \cdots)\, dt$$

$$= 2 \left[\frac{a_n}{n+1} t^{n+1} + \frac{a_{n-1}}{n} t^n + \cdots \right]_1^{x+1}$$

$$= 2 \left\{ \frac{a_n}{n+1} \left((x+1)^{n+1} - 1 \right) + \cdots \right\}$$

$$= \frac{2a_n}{n+1} x^{n+1} + \cdots$$

① の両辺の最高次 x^{n+1} の係数を比較すると

$$a_n = \frac{2a_n}{n+1}$$

であり，$a_n \neq 0$ より

$$n + 1 = 2 \qquad \therefore \quad n = 1$$

よって，$P(x)$ は 1 次式であり

$$P(x) = ax + b \ (a,\ b \text{ は定数})$$

とおくことができる。このとき，①は

$$x \int_x^{x+1} (at + b)\, dt$$
$$= 2 \int_1^{x+1} (at + b)\, dt$$

$x = 1$ とおくと

$$1 \cdot \int_1^2 (at + b)\, dt$$
$$= 2 \int_1^2 (at + b)\, dt$$

$$\int_1^2 (at + b)\, dt = 0$$

$$\left[\frac{a}{2} t^2 + bt \right]_1^2 = 0$$

$$\frac{3}{2} a + b = 0 \quad \cdots\cdots ②$$

また，条件 (i) より

$$a \cdot 1 + b = 1 \quad \cdots\cdots ③$$

②，③ より

$$a = -2,\ b = 3$$

よって，求める関数 $P(x)$ は

$$P(x) = \boldsymbol{-2x + 3}$$

§2 面積

📖 問題

放物線と直線 ⋯⋯⋯⋯⋯⋯⋯⋯⋯⋯⋯⋯⋯⋯⋯⋯⋯⋯⋯⋯⋯⋯⋯⋯⋯⋯⋯⋯⋯⋯⋯⋯⋯⋯

☐ **6.12** 関数 $f(x) = x^2 - 4x + 3$ がある。2 直線 $x = 2$ と $x = 4$ の間にあって，これらと曲線 $y = f(x)$ と x 軸とで囲まれる図形の面積を求めよ。

（山梨大）

☐ **6.13** 曲線 $y = x^2 - 4x - 3$ と x 軸とで囲まれる部分の面積は ☐ である。

（東洋大）

☐ **6.14** 放物線 $y = -x^2 + 2x$ と x 軸とで囲まれる部分の面積を，直線 $y = mx$ が 2 等分するように m を定めなさい。 （大阪薬大）

絶対値記号を含む関数で表された図形 ⋯⋯⋯⋯⋯⋯⋯⋯⋯⋯⋯⋯⋯⋯⋯⋯⋯⋯⋯⋯⋯

☐ **6.15** 次の問いに答えよ。

(1) $y = |x - 1| - 2$ のグラフをかけ。

(2) (1) のグラフと放物線 $y = \dfrac{1}{2}x^2 - x - 9$ とで囲まれた部分の面積を求めよ。 （山口大）

☐ **6.16** 曲線 $y = |x^2 - 4|$ と直線 $y = x + 2$ がある。

(1) この曲線と直線との交点の x 座標は，小さい方から順に -2, ☐, ☐ である。

(2) この曲線と直線とで囲まれた部分の面積を S とすると，$S = $ ☐ である。 （明治大）

チェック・チェック

基本 check！

曲線と x 軸の間の面積

　曲線 $y = f(x)$ と x 軸および 2 直線 $x = a$, $x = b$（$a < b$）で囲まれた図形の面積は $a \leqq x \leqq b$ における $f(x)$ の正負（0 を含む）で場合分けすると

（i）$f(x) \geqq 0$ のとき　$S = \displaystyle\int_a^b f(x)\,dx$

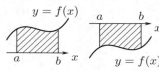

（ii）$f(x) \leqq 0$ のとき　$S = -\displaystyle\int_a^b f(x)\,dx$

2 つの曲線の間の面積

　区間 $a \leqq x \leqq b$ での 2 曲線 $y = f(x)$, $y = g(x)$ の間の面積 S は

$$S = \int_a^b |f(x) - g(x)|\,dx$$

6.12　関数の符号

　$f(x)$ は $x = 3$ で符号を変えます。$2 \leqq x \leqq 3$ では $f(x) \leqq 0$ であり，$3 \leqq x \leqq 4$ では $f(x) \geqq 0$ なので，求める面積は $\displaystyle\int_2^3 \{-f(x)\}\,dx + \int_3^4 f(x)\,dx$ となります。

6.13　公式の利用

　公式 $\displaystyle\int_\alpha^\beta (x - \alpha)(x - \beta)\,dx = -\dfrac{1}{6}(\beta - \alpha)^3$ が活躍します。

6.14　図形の 2 等分

　放物線と直線の交点の x 座標は，2 次方程式 $-x^2 + 2x = mx$ の実数解です。これを解くことにより積分区間がわかり

　　　（放物線と直線とで囲まれる部分の面積）$= \dfrac{1}{2}$（放物線と x 軸とで囲まれる部分の面積）

という関係を積分の式で表すことができます。

6.15　放物線と折れ線

(1) グラフは折れ線です。

(2) 図形の対称性を活かしましょう。

6.16　放物線の折り返し

　図形をかいて，まずは素直に計算してみましょう。次に 別解 にあるように公式

$$\int_\alpha^\beta \{-(x - \alpha)(x - \beta)\}\,dx = \dfrac{(\beta - \alpha)^3}{6}$$

をフル活用する解答を経験しておきましょう。

📖 解答・解説

6.12 $f(x) = x^2 - 4x + 3$
$\qquad = (x-1)(x-3)$

より，$y = f(x)$ のグラフは次の図のようになる。

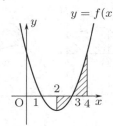

$y = f(x)$

したがって，求める面積は

$$\int_2^3 \{-(x^2 - 4x + 3)\}\, dx$$
$$+ \int_3^4 (x^2 - 4x + 3)\, dx$$

$$= -\left[\frac{x^3}{3} - 2x^2 + 3x\right]_2^3$$
$$+ \left[\frac{x^3}{3} - 2x^2 + 3x\right]_3^4$$

$$= -2(9 - 18 + 9)$$
$$+ \left(\frac{8}{3} - 8 + 6\right)$$
$$+ \left(\frac{64}{3} - 32 + 12\right)$$

$$= 0 + \frac{2}{3} + \frac{4}{3}$$

$$= \underline{\mathbf{2}}$$

6.13 y
$= x^2 - 4x - 3$
$= \{x - (2 - \sqrt{7})\}\{x - (2 + \sqrt{7})\}$

より，$y = x^2 - 4x - 3$ のグラフは次の図のようになる。

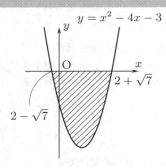

$y = x^2 - 4x - 3$

したがって，求める面積は

$$\int_{2-\sqrt{7}}^{2+\sqrt{7}} \{-(x^2 - 4x - 3)\}\, dx$$

$$= -\int_{2-\sqrt{7}}^{2+\sqrt{7}} \{x - (2 - \sqrt{7})\}$$
$$\cdot \{x - (2 + \sqrt{7})\}\, dx$$

$$= \frac{\{(2 + \sqrt{7}) - (2 - \sqrt{7})\}^3}{6}$$

$$= \frac{(2\sqrt{7})^3}{6}$$

$$= \underline{\frac{\mathbf{28}\sqrt{7}}{\mathbf{3}}}$$

6.14 $y = -x^2 + 2x$
$\qquad = -x(x - 2)$

より，放物線 $y = -x^2 + 2x$ と x 軸の交点の x 座標は

$$x = 0,\ 2$$

である。

また，放物線 $y = -x^2 + 2x$ と直線 $y = mx$ の交点は

$$-x^2 + 2x = mx$$
$$x(x + m - 2) = 0$$

より

$$x = 0,\ 2 - m$$

である。

$0 < 2 - m < 2$ すなわち $0 < m < 2$
で考えればよく，面積を 2 等分するのは
$$\int_0^{2-m} \{(-x^2 + 2x) - mx\}\, dx$$
$$= \frac{1}{2} \int_0^2 (-x^2 + 2x)\, dx$$
のとき，すなわち
$$\frac{1}{6}(2-m)^3 = \frac{1}{2} \times \frac{1}{6} \cdot 2^3$$
$$(2-m)^3 = 2^2$$
$$\therefore \quad \underline{m = 2 - 2^{\frac{2}{3}}}$$
のときである。

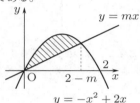

6.15 (1) $x \geqq 1$ のとき
$$y = |x-1| - 2$$
$$= (x-1) - 2$$
$$= x - 3$$
$x < 1$ のとき
$$y = |x-1| - 2$$
$$= -(x-1) - 2$$
$$= -x - 1$$
であるから
$$y = \begin{cases} x - 3 & (x \geqq 1) \\ -x - 1 & (x < 1) \end{cases}$$
より，$y = |x-1| - 2$ のグラフは **次の図**
のようになる。

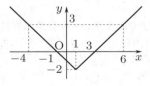

(2) $\quad y = \frac{1}{2}x^2 - x - 9$
$$= \frac{1}{2}(x-1)^2 - \frac{19}{2}$$
より，放物線の軸の方程式は $x = 1$ であ
り，問題の部分は直線 $x = 1$ に関して
対称である。

$x \geqq 1$ における
　　放物線 $y = \frac{1}{2}x^2 - x - 9$ と
　　直線 $y = x - 3$
の交点の x 座標は
$$x - 3 = \frac{1}{2}x^2 - x - 9$$
$$(x+2)(x-6) = 0$$
$x \geqq 1$ より
$$x = 6$$
である。

したがって，求める面積 S は
$$S$$
$$= 2\int_1^6 \left\{ (x-3) - \left(\frac{1}{2}x^2 - x - 9 \right) \right\} dx$$
$$= 2\left[-\frac{x^3}{6} + x^2 + 6x \right]_1^6$$
$$= \underline{\frac{175}{3}}$$

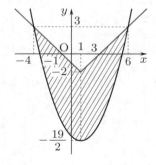

別解

面積を求める計算は次のようにもできる。

$$S$$
$$= \int_{-4}^{6} \left\{ 3 - \left(\frac{1}{2}x^2 - x - 9 \right) \right\} dx$$
$$\qquad - \frac{1}{2} \{6 - (-4)\} \{3 - (-2)\}$$
$$= -\frac{1}{2} \int_{-4}^{6} (x+4)(x-6)\, dx - 25$$
$$= \frac{1}{2} \cdot \frac{10^3}{6} - 25$$
$$= \frac{175}{3}$$

6.16 (1) y
$$= |x^2 - 4|$$
$$= \begin{cases} x^2 - 4 & (x \leqq -2,\ x \geqq 2) \\ 4 - x^2 & (-2 < x < 2) \end{cases}$$

であるから

(ⅰ) $-2 < x < 2$ のとき
$$4 - x^2 = x + 2$$
$$(x+2)(x-1) = 0$$
(ⅰ) の範囲をみたす x は
$$x = 1$$

(ⅱ) $x \leqq -2,\ x \geqq 2$ のとき
$$x^2 - 4 = x + 2$$
$$(x+2)(x-3) = 0$$
$$\therefore\quad x = -2,\ 3$$
　　　　（ともに (ⅱ) の範囲をみたす）

よって，小さい方から順に
$$-2,\ \underline{1},\ \underline{3}$$

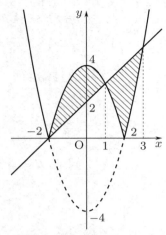

(2) 曲線と直線の位置関係は (1) の図のようになるので，求める面積 S は

$$S$$
$$= \int_{-2}^{1} \{(4 - x^2) - (x + 2)\}\, dx$$
$$\quad + \int_{1}^{2} \{(x + 2) - (4 - x^2)\}\, dx$$
$$\quad + \int_{2}^{3} \{(x + 2) - (x^2 - 4)\}\, dx$$
$$= \frac{1}{6} \{1 - (-2)\}^3$$
$$\quad + \left[\frac{x^3}{3} + \frac{x^2}{2} - 2x \right]_{1}^{2}$$
$$\quad + \left[-\frac{x^3}{3} + \frac{x^2}{2} + 6x \right]_{2}^{3}$$
$$= \frac{9}{2} + \frac{11}{6} + \frac{13}{6}$$
$$= \frac{\mathbf{17}}{\mathbf{2}}$$

別解

解答では面積を定積分で忠実に表すという方法をとっているが，図形的に考えて次のようにしてもよい。図のように $S_1,\ S_2,\ S_3$ とすると

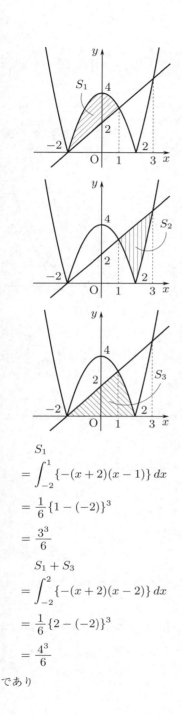

$$S_1$$
$$= \int_{-2}^{1} \{-(x+2)(x-1)\}\, dx$$
$$= \frac{1}{6}\{1-(-2)\}^3$$
$$= \frac{3^3}{6}$$

$$S_1 + S_3$$
$$= \int_{-2}^{2} \{-(x+2)(x-2)\}\, dx$$
$$= \frac{1}{6}\{2-(-2)\}^3$$
$$= \frac{4^3}{6}$$

であり

$$S_3 = (S_1 + S_3) - S_1$$
$$= \frac{4^3 - 3^3}{6}$$
$$= \frac{37}{6}$$

また

$$(S_1 + S_3) + S_3 + S_2$$
$$= \int_{-2}^{3} \{-(x+2)(x-3)\}\, dx$$
$$= \frac{1}{6}\{3-(-2)\}^3$$
$$= \frac{5^3}{6}$$

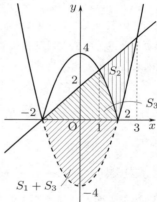

よって，求める面積 S は

$$S = S_1 + S_2$$
$$= (S_1 + 2S_3 + S_2) - 2S_3$$
$$= \frac{5^3}{6} - 2 \cdot \frac{37}{6}$$
$$= \frac{125 - 74}{6}$$
$$= \frac{17}{2}$$

📖 問題

放物線と放物線 ···

☐ **6.17** 2 つの放物線 $y = 4x^2 + 3x - 16$ と $y = x^2 + 6x - 10$ とで囲まれる図形の面積を求めよ。 （秋田大）

☐ **6.18** 図のように放物線

$$C : y = \frac{1}{2}x^2 + ax + b \ (a, \ b \text{ は定数})$$

が 2 つの放物線

$$C_1 : y = x^2, \ C_2 : y = x^2 - 4x + 5$$

に接している。ここで，2 つの曲線が共有点 P で接するとは，P における接線が一致することを意味し，このとき，P を接点という。

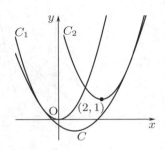

このとき，C と C_1 の接点の x 座標は ☐ ，C と C_2 の接点の x 座標は ☐ である。また，3 つの放物線に囲まれた部分の面積は ☐ である。 （慶大 改）

円と放物線 ···

☐ **6.19** 座標平面上における 2 つの曲線 $C_1 : x^2 + y^2 = 4$ と $C_2 : y = (2 + \sqrt{3})x^2 - 2$ について，以下の問いに答えなさい。

(1) C_1 と C_2 の共有点の座標をすべて求めなさい。

(2) 次の連立不等式が表す領域の面積を求めなさい。

$$\begin{cases} x^2 + y^2 \leqq 4 \\ y \geqq (2 + \sqrt{3})x^2 - 2 \end{cases}$$ （公立千歳科技大）

☐ **6.20** 座標平面上において，$y = \frac{3}{2}(1 - x^2)$ であたえられる放物線を A とする。以下の問いに答えよ。

(1) 中心が点 $\left(0, \ \frac{2}{3}\right)$，半径が $\frac{2}{3}$ の円と放物線 A の共有点をすべて求めよ。

(2) (1) であたえた円と放物線 A で囲まれた部分の面積を求めよ。

（公立はこだて未来大 改）

チェック・チェック

6.17 放物線と放物線

2つの放物線の交点を求め，グラフをかきましょう。上側，下側の位置関係をグラフで示します。

6.18 3つの放物線

C と C_1，C と C_2 の接点の x 座標を s, t とおき，2曲線が接する条件を立式しましょう。得られた連立方程式を解くことで，a, b の値，および接点の x 座標がわかります。

面積の計算では，定積分

$$\int_{\alpha}^{\beta} (x - \alpha)^2 \, dx = \frac{1}{3}(\beta - \alpha)^3,$$

$$\int_{\beta}^{\gamma} (x - \gamma)^2 \, dx = -\frac{1}{3}(\beta - \gamma)^3 = \frac{1}{3}(\gamma - \beta)^3$$

を用いてもよいでしょう。

6.19 円と放物線

C_1 と C_2 の方程式を連立して共有点を求め，C_1, C_2 を図示しましょう。円弧を含む部分の面積はおうぎ形の面積の利用を考えましょう。

θ を弧度法で表すとき，右のおうぎ形の面積は

$$S = \frac{1}{2} r^2 \theta$$

です。

6.20 円に接する放物線

放物線 A と円の方程式を連立して共有点を求めましょう。円弧に関わる部分の面積はおうぎ形の面積を利用します。おうぎ形の中心角を調べましょう。

解答・解説

6.17 2 つの放物線の交点の x 座標は

$$4x^2 + 3x - 16 = x^2 + 6x - 10$$
$$3x^2 - 3x - 6 = 0$$
$$x^2 - x - 2 = 0$$
$$(x+1)(x-2) = 0$$
$$\therefore \quad x = -1, \ 2$$

なので，囲まれる図形の面積は

$$\int_{-1}^{2} \{(x^2 + 6x - 10)$$
$$\qquad -(4x^2 + 3x - 16)\} \, dx$$
$$= -3 \int_{-1}^{2} (x+1)(x-2) \, dx$$
$$= \frac{3}{6} \{2 - (-1)\}^3$$
$$= \frac{27}{2}$$

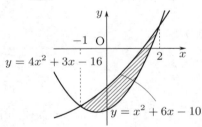

6.18 $f(x) = \dfrac{1}{2} x^2 + ax + b$
$$g(x) = x^2$$
$$h(x) = x^2 - 4x + 5$$

とおくと

$$f'(x) = x + a$$
$$g'(x) = 2x$$
$$h'(x) = 2x - 4$$

である。

　放物線 C が 2 つの放物線 C_1，C_2 に接しているということは，C と C_1，C と C_2 の接点の x 座標をそれぞれ s，t

とおくと

$$\begin{cases} f(s) = g(s) \\ f'(s) = g'(s) \end{cases}$$

かつ

$$\begin{cases} f(t) = h(t) \\ f'(t) = h'(t) \end{cases}$$

が成り立つということである。すなわち

$$\begin{cases} \dfrac{1}{2} s^2 + as + b = s^2 & \cdots\cdots ① \\ s + a = 2s & \cdots\cdots ② \end{cases}$$

かつ

$$\begin{cases} \dfrac{1}{2} t^2 + at + b = t^2 - 4t + 5 \\ \qquad\qquad\qquad \cdots\cdots ③ \\ t + a = 2t - 4 \quad \cdots\cdots ④ \end{cases}$$

であり，②より

$$s = a$$

①，②より

$$\dfrac{1}{2} a^2 + a \cdot a + b = a^2$$
$$\therefore \quad b = -\dfrac{a^2}{2}$$

④より

$$t = a + 4$$

③，④より

$$b = \dfrac{1}{2} t^2 - (a+4)t + 5$$
$$b = \dfrac{1}{2} (a+4)^2 - (a+4)^2 + 5$$
$$\therefore \quad b = 5 - \dfrac{1}{2}(a+4)^2$$

であるから

$$\begin{cases} a = s \\ b = -\dfrac{a^2}{2} \end{cases}$$

かつ

$$\begin{cases} a = t - 4 \\ b = 5 - \dfrac{1}{2}(a+4)^2 \end{cases}$$

である。b の値に着目すると

$$-\frac{a^2}{2} = 5 - \frac{1}{2}(a+4)^2$$

$$a^2 = -10 + (a+4)^2$$

$$a^2 = a^2 + 8a + 6$$

$$\therefore \quad a = -\frac{3}{4}$$

したがって

$$b = -\frac{1}{2}\left(-\frac{3}{4}\right)^2 = \frac{9}{32}$$

$$s = -\frac{3}{4}$$

$$t = -\frac{3}{4} + 4 = \frac{13}{4}$$

である。C と C_1 の接点の x 座標は

$$s = -\frac{3}{4}$$

C と C_2 の接点の x 座標は

$$t = \frac{13}{4}$$

である。

　次に，C_1 と C_2 の交点の x 座標は

$$x^2 = x^2 - 4x + 5$$

$$\therefore \quad x = \frac{5}{4}$$

であり，3 つの放物線に囲まれた部分は
次の図の斜線部分である。

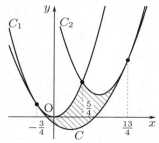

求める面積 S は

$$S$$

$$= \int_{-\frac{3}{4}}^{\frac{5}{4}} \{x^2 - f(x)\}\,dx$$

$$+ \int_{\frac{5}{4}}^{\frac{13}{4}} \{(x^2 - 4x + 5) - f(x)\}\,dx$$

$$= \int_{-\frac{3}{4}}^{\frac{5}{4}} \frac{1}{2}\left(x + \frac{3}{4}\right)^2 dx$$

$$+ \int_{\frac{5}{4}}^{\frac{13}{4}} \frac{1}{2}\left(x - \frac{13}{4}\right)^2 dx$$

$$= \left[\frac{1}{6}\left(x + \frac{3}{4}\right)^3\right]_{-\frac{3}{4}}^{\frac{5}{4}}$$

$$+ \left[\frac{1}{6}\left(x - \frac{13}{4}\right)^3\right]_{\frac{5}{4}}^{\frac{13}{4}}$$

$$= \frac{1}{6}\{2^3 - (-2)^3\}$$

$$= \underline{\frac{8}{3}}$$

6.19 $C_1 : x^2 + y^2 = 4 \quad \cdots\cdots\text{①}$

$C_2 : y = (2+\sqrt{3})x^2 - 2$

$$\cdots\cdots\text{②}$$

(1) C_1 と C_2 の共有点の座標は①かつ
②の実数解の組 $(x,\ y)$ であり，①より

$$x^2 = 4 - y^2 \quad \cdots\cdots\text{③}$$

②，③より

$$y = (2+\sqrt{3})(4 - y^2) - 2$$

$$\cdots\cdots\text{④}$$

である。④より

$$(2+\sqrt{3})y^2 + y - 6 - 4\sqrt{3} = 0$$

$$\{(2+\sqrt{3})y - (3+2\sqrt{3})\}(y+2) = 0$$

$$(2+\sqrt{3})(y - \sqrt{3})(y+2) = 0$$

$$\therefore \quad y = \sqrt{3},\ -2$$

これを③に代入すると，$y = \sqrt{3}$ のとき

$$x^2 = 1 \qquad \therefore \quad x = \pm 1$$

　$y = -2$ のとき

$$x^2 = 0 \qquad \therefore \quad x = 0\ (\text{重解})$$

である。したがって，共有点の座標のす
べては

$$\underline{(-1,\ \sqrt{3}),\ (1,\ \sqrt{3}),}$$

$$\underline{(0,\ -2)}$$

(2) (1) より，C_1，C_2 を図示すると次の図となり，連立不等式が表す領域は図の斜線部分である。

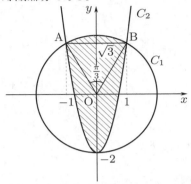

A$(-1, \sqrt{3})$，B$(1, \sqrt{3})$ とおき，線分 AB で面積を求める図形を 2 つに分けると，求める面積は

$$\int_{-1}^{1} \{\sqrt{3} - (2+\sqrt{3})x^2 + 2\}\, dx$$
$$+\{(\text{おうぎ形 OAB の面積})$$
$$-(\triangle \text{OAB の面積})\}$$
$$= -(2+\sqrt{3})\int_{-1}^{1} (x+1)(x-1)\, dx$$
$$+ \left(\frac{1}{2} \cdot 2^2 \cdot \frac{\pi}{3} - \frac{1}{2} \cdot 2^2 \sin\frac{\pi}{3}\right)$$
$$= (2+\sqrt{3}) \cdot \frac{\{1-(-1)\}^3}{6}$$
$$+ \frac{2\pi}{3} - \sqrt{3}$$
$$= \frac{4(2+\sqrt{3}) + 2\pi - 3\sqrt{3}}{3}$$
$$= \boxed{\frac{2\pi + 8 + \sqrt{3}}{3}}$$

6.20 (1) 円 $x^2 + \left(y - \dfrac{2}{3}\right)^2 = \dfrac{4}{9}$ を C とする。C と A の共有点の座標は

$$\begin{cases} y = \dfrac{3}{2}(1-x^2) \\ x^2 + \left(y-\dfrac{2}{3}\right)^2 = \dfrac{4}{9} \end{cases}$$

すなわち

$$\begin{cases} x^2 = 1 - \dfrac{2}{3}y \\ \left(1 - \dfrac{2}{3}y\right) + \left(y - \dfrac{2}{3}\right)^2 = \dfrac{4}{9} \end{cases}$$

の実数解の組 (x, y) である。第 2 式を解くと

$$y^2 - 2y + 1 = 0$$
$$(y-1)^2 = 0$$
$$\therefore \quad y = 1(\text{重解})$$

第 1 式に $y = 1$ を代入すると

$$x^2 = 1 - \frac{2}{3} \cdot 1 = \frac{1}{3}$$
$$\therefore \quad x = \pm\frac{\sqrt{3}}{3}$$

よって，共有点の座標は

$$\boxed{\left(\pm\frac{\sqrt{3}}{3},\ 1\right)}$$

(2) C と A で囲まれた部分は次の図の斜線部分である。

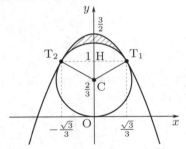

図のように 4 点 C，T_1，T_2，H をとると

$$CT_1 : CH : T_1H$$
$$= \frac{2}{3} : \frac{1}{3} : \frac{\sqrt{3}}{3}$$
$$= 2 : 1 : \sqrt{3}$$

であり

$$\angle T_1 CH = \frac{\pi}{3}$$

すなわち

$$\angle T_1 CT_2 = \frac{2\pi}{3}$$

である。よって，求める面積は

$$\int_{-\frac{\sqrt{3}}{3}}^{\frac{\sqrt{3}}{3}} \left\{ \frac{3}{2}(1-x^2) - 1 \right\} dx$$
$$-\{(おうぎ形\,CT_1T_2の面積)$$
$$-(\triangle CT_1T_2の面積)\}$$

$$= -\frac{3}{2} \int_{-\frac{\sqrt{3}}{3}}^{\frac{\sqrt{3}}{3}} \left(x - \frac{\sqrt{3}}{3} \right) \left(x + \frac{\sqrt{3}}{3} \right) dx$$
$$- \left\{ \frac{1}{2} \cdot \left(\frac{2}{3} \right)^2 \frac{2\pi}{3} \right.$$
$$\left. - \frac{1}{2} \cdot \left(\frac{2}{3} \right)^2 \sin \frac{2\pi}{3} \right\}$$

$$= \frac{3}{2} \cdot \frac{1}{6} \left\{ \frac{\sqrt{3}}{3} - \left(-\frac{\sqrt{3}}{3} \right) \right\}^3$$
$$- \frac{2}{9} \left(\frac{2\pi}{3} - \frac{\sqrt{3}}{2} \right)$$

$$= \frac{1}{4} \cdot \frac{8\sqrt{3}}{9} - \frac{4}{27}\pi + \frac{\sqrt{3}}{9}$$

$$= \underline{\frac{\sqrt{3}}{3} - \frac{4}{27}\pi}$$

📖 **問題**

放物線と接線 ∙∙

☐ **6.21** 2 つの曲線 $y = x^2$ ∙∙∙∙∙∙①, $y = x^2 - 4x$ ∙∙∙∙∙∙② の共通接線 を l とする。

(1) 共通接線 l の方程式を求めよ。

(2) 曲線①と l の接点および②と l の接点の x 座標を求めよ。

(3) 2 つの曲線①と②および共通接線 l とで囲まれる部分の面積を求めよ。

(明星大)

☐ **6.22** 放物線 $C : y = 2x^2$ 上の異なる 2 点 P, Q を通る接線が与えられてい る。次の問に答えよ。

(1) P, Q の x 座標をそれぞれ α, β とするとき，接線の交点 R の x 座標を α, β を用いて表せ。

(2) △PQR の面積を S_1 とし，辺 PQ と放物線 C とで囲まれた部分の面積を S_2 とするとき，比 $S_1 : S_2$ を求めよ。ただし，$\alpha < \beta$ とする。 （中央大）

☐ **6.23** 放物線 $C_1 : y = 1 - x^2$, $C_2 : y = x^2 - 4x + 11$ がある。C_1 と C_2 の 両方に接する 2 直線と C_1 とで囲まれた部分の面積を求めよ。 （福井大）

📖 チェック・チェック

6.21 **2 つの放物線と共通接線**

2 曲線の共通接線 l を求めるには，それぞれの曲線における接線の方程式を立てて，2 直線の一致条件を考えます。曲線が放物線のときは，接線 l の方程式を $y = mx + n$ とおき，2 つの放物線の方程式とそれぞれ連立して，重解条件の（判別式）$= 0$ から m, n の値を決定してもよいでしょう。

解答では，これらの解法をミックスしてみました。

6.22 **放物線と 2 本の接線**

放物線とこの放物線に接する 2 本の直線の位置関係として次のことは検算用に知っておくとよいでしょう。$\alpha < \beta$ とするとき

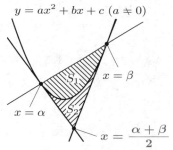

$y = ax^2 + bx + c \ (a \neq 0)$

・2 接線の交点の x 座標は $\qquad x = \dfrac{\alpha + \beta}{2}$

・$S_1 = \dfrac{|a|}{6}(\beta - \alpha)^3$

・$S_2 = \dfrac{|a|}{12}(\beta - \alpha)^3$

もちろん，証明できるようにしておかなければいけません。

6.23 **2 つの放物線と 2 本の共通接線**

6.21, **6.22** をあわせた問題になっています。力試しのつもりで解いてみましょう。

📖 解答・解説

6.21 (1) 曲線 $y = x^2$ ……①

上の点 $(t,\ t^2)$ における接線の方程式は

$$y = 2t(x - t) + t^2$$

$$\therefore\quad y = 2tx - t^2$$

これが曲線

$$y = x^2 - 4x \quad \cdots\cdots ②$$

と接するのは

$$x^2 - 4x = 2tx - t^2$$

$$\therefore\quad x^2 - 2(t + 2)x + t^2 = 0$$

$$\cdots\cdots ③$$

が重解をもつときである。方程式③の判別式を D とすると

$$\frac{D}{4} = (t + 2)^2 - t^2$$

より

$$(t + 2)^2 - t^2 = 0$$

$$\therefore\quad t = -1$$

したがって，共通接線 l の方程式は

$$\boldsymbol{y = -2x - 1}$$

(2) (1) より曲線①と l の接点の x 座標は

$$x = t = \underline{-1}$$

また，②と l の接点の x 座標は③より

$$x = t + 2 = -1 + 2 = \underline{1}$$

(3) (1)，(2) より，2 つの曲線①と②および共通接線 l とで囲まれる部分は次の図の斜線部分だから，求める面積は

$$\int_{-1}^{0} \{x^2 - (-2x - 1)\}\, dx$$

$$+ \int_{0}^{1} \{x^2 - 4x - (-2x - 1)\}\, dx$$

$$= \int_{-1}^{0} (x + 1)^2\, dx + \int_{0}^{1} (x - 1)^2\, dx$$

$$= \left[\frac{(x + 1)^3}{3}\right]_{-1}^{0} + \left[\frac{(x - 1)^3}{3}\right]_{0}^{1}$$

$$= \frac{1}{3} + \frac{1}{3} = \underline{\frac{2}{3}}$$

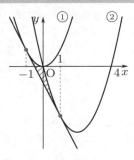

6.22 (1) 放物線 $C : y = 2x^2$ 上の点 $P(\alpha,\ 2\alpha^2)$ における接線の方程式は，$y' = 2x$ より

$$y = 4\alpha(x - \alpha) + 2\alpha^2$$

$$\therefore\quad y = 4\alpha x - 2\alpha^2 \quad \cdots\cdots ①$$

同様に，放物線 C 上の点 $Q(\beta,\ 2\beta^2)$ における接線の方程式は

$$y = 4\beta x - 2\beta^2 \quad \cdots\cdots ②$$

①，②の交点 R の x 座標は

$$4\alpha x - 2\alpha^2 = 4\beta x - 2\beta^2$$

$$2(\alpha - \beta)x = \alpha^2 - \beta^2$$

$P \neq Q$ より，$\alpha \neq \beta$ だから

$$x = \frac{\alpha^2 - \beta^2}{2(\alpha - \beta)} = \underline{\frac{\alpha + \beta}{2}}$$

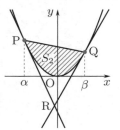

(2) (1) より，$R\left(\dfrac{\alpha + \beta}{2},\ 2\alpha\beta\right)$ である。また，PQ の中点を H とおくと，

$H\left(\dfrac{\alpha + \beta}{2},\ \alpha^2 + \beta^2\right)$ である。

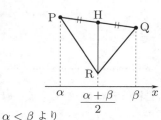

$\alpha < \beta$ より

$$S_1$$
$$= \triangle PHR + \triangle QHR$$
$$= \frac{1}{2}HR \cdot \left(\frac{\alpha+\beta}{2} - \alpha\right)$$
$$\qquad + \frac{1}{2}HR \cdot \left(\beta - \frac{\alpha+\beta}{2}\right)$$
$$= \frac{1}{2}HR \cdot (\beta - \alpha)$$
$$= \frac{1}{2}\left|(\alpha^2 + \beta^2) - 2\alpha\beta\right|(\beta - \alpha)$$
$$= \frac{1}{2}\left|(\beta - \alpha)^2\right|(\beta - \alpha)$$
$$= \frac{1}{2}(\beta - \alpha)^3$$

また，直線 PQ の方程式は

$$y = \frac{2\beta^2 - 2\alpha^2}{\beta - \alpha}(x - \alpha) + 2\alpha^2$$
$$= 2(\beta + \alpha)(x - \alpha) + 2\alpha^2$$
$$\therefore \quad y = 2(\alpha + \beta)x - 2\alpha\beta$$

なので

$$S_2$$
$$= \int_\alpha^\beta \{2(\alpha + \beta)x - 2\alpha\beta - 2x^2\}\,dx$$
$$= -2\int_\alpha^\beta (x - \alpha)(x - \beta)\,dx$$
$$= \frac{1}{3}(\beta - \alpha)^3$$

以上より

$$S_1 : S_2$$
$$= \frac{1}{2}(\beta - \alpha)^3 : \frac{1}{3}(\beta - \alpha)^3$$
$$= \underline{\mathbf{3 : 2}}$$

6.23 $C_1 : y = 1 - x^2$ 上の点 $(t,\ 1 - t^2)$
における接線の方程式は

$$y = -2t(x - t) + (1 - t^2)$$
$$\therefore \quad y = -2tx + t^2 + 1 \quad \cdots\cdots ①$$

これと C_2 が接するための条件は

$$x^2 - 4x + 11 = -2tx + t^2 + 1$$
$$\therefore \quad x^2 + 2(t-2)x + (10 - t^2) = 0$$

が重解をもつことである。

$$\frac{D}{4} = (t-2)^2 - (10 - t^2) = 0$$

より

$$t^2 - 2t - 3 = 0$$
$$(t - 3)(t + 1) = 0$$
$$\therefore \quad t = 3,\ -1$$

よって，C_1 と C_2 の両方に接する 2 直線は，①より，$t = 3$ のとき

$$y = -6x + 10 \quad \cdots\cdots ②$$

$t = -1$ のとき

$$y = 2x + 2 \quad \cdots\cdots ③$$

②，③の交点の x 座標は

$$2x + 2 = -6x + 10$$
$$\therefore \quad x = 1$$

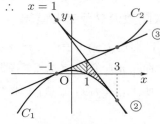

以上より，求める面積は

$$\int_{-1}^{1} \{(2x + 2) - (1 - x^2)\}\,dx$$
$$+ \int_{1}^{3} \{(-6x + 10) - (1 - x^2)\}\,dx$$
$$= \int_{-1}^{1} (x + 1)^2\,dx + \int_{1}^{3} (x - 3)^2\,dx$$
$$= \left[\frac{1}{3}(x + 1)^3\right]_{-1}^{1} + \left[\frac{1}{3}(x - 3)^3\right]_{1}^{3}$$
$$= \frac{2^3}{3} - \frac{(-2)^3}{3} = \underline{\frac{\mathbf{16}}{\mathbf{3}}}$$

📖 問題

3 次関数のグラフと直線 ··

6.24 a を定数とし，曲線 $C : y = x(x-2)^2$ と直線 $l : y = ax$ を考える。C と l は異なる 3 点で交わり，交点の x 座標はそれぞれ 0 以上とする。

(1) a の値の範囲を求めよ。

(2) C と l とで囲まれた 2 つの図形の面積が等しくなるように a の値を定めよ。 (滋賀大)

6.25 曲線 $C : y = x^3 + 1$ と直線 $l_1 : y = 3x - 1$ が接する点を P とする。点 P を通り，P 以外の点 Q で C と接する直線を l_2 とする。

(1) 直線 l_2 の方程式を求めよ。

(2) 曲線 C と直線 l_1 の共有点で点 P 以外の点を R とする。l_1，l_2 および C のうち Q から R までの部分によって囲まれた図形の面積を求めよ。 (名古屋市立大)

4 次関数のグラフと直線 ··

6.26 関数 $f(x) = x^4 - 2x^2 + x$ について，次の問いに答えよ。

(1) 曲線 $y = f(x)$ と 2 点で接する直線の方程式を求めよ。

(2) 曲線 $y = f(x)$ と (1) で求めた直線で囲まれた領域の面積を求めよ。 (名古屋市立大)

6.27 曲線 $C : y = x^4 - 4x^3$ と点 P$(1, 0)$ がある。

(1) 曲線 C 上の点 $(t, t^4 - 4t^3)$ における接線の方程式を求めよ。

(2) 点 P から曲線 C に接線を引くとき，傾きが負である接線を l とする。曲線 C と直線 l とで囲まれた部分の面積を求めよ。

チェック・チェック

6.24 面積が等しい 2 つの図形

(1) $x(x-2)^2 = ax$ が異なる 3 つの実数解をもち，これらはすべて 0 以上であるための a の値の範囲を求めます。$x = 0$ が解の 1 つなので，$(x-2)^2 = a$ が異なる 2 つの正の解をもつための a の値の範囲を求めることになります。

(2) 右の図で 2 つの図形の面積が等しくなる条件は

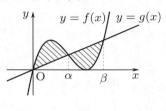

$$\int_0^\alpha \{f(x) - g(x)\}\,dx = \int_\alpha^\beta \{g(x) - f(x)\}\,dx$$

$$\Longleftrightarrow \int_0^\alpha \{f(x) - g(x)\}\,dx + \int_\alpha^\beta \{f(x) - g(x)\}\,dx = 0$$

$$\Longleftrightarrow \int_0^\beta \{f(x) - g(x)\}\,dx = 0$$

6.25 3 次関数のグラフと接線

右の図形の面積を（ i ）とみるか（ii）とみるか。

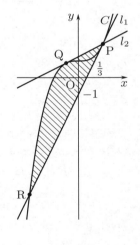

（ i ）　　　　　　（ii）

（ii）のように計算するなら

$$\int_\alpha^\beta (x-\alpha)(x-\beta)^2\,dx = \frac{1}{12}(\beta-\alpha)^4$$

$$\int_\alpha^\beta (x-\alpha)^2(x-\beta)\,dx = -\frac{1}{12}(\beta-\alpha)^4$$

を利用することができます。

6.26 4 次関数のグラフと二重接線

二重接線については **5.15**（219 ページ）を見直してください。

面積計算では $\displaystyle\int_\alpha^\beta (x-\alpha)^2(x-\beta)^2\,dx$ の形の積分が現れます。

6.27 4 次関数のグラフと接線

接線の方程式を求めることから始めます。曲線上の点 $(t,\ t^4 - 4t^3)$ における接線が P $(1,\ 0)$ を通ることと，接線の傾きが負であることから，t の値が決まります。

解答・解説

6.24 (1) C と l は異なる 3 点で交わるから，$x(x-2)^2 = ax$ すなわち
$$x\{(x-2)^2 - a\} = 0$$
は異なる 3 実数解をもつ。よって
$$(x-2)^2 - a = 0 \quad \cdots\cdots ①$$
は 0 以外の異なる 2 実数解をもち，C と l の交点の x 座標はそれぞれ 0 以上であるから，① は異なる 2 つの正の解をもつ。次の図より求める範囲は
$$\underline{0 < a < 4}$$

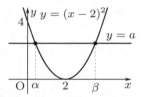

(2) $f(x) = x(x-2)^2$，$g(x) = ax$ とし，① の異なる 2 つの正の実数解を α, β $(\alpha < \beta)$ とする。

C と l とで囲まれた 2 つの図形は次の図の斜線部分であり，この 2 つの図形の面積が等しくなるとき
$$\int_0^\alpha \{f(x) - g(x)\}\, dx$$
$$= \int_\alpha^\beta \{g(x) - f(x)\}\, dx$$
が成り立つ。

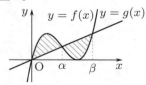

これを変形すると
$$\int_0^\alpha \{f(x) - g(x)\}\, dx$$
$$+ \int_\alpha^\beta \{f(x) - g(x)\}\, dx = 0$$

$$\therefore \quad \int_0^\beta \{f(x) - g(x)\}\, dx = 0$$
$$\cdots\cdots ②$$

となる。ここで
$$\int_0^\beta \{f(x) - g(x)\}\, dx$$
$$= \int_0^\beta \{x(x-2)^2 - ax\}\, dx$$
$$= \int_0^\beta \{x^3 - 4x^2 + (4-a)x\}\, dx$$
$$= \left[\frac{x^4}{4} - 4 \cdot \frac{x^3}{3} + (4-a) \cdot \frac{x^2}{2}\right]_0^\beta$$
$$= \frac{\beta^2}{12}\{3\beta^2 - 16\beta + 6(4-a)\}$$

であり，$\beta \neq 0$ より ② は
$$3\beta^2 - 16\beta + 6(4-a) = 0$$
である。β は ① の解なので
$$a = (\beta - 2)^2$$
であり
$$3\beta^2 - 16\beta + 6\{4 - (\beta-2)^2\} = 0$$
$$3\beta^2 - 16\beta + 6(-\beta^2 + 4\beta) = 0$$
$$-3\beta^2 + 8\beta = 0$$
$$\therefore \quad \beta = \frac{8}{3}\ (\neq 0)$$

このとき
$$a = \left(\frac{8}{3} - 2\right)^2 = \frac{4}{9}$$
であり，$0 < a < 4$ をみたす。よって
$$\underline{a = \frac{4}{9}}$$

別解

3 次の積分公式
$$\int_\alpha^\gamma (x-\alpha)(x-\beta)(x-\gamma)\, dx$$
$$= \frac{(\gamma-\alpha)^3}{12}(2\beta - \alpha - \gamma)$$
を利用することもできる。
$$\left(254 \text{ ページ } \boxed{6.2}(3) \text{ 参照}\right)$$

$$\int_0^\beta \{f(x) - g(x)\}\,dx$$

$$= \int_0^\beta x(x - \alpha)(x - \beta)\,dx$$

$$= \frac{\beta^3}{12}(2\alpha - \beta)$$

であるから, $\beta \neq 0$ より ② は

$$2\alpha - \beta = 0 \quad \cdots\cdots ③$$

である。また, α, β は①すなわち

$$x^2 - 4x + 4 - a = 0$$

の解であるから, 解と係数の関係より

$$\begin{cases} \alpha + \beta = 4 & \cdots\cdots ④ \\ \alpha\beta = 4 - a & \cdots\cdots ⑤ \end{cases}$$

でもある。③, ④ より

$$\alpha = \frac{4}{3}, \ \beta = \frac{8}{3}$$

⑤ により

$$a = 4 - \frac{4}{3} \cdot \frac{8}{3} = \frac{4}{9}$$

であり, $0 < a < 4$ をみたす。

6.25 (1) C と l_1 の共有点の x 座標は

$$x^3 + 1 = 3x - 1$$

$$x^3 - 3x + 2 = 0$$

$$(x - 1)^2(x + 2) = 0$$

$$\therefore \quad x = 1\,(\text{重解}),\ -2 \quad \cdots\cdots ①$$

よって, 接点 P の座標は $(1,\ 2)$ である。

C 上の点 Q における接線 l_2 の方程式は, 点 Q の x 座標を q とおくと

$$y - (q^3 + 1) = 3q^2(x - q)$$

$$\therefore \quad y = 3q^2 x - 2q^3 + 1 \quad \cdots\cdots ②$$

これが点 $P(1,\ 2)$ を通るから

$$2 = 3q^2 - 2q^3 + 1$$

$$2q^3 - 3q^2 + 1 = 0$$

$$\therefore \quad (q - 1)^2(2q + 1) = 0$$

Q は P と異なる点であるから, $q \neq 1$ であり

$$q = -\frac{1}{2}$$

よって, l_2 の方程式は, ②より

$$y = \frac{3}{4}x + \frac{5}{4}$$

(2) ① より, R の座標は $(-2,\ -7)$ である。求める面積は次の図の斜線部分の面積であり

$$\int_{-2}^{-\frac{1}{2}} \{(x^3 + 1) - (3x - 1)\}\,dx$$

$$+ \int_{-\frac{1}{2}}^{1} \left\{\left(\frac{3}{4}x + \frac{5}{4}\right) - (3x - 1)\right\}\,dx$$

$$= \int_{-2}^{-\frac{1}{2}} (x^3 - 3x + 2)\,dx$$

$$+ \int_{-\frac{1}{2}}^{1} \frac{9}{4}(-x + 1)\,dx$$

$$= \left[\frac{1}{4}x^4 - \frac{3}{2}x^2 + 2x\right]_{-2}^{-\frac{1}{2}}$$

$$+ \frac{9}{4}\left[-\frac{1}{2}x^2 + x\right]_{-\frac{1}{2}}^{1}$$

$$= \left\{\frac{1}{4}\left(\frac{1}{16} - 16\right) - \frac{3}{2}\left(\frac{1}{4} - 4\right)\right.$$
$$\left. + 2\left(-\frac{1}{2} + 2\right)\right\}$$
$$+ \frac{9}{4}\left\{-\frac{1}{2}\left(1 - \frac{1}{4}\right) + \left(1 + \frac{1}{2}\right)\right\}$$

$$= \left(-\frac{255}{64} + \frac{45}{8} + 3\right) + \frac{9}{4}\left(-\frac{3}{8} + \frac{3}{2}\right)$$

$$= \frac{297}{64} + \frac{81}{32}$$

$$= \underline{\underline{\frac{459}{64}}}$$

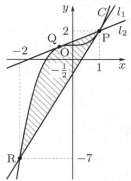

別解

等式

$$\int_\alpha^\beta (x-\alpha)(x-\beta)^2\, dx = \frac{1}{12}(\beta-\alpha)^4,$$

$$\int_\alpha^\beta (x-\alpha)^2(x-\beta)\, dx = -\frac{1}{12}(\beta-\alpha)^4$$

を利用して面積を求めてもよい。

$$\int_{-2}^1 \{(x^3+1)-(3x-1)\}\, dx$$

$$+\int_{-\frac{1}{2}}^1 \left\{\left(\frac{3}{4}x+\frac{5}{4}\right)-(x^3+1)\right\}\, dx$$

$$=\int_{-2}^1 (x+2)(x-1)^2\, dx$$

$$-\int_{-\frac{1}{2}}^1 \left(x+\frac{1}{2}\right)^2 (x-1)\, dx$$

$$=\frac{1}{12}\cdot 3^4 + \frac{1}{12}\left(\frac{3}{2}\right)^4$$

$$=\frac{459}{64}$$

6.26 (1) 曲線 $y=f(x)$ と，x 座標が α，β $(\alpha<\beta)$ の 2 点で接する直線の方程式を $y=mx+n$ とおくと

$$(x^4-2x^2+x)-(mx+n)$$

$$=(x-\alpha)^2(x-\beta)^2$$

が成り立つ。両辺を整理すると

(左辺)

$$=x^4-2x^2+(1-m)x-n$$

(右辺)

$$=(x^2-2\alpha x+\alpha^2)(x^2-2\beta x+\beta^2)$$

$$=x^4-2(\alpha+\beta)x^3$$

$$+(\alpha^2+4\alpha\beta+\beta^2)x^2$$

$$-2\alpha\beta(\alpha+\beta)x+\alpha^2\beta^2$$

であり，両辺の係数を比較すると

$$\begin{cases} 0=-2(\alpha+\beta) \\ -2=\alpha^2+4\alpha\beta+\beta^2 \\ 1-m=-2\alpha\beta(\alpha+\beta) \\ -n=\alpha^2\beta^2 \end{cases}$$

すなわち

$$\begin{cases} \alpha+\beta=0 \quad \cdots\cdots \text{①} \\ (\alpha+\beta)^2+2\alpha\beta=-2 \quad \cdots\cdots \text{②} \\ m=1+2\alpha\beta(\alpha+\beta) \\ n=-\alpha^2\beta^2 \end{cases}$$

①，②より，$\alpha+\beta=0$，$\alpha\beta=-1$ であるから

$$m=1,\ n=-1$$

であり，求める直線の方程式は

$$\underline{\boldsymbol{y=x-1}}$$

(2) $\alpha+\beta=0$，$\alpha\beta=-1$ より，α，β は，$t^2-1=0$ の解であり，$\alpha<\beta$ より

$$\alpha=-1,\ \beta=1$$

である。

曲線 $y=f(x)$ と直線 $y=x-1$ で囲まれた領域は次の図の斜線部分であり，求める面積 S は

$$S$$

$$=\int_{-1}^1 \{(x^4-2x^2+x)-(x-1)\}\, dx$$

$$=\int_{-1}^1 (x^4-2x^2+1)\, dx$$

x^4-2x^2+1 は偶関数であるから

$$S$$

$$=2\int_0^1 (x^4-2x^2+1)\, dx$$

$$=2\left[\frac{1}{5}x^5-\frac{2}{3}x^3+x\right]_0^1$$

$$=\underline{\boldsymbol{\frac{16}{15}}}$$

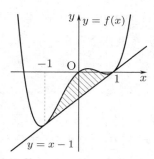

$$y = x - 1$$

6.27 (1) $y' = 4x^3 - 12x^2$ より，曲線 C 上の点 $(t,\ t^4 - 4t^3)$ における接線の方程式は

$$y = (4t^3 - 12t^2)(x - t) + t^4 - 4t^3$$

$$\therefore \quad \underline{y = (4t^3 - 12t^2)x - 3t^4 + 8t^3}$$

(2) (1) の直線が点 $\mathrm{P}(1,\ 0)$ を通るとき

$$0 = (4t^3 - 12t^2) \cdot 1 - 3t^4 + 8t^3$$

$$3t^4 - 12t^3 + 12t^2 = 0$$

$$t^2(t - 2)^2 = 0$$

$$\therefore \quad t = 0\ (重解),\ 2\ (重解)$$

$t = 0$ のとき，(接線の傾き) $= 0$ であり，題意の接線 l ではない。

$t = 2$ のとき，接線 l の方程式は

$$y = (4 \cdot 2^3 - 12 \cdot 2^2)x - 3 \cdot 2^4 + 8 \cdot 2^3$$

$$\therefore \quad y = -16x + 16$$

これと $y = x^4 - 4x^3$ を連立すると

$$x^4 - 4x^3 = -16x + 16$$

$$x^4 - 4x^3 + 16x - 16 = 0$$

$$(x - 2)^3(x + 2) = 0$$

$$x = -2,\ 2\ (3\,重解)$$

よって，C と l で囲まれる図形の面積 S は

$$S$$
$$= \int_{-2}^{2} \{(-16x + 16) - (x^4 - 4x^3)\}\, dx$$

$$= \int_{-2}^{2} (-x^4 + 4x^3 - 16x + 16)\, dx$$

$-x^4 + 16$ は偶関数で，$4x^3 - 16x$ は奇関数であるから

$$S = 2\int_0^2 (-x^4 + 16)\, dx$$

$$= 2\left[-\frac{1}{5}x^5 + 16x \right]_0^2$$

$$= 2\left(-\frac{32}{5} + 32 \right)$$

$$= \underline{\frac{256}{5}}$$

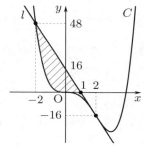

別解

次のように計算してもよい。

$$\int_{-2}^{2} \{(-16x + 16) - (x^4 - 4x^3)\}\, dx$$

$$= -\int_{-2}^{2} (x + 2)(x - 2)^3\, dx$$

$$= -\int_{-2}^{2} (x - 2 + 4)(x - 2)^3\, dx$$

$$= -\int_{-2}^{2} \{(x - 2)^4 + 4(x - 2)^3\}\, dx$$

$$= -\left[\frac{1}{5}(x - 2)^5 + 4 \cdot \frac{1}{4}(x - 2)^4 \right]_{-2}^{2}$$

$$= \frac{(-4)^5}{5} + (-4)^4$$

$$= \frac{256}{5}$$

§1　いろいろな数列

📖 問題

等差数列 ···

☐ **7.1** 次の各問いに答えよ。

(1) 初項 2，公差 -1 である等差数列の第 10 項は ☐ である。また，この数列の第 10 項から第 20 項までの和は ☐ である。　　　（西日本工大）

(2) 初項 2，公差 3 の等差数列 $\{a_n\}$ について，$a_2 + a_4 + a_6 + \cdots + a_{40}$ の値は ☐ である。　　　（湘南工科大）

(3) 初項から第 10 項までの和が 100 で，初項から第 20 項までの和が 350 であるような等差数列の初項は ☐ で，公差は ☐ である。　　　（立教大）

☐ **7.2** 初項が -83，公差が 4 の等差数列の第 n 項までの和を S_n とすれば，$S_n =$ ☐ となる。したがって，$n =$ ☐ のとき S_n は最小となり，その値は ☐ である。　　　（神戸薬大）

☐ **7.3** 次の各問いに答えよ。

(1) 正の実数 a について，$2,\ \dfrac{1}{a},\ a$ がこの順で等差数列をなすとき，

$a =$ ☐ である。　　　（立教大）

(2) 3 つの数 a, b, c がこの順で等差数列をなし，その和は 6 で，平方の和は 44 であるとき，$a =$ ☐ ，$b =$ ☐ ，$c =$ ☐ である。ただし，$a < b < c$ とする。　　　（中部大）

チェック・チェック

基本 check !

等差数列の一般項と和

　初項 a_1 に一定数 d（公差）を順次加えて得られる数列が 等差数列 であり，第 n 項 a_n は初項 a_1 に公差 d を $n-1$ 回加えると得られる。

$$a_n = a_1 + (n-1)d$$

　初項 a_1 から第 n 項 a_n までの和 S_n は，逆に並べた数列との和をつくることにより

$$S_n = \frac{n(a_1 + a_n)}{2} = \frac{n\{2a_1 + (n-1)d\}}{2}$$

となる。

等差中項

　　$a,\ b,\ c$ がこの順で等差数列をなす

　$\iff b - a = c - b$（$=$ 公差）

　$\iff 2b = a + c$（b を等差中項という）

7.1　等差数列の一般項と和

(1) 前半は等差数列の定義の確認です。後半は $S_{20} - S_9$ を計算してもよいのですが，第 10 項を初項，第 20 項を末項とみて和を計算することもできます。

(2) 具体的に書き並べてみましょう。

$$2 \quad ⑤ \quad 8 \quad ⑪ \quad 14 \quad ⑰ \quad 20 \quad \cdots$$
$$\ \ \ \ a_2 \qquad\ \ a_4 \qquad\ \ a_6$$

(3) 和から初項 a，公差 d が問われています。$a,\ d$ についての連立方程式をつくりましょう。

7.2　和の最小値

　等差数列の和 S_n は n の 2 次式になるから，平方完成することにより S_n が最小となる n を求めることができます。あるいは，$\{a_n\}$ は初項 $a_1 < 0$ の増加数列であるから，一般項 a_n が負から正に変わるところが S_n を最小にする n とみることもできます。

7.3　等差中項

(1) $2 \times \dfrac{1}{a} = 2 + a$ をみたす正の実数 a を求めましょう。

(2) 3 元の連立方程式を解くことになります。式は 3 つ必要です。

解答・解説

7.1 (1) 初項 2，公差 -1 の等差数列 $\{a_n\}$ の一般項は
$$a_n = 2 + (n-1) \cdot (-1)$$
$$= -n + 3$$
なので，第 10 項は
$$a_{10} = -10 + 3 = \underline{\boldsymbol{-7}}$$
また，第 10 項から第 20 項までの和は
初項 $a_{10} = -7$
末項 $a_{20} = -20 + 3 = -17$
項数 11
の等差数列の和なので
$$\frac{11}{2}(-7 - 17)$$
$$= 11 \cdot (-12) = \underline{\boldsymbol{-132}}$$

別解

この数列の初項から第 n 項までの和を S_n とおくと
$$a_{10} + a_{11} + \cdots + a_{20}$$
$$= S_{20} - S_9$$
$$= \frac{20}{2}\{2 \cdot 2 + 19 \cdot (-1)\}$$
$$\qquad - \frac{9}{2}\{2 \cdot 2 + 8 \cdot (-1)\}$$
$$= 10 \cdot (-15) + 9 \cdot 2$$
$$= -132$$

(2) $\{a_n\}$ は初項 2，公差 3 の等差数列より
$$a_n = 2 + (n-1) \cdot 3$$
$$= 3n - 1$$
$a_2, a_4, a_6, \cdots, a_{40}$ は初項 a_2，末項 a_{40}，項数 20 の等差数列であるから
$$a_2 = 3 \cdot 2 - 1 = 5$$
$$a_{40} = 3 \cdot 40 - 1 = 119$$
よって，求める和を S とおくと
$$S = \frac{20}{2}(5 + 119)$$
$$= \underline{\boldsymbol{1240}}$$

(3) 初項 a，公差 d とおく。初項から第 10 項までの和 $S_{10} = 100$ より
$$\frac{10}{2}(2a + 9d) = 100$$
$$\therefore \quad 2a + 9d = 20 \quad \cdots\cdots ①$$
また，初項から第 20 項までの和 $S_{20} = 350$ より
$$\frac{20}{2}(2a + 19d) = 350$$
$$\therefore \quad 2a + 19d = 35 \quad \cdots\cdots ②$$
①，②を解いて
$$a = \underline{\frac{\boldsymbol{13}}{\boldsymbol{4}}}, \quad d = \underline{\frac{\boldsymbol{3}}{\boldsymbol{2}}}$$

7.2 等差数列の和の公式より
$$S_n = \frac{n\{2 \cdot (-83) + (n-1) \cdot 4\}}{2}$$
$$= n(2n - 85) \quad \cdots\cdots ①$$
$$= \underline{\boldsymbol{2n^2 - 85n}}$$
$$= 2\left(n - \frac{85}{4}\right)^2 - \frac{85^2}{8}$$
ここで，$\dfrac{85}{4} = 21 + \dfrac{1}{4}$ より
$$n = \underline{\boldsymbol{21}}$$
のとき S_n は最小で，①より
最小値：$S_{21} = 21(2 \times 21 - 85)$
$$= \underline{\boldsymbol{-903}}$$

別解

初項 -83，公差 4 の等差数列の一般項 a_n は
$$a_n = -83 + (n-1) \cdot 4$$
$$= 4n - 87$$
$\{a_n\}$ は初項が負の増加数列なので，$a_n \leqq 0$ となる a_n をすべてたしたときに S_n は最小となる。$a_n \leqq 0$ のとき
$$4n - 87 \leqq 0$$
$$\therefore \quad n \leqq \frac{87}{4} = 21.75$$

したがって，$n = 21$ のとき最小で，最小値は

$$S_{21} = 2 \cdot 21^2 - 85 \cdot 21 = -903$$

7.3 (1) 2, $\dfrac{1}{a}$, $a \ (> 0)$ がこの順で等差数列をなすので

$$2 \times \frac{1}{a} = 2 + a$$

$$\therefore \quad a^2 + 2a - 2 = 0$$

$a > 0$ なので

$$a = \underline{-1 + \sqrt{3}}$$

(2) a, b, c がこの順に等差数列をなすので

$$2b = a + c \quad \cdots\cdots\text{①}$$

また

$$\begin{cases} a + b + c = 6 & \cdots\cdots\text{②} \\ a^2 + b^2 + c^2 = 44 & \cdots\cdots\text{③} \end{cases}$$

であるから，①を②に代入すると

$$3b = 6 \quad \therefore \quad b = \underline{2}$$

b の値を①（あるいは②），③に代入すると

$$\begin{cases} a + c = 4 \\ a^2 + c^2 = 40 \end{cases}$$

c を消去すると

$$a^2 + (4 - a)^2 = 40$$

$$\therefore \quad a = 6, \ -2$$

$a < b < c$ であるから

$$a = \underline{-2}, \ c = \underline{6}$$

問題

等比数列 ....

7.4 次の各問いに答えよ。

(1) ある等比数列の第 5 項が 48，第 6 項が −96 であるとき，この数列の初項の値は ☐ であり，公比の値は ☐ である。また，この数列の初項から第 8 項までの和は ☐ である。　　　　　　　　　　　（帝京大）

(2) 初項 a，公比 r の等比数列 $\{a_n\}$ において，$\dfrac{a_5}{a_2} = \dfrac{1}{64}$ であり，初項から第 3 項までの和が 21 であるとき，a，r の値をそれぞれ求めよ。ただし，a，r は実数とする。

7.5 数列 27, 2727, 272727, 27272727, $\cdots$ について

(1) 第 n 項 a_n を求めよ。

(2) 第 n 項までの和 S_n を求めよ。　　　　　　　　　　　（鳥取大）

7.6 数列 1, 1+3+1, 1+3+9+3+1, 1+3+9+27+9+3+1, $\cdots$ の第 n 項から第 $2n$ 項までの和を求めよ。ただし，n は自然数とする。　　（茨城大）

7.7 年利率 5% の複利で 1000 万円を貯金する場合，元利合計の金額が初めて 2000 万円を超えるのは ☐ 年後である。ただし，$\log_{10} 2 = 0.301$，$\log_{10} 1.05 = 0.021$ とする。　　　　　　　　　　　（立命館大　改）

7.8 次の各問いに答えよ。

(1) 数列 a, b, 2, c, 18 は，この順で各項が正の等比数列である。このとき，$a =$ ☐ , $b =$ ☐ , $c =$ ☐ である。　　（愛知学院大）

(2) α, β, $\alpha\beta$ $(\alpha < 0 < \beta)$ は，ある順番で並べると等比数列になるという。また $\alpha + \beta = 1$ が成り立っている。このとき，$\beta - \alpha =$ ☐ であり，$-\alpha\beta =$ ☐ である。　　　　　　　　　　　（明治大）

チェック・チェック

基本 check！

等比数列の一般項と和

初項 a_1 に一定数 r（公比）を順次かけて得られる数列が 等比数列 であり，第 n 項 a_n は初項 a_1 に公比 r を $n-1$ 回かけると得られる。

$$a_n = a_1 r^{n-1}$$

初項 a_1 から第 n 項 a_n までの和 S_n は

$$S_n = \begin{cases} \dfrac{a_1(1-r^n)}{1-r} & (r \neq 1 \text{ のとき}) \\ na_1 & (r = 1 \text{ のとき}) \end{cases}$$

等比中項

$a,\ b,\ c$ が 0 でないとき，この順で等比数列をなす

$$\iff \frac{b}{a} = \frac{c}{b}\ (= \text{公比})$$
$$\iff b^2 = ac\ (b \text{ を等比中項という})$$

7.4 等比数列の一般項と和

(1), (2) 等比数列の一般項と和の公式を自在に扱えるかが問われています。

7.5 公比 10^2 の等比数列

$a_1 = 27$

$a_2 = 2727 = 2700 + 27 = 27 \times 10^2 + 27$

$a_3 = 272727 = 270000 + 2700 + 27 = 27 \times 10^4 + 27 \times 10^2 + 27$

$a_4 = 27272727 = 27 \times 10^6 + 27 \times 10^4 + 27 \times 10^2 + 27$

$\cdots\cdots\cdots$

ですから，a_n は公比 10^2 の等比数列の和で表せますね。

7.6 等比数列の和

$a_n = (1 + 3 + \cdots + 3^{n-2}) + 3^{n-1} + (3^{n-2} + \cdots + 3 + 1)\ (n \geqq 2)$ とみましょう。

7.7 複利計算

1 年後の金額は

$$（元金）+（利息）=（元金）+（元金）\times 0.05 =（元金）\times 1.05$$

7.8 等比中項

(1) $2,\ c,\ 18\ (c > 0)$ がこの順で等比数列をなすことより，c の値および公比が得られます。

(2) $\alpha < 0,\ \beta > 0$ より $\alpha\beta < 0$ となります。3 つの数 $\alpha,\ \beta,\ \alpha\beta$ が等比数列をなすためには，$\ominus,\ \oplus,\ \ominus$ の順に並ぶことが必要です。

解答・解説

7.4 (1) 与えられた等比数列を $\{a_n\}$ とし，初項 a，公比 r とおく。

$a_5 = 48$ より

$$ar^4 = 48 \quad \cdots\cdots ①$$

$a_6 = -96$ より

$$ar^5 = -96 \quad \cdots\cdots ②$$

②÷① より

$$\frac{ar^5}{ar^4} = \frac{-96}{48}$$

$$\therefore \quad r = \underline{\boldsymbol{-2}}$$

$r = -2$ を①に代入して

$$a = \underline{\boldsymbol{3}}$$

初項から第 8 項までの和 S_8 は

$$S_8 = \frac{3\{1 - (-2)^8\}}{1 - (-2)}$$

$$= 1 - 256 = \underline{\boldsymbol{-255}}$$

(2) 初項 a，公比 r の等比数列 $\{a_n\}$ の一般項は

$$a_n = ar^{n-1}$$

である。条件より

$$\begin{cases} \dfrac{ar^4}{ar} = \dfrac{1}{64} \\ a + ar + ar^2 = 21 \end{cases}$$

$$\therefore \quad \begin{cases} r^3 = \left(\dfrac{1}{4}\right)^3 & \cdots ① \\ a(1 + r + r^2) = 21 & \cdots ② \end{cases}$$

①と r が実数であることより

$$r = \underline{\frac{1}{4}}$$

であり，②に代入すると

$$a\left(1 + \frac{1}{4} + \frac{1}{16}\right) = 21$$

$$a \cdot \frac{21}{16} = 21$$

$$\therefore \quad a = \underline{\boldsymbol{16}}$$

7.5 (1) a_n の桁数が $2n$ 桁より

$$a_n = \underbrace{272727\cdots\cdots27}_{n \text{ 個}}$$

$$= 27 \times 100^{n-1} + 27 \times 100^{n-2}$$
$$+ \cdots\cdots + 27 \times 100 + 27$$

右端からの和として読み直すと，初項 **27**，公比 **100**，項数 n の等比数列の和だから

$$a_n = \frac{27(100^n - 1)}{100 - 1}$$

$$= \underline{\frac{3}{11}(100^n - 1)}$$

(2) 第 n 項までの和 S_n は

$$S_n = \sum_{k=1}^{n} a_k$$

$$= \sum_{k=1}^{n} \frac{3}{11}(100^k - 1)$$

$$= \frac{3}{11} \sum_{k=1}^{n} 100^k - \frac{3}{11} \sum_{k=1}^{n} 1$$

$$= \frac{3}{11} \cdot \frac{100(100^n - 1)}{100 - 1} - \frac{3}{11} n$$

$$= \frac{100^{n+1} - 100}{363} - \frac{3}{11} n$$

$$= \underline{\frac{100^{n+1} - 99n - 100}{363}}$$

7.6 $n \geq 2$ のとき，第 n 項 a_n は

$$a_n = 1 + 3 + \cdots + 3^{n-2} + 3^{n-1}$$
$$+ 3^{n-2} + \cdots + 3 + 1$$

$$= 2(1 + 3 + \cdots + 3^{n-2}) + 3^{n-1}$$

$$= 2 \cdot \frac{3^{n-1} - 1}{3 - 1} + 3^{n-1}$$

$$= 2 \cdot 3^{n-1} - 1$$

これは $n = 1$ のときも成立するので

$$a_n = 2 \cdot 3^{n-1} - 1 \quad (n \geq 1)$$

数列 $\{a_n\}$ の初項から第 n 項までの和 S_n は

$$S_n = \sum_{k=1}^{n} (2 \cdot 3^{k-1} - 1)$$

$$= \frac{2 \cdot (3^n - 1)}{3 - 1} - n$$

$$= 3^n - n - 1$$

であるから，求める和は，$n \geqq 2$ のとき

$$S_{2n} - S_{n-1}$$

$$= (3^{2n} - 2n - 1)$$

$$\qquad -\{3^{n-1} - (n-1) - 1\}$$

$$= 3^{2n} - 3^{n-1} - n - 1$$

$n = 1$ のときの和は

$$a_1 + a_2$$

$$= 1 + (1 + 3 + 1)$$

$$= 6$$

であり，$n = 1$ のときも成立する。

よって，求める和は

$$\boldsymbol{3^{2n} - 3^{n-1} - n - 1} \quad (n \geqq 1)$$

別解

求める和を次のように計算してもよい。

$$\sum_{k=n}^{2n} a_k$$

$$= \sum_{k=n}^{2n} (2 \cdot 3^{k-1} - 1)$$

$$= 2 \cdot 3^{n-1} \cdot \frac{3^{n+1} - 1}{3 - 1} - (n + 1)$$

$$= 3^{2n} - 3^{n-1} - n - 1$$

7.7 1 年後の元利合計は，元金の $1 + \dfrac{5}{100} = 1.05$ （倍）である。1000 万円を貯金して，n 年後に初めて 2000 万円を超えるとすると

$$1000 \times 10^4 \times 1.05^n > 2000 \times 10^4$$

$$\therefore \quad 1.05^n > 2$$

常用対数をとって，整理すると

$$n \log_{10} 1.05 > \log_{10} 2$$

$$\therefore \quad n > \frac{\log_{10} 2}{\log_{10} 1.05} = \frac{0.301}{0.021}$$

$$= 14.3 \cdots$$

よって，初めて 2000 万円を超えるのは **15** 年後である。

7.8 (1) $2, c, 18$ がこの順に等比数列をなすので

$$\frac{c}{2} = \frac{18}{c} \qquad \therefore \quad c^2 = 36$$

各項が正より

$$c = \boldsymbol{6}$$

であり，$2, 6, 18$ がこの順に等比数列をなすので，公比は 3 である。よって

$$b = \frac{\boldsymbol{2}}{\boldsymbol{3}}, \quad a = \frac{\boldsymbol{2}}{\boldsymbol{9}}$$

(2) $\alpha < 0 < \beta$ より

$$\alpha\beta < 0$$

であるから，$\alpha, \beta, \alpha\beta$ が等比数列となるのは，3 つの数が負，正，負の順に並ぶとき，すなわち β が等比中項になるときである。したがって

$$\beta^2 = \alpha \cdot \alpha\beta$$

$\beta \neq 0$ より

$$\beta = \alpha^2$$

これと $\alpha + \beta = 1$，$\alpha < 0$ より

$$\alpha^2 + \alpha - 1 = 0$$

$$\therefore \quad \alpha = \frac{-1 - \sqrt{5}}{2}$$

$$\beta = 1 - \alpha = \frac{3 + \sqrt{5}}{2}$$

以上より

$$\beta - \alpha = \boldsymbol{2 + \sqrt{5}}$$

$$-\alpha\beta = \boldsymbol{2 + \sqrt{5}}$$

📖 問題

累乗の和 ··

☐ **7.9** 以下の問いに答えよ。答えだけでなく，必ず証明も記せ。

(1) 和 $1 + 2 + \cdots + n$ を n の多項式で表せ。

(2) 和 $1^2 + 2^2 + \cdots + n^2$ を n の多項式で表せ。

(3) 和 $1^3 + 2^3 + \cdots + n^3$ を n の多項式で表せ。 （九大）

☐ **7.10** 次の各問いに答えよ。

(1) $\displaystyle\sum_{k=n+1}^{2n^2} k$ を計算すれば，$\boxed{}$ である。 （日本工大）

(2) $\displaystyle\sum_{k=3}^{n} (k-4)^3$ を求めなさい。 （名古屋学院大　改）

(3) $\displaystyle\sum_{i=1}^{n} \left(\sum_{k=i}^{n} k \right) = 1 + 2 + 3 + \cdots + (n-1) + n$
$\qquad\qquad\qquad\quad + 2 + 3 + \cdots + (n-1) + n$
$\qquad\qquad\qquad\qquad + 3 + \cdots + (n-1) + n$
$\qquad\qquad\qquad\qquad\qquad\vdots$
$\qquad\qquad\qquad\qquad\qquad + (n-1) + n$
$\qquad\qquad\qquad\qquad\qquad\qquad + n$

を求めなさい。 （玉川大　改）

☐ **7.11** 次の各問いに答えよ。

(1) 次の和を求めよ。ただし，n は 2 以上の整数とする。

$$1 \cdot (n-1) + 2 \cdot (n-2) + \cdots + (n-2) \cdot 2 + (n-1) \cdot 1 \qquad \text{（兵庫大）}$$

(2) $n \geqq 2$ であるような自然数 n に対して

$$1 \cdot 2 \cdot 3 + 2 \cdot 3 \cdot 4 + \cdots + (n-1) \cdot n \cdot (n+1)$$
$$= (1 + 2 + 3 + \cdots + n)(2 + 3 + \cdots + n)$$

が成り立つことを示せ。 （福岡教育大）

チェック・チェック

基本 check！

和の公式
$$\sum_{k=1}^{n} 1 = n$$
$$\sum_{k=1}^{n} k = \frac{n(n+1)}{2}$$
$$\sum_{k=1}^{n} k^2 = \frac{n(n+1)(2n+1)}{6}$$
$$\sum_{k=1}^{n} k^3 = \left\{ \frac{n(n+1)}{2} \right\}^2 = \frac{n^2(n+1)^2}{4}$$

7.9 累乗和の公式

もちろん結果は覚えていなければいけませんが，問題文にあるように「答えだけでなく，証明もできる」ようにしておきましょう。$\sum$ （階差）を登場させることがポイントです。

7.10 和の取り方の工夫

(1) $\displaystyle\sum_{k=n+1}^{2n^2} k = \sum_{k=1}^{2n^2} k - \sum_{k=1}^{n} k$ ですが，等差数列の和の公式

$$\frac{(\text{項数})(\text{初項} + \text{末項})}{2}$$

を用いてもよいでしょう。

(2) $n \geqq 5$ のとき，$\displaystyle\sum_{k=3}^{n} (k-4)^3 = -1 + \sum_{k=1}^{n-4} k^3$ と書き換えることができます。ピンとこないときは

$$(\text{左辺}) = (-1)^3 + 0^3 + 1^3 + \cdots (n-4)^3$$

と書き下してみましょう。

(3) 展開された右辺で列の和をとってみましょう。

7.11

(1) $\sum$ 記号で表してみましょう。

(2) 左辺，右辺の値をそれぞれ計算してみましょう。

解答・解説

7.9 (1) $S = 1 + 2 + \cdots + n$ とおく。
並べ替えて

$$S = n + (n-1) + \cdots + 1$$

辺々加えると

$$2S$$
$$= \underbrace{(n+1) + (n+1) + \cdots + (n+1)}_{n \text{ 個}}$$
$$= n(n+1)$$

よって

$$S = \frac{1}{2}n(n+1)$$
$$\left(= \frac{1}{2}n^2 + \frac{1}{2}n \right)$$

【補足】

問題文に「n の多項式で表せ」とある。
n の多項式を単項式の和として表される式

$$a_0 + a_1 n + a_2 n^2 + a_3 n^3 + \cdots$$

であると解釈すると

$$S = \frac{1}{2}n^2 + \frac{1}{2}n$$

と答えるべきかもしれない。ここでは，
教科書にある形（多項式を因数分解した
形）で表した。

別解

等式 $(k+1)^2 - k^2 = 2k + 1$ を利用
する。$k = 1, 2, \cdots, n$ を代入して，
辺々加えると

$$\sum_{k=1}^{n} \{(k+1)^2 - k^2\} = 2\sum_{k=1}^{n} k + \sum_{k=1}^{n} 1$$

より

$$(n+1)^2 - 1^2 = 2S + n$$

よって

$$S = \frac{1}{2}\{(n+1)^2 - (n+1)\}$$
$$= \frac{1}{2}(n+1)\{(n+1) - 1\}$$
$$= \frac{1}{2}n(n+1)$$

別解

$$k = \frac{1}{2}\{k(k+1) - (k-1)k\} \text{ である}$$

から

$$S = \sum_{k=1}^{n} k$$
$$= \sum_{k=1}^{n} \frac{1}{2}\{k(k+1) - (k-1)k\}$$
$$= \frac{1}{2}n(n+1)$$

別解

結果は公式として覚えているので，
$S_n = 1 + 2 + \cdots + n$ とおき

$$S_n = \frac{1}{2}n(n+1) \quad \cdots (*)$$

が成り立つことを数学的帰納法で示して
もよい。

(ⅰ) $n = 1$ のとき

$$(左辺) = S_1 = 1$$
$$(右辺) = \frac{1}{2} \cdot 1 \cdot (1+1) = 1$$

より，$n = 1$ のとき $(*)$ は成り立つ。

(ⅱ) $n = k$ での成立を仮定する。

$n = k + 1$ のとき

$$(左辺) = S_{k+1} = S_k + (k+1)$$
$$= \frac{1}{2}k(k+1) + (k+1)$$
$$= \frac{1}{2}(k+1)(k+2)$$
$$(右辺) = \frac{1}{2}(k+1)(k+1+1)$$
$$= \frac{1}{2}(k+1)(k+2)$$

よって，$n = k + 1$ のとき $(*)$ は成り
立つ。

(ⅰ), (ⅱ) より，すべての自然数 n に
対して $(*)$ は成り立つ。

(2) $T = 1^2 + 2^2 + \cdots + n^2$ とおく。等式

$$(k+1)^3 - k^3 = 3k^2 + 3k + 1$$

において $k = 1, 2, \cdots, n$ を代入し
て，辺々加えると

$$\sum_{k=1}^{n}\{(k+1)^3 - k^3\}$$

$$= 3\sum_{k=1}^{n} k^2 + 3\sum_{k=1}^{n} k + \sum_{k=1}^{n} 1$$

より

$$(n+1)^3 - 1^3 = 3T + 3S + n$$

よって，(1) より

$$T = \frac{1}{3}\Big\{(n+1)^3 - 1$$

$$-3\cdot\frac{1}{2}n(n+1) - n\Big\}$$

$$= \frac{1}{3}\Big\{(n+1)^3 - \frac{3}{2}n(n+1)$$

$$-(n+1)\Big\}$$

$$= \frac{1}{6}(n+1)\{2(n+1)^2 - 3n - 2\}$$

$$= \frac{1}{6}(n+1)(2n^2 + n)$$

$$= \underline{\frac{1}{6}n(n+1)(2n+1)}$$

$$\Big(= \frac{1}{3}n^3 + \frac{1}{2}n^2 + \frac{1}{6}n\Big)$$

別解

等式

$$k(k+1)$$

$$= \frac{1}{3}\{k(k+1)(k+2)$$

$$-(k-1)k(k+1)\}$$

を利用してもよい。

$k = 1,\ 2,\ \cdots,\ n$ を代入して，辺々加えると

$$\sum_{k=1}^{n} k^2 + \sum_{k=1}^{n} k$$

$$= \frac{1}{3}\sum_{k=1}^{n}\{k(k+1)(k+2)$$

$$-(k-1)k(k+1)\}$$

より

$$T + S = \frac{1}{3}n(n+1)(n+2)$$

よって，(1) より

$$T = \frac{1}{3}n(n+1)(n+2)$$

$$-\frac{1}{2}n(n+1)$$

$$= \frac{1}{6}n(n+1)\{2(n+2) - 3\}$$

$$= \frac{1}{6}n(n+1)(2n+1)$$

別解

$T = \frac{1}{6}n(n+1)(2n+1)$ が成り立つことを数学的帰納法で示してもよい。

(3) $U = 1^3 + 2^3 + \cdots + n^3$ とおく。

等式

$$(k+1)^4 - k^4 = 4k^3 + 6k^2 + 4k + 1$$

において，$k = 1,\ 2,\ \cdots,\ n$ を代入して，辺々加えると

$$\sum_{k=1}^{n}\{(k+1)^4 - k^4\}$$

$$= 4\sum_{k=1}^{n} k^3 + 6\sum_{k=1}^{n} k^2 + 4\sum_{k=1}^{n} k + \sum_{k=1}^{n} 1$$

より

$$(n+1)^4 - 1 = 4U + 6T + 4S + n$$

よって，(1)，(2) より

$$U = \frac{1}{4}\Big\{(n+1)^4 - 1$$

$$-6\cdot\frac{1}{6}n(n+1)(2n+1)$$

$$-4\cdot\frac{1}{2}n(n+1) - n\Big\}$$

$$= \frac{1}{4}\{(n+1)^4 - n(n+1)(2n+1)$$

$$-2n(n+1) - (n+1)\}$$

$$= \frac{1}{4}(n+1)\{(n+1)^3 - n(2n+1)$$

$$-2n - 1\}$$

$$= \frac{1}{4}(n+1)(n^3 + n^2)$$

$$= \underline{\frac{1}{4}n^2(n+1)^2}$$

$$\Big(= \frac{1}{4}n^4 + \frac{1}{2}n^3 + \frac{1}{4}n^2\Big)$$

別解

等式

$$k(k+1)(k+2)$$

$$= \frac{1}{4}\{k(k+1)(k+2)(k+3)$$

$$-(k-1)k(k+1)(k+2)\}$$

を利用してもよい。

$k = 1,\ 2,\ \cdots,\ n$ を代入して，辺々加えると

$$\sum_{k=1}^{n} k^3 + 3\sum_{k=1}^{n} k^2 + 2\sum_{k=1}^{n} k$$

$$= \frac{1}{4}\sum_{k=1}^{n} \{k(k+1)(k+2)(k+3)$$
$$-(k-1)k(k+1)(k+2)\}$$

より

$$U + 3T + 2S$$
$$= \frac{1}{4}n(n+1)(n+2)(n+3)$$

よって

$$U = \frac{1}{4}n(n+1)(n+2)(n+3)$$
$$-3\cdot\frac{1}{6}n(n+1)(2n+1)$$
$$-2\cdot\frac{1}{2}n(n+1)$$
$$= \frac{1}{4}n(n+1)\{(n^2+5n+6)$$
$$-2(2n+1)-4\}$$
$$= \frac{1}{4}n(n+1)(n^2+n)$$
$$= \frac{1}{4}n^2(n+1)^2$$

別解

$U = \dfrac{1}{4}n^2(n+1)^2$ が成り立つことを数学的帰納法で示してもよい。

7.10 (1) $\displaystyle\sum_{k=n+1}^{2n^2} k$

$$= \sum_{k=1}^{2n^2} k - \sum_{k=1}^{n} k$$
$$= \frac{2n^2(2n^2+1)}{2} - \frac{n(n+1)}{2}$$
$$= \underline{\frac{4n^4+n^2-n}{2}}$$

別解

等差数列の和であるから

$$\sum_{k=n+1}^{2n^2} k$$
$$= \frac{\text{項数}\,(\text{初項} + \text{末項})}{2}$$

$$= \frac{(2n^2-n)\{(n+1)+2n^2\}}{2}$$
$$= \frac{n(2n-1)(2n^2+n+1)}{2}$$

(2) $n \geqq 5$ のとき

$$\sum_{k=3}^{n}(k-4)^3$$
$$= (3-4)^3 + (4-4)^3 + (5-4)^3$$
$$+ \cdots + (n-4)^3$$
$$= (-1)^3 + 0^3 + 1^3 + \cdots + (n-4)^3$$
$$= -1 + \sum_{k=1}^{n-4} k^3$$
$$= -1 + \frac{(n-4)^2(n-3)^2}{4}$$

となり，この式は $n = 3,\ 4$ のときも成り立つ。

よって，求める和は

$$\frac{(n^2-7n+12)^2 - 2^2}{4}$$
$$= \underline{\frac{(n-2)(n-5)(n^2-7n+14)}{4}}$$

(3) $\displaystyle\sum_{i=1}^{n}\left(\sum_{k=i}^{n} k\right)$

$$= 1 + 2 + 3 + \cdots + (n-1) + n$$
$$+ 2 + 3 + \cdots + (n-1) + n$$
$$+ 3 + \cdots + (n-1) + n$$
$$\vdots$$
$$+ (n-1) + n$$
$$+ n$$
$$\cdots\cdots\text{①}$$

右辺において，左から k 列目には，数 k が k 個並ぶから，この和は k^2 である。よって，和を左の列から加えていくと

$$\sum_{i=1}^{n}\left(\sum_{k=i}^{n} k\right)$$
$$= 1^2 + 2^2 + 3^2 + \cdots + n^2$$
$$= \underline{\frac{1}{6}n(n+1)(2n+1)}$$

別解

$\displaystyle\sum_{i=1}^{n}\left(\sum_{k=i}^{n}k\right)$ を直接計算する（①の右辺において，行の和を求めて加えていく）。

$$\sum_{k=i}^{n}k=\frac{(項数)(初項+末項)}{2}$$
$$=\frac{(n-i+1)(i+n)}{2}$$

より

$$\sum_{i=1}^{n}\left(\sum_{k=i}^{n}k\right)$$
$$=\sum_{i=1}^{n}\frac{(n-i+1)(i+n)}{2}$$
$$=\frac{1}{2}\sum_{i=1}^{n}\{-i^2+i+n(n+1)\}$$
$$=\frac{1}{2}\left\{-\frac{n(n+1)(2n+1)}{6}\right.$$
$$\left.+\frac{n(n+1)}{2}+n(n+1)\cdot n\right\}$$
$$=\frac{1}{2}\left\{-\frac{n(n+1)(2n+1)}{6}\right.$$
$$\left.+\frac{n(n+1)}{2}(1+2n)\right\}$$
$$=\frac{1}{6}n(n+1)(2n+1)$$

7.11 (1) $n\geqq2$ のとき

$$1\cdot(n-1)+2\cdot(n-2)+\cdots$$
$$+k(n-k)+\cdots+(n-1)\cdot1$$
$$=\sum_{k=1}^{n-1}k(n-k)$$
$$=n\sum_{k=1}^{n-1}k-\sum_{k=1}^{n-1}k^2$$
$$=n\cdot\frac{(n-1)n}{2}-\frac{(n-1)n(2n-1)}{6}$$
$$=\underline{\frac{(n-1)n(n+1)}{6}}$$

(2) $n\geqq2$ のとき，$\displaystyle\sum_{k=1}^{n}k$, $\displaystyle\sum_{k=1}^{n}k^3$ の公式を用いると

(左辺)
$$=\sum_{k=2}^{n}(k-1)k(k+1)$$
$$=\sum_{k=1}^{n}(k-1)k(k+1)$$
$$-(1-1)\cdot1\cdot(1+1)$$
$$=\sum_{k=1}^{n}(k-1)k(k+1)$$
$$=\sum_{k=1}^{n}(k^3-k)$$
$$=\frac{1}{4}n^2(n+1)^2-\frac{1}{2}n(n+1)$$
$$=\frac{1}{2}n(n+1)\left\{\frac{1}{2}n(n+1)-1\right\}$$

(右辺)
$$=\left(\sum_{k=1}^{n}k\right)\left(\sum_{k=2}^{n}k\right)$$
$$=\left(\sum_{k=1}^{n}k\right)\left\{\left(\sum_{k=1}^{n}k\right)-1\right\}$$
$$=\frac{1}{2}n(n+1)\left\{\frac{1}{2}n(n+1)-1\right\}$$

よって，等式は成り立つ。　　　　(証明終)

別解

次のように計算することもできる。

$n\geqq2$ のとき

(左辺)
$$=\sum_{k=1}^{n}(k-1)k(k+1)$$
$$=\sum_{k=1}^{n}\frac{1}{4}\{(k-1)k(k+1)(k+2)$$
$$-(k-2)(k-1)k(k+1)\}$$
$$=\frac{1}{4}(n-1)n(n+1)(n+2)$$

(右辺)
$$=\left(\sum_{k=1}^{n}k\right)\left(\sum_{k=2}^{n}k\right)$$
$$=\frac{n(n+1)}{2}\cdot\frac{(n-1)(2+n)}{2}$$
$$=\frac{1}{4}(n-1)n(n+1)(n+2)$$

よって，等式は成り立つ。

📖 問題

階差数列 ......

7.12 数列 $\{a_n\}$ の階差数列を $\{b_n\}$ とする。$\{b_n\}$ が初項 2，公比 $\dfrac{1}{3}$ の等比数列となるとき，$\{b_n\}$ の一般項は $b_n = \boxed{}$ である。また，$\{a_n\}$ も等比数列になるならば，$a_1 = \boxed{}$ である。このとき $\{a_n\}$ の一般項は $a_n = \boxed{}$ である。 （慶大）

7.13 数列 $\{a_n\}$ の階差数列を $\{b_n\}$，$\{b_n\}$ の階差数列を $\{c_n\}$，$\{c_n\}$ の階差数列を $\{d_n\}$ としよう。いま $a_1 = 1$，$b_1 = 2$，$c_1 = 4$ であり，d_n はすべて 8 に等しいとする。このとき $a_5 = \boxed{}$，$a_6 = \boxed{}$，$a_7 = \boxed{}$ であり，一般項は

$$a_n = \frac{1}{3}\left(\boxed{}n^3 - \boxed{}n^2 + \boxed{}n - \boxed{}\right)$$

である。 （慶大 改）

和と一般項の関係 ......

7.14 数列 $\{a_n\}$ の初項から第 n 項までの和 S_n が $S_n = n^2 - n$ のとき，$a_n = \boxed{}$ である。 （武蔵大）

7.15 自然数 n に対して，$S_n = 5^n - 1$ とする。さらに，数列 $\{a_n\}$ の初項から第 n 項までの和が S_n であるとする。このとき，$a_1 = \boxed{}$ である。また，$n \geqq 2$ のとき

$$a_n = \boxed{} \cdot \boxed{}^{\,n-1}$$

である。この式は $n = 1$ のときにも成り立つ。

上で求めたことから，すべての自然数 n に対して

$$\sum_{k=1}^{n} \frac{1}{a_k} = \frac{\boxed{}}{\boxed{}}\left(1 - \boxed{}^{\,-n}\right)$$

が成り立つことがわかる。 （共通テスト）

チェック・チェック

基本 check！

階差数列

数列 $\{a_n\}$ の階差数列を $\{b_n\}$ とおくと

$$b_k = a_{k+1} - a_k$$

より，$n \geqq 2$ のとき

$$\sum_{k=1}^{n-1} b_k = \sum_{k=1}^{n-1} (a_{k+1} - a_k)$$
$$= (a_2 - a_1) + (a_3 - a_2) + (a_4 - a_3) + \cdots$$
$$+ (a_{n-1} - a_{n-2}) + (a_n - a_{n-1})$$
$$= -a_1 + a_n$$

つまり，$n \geqq 2$ のとき，

$$a_n = a_1 + \sum_{k=1}^{n-1} b_k$$

和と一般項の関係

和 S_n と一般項 a_n を結ぶ関係式は

$$a_n = \begin{cases} S_1 & (n = 1 \text{ のとき}) \\ S_n - S_{n-1} & (n \geqq 2 \text{ のとき}) \end{cases}$$

7.12 第 1 階差数列が等比数列

$\{a_n\}$ も等比数列となる条件をどう捉えますか。

7.13 第 n 階差

本問では第 3 階差数列 $\{d_n\}$ まで登場します。

7.14 和と一般項の関係

$$a_n = \begin{cases} S_1 & (n = 1 \text{ のとき}) \\ S_n - S_{n-1} & (n \geqq 2 \text{ のとき}) \end{cases} \text{を利用しましょう。}$$

7.15 和と一般項の関係，逆数の和

親切な誘導にのって進めていきましょう。

解答・解説

7.12 初項 2，公比 $\frac{1}{3}$ の等比数列 $\{b_n\}$ の一般項は

$$b_n = 2 \cdot \left(\frac{1}{3}\right)^{n-1}$$

$$= \frac{\boldsymbol{2}}{\boldsymbol{3^{n-1}}}$$

また，数列 $\{b_n\}$ は数列 $\{a_n\}$ の階差数列であるから，$n \geqq 2$ のとき

$$a_n = a_1 + \sum_{k=1}^{n-1} b_k$$

$$= a_1 + \sum_{k=1}^{n-1} \frac{2}{3^{k-1}}$$

$$= a_1 + 2 \cdot \frac{1 - \left(\frac{1}{3}\right)^{n-1}}{1 - \frac{1}{3}}$$

$$= a_1 + 3 - \left(\frac{1}{3}\right)^{n-2}$$

これは $n = 1$ のときも成り立つ。

$\{a_n\}$ が等比数列となる条件は，任意の自然数 n に対して，$a_{n+1} = r a_n$ となる定数 r が存在することであるから

$$a_1 + 3 - \left(\frac{1}{3}\right)^{n-1}$$

$$= r\left\{a_1 + 3 - \left(\frac{1}{3}\right)^{n-2}\right\}$$

ゆえに

$$(r-1)(a_1+3) + (1-3r)\left(\frac{1}{3}\right)^{n-1}$$

$$= 0$$

これが任意の自然数 n に対して成立する条件は

$$\begin{cases} (r-1)(a_1+3) = 0 \\ 1 - 3r = 0 \end{cases}$$

$$\therefore \quad r = \frac{1}{3}, \ a_1 = \boldsymbol{\underline{-3}}$$

である。このとき $\{a_n\}$ の一般項は

$$a_n = -\frac{\boldsymbol{1}}{\boldsymbol{3^{n-2}}}$$

別解

$\{a_n\}$ が等比数列となるためには

$$a_1$$
$$a_2 = a_1 + 3 - 1 = a_1 + 2$$
$$a_3 = a_1 + 3 - \frac{1}{3} = a_1 + \frac{8}{3}$$

がこの順に等比数列をなすことが必要である。したがって

$$a_2{}^2 = a_1 a_3$$

$$(a_1 + 2)^2 = a_1\left(a_1 + \frac{8}{3}\right)$$

$$a_1{}^2 + 4a_1 + 4 = a_1{}^2 + \frac{8}{3}a_1$$

$$\frac{4}{3}a_1 = -4$$

$$\therefore \quad a_1 = -3$$

このとき，$a_n = -\dfrac{1}{3^{n-2}}$ であり，$\{a_n\}$ は初項 $a_1 = -3$，公比 $\frac{1}{3}$ の等比数列である（十分）。

7.13 d_n はすべて 8 に等しく

$$c_{n+1} = c_n + d_n, \quad c_1 = 4$$
$$b_{n+1} = b_n + c_n, \quad b_1 = 2$$
$$a_{n+1} = a_n + b_n, \quad a_1 = 1$$

であるから

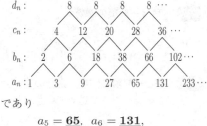

であり

$$a_5 = \boldsymbol{\underline{65}}, \quad a_6 = \boldsymbol{\underline{131}},$$
$$a_7 = \boldsymbol{\underline{233}}$$

$n \geqq 2$ のとき

$$c_n = c_1 + \sum_{k=1}^{n-1} d_k$$

$$= 4 + \sum_{k=1}^{n-1} 8$$
$$= 4 + 8(n-1)$$
$$= 4(2n-1)$$

これは $n = 1$ のときも成り立つ。

$n \geqq 2$ のとき

$$b_n = b_1 + \sum_{k=1}^{n-1} c_k$$
$$= 2 + \sum_{k=1}^{n-1} 4(2k-1)$$
$$= 2 + 4 \cdot \frac{(n-1)\{1+(2n-3)\}}{2}$$
$$= 2 + 4(n-1)^2$$

これは $n = 1$ のときも成り立つ。

$n \geqq 2$ のとき

$$a_n = a_1 + \sum_{k=1}^{n-1} b_k$$
$$= 1 + \sum_{k=1}^{n-1} \{2 + 4(k-1)^2\}$$
$$= 1 + 2(n-1)$$
$$\qquad + 4\{0^2 + 1^2 + \cdots + (n-2)^2\}$$
$$\cdots\cdots ①$$

$n \geqq 3$ のとき

$$0^2 + 1^2 + \cdots + (n-2)^2$$
$$= \sum_{k=1}^{n-2} k^2$$
$$= \frac{1}{6}(n-2)(n-1)(2n-3)$$

であり，これは $n = 2$ のときも成り立つから，①は

$$2n-1$$
$$\qquad + 4 \cdot \frac{1}{6}(n-2)(n-1)(2n-3)$$
$$= \frac{1}{3}\{3(2n-1)$$
$$\qquad\qquad + 2(2n^3 - 9n^2 + 13n - 6)\}$$
$$= \frac{1}{3}(4n^3 - 18n^2 + 32n - 15)$$

これは $n = 1$ のときも成り立つ。

ゆえに
$$a_n = \frac{1}{3}(\underline{\mathbf{4}}n^3 - \underline{\mathbf{18}}n^2 + \underline{\mathbf{32}}n - \underline{\mathbf{15}})$$
$$(n = 1, 2, 3, \cdots)$$

7.14 $a_1 = S_1 = 1^2 - 1 = 0$

$n \geqq 2$ のとき

$$a_n = S_n - S_{n-1}$$
$$= (n^2 - n) - \{(n-1)^2 - (n-1)\}$$
$$= 2n - 2$$

これは $a_1 = 0$ をみたすから
$$a_n = \underline{\mathbf{2n-2}} \quad (n \geqq 1)$$

7.15 $S_n = 5^n - 1 = \sum_{k=1}^{n} a_k$ より

$$a_1 = S_1 = 5 - 1 = \underline{\mathbf{4}}$$

$n \geqq 2$ のとき

$$a_n = S_n - S_{n-1}$$
$$= (5^n - 1) - (5^{n-1} - 1)$$
$$= 5^{n-1} \cdot (5 - 1)$$
$$= \underline{\mathbf{4}} \cdot \underline{\mathbf{5}}^{n-1}$$

ここで，$n = 1$ とすると，$4 \cdot 5^0 = 4$ で初項 a_1 と一致するから，この式は $n = 1$ のときにも成り立つ。

$a_n = 4 \cdot 5^{n-1}$ より，すべての自然数 n に対して $a_n \neq 0$ であり

$$\sum_{k=1}^{n} \frac{1}{a_k} = \sum_{k=1}^{n} \frac{1}{4}\left(\frac{1}{5}\right)^{k-1}$$
$$= \frac{\frac{1}{4}\left\{1 - \left(\frac{1}{5}\right)^n\right\}}{1 - \frac{1}{5}}$$
$$= \frac{\underline{\mathbf{5}}}{\underline{\mathbf{16}}}\left(1 - \underline{\mathbf{5}}^{-n}\right)$$

が成り立つ。

📖 問題

いろいろな数列の和 ··

□ **7.16** $S_n = \displaystyle\sum_{k=1}^{n} kx^{k-1}$ を求めよ。 （高知大）

□ **7.17** 次の各問いに答えよ。

(1) 数列の和
$$\frac{1}{1 \cdot 3} + \frac{1}{3 \cdot 5} + \frac{1}{5 \cdot 7} + \cdots + \frac{1}{17 \cdot 19} + \frac{1}{19 \cdot 21} = \boxed{}$$
である。 （千葉工大）

(2) 次の級数の和を求めよ。
$$\frac{1}{1 \cdot 4 \cdot 7} + \frac{1}{4 \cdot 7 \cdot 10} + \cdots + \frac{1}{(3n-2)(3n+1)(3n+4)}$$
（小樽商科大）

(3) n を正の整数とする。$\displaystyle\sum_{k=1}^{n} \frac{2k^2 - 1}{4k^2 - 1}$ を求めよ。 （甲南大）

□ **7.18** 次の各問いに答えよ。

(1) $\displaystyle\sum_{k=1}^{50} \frac{1}{\sqrt{k+1} + \sqrt{k}}$ を求めよ。 （大阪工大）

(2) n が自然数のとき，等式
$$\frac{1}{2!} + \frac{2}{3!} + \frac{3}{4!} + \cdots + \frac{n}{(n+1)!} = 1 - \frac{1}{(n+1)!}$$
が成り立つことを証明せよ。 （山梨大）

チェック・チェック

基本 check !

$\sum\{(等差数列) \times (等比数列)\}$

　$\sum\{(等差数列) \times (等比数列)\}$ の形の和 S_n は，等比数列の和の公式を導くときと同じく，公比 r を用いて $S_n - rS_n$（公比倍して，ひく）を考える。

$\sum(階差)$

　$a_k = b_{k+1} - b_k$ と階差の形に変形できたなら
$$\sum_{k=1}^{n} a_k = \sum_{k=1}^{n}(b_{k+1} - b_k) = b_{n+1} - b_1$$
階差の形に変形するとき，次の恒等式がよく使われる。
$$\frac{1}{AB} = \frac{1}{B-A}\left(\frac{1}{A} - \frac{1}{B}\right), \quad \frac{1}{ABC} = \frac{1}{C-A}\left(\frac{1}{AB} - \frac{1}{BC}\right)$$

7.16 $\sum\{(等差数列) \times (等比数列)\}$

　$a_k = k$, $b_k = x^{k-1}$ とおくと，$\{a_n\}$ は等差数列，$\{b_n\}$ は公比 x の等比数列であり，$S_n = \sum_{k=1}^{n} a_k b_k$ の形です。$x = 1$, $x \neq 1$ の場合分けが必要です。

7.17 $\sum(分数式)$

(1)
$$\frac{1}{(2k-1)(2k+1)} = \frac{A}{2k-1} + \frac{B}{2k+1}$$
と部分分数に分解します。階差の形に分解するのが目標ですから，恒等式
$$\frac{1}{AB} = \frac{1}{B-A}\left(\frac{1}{A} - \frac{1}{B}\right)$$ を利用する手もあります。

(2) これも，部分分数に分解します。この場合
$$\frac{1}{(3k-2)(3k+1)(3k+4)} = \frac{A}{(3k-2)(3k+1)} + \frac{B}{(3k+1)(3k+4)}$$
の形を作ります。ここでも，階差の形に分解することを目標にして，恒等式
$$\frac{1}{ABC} = \frac{1}{C-A}\left(\frac{1}{AB} - \frac{1}{BC}\right)$$ を利用することができます。

(3) $\dfrac{(2 次式)}{(2 次式)} = (定数) + \dfrac{(1 次以下の式)}{(2 次式)}$ の形に変形しましょう。

7.18 その他の数列の和

(1) 分母を有理化しましょう。階差が現れます。

(2) $\dfrac{k}{(k+1)!} = \dfrac{(k+1)-1}{(k+1)!} = \dfrac{1}{k!} - \dfrac{1}{(k+1)!}$ と変形すると，階差が現れます。

解答・解説

7.16　$x = 1$ のとき

$$S_n = \sum_{k=1}^{n} k = \frac{n(n+1)}{2}$$

$x \neq 1$ のとき

$$S_n = 1 + 2x + 3x^2 + \cdots$$
$$+ (n-1)x^{n-2} + nx^{n-1}$$
$$xS_n = x + 2x^2 + 3x^3 + \cdots$$
$$+ (n-1)x^{n-1} + nx^n$$

辺々ひいて

$$(1-x)S_n$$
$$= 1 + x + x^2 + \cdots + x^{n-1} - nx^n$$
$$= \frac{1 - x^n}{1 - x} - nx^n$$
$$= \frac{1 - x^n - nx^n(1-x)}{1 - x}$$

$$\therefore \quad S_n = \frac{1 - (n+1)x^n + nx^{n+1}}{(1-x)^2}$$

7.17　(1)　$\dfrac{1}{1 \cdot 3} + \dfrac{1}{3 \cdot 5} + \dfrac{1}{5 \cdot 7}$

$$+ \cdots + \frac{1}{17 \cdot 19} + \frac{1}{19 \cdot 21}$$

$$= \sum_{k=1}^{10} \frac{1}{(2k-1)(2k+1)}$$

ここで

$$\frac{1}{(2k-1)(2k+1)} = \frac{A}{2k-1} + \frac{B}{2k+1}$$

とおくと

$$\frac{A}{2k-1} + \frac{B}{2k+1}$$
$$= \frac{(2k+1)A + (2k-1)B}{(2k-1)(2k+1)}$$
$$= \frac{2(A+B)k + (A-B)}{(2k-1)(2k+1)}$$

なので, k の恒等式とみて, 分子が 1 となるのは

$$2(A+B) = 0 \quad \text{かつ} \quad A - B = 1$$
$$\therefore \quad A = \frac{1}{2}, \ B = -\frac{1}{2}$$

のときである。よって

$$\sum_{k=1}^{10} \frac{1}{(2k-1)(2k+1)}$$

$$= \frac{1}{2} \sum_{k=1}^{10} \left(\frac{1}{2k-1} - \frac{1}{2k+1} \right)$$

$$= \frac{1}{2} \left\{ \left(1 - \frac{1}{3} \right) + \left(\frac{1}{3} - \frac{1}{5} \right) \right.$$
$$+ \cdots + \left(\frac{1}{17} - \frac{1}{19} \right)$$
$$\left. + \left(\frac{1}{19} - \frac{1}{21} \right) \right\}$$

$$= \frac{1}{2} \left(1 - \frac{1}{21} \right) = \frac{1}{2} \cdot \frac{20}{21}$$

$$= \frac{10}{21}$$

別解

恒等式 $\dfrac{1}{AB} = \dfrac{1}{B-A} \left(\dfrac{1}{A} - \dfrac{1}{B} \right)$

を考えると

$$\frac{1}{(2k-1)(2k+1)}$$
$$= \frac{1}{(2k+1) - (2k-1)}$$
$$\times \left(\frac{1}{2k-1} - \frac{1}{2k+1} \right)$$
$$= \frac{1}{2} \left(\frac{1}{2k-1} - \frac{1}{2k+1} \right)$$

と変形される。

(2)　$\dfrac{1}{(3n-2)(3n+1)(3n+4)}$

$$= \frac{A}{(3n-2)(3n+1)}$$
$$+ \frac{B}{(3n+1)(3n+4)}$$

とおくと

$$(右辺)$$
$$= \frac{(3n+4)A + (3n-2)B}{(3n-2)(3n+1)(3n+4)}$$
$$= \frac{3(A+B)n + (4A - 2B)}{(3n-2)(3n+1)(3n+4)}$$

左辺の分子と比較して

$3(A+B)=0$

かつ $4A-2B=1$

$\therefore \quad A=\dfrac{1}{6},\ B=-\dfrac{1}{6}$

よって

（与式）

$= \displaystyle\sum_{k=1}^{n} \frac{1}{(3k-2)(3k+1)(3k+4)}$

$= \dfrac{1}{6}\displaystyle\sum_{k=1}^{n}\left\{\frac{1}{(3k-2)(3k+1)} - \frac{1}{(3k+1)(3k+4)}\right\}$

$= \dfrac{1}{6}\left\{\dfrac{1}{1\cdot 4} - \dfrac{1}{(3n+1)(3n+4)}\right\}$

$= \dfrac{n(3n+5)}{8(3n+1)(3n+4)}$

別解

恒等式 $\dfrac{1}{ABC} = \dfrac{1}{C-A}\left(\dfrac{1}{AB} - \dfrac{1}{BC}\right)$

を考えて

$\dfrac{1}{(3n-2)(3n+1)(3n+4)}$

$= \dfrac{1}{(3n+4)-(3n-2)}$

$\qquad \times\left\{\dfrac{1}{(3n-2)(3n+1)} - \dfrac{1}{(3n+1)(3n+4)}\right\}$

$= \dfrac{1}{6}\left\{\dfrac{1}{(3n-2)(3n+1)} - \dfrac{1}{(3n+1)(3n+4)}\right\}$

と変形される。

(3) $2k^2-1$ を $4k^2-1$ で割ると

$2k^2-1 = (4k^2-1)\cdot\dfrac{1}{2} - \dfrac{1}{2}$

よって

$\displaystyle\sum_{k=1}^{n}\frac{2k^2-1}{4k^2-1}$

$= \dfrac{1}{2}\displaystyle\sum_{k=1}^{n}\frac{(4k^2-1)-1}{4k^2-1}$

$= \dfrac{1}{2}\displaystyle\sum_{k=1}^{n}\left(1 - \frac{1}{4k^2-1}\right)$

$= \dfrac{1}{2}\displaystyle\sum_{k=1}^{n}1 - \dfrac{1}{2}\displaystyle\sum_{k=1}^{n}\frac{1}{(2k-1)(2k+1)}$

$= \dfrac{1}{2}n - \dfrac{1}{4}\displaystyle\sum_{k=1}^{n}\left(\frac{1}{2k-1} - \frac{1}{2k+1}\right)$

$= \dfrac{1}{2}n - \dfrac{1}{4}\left(1 - \frac{1}{2n+1}\right)$

$= \dfrac{1}{2}n - \dfrac{1}{4}\cdot\dfrac{2n}{2n+1}$

$= \dfrac{n^2}{2n+1}$

7.18 (1) $\dfrac{1}{\sqrt{k+1}+\sqrt{k}}$

$= \dfrac{1}{\sqrt{k+1}+\sqrt{k}}\cdot\dfrac{\sqrt{k+1}-\sqrt{k}}{\sqrt{k+1}-\sqrt{k}}$

$= \sqrt{k+1}-\sqrt{k}$

であるから

$\displaystyle\sum_{k=1}^{50}\frac{1}{\sqrt{k+1}+\sqrt{k}}$

$= \displaystyle\sum_{k=1}^{50}(\sqrt{k+1}-\sqrt{k})$

$= \sqrt{51}-1$

(2) 階差の形に分解すると

$\dfrac{1}{2!} + \dfrac{2}{3!} + \dfrac{3}{4!} + \cdots + \dfrac{n}{(n+1)!}$

$= \displaystyle\sum_{k=1}^{n}\frac{k}{(k+1)!}$

$= \displaystyle\sum_{k=1}^{n}\frac{(k+1)-1}{(k+1)!}$

$= \displaystyle\sum_{k=1}^{n}\left\{\frac{1}{k!} - \frac{1}{(k+1)!}\right\}$

$= \dfrac{1}{1!} - \dfrac{1}{(n+1)!}$

$= 1 - \dfrac{1}{(n+1)!}$

である。 （証明終）

別解

結果がわかっているので，数学的帰納法を用いて示してもよい。

📖 問題

約数・倍数の和

□ **7.19** 次の各問いに答えよ。

(1) 4^5 の正の約数は ☐ 個あり，その総和は ☐ である。

（共立薬大）

(2) 432 の正の約数は ☐ 個ある。そのうち偶数であるものをすべて加えると ☐ になる。

（福岡工大）

□ **7.20** 1 から 100 までの整数のうちで 2 でも 3 でも割り切れないものは ☐ 個あり，それらの和は ☐ である。

（長崎総合科学大）

積の和

□ **7.21** 次のような n^2 個の数が配置されている。

$$1 \cdot 1 \quad 1 \cdot 2 \quad 1 \cdot 3 \quad \cdots \quad 1 \cdot n$$
$$2 \cdot 1 \quad 2 \cdot 2 \quad 2 \cdot 3 \quad \cdots \quad 2 \cdot n$$
$$3 \cdot 1 \quad 3 \cdot 2 \quad 3 \cdot 3 \quad \cdots \quad 3 \cdot n$$
$$\vdots \qquad \vdots \qquad \vdots \qquad \ddots \qquad \vdots$$
$$n \cdot 1 \quad n \cdot 2 \quad n \cdot 3 \quad \cdots \quad n^2$$

ここに並んでいる数の総和は ☐ である。

（小樽商科大）

□ **7.22** 異なる n 個の整数 1, 2, 3, $\cdots$, n の中から重複を許して 2 個の整数を選び，すべての組合せについて，2 数の積をたし合わせたものを $T(n)$ とする。$n \geqq 2$ であるとき，次の問いに答えよ。

(1) $T(3)$ を求めよ

(2) $T(n)$ を n の式で表せ。

（岐阜薬大　改）

チェック・チェック

7.19 約数の和

(1) 約数を書き出せば，すぐにわかります。

$4^5 = 2^{10}$ の正の約数は $2^0,\ 2^1,\ 2^2,\ \cdots,\ 2^{10}$ です。

(2) $432 = 2^4 \times 3^3$ の正の約数は

$$2^0 3^0,\ 2^0 3^1,\ 2^0 3^2,\ 2^0 3^3,$$
$$2^1 3^0,\ 2^1 3^1,\ 2^1 3^2,\ 2^1 3^3,$$
$$\cdots\cdots,$$
$$2^4 3^0,\ 2^4 3^1,\ 2^4 3^2,\ 2^4 3^3$$

です。

7.20 倍数の和

「A：2 で割り切れる数」，「B：3 で割り切れる数」とすると

「$A \cup B$：2 または 3 で割り切れる数」

「$A \cap B$：6 で割り切れる数」

となり，さらに

$$n(A \cup B) = n(A) + n(B) - n(A \cap B)$$

が成り立ちます。

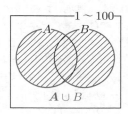

7.21 積の和

$(1 + 2 + \cdots + n)^2$ を展開してみてください。

$$(1^2 + 2^2 + \cdots + n^2) + 2\{1 \cdot 2 + 1 \cdot 3 + \cdots + (n-1) \cdot n\}$$

すなわち，問題にある n^2 個の数が得られます。

一般に $(a + b + c + \cdots)^2$ を展開すると，平方和 $a^2 + b^2 + c^2 + \cdots$ および，異なる 2 つの数の積の総和の 2 倍が現れます。

7.22 三角形状に並んだ積の和

前問の表の中で，本問が求めているのは下の部分の総和です。

$1 \cdot 1$	$1 \cdot 2$	$1 \cdot 3$	$1 \cdot 4$	$\cdots$	$1 \cdot n$
	$2 \cdot 2$	$2 \cdot 3$	$2 \cdot 4$	$\cdots$	$2 \cdot n$
		$3 \cdot 3$	$3 \cdot 4$	$\cdots$	$3 \cdot n$
			$4 \cdot 4$	$\cdots$	$4 \cdot n$
				$\ddots$	$\vdots$
					$n \cdot n$

行の和を加えますか，列の和を加えますか，あるいは正方形に並んだ積の和を利用しますか。

解答・解説

7.19 (1) $4^5(=2^{10})$ の正の約数は
$$1,\ 2,\ 2^2,\ 2^3,\ \cdots,\ 2^{10}$$
の **11** 個あり，総和は
$$1 + 2 + 2^2 + 2^3 + \cdots + 2^{10}$$
$$= \frac{2^{11} - 1}{2 - 1} = \underline{\textbf{2047}}$$

(2) $432 = 2^4 \times 3^3$ の正の約数は
$2^i 3^j\ (0 \le i \le 4,\ 0 \le j \le 3)$ である
から，正の約数の個数は組 $(i,\ j)$ の個数
と一致し
$$(4 + 1) \times (3 + 1) = \underline{\textbf{20}}(個)$$
このうち，偶数であるものの和は
$$2(1 + 3 + 3^2 + 3^3)$$
$$+ 2^2(1 + 3 + 3^2 + 3^3)$$
$$+ 2^3(1 + 3 + 3^2 + 3^3)$$
$$+ 2^4(1 + 3 + 3^2 + 3^3)$$
$$= (2 + 2^2 + 2^3 + 2^4)(1 + 3 + 3^2 + 3^3)$$
$$= \frac{2(2^4 - 1)}{2 - 1} \times \frac{3^4 - 1}{3 - 1}$$
$$= \underline{\textbf{1200}}$$

別解

　同じことだが，$\sum$ の使い方にも慣れ
ておこう。偶数であるものは
$$2^i 3^j (1 \le i \le 4,\ 0 \le j \le 3)$$
であるから，求める和は
$$\sum_{i=1}^{4} \left(\sum_{j=0}^{3} 2^i 3^j \right) = \sum_{i=1}^{4} \left(2^i \sum_{j=0}^{3} 3^j \right)$$
$$= \sum_{i=1}^{4} \left(2^i \cdot \frac{3^4 - 1}{3 - 1} \right)$$
$$= 40 \sum_{i=1}^{4} 2^i = 40 \cdot \frac{2(2^4 - 1)}{2 - 1}$$
$$= 40 \cdot 30 = 1200$$

7.20 $100 \div 2 = 50$ より，2 の倍数は
50 個，$100 \div 3 = 33$ 余り 1 より，3 の
倍数は 33 個，$100 \div 6 = 16$ 余り 4 よ
り，6 の倍数は 16 個ある。よって，2 ま

たは 3 で割り切れるものは
$$50 + 33 - 16 = 67\ (個)$$
したがって，2 でも 3 でも割り切れない
ものは
$$100 - 67 = \underline{\textbf{33}}\ (個)$$
また
$$(2 \text{ の倍数の和})$$
$$= 2 + 4 + 6 + \cdots + 100$$
$$= \frac{50(2 + 100)}{2} = 2550$$
$$(3 \text{ の倍数の和})$$
$$= 3 + 6 + 9 + \cdots + 99$$
$$= \frac{33(3 + 99)}{2} = 1683$$
$$(6 \text{ の倍数の和})$$
$$= 6 + 12 + 18 + \cdots + 96$$
$$= \frac{16(6 + 96)}{2} = 816$$
$$(1 \text{ から } 100 \text{ までの和})$$
$$= 1 + 2 + 3 + \cdots + 100$$
$$= \frac{100(1 + 100)}{2} = 5050$$
より，求める総和は
$$5050 - (2550 + 1683 - 816)$$
$$= \underline{\textbf{1633}}$$

7.21 与えられた n^2 個の数は，
$(1 + 2 + \cdots + n)^2$ を展開して出てく
る項に一致するから
$$(総和) = (1 + 2 + \cdots + n)^2$$
$$= \left\{ \frac{n(n + 1)}{2} \right\}^2$$
$$= \frac{n^2(n + 1)^2}{4}$$

別解

　第 k 行目は $k \cdot 1,\ k \cdot 2,\ \cdots,\ k \cdot n$ よ
り

（総和）

$$= \sum_{k=1}^{n} (k \cdot 1 + k \cdot 2 + \cdots + k \cdot n)$$

$$= (1 + 2 + \cdots + n) \sum_{k=1}^{n} k$$

$$= \frac{n(n+1)}{2} \cdot \frac{n(n+1)}{2}$$

$$= \frac{n^2(n+1)^2}{4}$$

7.22 (1) $T(3)$

$$= (1 \cdot 1 + 1 \cdot 2 + 1 \cdot 3) + (2 \cdot 2 + 2 \cdot 3) + 3 \cdot 3$$

$$= (1 + 2 + 3) + (4 + 6) + 9$$

$$= \underline{\mathbf{25}}$$

(2) $T(n)$

$$\begin{aligned} = 1 \cdot 1 + 1 \cdot 2 + 1 \cdot 3 + \cdots + 1 \cdot n \\ + 2 \cdot 2 + 2 \cdot 3 + \cdots + 2 \cdot n \\ + 3 \cdot 3 + \cdots + 3 \cdot n \\ \vdots \\ + n \cdot n \end{aligned}$$

$$= \sum_{k=1}^{n} \left(\sum_{j=k}^{n} kj \right)$$ （行の和を加える）

$$= \sum_{k=1}^{n} \left\{ k \cdot \frac{(n-k+1)(k+n)}{2} \right\}$$

$$\left(\frac{(\text{項数})(\text{初項} + \text{末項})}{2} \text{より} \right)$$

$$= \frac{1}{2} \sum_{k=1}^{n} \{-k^3 + k^2 + n(n+1)k\}$$

$$= \frac{1}{2} \left\{ -\frac{1}{4} n^2 (n+1)^2 + \frac{1}{6} n(n+1)(2n+1) + n(n+1) \cdot \frac{1}{2} n(n+1) \right\}$$

$$= \frac{1}{2} \cdot \frac{1}{12} n(n+1) \cdot \{-3n(n+1) + 2(2n+1) + 6n(n+1)\}$$

$$= \frac{1}{24} n(n+1)(3n^2 + 7n + 2)$$

$$= \underline{\boldsymbol{\frac{1}{24} n(n+1)(n+2)(3n+1)}}$$

別解

列の和を求め加えていくと

$$T(n) = \sum_{k=1}^{n} \left(\sum_{j=1}^{k} jk \right)$$

$$= \sum_{k=1}^{n} \left\{ \frac{k(k+1)}{2} \cdot k \right\}$$

$$= \frac{1}{2} \sum_{k=1}^{n} (k^3 + k^2)$$

$$= \frac{1}{2} \left\{ \frac{1}{4} n^2 (n+1)^2 + \frac{1}{6} n(n+1)(2n+1) \right\}$$

$$= \frac{1}{2} \cdot \frac{1}{12} n(n+1) \cdot \{3n(n+1) + 2(2n+1)\}$$

$$= \frac{1}{24} n(n+1)(3n^2 + 7n + 2)$$

$$= \frac{1}{24} n(n+1)(n+2)(3n+1)$$

別解

$2T(n)$

$$\begin{aligned} = (1 \cdot 1 + 1 \cdot 2 + 1 \cdot 3 + \cdots + 1 \cdot n \\ + 2 \cdot 1 + 2 \cdot 2 + 2 \cdot 3 + \cdots + 2 \cdot n \\ + 3 \cdot 1 + 3 \cdot 2 + 3 \cdot 3 + \cdots + 3 \cdot n \\ \vdots \\ + n \cdot 1 + n \cdot 2 + n \cdot 3 + \cdots + n \cdot n) \\ + (1 \cdot 1 + 2 \cdot 2 + 3 \cdot 3 + \cdots + n \cdot n) \end{aligned}$$

$$= (1 + 2 + 3 + \cdots + n) \cdot (1 + 2 + 3 + \cdots + n) + (1^2 + 2^2 + 3^2 + \cdots + n^2)$$

$$= \frac{1}{4} n^2 (n+1)^2 + \frac{1}{6} n(n+1)(2n+1)$$

$$= \frac{1}{12} n(n+1)\{3n(n+1) + 2(2n+1)\}$$

$$= \frac{1}{12} n(n+1)(3n^2 + 7n + 2)$$

$$= \frac{1}{12} n(n+1)(n+2)(3n+1)$$

よって

$$T(n) = \frac{1}{24} n(n+1)(n+2)(3n+1)$$

📖 問題

格子点の個数 ···

7.23 座標平面上で，x 座標と y 座標がいずれも整数である点 (x, y) を格子点という。次の不等式を同時にみたす格子点の個数を求めよ。

(1) $x \geqq 0$, $y \geqq 0$, $x + y \leqq 20$

(2) $y \geqq 0$, $y \leqq 2x$, $x + 2y \leqq 20$ （滋賀大）

7.24 n を 1 以上の整数とする。

(1) $x + y \leqq n$, $x \geqq 0$, $y \geqq 0$ をみたす整数の組 (x, y) は，全部で何個あるか。n を用いて表せ。

(2) $x + y + z \leqq n$, $x \geqq 0$, $y \geqq 0$, $z \geqq 0$ をみたす整数の組 (x, y, z) は，全部で何個あるか。n を用いて表せ。

（上智大）

チェック・チェック

7.23 平面上の格子点

(1) $x = $ 一定（もしくは $y = $ 一定）として，与えられた領域内の線分上の格子点を順次数えていきます。

(2) 境界の直線が $x + 2y = 20$ のときは，$x = k$（一定）とすると，$y = 10 - \dfrac{k}{2}$ であり，$k = $ 偶数，奇数 の場合分けが生じます。

　$y = k$（一定）とすると，$x = 20 - 2k$ ですから，格子点 (x, k) の個数は数えやすくなります。

7.24 空間内の格子点

(1) 平面上の格子点の個数を数えるには，うまく直線を選び，線分上の格子点の個数を数え，総和を求めるのがポイントです。

　たとえば，y 軸に平行な直線 $x = k$（k：整数, $0 \leqq k \leqq n$）を選びます。x 軸に平行な直線 $y = l$（l：整数, $0 \leqq l \leqq n$）でもよいです。

(2) 空間内の格子点の個数を数えるときは，うまく平面を選び，平面上の格子点の個数を数え，その総和を求めるのがポイントです。

　本問では，(1) が利用できるように，xy 平面に平行な平面 $z = l$（l：整数, $0 \leqq l \leqq n$）上の格子点を数えるのがよいでしょう。

解答・解説

7.23 (1)

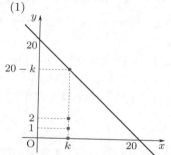

$k = 0, 1, \cdots, 20$ とするとき，線分 $x = k$, $0 \leqq y \leqq 20 - k$ 上の格子点は

$$20 - k + 1 = 21 - k \text{（個）}$$

ある。よって，与えられた領域内の格子点は

$$\sum_{k=0}^{20} (21 - k)$$
$$= \frac{21}{2}\{21 + (21 - 20)\}$$
$$= \textbf{231}\text{（個）}$$

別解

条件式は

$$x \geqq 0, \quad y \geqq 0, \quad 20 - (x + y) \geqq 0$$

そこで，$z = 20 - (x + y)$ とおくと

$$x + y + z = 20,$$
$$x \geqq 0, \quad y \geqq 0, \quad z \geqq 0$$

となる整数の組 (x, y, z) の個数を求めればよい。これは球 20 個と仕切り棒 2 本の並べ方の総数と一致する。

例：○｜○ ○｜○ $\cdots$ ○ ならば
$$(x, y, z) = (1, 2, 17)$$

よって

$$_3\mathrm{H}_{20} = {}_{22}\mathrm{C}_{20} = {}_{22}\mathrm{C}_2$$
$$= 231\text{（個）}$$

【参考】

異なる n 個のものから重複を許して r

個のものを取る組合せの数は

$$_n\mathrm{H}_r = {}_{n+r-1}\mathrm{C}_r$$

である。これは重複組合せとよばれる。

(2)

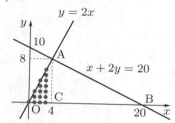

$A(4, 8)$, $B(20, 0)$, $C(4, 0)$ とおく。$\triangle$OAC の辺 AC を除く領域の格子点は，$k = 0, 1, 2, 3$ とするとき，線分 $x = k$, $0 \leqq y \leqq 2k$ 上に $(2k + 1)$ 個あるので，この領域の格子点の個数は

$$1 + 3 + 5 + 7 = 16 \text{（個）}$$

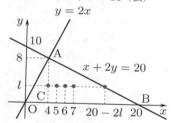

次に $\triangle$ABC の周および内部にある格子点の数を数える。$l = 0, 1, 2, \cdots, 8$ として，線分 $y = l$, $4 \leqq x \leqq 20 - 2l$ 上の格子点は

$$(20 - 2l) - 4 + 1 = 17 - 2l \text{（個）}$$

あるので，この領域の格子点の個数は

$$\sum_{l=0}^{8} (17 - 2l) = \frac{9}{2}\{17 + (17 - 16)\}$$

$$= 81 \text{（個）}$$

以上より，求める格子点の個数は

$$16 + 81 = \underline{\textbf{97}\text{（個）}}$$

7.24 (1)

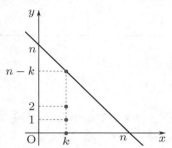

線分 $x = k$, $0 \leqq y \leqq n - k$ $(0 \leqq k \leqq n)$ 上の格子点 は, $(n - k + 1)$ 個あるから, 求める整数の組 (x, y) の個数は

$$\sum_{k=0}^{n} (n - k + 1)$$
$$= (n+1) + n + (n-1) + \cdots + 3 + 2 + 1$$
$$= \frac{1}{2}(n+1)(n+2)$$
$$= \frac{1}{2}(n^2 + 3n + 2) \text{（個）}$$

(2)

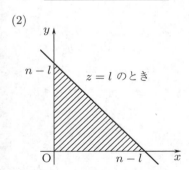

$z = l$ $(0 \leqq l \leqq n)$ のとき

$$x + y \leqq n - l, \quad x \geqq 0, \quad y \geqq 0$$

であるから, 平面 $z = l$ 上の格子点の個数は (1) より

$$\frac{1}{2}(n - l + 1)(n - l + 2) \text{（個）}$$

よって, 求める整数の組 (x, y, z) の個数は

$$\sum_{l=0}^{n} \frac{1}{2}(n - l + 1)(n - l + 2)$$
$$= \frac{1}{2}\{(n+1)(n+2) + n(n+1) + \cdots$$
$$+ 3 \cdot 4 + 2 \cdot 3 + 1 \cdot 2\}$$
$$= \frac{1}{2}\sum_{j=1}^{n+1} j(j+1)$$
$$= \frac{1}{2}\left\{\frac{(n+1)(n+2)(2n+3)}{6}\right.$$
$$\left. + \frac{(n+1)(n+2)}{2}\right\}$$
$$= \frac{1}{2} \cdot \frac{(n+1)(n+2)}{6}\{(2n+3) + 3\}$$
$$= \frac{1}{6}(n+1)(n+2)(n+3)$$
$$= \frac{1}{6}(n^3 + 6n^2 + 11n + 6) \text{（個）}$$

別解

(1) 条件式は

$$n - x - y \geqq 0, \quad x \geqq 0, \quad y \geqq 0$$

そこで, $z = n - x - y$ とおくと

$$x + y + z = n,$$
$$x \geqq 0, \quad y \geqq 0, \quad z \geqq 0$$

となる整数の組 (x, y, z) の個数を求めればよいから

$$_3\mathrm{H}_n = {}_{n+2}\mathrm{C}_n = {}_{n+2}\mathrm{C}_2$$
$$= \frac{(n+2)(n+1)}{2 \cdot 1}$$
$$= \frac{1}{2}(n^2 + 3n + 2) \text{（個）}$$

(2) も同様に, $w = n - x - y - z$ とおくと

$$x + y + z + w = n,$$
$$x \geqq 0, \quad y \geqq 0, \quad z \geqq 0, \quad w \geqq 0$$

となる整数の組 (x, y, z, w) の個数を求めればよいから

$$_4\mathrm{H}_n = {}_{n+3}\mathrm{C}_n = {}_{n+3}\mathrm{C}_3$$
$$= \frac{(n+3)(n+2)(n+1)}{3 \cdot 2 \cdot 1}$$
$$= \frac{1}{6}(n^3 + 6n^2 + 11n + 6)$$

群数列 ··

7.25 1 から始まる自然数の列を，以下のように群に分ける。

$$1 \mid 2, 3 \mid 4, 5, 6, 7 \mid 8, \cdots$$
第 1 群　　第 2 群　　　第 3 群

ただし，第 n 群 $(n = 1, 2, 3, \cdots)$ には，2^{n-1} 個の自然数が入るものとする。さらに，第 n 群の最初の自然数を a_n で表す。以下の問いに答えよ。

(1) 第 6 群の最後の自然数を求めよ。

(2) a_8 を求めよ。

(3) a_n を求めよ。

(4) 第 n 群に含まれるすべての自然数の和 T_n を求めよ。

(豊橋技科大　改)

7.26 3 で割って 1 余る数を 4 から始めて順番に右図のように上から並べていく。例えば 4 行目には，左から 22, 25, 28, 31 の 4 つの数が並ぶことになる。このように数を並べていくとき，次の問いに答えよ。

(1) 10 行目の左から 4 番目の数を求めよ。

(2) 2020 は何行目の左から何番目の数かを求めよ。

(3) n 行目に並ぶ数の総和を求めよ。

(高知大)

```
            4
        7      10
     13    16    19
   22   25   28   31
   •    •    •    •    •
            ⋮
```

チェック・チェック

基本 check！

群数列の解法

(ⅰ) 第 n 群はどんな数列か調べる。

(ⅱ) 第 n 群の項数を調べる。

(ⅲ) 第 n 群の初項（または末項）は，群を取り去った元の数列の初項から数えて何番目か調べる。

(ⅳ) 第 n 群の初項 (または末項) を求める。

7.25　群数列

第 n 群の末項，初項の具体例を (1)，(2) で問い，(3) で一般化しています。

また，並んでいるのは自然数なので，第 n 群の初項，末項，項数がわかれば，(4) での第 n 群の総和 T_n を求めることができます。

7.26　三角形状に並んだ数列

$3k+1\ (k \geqq 1)$ で表される数が順に並んでいます。

l 行目の m 番目の数を $a_{l,m}$ とおいて，$a_{l,m}$ を l と m で表してみましょう。l 行目には l 個の数が並んでいるので，$l \geqq 2$ のとき，$(l-1)$ 行目の末項までには $1+2+\cdots+(l-1)$ 個の数が並んでいます。

解答・解説

7.25 (1) 第 6 群の最後の自然数は，第 1 群の初項から第 6 群の末項までの項数に等しいから

$$\sum_{n=1}^{6} 2^{n-1}$$

$$= \frac{1 \cdot (2^6 - 1)}{2 - 1}$$

$$= 2^6 - 1$$

$$= \mathbf{63}$$

(2) a_8 は第 8 群の最初の自然数であるから

$$a_8 = (\text{第 7 群の末項}) + 1$$

$$= \sum_{i=1}^{7} 2^{i-1} + 1$$

$$= \frac{1 \cdot (2^7 - 1)}{2 - 1} + 1$$

$$= 2^7$$

$$= \mathbf{128}$$

(3) $n \geqq 2$ のとき

$$a_n = (\text{第 } n-1 \text{ 群の末項}) + 1$$

$$= \sum_{i=1}^{n-1} 2^{i-1} + 1$$

$$= \frac{1 \cdot (2^{n-1} - 1)}{2 - 1} + 1$$

$$= 2^{n-1}$$

これは $n = 1$ のときも成り立つ。よって

$$a_n = \mathbf{2^{n-1}} \quad (n \geqq 1)$$

(4) 第 n 群に含まれる自然数は初項 a_n，公差 1 の等差数列であり，末項が $a_{n+1} - 1$，項数が 2^{n-1} であることに注意すると，求める和 T_n は

$$T_n = \frac{2^{n-1}\{a_n + (a_{n+1} - 1)\}}{2}$$

$$= \frac{2^{n-1}(2^{n-1} + 2^n - 1)}{2}$$

$$= \mathbf{2^{n-2}(3 \cdot 2^{n-1} - 1)}$$

7.26 3 で割って 1 余る数を 4 から順に並べてできる数列の第 k 項は

$$3k + 1$$

である。l 行目の左から m 番目の数を $a_{l,m}$ とおくと，$l \geqq 2$ のとき，1 行目の数から $(l-1)$ 行目の右端までの数の個数は

$$1 + 2 + 3 + \cdots + (l-1)$$

$$= \frac{(l-1)l}{2} \quad (\text{個})$$

であるから

$$a_{l,m} = a_{l-1,l-1} + 3m$$

$$= \left\{ 3 \cdot \frac{(l-1)l}{2} + 1 \right\} + 3m$$

$$= \frac{3}{2}(l-1)l + 3m + 1$$

これは $l = 1$ のときも成り立つ。

(1) $\quad a_{10,4} = \frac{3}{2} \cdot 9 \cdot 10 + 3 \cdot 4 + 1$

$$= \mathbf{148}$$

(2) 2020 が l 行目にあるとすると

$$a_{l-1,l-1} < 2020 \leqq a_{l,l}$$

$$3 \cdot \frac{(l-1)l}{2} + 1 < 2020$$

$$\leqq 3 \cdot \frac{l(l+1)}{2} + 1$$

$$\therefore \quad (l-1)l < 1346 \leqq l(l+1)$$

$36 \cdot 37 = 1332$，$37 \cdot 38 = 1406$ より

$$l = 37$$

すなわち，2020 は 37 行目にある。

さらに，2020 が 37 行目の m 番目にあるとすると

$$a_{36,36} + 3m = 2020$$

$$\left(3 \cdot \frac{36 \cdot 37}{2} + 1 \right) + 3m = 2020$$

$$\therefore \quad m = \frac{2020 - (3 \cdot 666 + 1)}{3}$$

$$= 7$$

よって，2020 は <u>37 行目の左から 7 番目</u>
の数である。

(3) n 行目に並ぶ数の総和は

$$\frac{n(a_{n,1} + a_{n,n})}{2}$$

$$= \frac{n}{2}\left[\left\{\frac{3}{2}(n-1)n + 3\cdot 1 + 1\right\} + \left\{\frac{3}{2}(n-1)n + 3n + 1\right\}\right]$$

$$= \frac{n}{2}\{3(n-1)n + 3n + 5\}$$

$$= \underline{\frac{\boldsymbol{n}}{\boldsymbol{2}}(3\boldsymbol{n}^2 + 5)}$$

§2　数学的帰納法と漸化式

📖　問題

数学的帰納法 ··

□ **7.27**　すべての自然数 n に対し，次の等式

$$1^2 - 2^2 + 3^2 - 4^2 + \cdots + (-1)^{n-1}n^2 = \frac{(-1)^{n-1}n(n+1)}{2} \quad \cdots\cdots ①$$

が成り立つことを，n についての数学的帰納法を用いて示せ。　　　（明治大）

□ **7.28**　次の問いに答えよ。

(1) n を正の整数とする。不等式 $2^n \geqq n^2 + n$ はどのような n に対して成立
し，どのような n に対しては成立しないかを推測せよ。

(2) (1) で推測したことを数学的帰納法によって証明せよ。　　（愛知教育大）

□ **7.29**　2 次方程式 $x^2 - 3x + 5 = 0$ の 2 つの解 α，β に対し，$\alpha^n + \beta^n - 3^n$
はすべての正の整数 n について 5 の整数倍になることを示せ。　　（東工大）

□ **7.30**　数列 $\{a_n\}$ は，すべての正の整数 n に対して $0 \leqq 3a_n \leqq \sum_{k=1}^{n} a_k$ を満
たしているとする。このとき，すべての n に対して $a_n = 0$ であることを示
せ。　　　　　　　　　　　　　　　　　　　　　　　　　　　　（京大）

チェック・チェック

基本 check！

数学的帰納法

自然数 n に関する命題 $P(n)$ の証明に対しては，数学的帰納法が効果を発揮する。すなわち

(I) $P(1)$ が成り立つ。

(II) $P(k)$ が成り立つと仮定すると，$P(k+1)$ も成り立つ。

$$\overset{\text{(I)}}{\boxed{P(1)}},\ P(2),\ \cdots,\ \overset{\text{(II)}}{\underset{\cdots}{P(k)},\ P(k+1)},\ \cdots$$

数学的帰納法にはいくつかのバリエーションがある。

(I) について

自然数についての命題がつねに 1 から始まるとは限らない。

$$\overset{\text{(I)}}{\boxed{P(5)}},\ P(6),\ \cdots,\ P(k),\ P(k+1),\ \cdots$$

(II) について

・$P(k)$，$P(k+1)$ が成り立つと仮定すると，$P(k+2)$ も成り立つ。

・$P(1)$，$P(2)$，$\cdots$，$P(k)$ が成り立つと仮定すると，$P(k+1)$ も成り立つ。

$$\overset{\text{(I)}}{\boxed{P(1),\ P(2)}},\ \cdots,\ P(k),\ P(k+1),\ P(k+2),\ \cdots$$

$$\overset{\text{(I)}}{\boxed{P(1)}},\ P(2),\ \cdots,\ P(k),\ P(k+1),\ \cdots$$

7.27 数学的帰納法

数学的帰納法の基本問題です。

7.28 ある値以上の自然数 n で成り立つ数学的帰納法

帰納法の出発がいつも $n=1$ とは限りません。

7.29 $n=k$，$k+1$ での成立を仮定する数学的帰納法

自然数 n についての命題なので，数学的帰納法を用いましょう。解と係数の関係より $\alpha+\beta=3$，$\alpha\beta=5$ です。$\alpha^n+\beta^n-3^n$ を $\alpha+\beta$，$\alpha\beta$ で表してみましょう。

7.30 $n=1,\ 2,\ \cdots,\ k$ での成立を仮定する数学的帰納法

自然数 n についての命題なので，数学的帰納法を用いましょう。$\displaystyle\sum_{k=1}^{n}a_k$ が現れるので，$n=1,\ 2,\ \cdots,\ m$ での成立を仮定して，$n=m+1$ での成立を示します。

📖 解答・解説

7.27 $1^2 - 2^2 + 3^2 - 4^2 + \cdots + (-1)^{n-1}n^2$

$$= \frac{(-1)^{n-1}n(n+1)}{2} \quad \cdots\cdots ①$$

(i) $n = 1$ のとき

$$(左辺) = 1^2 = 1$$

$$(右辺) = \frac{(-1)^0 \cdot 1 \cdot 2}{2} = 1$$

であり，①は成り立つ。

(ii) $n = k$ のときの成立を仮定すると

$$1^2 - 2^2 + 3^2 - 4^2 + \cdots$$
$$+ (-1)^{k-1}k^2 + (-1)^k(k+1)^2$$
$$= \frac{(-1)^{k-1}k(k+1)}{2} + (-1)^k(k+1)^2$$
$$= \frac{(-1)^k(k+1)\{-k + 2(k+1)\}}{2}$$
$$= \frac{(-1)^k(k+1)(k+2)}{2}$$

となり，①は $n = k+1$ のときにも成り立つ。

以上，(i)，(ii) より，すべての自然数 n に対して，①は成り立つ。　　　　（証明終）

7.28 $2^n \geqq n^2 + n$ $\quad \cdots\cdots (*)$

(1) 辺々の n に値を順次代入していく。

$n = 1$ のとき，$(左辺) = 2^1 = 2$，
$(右辺) = 1^2 + 1 = 2$ であり，$(*)$ は成り立つ。

$n = 2$ のとき，$(左辺) = 2^2 = 4$，
$(右辺) = 2^2 + 2 = 6$ であり，$(*)$ は成り立たない。

$n = 3$ のとき，$(左辺) = 2^3 = 8$，
$(右辺) = 3^2 + 3 = 12$ であり，$(*)$ は成り立たない。

$n = 4$ のとき，$(左辺) = 2^4 = 16$，
$(右辺) = 4^2 + 4 = 20$ であり，$(*)$ は成り立たない。

$n = 5$ のとき，$(左辺) = 2^5 = 32$，
$(右辺) = 5^2 + 5 = 30$ であり，$(*)$ は成り立つ。

$n = 6$ のとき，$(左辺) = 2^6 = 64$，
$(右辺) = 6^2 + 6 = 42$ であり，$(*)$ は成り立つ。

これより，$(*)$ は **$n = 1$ および $n \geqq 5$ であるすべての整数 n に対して成立し，$n = 2, 3, 4$ に対しては成立しない** と推測される。

(2) (I) (1) の推測について，$n = 1, 2, 3, 4$ で成り立つことは確認している。

(II) $n \geqq 5$ であるすべての整数 n に対して (1) の推測が正しいことを数学的帰納法で示す。

(i) $n = 5$ のとき，$(*)$ が成り立つことは (1) で確認している。

(ii) $n = k$ $(k \geqq 5)$ のとき $(*)$ が成り立つと仮定すると

$$2^{k+1} - \{(k+1)^2 + (k+1)\}$$
$$= 2 \cdot 2^k - (k+1)^2 - (k+1)$$
$$\geqq 2(k^2 + k) - (k+1)^2 - (k+1)$$
$$= 2k(k+1) - (k+1)(k+2)$$
$$= (k+1)(k-2)$$
$$> 0 \quad (k \geqq 5 \text{ より})$$

$n = k+1$ のときも $(*)$ が成り立つ。

よって，(i)，(ii) より，$n \geqq 5$ であるすべての整数 n に対して $(*)$ は成り立つ。

以上，(I)，(II) より，(1) の推測は正しい。　　　　　　　　　　（証明終）

7.29 α，β は $x^2 - 3x + 5 = 0$ の2つの解であるから，解と係数の関係より

$$\begin{cases} \alpha + \beta = 3 & \cdots\cdots ① \\ \alpha\beta = 5 & \cdots\cdots ② \end{cases}$$

$P(k) = \alpha^k + \beta^k - 3^k$ とおく。

$$P(k) = (\alpha + \beta)(\alpha^{k-1} + \beta^{k-1})$$
$$-\alpha\beta(\alpha^{k-2} + \beta^{k-2}) - 3^k$$
$$\cdots\cdots ③$$

であることを利用して，すべての正の整数 n について，$P(n)$ が 5 の整数倍になることを数学的帰納法で示す。

(ⅰ) $n = 1, 2$ のとき，①，②より
$$P(1) = \alpha^1 + \beta^1 - 3^1$$
$$= 3 - 3$$
$$= 0$$
$$P(2) = \alpha^2 + \beta^2 - 3^2$$
$$= (\alpha + \beta)^2 - 2\alpha\beta - 9$$
$$= 3^2 - 2 \cdot 5 - 9$$
$$= -10$$
$$= 5 \cdot (-2)$$

よって，$n = 1, 2$ のとき，$P(n)$ は 5 の整数倍になる。

(ⅱ) $n = k, k+1$ のとき，$P(n)$ が 5 の整数倍になると仮定すると，③より
$$P(k+2)$$
$$= 3\{P(k+1) + 3^{k+1}\}$$
$$\qquad -5\{P(k) + 3^k\} - 3^{k+2}$$
$$= 3P(k+1) + 9 \cdot 3^k - 5P(k)$$
$$\qquad -5 \cdot 3^k - 9 \cdot 3^k$$
$$= 3P(k+1) - 5P(k) - 5 \cdot 3^k$$
$$\cdots\cdots ④$$

帰納法の仮定より，$P(k+1)$，$P(k)$ は 5 の整数倍であり，$5 \cdot 3^k$ も 5 の整数倍であるから，④は 5 の整数倍であり，$n = k+2$ のときも $P(n)$ は 5 の整数倍になる。

以上，(ⅰ)，(ⅱ) より，すべての正の整数 n について，$P(n)$ は 5 の整数倍になる。
（証明終）

【補足】

$P(k+2) = 3P(k+1) - 5\{P(k) + 3^k\}$ なので，帰納法の仮定は $n = k+1$ のときだけで十分なのでは，と思うかもしれ

ない。しかしそれでは，$P(k)$ が整数である保証はない。帰納法が機能するためには $n = k, k+1$ に対する仮定が必要である。

7.30 すべての正の整数 n に対して
$$0 \leqq 3a_n \leqq \sum_{k=1}^{n} a_k \qquad \cdots\cdots ①$$
のとき
$$\text{「すべての } n \text{ に対して } a_n = 0 \text{」}$$
$$\cdots\cdots (*)$$
を数学的帰納法で示す。

(ⅰ) $n = 1$ のとき，①より
$$0 \leqq 3a_1 \leqq a_1$$
左の不等式から $a_1 \geqq 0$，右の不等式から $a_1 \leqq 0$ であるから，$a_1 = 0$ である。よって，$n = 1$ のとき，$(*)$ は成り立つ。

(ⅱ) $n \leqq m$ となるすべての正の整数 n に対して $(*)$ が成り立つ，すなわち
$$a_1 = a_2 = \cdots = a_m = 0$$
と仮定する。$n = m+1$ のとき
$$\sum_{k=1}^{m+1} a_k$$
$$= (0 + 0 + \cdots + 0) + a_{m+1}$$
$$= a_{m+1}$$
であり，①より
$$0 \leqq 3a_{m+1} \leqq a_{m+1}$$
(ⅰ) と同様にして，左と右の不等式から $a_{m+1} = 0$ であるから，$(*)$ は $n = m+1$ のときも成り立つ。

以上，(ⅰ)，(ⅱ) より，すべての正の整数 n に対して $(*)$ は成り立つ。
（証明終）

📖 問題

2 項間漸化式 $a_{n+1} = a_n + q(n)$

☐ **7.31** 数列 $\{a_n\}$ は
$$a_1 = 1,\ a_{n+1} = a_n - 6n + 13 \quad (n = 1,\ 2,\ 3,\ \cdots)$$
で定義されている。このとき，a_n を n の式で表すと $\boxed{}$ であり，a_n は
$n = \boxed{}$ のとき最大値 $\boxed{}$ をとる。 （関西学院大）

2 項間漸化式 $a_{n+1} = pa_n + q$

☐ **7.32** $a_1 = 3,\ a_{n+1} = 3a_n + 1 \quad (n = 1,\ 2,\ 3,\ \cdots)$
できまる数列の一般項 a_n を求めよ。 （大分大）

☐ **7.33** 数列 $\{a_n\}$ の初項から第 n 項までの和 S_n が
$$S_n = -a_n + 3n + 2 \quad (n = 1,\ 2,\ 3,\ \cdots)$$
によって定められている。一般項 a_n を求めよ。 （愛知学泉大）

2 項間漸化式 $a_{n+1} = pa_n + q$ への変形

☐ **7.34** 数列 $\{a_n\}$, $\{b_n\}$ が次の条件をみたす。
$$a_1 = \frac{1}{6}\ \text{および}\ a_{n+1} = \frac{a_n}{6a_n + 7},\ b_n = \frac{1}{a_n} \quad (n = 1,\ 2,\ \cdots)$$
次の問いに答えよ。

(1) b_{n+1} を b_n を用いて表せ。

(2) 数列 $\{a_n\}$, $\{b_n\}$ の一般項 a_n, b_n を求めよ。 （岩手大　改）

☐ **7.35** 数列 $\{b_n\}$ が $b_1 = 1$ と漸化式
$$b_{n+1} = 5\sqrt{b_n} \quad (n = 1,\ 2,\ 3,\ \cdots)$$
で定義されているとき，一般項 b_n を n の式で表せ。 （関西大）

📖 チェック・チェック

基本 check !

2 項間漸化式 $a_{n+1} = a_n + q(n)$, $a_{n+1} = pa_n + q$

漸化式 $a_{n+1} = pa_n + q$ をみたす数列 $\{a_n\}$ は

- $p = 1$ のとき，$a_{n+1} = a_n + q$ であり，公差 q の等差数列
- $q = 0$ のとき，$a_{n+1} = pa_n$ であり，公比 p の等比数列

であり，等差数列，等比数列を含む幅広い数列になっている。

(ⅰ) $a_{n+1} = a_n + q(n)$ の一般項の求め方

$$a_n = a_1 + \sum_{k=1}^{n-1} q(k) \quad (n \geq 2)$$

$n = 1$ のときは別に扱う。

(ⅱ) $a_{n+1} = pa_n + q \ (p \neq 1)$ の一般項の求め方

$$\begin{cases} a_{n+1} = pa_n + q & \cdots\cdots ① \\ \alpha = p\alpha + q & \cdots\cdots ② \end{cases}$$

② をみたす α を求めて，① － ② をつくると

$$a_{n+1} - \alpha = p(a_n - \alpha)$$

これは，数列 $\{a_n - \alpha\}$ が初項 $a_1 - \alpha$，公比 p の等比数列であることを表している。

7.31 $a_{n+1} = a_n + q(n)$

$a_{n+1} - a_n = -6n + 13$ であり，階差数列の一般項が与えられています。

7.32 $a_{n+1} = pa_n + q$

$\alpha = 3\alpha + 1$ をみたす α を求めて，$a_{n+1} - \alpha = p(a_n - \alpha)$ と変形しましょう。

7.33 和と一般項

和と一般項の関係式

$$a_n = \begin{cases} S_1 & (n = 1 \text{ のとき}) \\ S_n - S_{n-1} & (n \geq 2 \text{ のとき}) \end{cases}$$

を用いればよいでしょう。

7.34 逆数をとる

$a_{n+1} = \dfrac{pa_n}{ra_n + s}$ は逆数をとると，$\dfrac{1}{a_{n+1}} = \dfrac{s}{p} \cdot \dfrac{1}{a_n} + \dfrac{r}{p}$ と変形されます。

7.35 対数をとる

$b_{n+1} = pb_n{}^q$ は底 a の対数をとると，$\log_a b_{n+1} = q \log_a b_n + \log_a p$ と変形されます。

📖 解答・解説

7.31 $a_{n+1} = a_n - 6n + 13$ より

$$a_{n+1} - a_n = -6n + 13$$

したがって，$n \geqq 2$ のとき

$$a_n$$
$$= a_1 + \sum_{k=1}^{n-1}(-6k + 13)$$
$$= 1 - 6 \cdot \frac{(n-1)n}{2} + 13(n-1)$$
$$= \underline{-3n^2 + 16n - 12}$$

（これは $n = 1$ のときも成り立つ）

$$= -3\left(n - \frac{8}{3}\right)^2 + \frac{28}{3}$$

よって

$$n = \underline{3} \text{ のとき, 最大値 } a_3 = \underline{9}$$

7.32 $a_{n+1} = 3a_n + 1$ $\left(\alpha = 3\alpha + 1\right.$ をみたす α は $\alpha = -\dfrac{1}{2}\Big)$ は

$$a_{n+1} + \frac{1}{2} = 3\left(a_n + \frac{1}{2}\right)$$

と変形できる。

よって，数列 $\left\{a_n + \dfrac{1}{2}\right\}$ は公比 3 の等比数列であり，初項は

$$a_1 + \frac{1}{2} = 3 + \frac{1}{2} = \frac{7}{2}$$

となるので

$$a_n + \frac{1}{2} = \frac{7}{2} \cdot 3^{n-1}$$

$$\therefore \quad \underline{a_n = \frac{7}{2} \cdot 3^{n-1} - \frac{1}{2}}$$

7.33 $a_1 = S_1 = -a_1 + 5$ より

$$a_1 = \frac{5}{2}$$

そして

$$a_{n+1}$$
$$= S_{n+1} - S_n$$
$$= \{-a_{n+1} + 3(n+1) + 2\}$$
$$\qquad - (-a_n + 3n + 2)$$

$$= -a_{n+1} + a_n + 3$$

$$\therefore \quad 2a_{n+1} = a_n + 3$$

$a_{n+1} = \dfrac{1}{2}a_n + \dfrac{3}{2}$ $\left(\alpha = \dfrac{1}{2}\alpha + \dfrac{3}{2}\right.$ を みたす α は $\alpha = 3\Big)$ は

$$a_{n+1} - 3 = \frac{1}{2}(a_n - 3)$$

と変形できる。よって，数列 $\{a_n - 3\}$ は公比 $\dfrac{1}{2}$ の等比数列であり，初項は

$$a_1 - 3 = \frac{5}{2} - 3 = -\frac{1}{2}$$

したがって

$$a_n - 3 = -\frac{1}{2} \cdot \left(\frac{1}{2}\right)^{n-1} = -\frac{1}{2^n}$$

$$\therefore \quad \underline{a_n = 3 - \frac{1}{2^n}}$$

7.34 (1) $a_1 > 0$ と $a_{n+1} = \dfrac{a_n}{6a_n + 7}$ より，数学的帰納法を用いると，すべての自然数 n に対して $a_n > 0$ であることがわかる。そこで，両辺の 逆数をとると

$$\frac{1}{a_{n+1}} = \frac{6a_n + 7}{a_n} = 7 \cdot \frac{1}{a_n} + 6$$

$b_n = \dfrac{1}{a_n}$ であるから

$$\underline{b_{n+1} = 7b_n + 6}$$

(2) (1) の式は（$\beta = 7\beta + 6$ をみたす β は $\beta = -1$）

$$b_{n+1} + 1 = 7(b_n + 1)$$

と変形できる。したがって，数列 $\{b_n + 1\}$ は公比 7 の等比数列で，初項は

$$b_1 + 1 = \frac{1}{a_1} + 1 = 6 + 1 = 7$$

となるので

$$b_n + 1 = 7 \cdot 7^{n-1}$$

$$\therefore \quad \underline{b_n = 7^n - 1}$$

よって

$$\underline{a_n = \frac{1}{b_n} = \frac{1}{7^n - 1}}$$

7.35 $b_1 > 0$ と $b_{n+1} = 5\sqrt{b_n}$ より，数学的帰納法を用いると，すべての自然数 n に対して $b_n > 0$ であることがわかる。そこで，底 5 の対数をとると

$$\log_5 b_{n+1} = \log_5 5\sqrt{b_n}$$
$$= \log_5 5 + \log_5 b_n^{\frac{1}{2}}$$
$$= 1 + \frac{1}{2}\log_5 b_n$$

$a_n = \log_5 b_n$ とおくと

$$a_1 = \log_5 b_1 = \log_5 1 = 0$$
$$a_{n+1} = \frac{1}{2}a_n + 1$$
$$\left(\alpha = \frac{1}{2}\alpha + 1 \text{ をみたす } \alpha \text{ は } \alpha = 2\right)$$

これは

$$a_{n+1} - 2 = \frac{1}{2}(a_n - 2)$$

と変形できる。

したがって，数列 $\{a_n - 2\}$ は，公比 $\frac{1}{2}$ の等比数列であり，初項は

$$a_1 - 2 = -2$$

となるので

$$a_n - 2 = -2 \cdot \left(\frac{1}{2}\right)^{n-1}$$
$$= -\frac{1}{2^{n-2}}$$
$$\therefore \quad a_n = 2 - \frac{1}{2^{n-2}}$$
$$= 2 - 2^{2-n}$$

よって

$$\log_5 b_n = 2 - 2^{2-n}$$
$$\therefore \quad \underline{b_n = 5^{2-2^{2-n}}}$$

問題

2 項間漸化式 $a_{n+1} = pa_n + q(n)$

7.36 次の条件によって定められる数列 $\{a_n\}$ の一般項を求めよ。

$a_1 = 1,\ a_{n+1} = 2a_n + n \quad (n = 1,\ 2,\ \cdots)$ （弘前大）

7.37 次の漸化式で定義される数列の一般項 a_n を求めよ。

$a_1 = 1,\ a_{n+1} = 3a_n + 2^n \quad (n = 1,\ 2,\ 3,\ \cdots)$ （北海道情報大）

3 項間漸化式

7.38 数列 $\{a_n\}$ が $a_1 = 1,\ a_2 = 2,\ a_{n+2} - 2a_{n+1} - 3a_n = 0$ をみたすとき

(1) $b_n = a_{n+1} + a_n$ および $c_n = a_{n+1} - 3a_n$ とする。このとき，$b_n,\ c_n$ を n を用いて表せ。

(2) a_n を n を用いて表せ。 （立教大　改）

7.39 数列 $\{a_n\}$ が次の条件を満たすとする。

$a_1 = 1,\ a_2 = 6,\ a_{n+2} = 6a_{n+1} - 9a_n \quad (n = 1,\ 2,\ 3, \cdots)$

(1) $b_n = a_{n+1} - 3a_n$ とおくとき，数列 $\{b_n\}$ の一般項を求めよ。

(2) 数列 $\{a_n\}$ の一般項を求めよ。 （室蘭工大）

📖 チェック・チェック

基本 check！

2 項間漸化式 $a_{n+1} = pa_n + q(n)$

(I) $p = 1$ のとき，$a_{n+1} - a_n = q(n)$ であり，階差の一般項が与えられている。

(II) $p \neq 0,\ 1$ のとき，解法はいくつかある。一般論としては

$a_{n+1} = pa_n + q(n)$ をみたす n の関数 $\alpha(n)$ を見つけることができれば

$$a_{n+1} - \alpha(n+1) = p\{a_n - \alpha(n)\}$$

となり，数列 $\{a_n - \alpha(n)\}$ は公比 p の等比数列である。

3 項間漸化式

$a_{n+2} + pa_{n+1} + qa_n = 0$ 型の漸化式は，次の形に変形するのが定石である。

$$a_{n+2} - \alpha a_{n+1} = \beta(a_{n+1} - \alpha a_n) \quad \cdots\cdots①$$

このとき，数列 $\{a_{n+1} - \alpha a_n\}$ は公比 β の等比数列である。

$\alpha,\ \beta$ は，①を整理すると，$a_{n+2} - (\alpha + \beta)a_{n+1} + \alpha\beta a_n = 0$ なので，$\alpha + \beta = -p$ かつ $\alpha\beta = q$ をみたし，$\alpha,\ \beta$ は，2 次方程式 $x^2 + px + q = 0$ の 2 つの解である。

7.36 $a_{n+1} = pa_n + (\text{1 次式})$

$\alpha(n+1) = 2\alpha(n) + n$ を満たす自然数 n の関数 $\alpha(n)$ を見つけて

$$a_{n+1} - \alpha(n+1) = 2\{a_n - \alpha(n)\}$$

と変形するか，$a_{n+2} - a_{n+1}$ として階差の関係式から一般項を求めてもよいでしょう。

7.37 $a_{n+1} = pa_n + (\text{指数式})$

$\alpha(n+1) = 3\alpha(n) + 2^n$ を満たす自然数 n の関数 $\alpha(n)$ を見つけて

$$a_{n+1} - \alpha(n+1) = 3\{a_n - \alpha(n)\}$$

と変形するか，両辺を 2^{n+1} で割り

$$\frac{a_{n+1}}{2^{n+1}} = \frac{3}{2} \cdot \frac{a_n}{2^n} + \frac{1}{2}$$

すなわち，$b_{n+1} = Ab_n + B$ と変形してもよいでしょう。

7.38 3 項間漸化式 $(\alpha \neq \beta)$

(1) の誘導がどこから出てくるのかも考えてみましょう。もとの漸化式は 2 通りに変形されます。

7.39 3 項間漸化式 $(\alpha = \beta)$

$a_{n+2} + pa_{n+1} + qa_n = 0$ 型の漸化式で，2 次方程式 $x^2 + px + q = 0$ の解が重解となるのが本問です。

解答・解説

7.36　$a_1 = 1$　$\cdots\cdots$①

　　　$a_{n+1} = 2a_n + n$　$\cdots\cdots$②

②の形にあわせて

　　　$\alpha(n+1) = 2\alpha(n) + n \cdots$③

をみたす自然数 n の関数 $\alpha(n)$ を見つける。$\alpha(n)$ が見つかると，②−③ より

　　　$a_{n+1} - \alpha(n+1) = 2\{a_n - \alpha(n)\}$

　　　　　　　　　$\cdots\cdots$④

となる。$\alpha(n)$ を 1 次の一般式

　　　$\alpha(n) = pn + q$ $(p, q$ は定数$)$

とおくと，③は

　　　$p(n+1) + q = 2(pn+q) + n$

　　$\therefore$ $pn + p + q = (2p+1)n + 2q$

となる。これがすべての自然数 n について成り立つ条件は

$$\begin{cases} p = 2p + 1 \\ p + q = 2q \end{cases}$$

　　$\therefore$ $p = -1$, $q = -1$

である。$\alpha(n) = -n - 1$ を用いると，④は

　　　$a_{n+1} + (n+1) + 1$

　　　$= 2(a_n + n + 1)$

と変形できる。数列 $\{a_n + n + 1\}$ は，①より，初項 $a_1 + 1 + 1 = 3$，公比 2 の等比数列であるから

　　　$a_n + n + 1 = 3 \cdot 2^{n-1}$

　　$\therefore$ $\underline{a_n = 3 \cdot 2^{n-1} - n - 1}$ $(n \geqq 1)$

別解

　　　$a_{n+1} = 2a_n + n$

　　　$a_{n+2} = 2a_{n+1} + n + 1$

の辺々の差をとると

　　　$a_{n+2} - a_{n+1} = 2(a_{n+1} - a_n) + 1$

$b_n = a_{n+1} - a_n$ とおくと

　　　$b_1 = a_2 - a_1 = (2a_1 + 1) - a_1$

　　　　$= a_1 + 1 = 2$

　　　$b_{n+1} = 2b_n + 1$

となり，$b_{n+1} + 1 = 2(b_n + 1)$ と変形して，これを解くと

　　　$b_n + 1 = 3 \cdot 2^{n-1}$

　　　$b_n = 3 \cdot 2^{n-1} - 1$

　　$\therefore$ $a_{n+1} - a_n = 3 \cdot 2^{n-1} - 1$

を得る。②を代入すると

　　　$(2a_n + n) - a_n = 3 \cdot 2^{n-1} - 1$

　　$\therefore$ $a_n = 3 \cdot 2^{n-1} - n - 1$

7.37　$a_{n+1} = 3a_n + 2^n$　$\cdots\cdots$①

　　　$\alpha(n+1) = 3\alpha(n) + 2^n$　$\cdots\cdots$②

②において

　　　$\alpha(n) = p \cdot 2^n$ $(p$ は定数$)$

とおくと

　　　$p \cdot 2^{n+1} = 3 \cdot p \cdot 2^n + 2^n$

　　　$2p = 3p + 1$

　　$\therefore$ $p = -1$

この p を用いて，①−② をすると，与えられた漸化式は

　　　$a_{n+1} + 2^{n+1} = 3(a_n + 2^n)$

と変形できる。よって

　　　$a_n + 2^n = (a_1 + 2^1) \cdot 3^{n-1}$

　　　　　$= (1 + 2) \cdot 3^{n-1}$

　　　　　$= 3^n$

　　$\therefore$ $\underline{a_n = 3^n - 2^n}$

別解

　$a_{n+1} = 3a_n + 2^n$ より，両辺を 2^{n+1} でわって，$b_n = \dfrac{a_n}{2^n}$ とおくと

　　　$\dfrac{a_{n+1}}{2^{n+1}} = \dfrac{3}{2} \cdot \dfrac{a_n}{2^n} + \dfrac{1}{2}$

　　$\therefore$ $b_{n+1} = \dfrac{3}{2}b_n + \dfrac{1}{2}$

$\left(\alpha = \dfrac{3}{2}\alpha + \dfrac{1}{2}$ をみたす α は $\alpha = -1\right)$

これは

　　　$b_{n+1} + 1 = \dfrac{3}{2}(b_n + 1)$

と変形できるので，数列 $\{b_n + 1\}$ は公比 $\dfrac{3}{2}$ の等比数列であり，初項は

$$b_1 + 1 = \frac{a_1}{2^1} + 1 = \frac{1}{2} + 1$$
$$= \frac{3}{2}$$

であるから

$$b_n + 1 = \frac{3}{2} \cdot \left(\frac{3}{2}\right)^{n-1}$$
$$\therefore \quad b_n = \left(\frac{3}{2}\right)^n - 1$$
$$= \frac{3^n - 2^n}{2^n}$$

したがって

$$a_n = 2^n \cdot b_n$$
$$= 3^n - 2^n$$

7.38 (1) $a_{n+2} - 2a_{n+1} - 3a_n = 0$ は
($x^2 - 2x - 3 = 0$ をみたす x は，
$(x-3)(x+1) = 0$ より $x = -1, 3$)

$$a_{n+2} + a_{n+1} = 3(a_{n+1} + a_n)$$

と変形することができるので

$$b_{n+1} = 3b_n \quad \cdots\cdots ①$$

また

$$a_{n+2} - 3a_{n+1} = -(a_{n+1} - 3a_n)$$

と変形することもできるので

$$c_{n+1} = -c_n \quad \cdots\cdots ②$$

①より，数列 $\{b_n\}$ は公比 3 の等比数列であり，初項は

$$b_1 = a_2 + a_1 = 2 + 1 = 3$$

であるから

$$\underline{b_n} = 3 \cdot 3^{n-1}$$
$$= \underline{3^n}$$

②より，数列 $\{c_n\}$ は公比 -1 の等比数列であり，初項は

$$c_1 = a_2 - 3a_1 = 2 - 3 = -1$$

であるから

$$\underline{c_n} = (-1) \cdot (-1)^{n-1}$$
$$= \underline{(-1)^n}$$

(2) (1) より

$$a_{n+1} + a_n = 3^n \quad \cdots\cdots ③$$
$$a_{n+1} - 3a_n = (-1)^n \quad \cdots\cdots ④$$

よって，③ $-$ ④ より

$$4a_n = 3^n - (-1)^n$$
$$\therefore \quad \boldsymbol{a_n = \frac{3^n - (-1)^n}{4}}$$

7.39 (1) 与えられた漸化式は
($x^2 = 6x - 9$ をみたす x は $(x-3)^2 = 0$
より $x = 3$（重解））

$$a_{n+2} - 3a_{n+1} = 3(a_{n+1} - 3a_n)$$

と変形できるので，$b_n = a_{n+1} - 3a_n$ とおくと

$$b_{n+1} = 3b_n$$

このとき，数列 $\{b_n\}$ は公比 3 の等比数列となり，初項は

$$b_1 = a_2 - 3a_1 = 3$$

であるから，求める一般項は

$$\underline{\boldsymbol{b_n = 3^n}}$$

(2) (1) より

$$a_{n+1} - 3a_n = 3^n$$

両辺を 3^{n+1} でわって

$$\frac{a_{n+1}}{3^{n+1}} - \frac{a_n}{3^n} = \frac{1}{3}$$

よって，$\dfrac{a_{n+1}}{3^{n+1}} = \dfrac{a_n}{3^n} + \dfrac{1}{3}$ と変形できるので，数列 $\left\{\dfrac{a_n}{3^n}\right\}$ は公差 $\dfrac{1}{3}$ の等差数列であり，初項は $\dfrac{a_1}{3^1} = \dfrac{1}{3}$ であるから

$$\frac{a_n}{3^n} = \frac{1}{3} + (n-1) \cdot \frac{1}{3}$$
$$= \frac{n}{3}$$
$$\therefore \quad \boldsymbol{a_n = n \cdot 3^{n-1}}$$

📖 問題

連立漸化式 ···

☐ **7.40** 次の式をみたす数列 $\{a_n\}$, $\{b_n\}$ がある。

$$a_1 = 1, \quad b_1 = 2, \quad \begin{cases} a_{n+1} = a_n + 2b_n \\ b_{n+1} = 2a_n + b_n \end{cases}, \quad n = 1, 2, 3, \cdots$$

(1) $a_n + b_n$ を n の式で表すと，☐ である。

(2) a_n を n の式で表すと，☐ である。 (東北学院大)

☐ **7.41** 次の式をみたす数列 $\{a_n\}$, $\{b_n\}$ がある。

$$a_1 = 2, \quad b_1 = 1, \quad a_{n+1} = 2a_n + 3b_n, \quad b_{n+1} = a_n + 2b_n$$

(1) $c_n = a_n + kb_n$ とする。数列 $\{c_n\}$ が等比数列となる正の数 k を求めよ。

(2) (1) で求めた k について，$d_n = a_n - kb_n$ とする。数列 $\{c_n\}$, $\{d_n\}$ の一般項を求めよ。

(3) 一般項 a_n, b_n を求めよ。 (大阪教育大 改)

分数漸化式 ···

☐ **7.42** $a_1 = 4, \quad a_{n+1} = \dfrac{4a_n + 3}{a_n + 2} \quad (n = 1, 2, 3, \cdots)$

で定義される数列について，次の問いに答えよ。

(1) $b_n = \dfrac{a_n - 3}{a_n + 1}$ とおくとき，数列 $\{b_n\}$ の漸化式を求めよ。

(2) 数列 $\{a_n\}$ の一般項を求めよ。 (弘前大)

☐ **7.43** $a_1 = 4, \ a_{n+1} = \dfrac{3a_n - 4}{a_n - 1} \quad (n = 1, 2, 3, \cdots)$ で定義される数列 $\{a_n\}$

について，次の問いに答えよ。

(1) すべての n に対して，$a_n \neq 2$ であることを示せ。

(2) $b_n = \dfrac{1}{a_n - 2}$ とおくとき，数列 $\{b_n\}$ の一般項を求めよ。

(3) 数列 $\{a_n\}$ の一般項を求めよ。 (名城大)

チェック・チェック

基本 check！

連立漸化式

連立漸化式
$$\begin{cases} a_{n+1} = pa_n + qb_n & \cdots\cdots ① \\ b_{n+1} = ra_n + sb_n & \cdots\cdots ② \end{cases}$$
については，① $- \alpha \times$ ② をつくり
$$a_{n+1} - \alpha b_{n+1} = \beta(a_n - \alpha b_n)$$
となる α, β を見つければ，$\{a_n - \alpha b_n\}$ は公比 β の等比数列となる。実は，この α は x の方程式 $x = \dfrac{px + q}{rx + s}$ の解となっている。

分数型漸化式

1 次分数型の漸化式
$$a_{n+1} = \frac{pa_n + q}{ra_n + s}$$
は，x の方程式 $x = \dfrac{px + q}{rx + s}$ が異なる 2 解 α, β をもつとき，数列 $\left\{\dfrac{a_n - \alpha}{a_n - \beta}\right\}$ は等比数列となる。また，数列 $\left\{\dfrac{1}{a_n - \alpha}\right\}$, $\left\{\dfrac{1}{a_n - \beta}\right\}$ は 2 項間漸化式となる。

7.40 対称な連立漸化式

本問のように
$$\begin{cases} a_{n+1} = pa_n + qb_n \\ b_{n+1} = qa_n + pb_n \end{cases}$$
の形で表される連立漸化式は頻出で，$x = \dfrac{px + q}{qx + p}$ を解くと，$x = \pm 1$ です。

7.41 一般の連立漸化式

$k = \dfrac{2k + 3}{k + 2}$ を解くと $k = \pm\sqrt{3}$ です。

7.42 分数漸化式

$x = \dfrac{4x + 3}{x + 2}$ を解くと $x = -1, 3$ です。

7.43 分数漸化式（重解）

$x = \dfrac{3x - 4}{x - 1}$ を解くと $x = 2$（重解）です。(2) の誘導のように，数列 $\left\{\dfrac{1}{a_n - 2}\right\}$ を考えることになります。

解答・解説

7.40 (1) $a_{n+1} + b_{n+1}$
$= (a_n + 2b_n) + (2a_n + b_n)$
$= 3(a_n + b_n)$

よって，数列 $\{a_n + b_n\}$ は公比 3 の等比数列で，初項は $a_1 + b_1 = 1 + 2 = 3$ より

$$a_n + b_n = 3 \cdot 3^{n-1}$$
$$= \underline{3^n} \quad \cdots\cdots ①$$

(2) $a_{n+1} - b_{n+1}$
$= (a_n + 2b_n) - (2a_n + b_n)$
$= -(a_n - b_n)$

よって，数列 $\{a_n - b_n\}$ は公比 -1 の等比数列で，初項は $a_1 - b_1 = 1 - 2 = -1$ より

$$a_n - b_n = (-1) \cdot (-1)^{n-1}$$
$$= (-1)^n \quad \cdots\cdots ②$$

① + ② より

$$2a_n = 3^n + (-1)^n$$
$$\therefore \quad a_n = \underline{\frac{3^n + (-1)^n}{2}}$$

7.41 (1) c_{n+1}
$= a_{n+1} + kb_{n+1}$
$= (2a_n + 3b_n) + k(a_n + 2b_n)$
$= (2 + k)a_n + (3 + 2k)b_n$
$$\cdots\cdots ①$$

数列 $\{c_n\}$ が公比 r の等比数列のとき，$c_{n+1} = rc_n$ より

$$c_{n+1} = ra_n + rkb_n \quad \cdots\cdots ②$$

よって，①，② より

$$\begin{cases} 2 + k = r & \cdots\cdots ③ \\ 3 + 2k = rk & \cdots\cdots ④ \end{cases}$$

となればよい。
③を④に代入して

$$3 + 2k = (2 + k)k$$
$$\therefore \quad k^2 = 3$$

$k > 0$ より

$$\underline{k = \sqrt{3}}$$

(2) $k = \sqrt{3}$ を③へ代入すると

$$r = 2 + \sqrt{3}$$

したがって，数列 $\{c_n\}$ すなわち $\{a_n + \sqrt{3}b_n\}$ は公比 $2 + \sqrt{3}$ の等比数列で，初項は

$$c_1 = a_1 + \sqrt{3}b_1 = 2 + \sqrt{3}$$

であるから

$$\underline{c_n} = (2 + \sqrt{3}) \cdot (2 + \sqrt{3})^{n-1}$$
$$= \underline{(2 + \sqrt{3})^n} \quad \cdots\cdots ⑤$$

次に，$d_n = a_n - \sqrt{3}b_n$ のときは，(1) の k を $-\sqrt{3}$ として考えればよいので，数列 $\{d_n\}$ すなわち $\{a_n - \sqrt{3}b_n\}$ は公比 $2 - \sqrt{3}$ の等比数列で，初項は

$$d_1 = a_1 - \sqrt{3}b_1 = 2 - \sqrt{3}$$

であるから

$$\underline{d_n} = (2 - \sqrt{3}) \cdot (2 - \sqrt{3})^{n-1}$$
$$= \underline{(2 - \sqrt{3})^n} \quad \cdots\cdots ⑥$$

(3) ⑤より

$$a_n + \sqrt{3}b_n = (2 + \sqrt{3})^n \quad \cdots\cdots ⑦$$

⑥より

$$a_n - \sqrt{3}b_n = (2 - \sqrt{3})^n \quad \cdots\cdots ⑧$$

$\dfrac{⑦ + ⑧}{2}$，$\dfrac{⑦ - ⑧}{2\sqrt{3}}$ より

$$a_n = \frac{(2 + \sqrt{3})^n + (2 - \sqrt{3})^n}{2}$$

$$b_n = \frac{(2 + \sqrt{3})^n - (2 - \sqrt{3})^n}{2\sqrt{3}}$$

7.42 $a_1 = 4$
$$a_{n+1} = \frac{4a_n + 3}{a_n + 2} \quad (n \geqq 1)$$
$$\cdots\cdots ①$$

(1) $b_n = \dfrac{a_n - 3}{a_n + 1}$ とおくと，①より

$$b_{n+1} = \frac{a_{n+1} - 3}{a_{n+1} + 1}$$

$$= \frac{\dfrac{4a_n + 3}{a_n + 2} - 3}{\dfrac{4a_n + 3}{a_n + 2} + 1}$$

$$= \frac{(4a_n + 3) - 3(a_n + 2)}{(4a_n + 3) + (a_n + 2)}$$

$$= \frac{a_n - 3}{5a_n + 5} = \frac{1}{5} b_n$$

よって，数列 $\{b_n\}$ の漸化式は

$$\boldsymbol{b_{n+1} = \frac{1}{5} b_n} \quad (n \geqq 1)$$

(2) 数列 $\{b_n\}$ は初項 $b_1 = \dfrac{4-3}{4+1} = \dfrac{1}{5}$,

公比 $\dfrac{1}{5}$ の等比数列だから

$$b_n = \frac{1}{5} \cdot \left(\frac{1}{5}\right)^{n-1} = \frac{1}{5^n}$$

が成り立つ。$b_n = \dfrac{a_n - 3}{a_n + 1}$ を a_n について整理すると

$$b_n(a_n + 1) = a_n - 3$$
$$\therefore \quad (1 - b_n)a_n = 3 + b_n$$

$b_n \neq 1$ より

$$a_n = \frac{3 + b_n}{1 - b_n}$$

であるから

$$\boldsymbol{a_n} = \frac{3 + \dfrac{1}{5^n}}{1 - \dfrac{1}{5^n}}$$

$$= \frac{\boldsymbol{3 \cdot 5^n + 1}}{\boldsymbol{5^n - 1}} \quad (n \geqq 1)$$

【補足】

$a_{n+1} = \dfrac{4a_n + 3}{a_n + 2}$ に対し，$x = \dfrac{4x + 3}{x + 2}$ を解くと $x = -1,\ 3$ であり，$b_n = \dfrac{a_n - 3}{a_n + 1}$ はこの値をもとにつくられたものである。$b_n' = \dfrac{a_n + 1}{a_n - 3}$ とすれば，初項 5，公比 5 の等比数列が得られる。

別解

数列 $\left\{\dfrac{1}{a_n + 1}\right\}$ あるいは $\left\{\dfrac{1}{a_n - 3}\right\}$ を

考えてもよい。それぞれ 2 項間漸化式

$$\frac{1}{a_{n+1} + 1} = \frac{1}{5} \cdot \frac{1}{a_n + 1} + \frac{1}{5}$$

$$\frac{1}{a_{n+1} - 3} = 5 \cdot \frac{1}{a_n - 3} + 1$$

を得ることができる。

7.43 (1) (I) $n = 1$ のとき
$$a_1 = 4 \neq 2$$

(II) $a_n \neq 2$ と仮定すると

$$a_{n+1} - 2 = \frac{3a_n - 4}{a_n - 1} - 2$$
$$= \frac{a_n - 2}{a_n - 1} \quad \cdots ①$$
$$\neq 0$$
$$\therefore \quad a_{n+1} \neq 2$$

以上 (I)，(II) より，すべての n に対して，$a_n \neq 2$ である。　　　（証明終）

(2) $a_n \neq 2$ より，①の両辺の逆数をとると

$$\frac{1}{a_{n+1} - 2} = \frac{a_n - 1}{a_n - 2}$$
$$= \frac{(a_n - 2) + 1}{a_n - 2}$$
$$= 1 + \frac{1}{a_n - 2}$$

$b_n = \dfrac{1}{a_n - 2}$ とおくと
$$b_{n+1} = b_n + 1$$

数列 $\{b_n\}$ は公差 1 の等差数列であり，初項は

$$b_1 = \frac{1}{a_1 - 2} = \frac{1}{4 - 2} = \frac{1}{2}$$

であるから

$$\boldsymbol{b_n} = \frac{1}{2} + (n-1) \cdot 1 = \boldsymbol{n - \frac{1}{2}}$$

(3) $b_n = \dfrac{1}{a_n - 2}$ より

$$a_n - 2 = \frac{1}{b_n} = \frac{1}{n - \dfrac{1}{2}}$$

$$= \frac{2}{2n - 1}$$

$$\therefore \quad \boldsymbol{a_n} = \frac{2}{2n - 1} + 2 = \frac{\boldsymbol{4n}}{\boldsymbol{2n - 1}}$$

📖 **問題**

確率と漸化式 ……………………………………………………………

7.44 サイコロを n 回投げたとき 1 の目が偶数回出る確率を p_n とする。ただし，1 の目がまったく出なかった場合は偶数回出たと考えることにする。

(1) p_1 を求めよ。

(2) p_{n+1}，p_n の間に $p_{n+1} = \dfrac{5}{6}p_n + \dfrac{1}{6}(1 - p_n)$ という関係があることを示せ。

(3) $p_n \ (n = 1, 2, 3, \cdots)$ を求めよ。 （姫路工大）

7.45 表が出る確率が p，裏が出る確率が $1 - p$ である 1 個のコインがある。ただし，p は $0 < p < 1$ である定数とする。このコインを繰り返し投げる試行を考える。n を 2 以上の自然数とし，Q_n を n 回目に初めて 2 回続けて表が出る確率とする。

(1) Q_2，Q_3，Q_4 を p を用いて表せ。

(2) 1 回目に表が出た場合と裏が出た場合に分けることによって，Q_{n+2} を Q_n，Q_{n+1} および p を用いて表せ。

(3) $p = \dfrac{3}{7}$ のとき，一般項 Q_n を n を用いて表せ。 （大阪府立大）

7.46 数直線上に異なる 2 点 A，B がある。点 M は A からスタートするものとして，以下の規則に従って試行を行う。

- M が A にいるとき，さいころをふって出た目の数が偶数なら A にとどまり，そうでなければ B に移る。

- M が B にいるとき，さいころをふって出た目の数が 1 または 2 であるなら B にとどまり，そうでなければ A に移る。

n は 1 以上の整数とし，n 回目の試行の後で M が A にいる確率を p_n とし，n 回目の試行の後で M が B にいる確率を q_n とする。

(1) p_{n+1} を p_n，q_n を用いて表せ。また，q_{n+1} を p_n，q_n を用いて表せ。

(2) p_n，q_n を求めよ。 （東北大）

📖 チェック・チェック

基本 check！

確率と漸化式

　状況変化を押さえるには樹形図がわかりやすいだろう。しかし，n 回後までのすべてを樹形図でかくには限界がある。せいぜいかいても 4 回くらいまででではないだろうか。これ以上になってくると手におえない。このときには，漸化式を考える。漸化式を立てるときのポイントは，n 回目から $n+1$ 回目への状況変化，あるいは，最初の状況について排反でかつすべてを網羅する場合分けをキチンとつくることである。

7.44 **確率と 2 項間漸化式**

　$n+1$ 回目の試行後に 1 の目が偶数回出るのは，右の図のようになります。

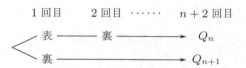

7.45 **確率と 3 項間漸化式**

　(2) のヒントにあるように，1 回目に表が出るか裏が出るかで場合分けしましょう。

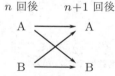

7.46 **確率と連立漸化式**

　$n+1$ 回目の試行後に M が A にいる状況は右の図のようになります。"確率の総和 $=1$" を利用すると計算がラクになります。

n 回後　　$n+1$ 回後

A → A
B → B

解答・解説

7.44 (1) サイコロを 1 回投げて，1 の目が出ない確率なので

$$p_1 = \frac{5}{6}$$

(2) サイコロを $n+1$ 回投げたとき 1 の目が偶数回出るのは

- n 回までに 1 の目が偶数回出て，$n+1$ 回目に 1 以外の目が出る
- n 回までに 1 の目が奇数回出て，$n+1$ 回目に 1 の目が出る

のいずれかであり，これらは排反なので

$$p_{n+1} = p_n \times \frac{5}{6} + (1-p_n) \times \frac{1}{6}$$
$$= \frac{5}{6}p_n + \frac{1}{6}(1-p_n)$$

（証明終）

(3) (1), (2) より

$$p_1 = \frac{5}{6}, \quad p_{n+1} = \frac{2}{3}p_n + \frac{1}{6}$$

$$\left(\alpha = \frac{2}{3}\alpha + \frac{1}{6} \text{ をみたす } \alpha \text{ は } \alpha = \frac{1}{2} \right)$$

$$\therefore \quad p_{n+1} - \frac{1}{2} = \frac{2}{3}\left(p_n - \frac{1}{2}\right)$$

よって，数列 $\left\{ p_n - \frac{1}{2} \right\}$ は公比 $\frac{2}{3}$，初項

$$p_1 - \frac{1}{2} = \frac{5}{6} - \frac{1}{2} = \frac{1}{3}$$

の等比数列であるから

$$p_n - \frac{1}{2} = \frac{1}{3} \cdot \left(\frac{2}{3}\right)^{n-1}$$

$$\therefore \quad p_n = \frac{1}{3} \cdot \left(\frac{2}{3}\right)^{n-1} + \frac{1}{2}$$

7.45 (1) Q_2 は 1，2 回目と続けて表が出る確率だから

$$Q_2 = p^2$$

Q_3 は 1，2，3 回目が順に（裏，表，表）となる確率だから

$$Q_3 = (1-p)p^2$$

Q_4 は 1 回目は表か裏のどちらでもよく，2，3，4 回目が順に（裏，表，表）となる確率だから

$$Q_4 = (1-p)p^2$$

(2) $n+2$ 回目に初めて 2 回続けて表が出るのは，次の 2 つの場合がある。

(ⅰ) 1 回目に表が出る場合，2 回目は裏となり，3 回目以降の n 回について，最後の 2 回で初めて続けて表が出るから，その確率は

$$p(1-p)Q_n$$

(ⅱ) 1 回目に裏が出る場合，2 回目以降の $n+1$ 回について，最後の 2 回で初めて続けて表が出るから，その確率は

$$(1-p)Q_{n+1}$$

これらは排反であるから

$$Q_{n+2} = (1-p)Q_{n+1} + p(1-p)Q_n$$

(3) $p = \frac{3}{7}$ のとき

$$Q_{n+2} = \frac{4}{7}Q_{n+1} + \frac{12}{49}Q_n$$

$$\left(t^2 = \frac{4}{7}t + \frac{12}{49} \text{ をみたす } t \text{ は } t = -\frac{2}{7}, \frac{6}{7} \right)$$

したがって

$$\begin{cases} Q_{n+2} + \frac{2}{7}Q_{n+1} = \frac{6}{7}\left(Q_{n+1} + \frac{2}{7}Q_n\right) \\ \qquad\qquad\qquad\qquad\qquad \cdots\cdots\text{①} \\ Q_{n+2} - \frac{6}{7}Q_{n+1} = -\frac{2}{7}\left(Q_{n+1} - \frac{6}{7}Q_n\right) \\ \qquad\qquad\qquad\qquad\qquad \cdots\cdots\text{②} \end{cases}$$

①より，数列 $\left\{ Q_{n+1} + \frac{2}{7}Q_n \right\}$ は公比 $\frac{6}{7}$ の等比数列であり

$$Q_2 = \left(\frac{3}{7}\right)^2, \ Q_3 = \frac{4}{7}\left(\frac{3}{7}\right)^2$$

であるから

$$Q_{n+1} + \frac{2}{7}Q_n$$
$$= \left(Q_3 + \frac{2}{7}Q_2\right) \cdot \left(\frac{6}{7}\right)^{n-2}$$

$$= \left(\frac{4}{7} + \frac{2}{7}\right) \cdot \left(\frac{3}{7}\right)^2 \cdot \left(\frac{6}{7}\right)^{n-2}$$

$$= \frac{9}{49} \cdot \left(\frac{6}{7}\right)^{n-1} \cdots\cdots ①'$$

② より，数列 $\left\{Q_{n+1} - \dfrac{6}{7}Q_n\right\}$ は公比 $-\dfrac{2}{7}$ の等比数列であり

$$Q_{n+1} - \frac{6}{7}Q_n$$

$$= \left(Q_3 - \frac{6}{7}Q_2\right) \cdot \left(-\frac{2}{7}\right)^{n-2}$$

$$= \left(\frac{4}{7} - \frac{6}{7}\right) \cdot \left(\frac{3}{7}\right)^2 \cdot \left(-\frac{2}{7}\right)^{n-2}$$

$$= \frac{9}{49} \cdot \left(-\frac{2}{7}\right)^{n-1} \cdots\cdots ②'$$

よって，①' $-$ ②' より

$$\boxed{Q_n = \frac{9}{56}\left\{\left(\frac{6}{7}\right)^{n-1} - \left(-\frac{2}{7}\right)^{n-1}\right\}}$$

7.46 (1) 規則により，状態推移の確率は下の図のようになる。

n 回後　　$n+1$ 回後

$n+1$ 回目の試行後に M が A にいるのは

- n 回後に M が A にいて，さいころは偶数の目が出る
- n 回後に M が B にいて，さいころは 1, 2 以外の目が出る

のいずれかである。これらは排反であるから

$$\underline{p_{n+1} = \frac{1}{2}p_n + \frac{2}{3}q_n}$$

$$\cdots\cdots ①$$

同様にして

$$\underline{q_{n+1} = \frac{1}{2}p_n + \frac{1}{3}q_n}$$

(2) どの回においても，M は A または

B のいずれかにいるから

$$p_n + q_n = 1 \quad (n \geqq 1)$$

$$\cdots\cdots ②$$

①，② より

$$p_{n+1} = \frac{1}{2}p_n + \frac{2}{3}(1 - p_n)$$

$$= -\frac{1}{6}p_n + \frac{2}{3}$$

$\alpha = -\dfrac{1}{6}\alpha + \dfrac{2}{3}$ を解くと，$\alpha = \dfrac{4}{7}$ であり，上式は次のように変形できる。

$$p_{n+1} - \frac{4}{7} = -\frac{1}{6}\left(p_n - \frac{4}{7}\right)$$

したがって，数列 $\left\{p_n - \dfrac{4}{7}\right\}$ は初項 $p_1 - \dfrac{4}{7} = \dfrac{1}{2} - \dfrac{4}{7} = -\dfrac{1}{14}$，公比 $-\dfrac{1}{6}$ の等比数列であるから

$$p_n - \frac{4}{7} = -\frac{1}{14}\left(-\frac{1}{6}\right)^{n-1}$$

$$\therefore \quad \underline{p_n = \frac{4}{7} - \frac{1}{14}\left(-\frac{1}{6}\right)^{n-1}}$$

$$(n \geqq 1)$$

また

$$\underline{q_n = 1 - p_n}$$

$$\underline{= \frac{3}{7} + \frac{1}{14}\left(-\frac{1}{6}\right)^{n-1}}$$

$$(n \geqq 1)$$

別解

「解答」では，連立漸化式

$$\begin{cases} p_{n+1} = \dfrac{1}{2}p_n + \dfrac{2}{3}q_n \\ q_{n+1} = \dfrac{1}{2}p_n + \dfrac{1}{3}q_n \end{cases}$$

を「(確率の総和) $= 1 \cdots\cdots ②$」を利用して 2 項間漸化式に持ち込んだが，

$$p_{n+1} - \alpha q_{n+1} = \beta(p_n - \alpha q_n)$$

の形に変形することも一つの見方である。$x = \dfrac{\dfrac{1}{2}x + \dfrac{2}{3}}{\dfrac{1}{2}x + \dfrac{1}{3}}$ を解くと，$x = \dfrac{4}{3}, -1$ であり，数列 $\left\{p_n - \dfrac{4}{3}q_n\right\}$, $\{p_n + q_n\}$ を考える。

📖 問題

漸化式の応用（**1**） ....

☐ **7.47** 1 辺の長さが a の正三角形 D_0 から出発して，多角形 D_1, D_2, $\cdots$, D_n, $\cdots$ を次のように定める。

      （ i ）AB を D_{n-1} の 1 辺とする。辺 AB を 3 等分し，その分点を A に近い方から P，Q とする。

      （ii）PQ を 1 辺とする正三角形 PQR を D_{n-1} の外側に作る。

      （iii）辺 AB を折れ線 APRQB で置き換える。

D_{n-1} のすべての辺に対して (i)〜(iii) の操作を行って得られる多角形を D_n とする。以下の問いに答えよ。

(1) D_n の周の長さ L_n を a と n で表せ。

(2) D_n の面積 S_n を a と n で表せ。 （北大　改）

☐ **7.48** 以下の問いに答えなさい。

(1) 平面上に 3 本の直線を引くとき，下図のようにすれば，平面を 7 つの領域に分割することができます。平面上に 5 本の直線を引くとき，平面を最大でいくつの領域に分割することができますか。

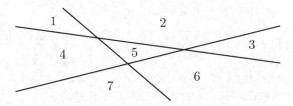

(2) n を 2 以上の自然数とします。平面上に n 本の直線を引くとき，それらの交点の数は最大でいくつですか。n を使った式で表しなさい。

(3) n を自然数とします。平面上に n 本の直線を引くとき，平面を最大でいくつの領域に分割することができますか。n を使った式で表しなさい。

（横浜市立大）

📖 チェック・チェック

7.47 コッホ雪片

　線分を 3 等分し，中央の線分を 1 辺とする正三角形をつけ加えることを無限に繰り返すことにより得られる図形をコッホ曲線といいます。

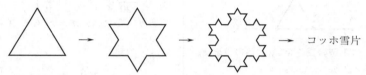

　正三角形にこの操作を続けてできる図形は雪の結晶に似ていることもあり，コッホ雪片と呼ばれています。

　1 回の操作で，1 辺の長さは $\dfrac{1}{3}$ 倍，辺の数は 4 倍になります。

7.48 領域の分割数

　図をかきながら考えていきましょう。まず，平面の分割数を最大にするにはどの 2 本の直線も平行でなく，どの 3 本の直線も 1 点を共有しないように直線を引きます。

k 本の直線がひいてあるところに $(k+1)$ 本目の直線を引くと，最大で k 個の交点ができ，最大で $(k+1)$ 個の領域が増えます。

解答・解説

7.47 (1) D_n から D_{n+1} を作るとき，1 辺の長さは $\frac{1}{3}$ 倍，辺の数は 4 倍になる。

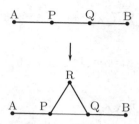

D_n の 1 辺の長さを a_n，辺の数を x_n とすると，$a_0 = a$，$x_0 = 3$ であり

$$a_{n+1} = \frac{1}{3}a_n$$

$$\therefore \quad a_n = a\left(\frac{1}{3}\right)^n \quad (n \geqq 0)$$

$$x_{n+1} = 4x_n$$

$$\therefore \quad x_n = 3 \cdot 4^n \quad (n \geqq 0)$$

よって，D_n の周の長さ L_n は

$$\underline{L_n = a_n x_n}$$

$$= 3a\left(\frac{4}{3}\right)^n \quad (n \geqq 0)$$

(2) (1) の考察より，D_n から D_{n+1} を作るとき，1 辺の長さ a_{n+1} の正三角形が x_n 個増える。すなわち

$$S_{n+1}$$

$$= S_n + \frac{1}{2}{a_{n+1}}^2 \sin\frac{\pi}{3} \times x_n$$

$$= S_n + \frac{\sqrt{3}}{4}\left\{a\left(\frac{1}{3}\right)^{n+1}\right\}^2 \times (3 \cdot 4^n)$$

$$= S_n + \frac{\sqrt{3}}{12}a^2 \cdot \left(\frac{4}{9}\right)^n$$

が成り立つ。また

$$S_0 = \frac{1}{2} \cdot a^2 \cdot \sin\frac{\pi}{3} = \frac{\sqrt{3}}{4}a^2$$

である。よって，$n \geqq 1$ のとき

$$S_n$$

$$= S_0 + \sum_{k=0}^{n-1}\frac{\sqrt{3}}{12}a^2 \cdot \left(\frac{4}{9}\right)^k$$

$$= \frac{\sqrt{3}}{4}a^2 + \frac{\frac{\sqrt{3}}{12}a^2\left\{1 - \left(\frac{4}{9}\right)^n\right\}}{1 - \frac{4}{9}}$$

$$= \frac{\sqrt{3}}{4}a^2 + \frac{3\sqrt{3}}{20}a^2\left\{1 - \left(\frac{4}{9}\right)^n\right\}$$

$$= \frac{\sqrt{3}}{20}a^2\left\{8 - 3\left(\frac{4}{9}\right)^n\right\}$$

であり，これは，$n = 0$ のときも成り立つ。

ゆえに

$$\underline{S_n = \frac{\sqrt{3}}{20}a^2\left\{8 - 3\left(\frac{4}{9}\right)^n\right\}}$$

$$(n \geqq 0)$$

7.48 平面の分割数を最大にするには，どの 2 本の直線も平行でなく，どの 3 本の直線も 1 点を共有しないように直線を引けばよい。

(1) 3 本の直線で平面が

7 つの領域

に分割されている。

4 本目の直線を引くと，その直線は他の 3 本の直線で 2 個の線分と 2 本の半直線に分割され，領域は 4 つ増加し，最大で

11 個の領域

に分割することができる。

続いて，5 本目の直線を引くと，その直線は他の 4 本の直線で 3 個の線分と 2 本の半直線に分割され，領域は 5 つ増加し，最大で

16 個の領域

に分割することができる。

(2) 交点の最大個数を a_n とする。

k 本の直線が引いてあるところに $(k+1)$ 本目の直線を引くと，その直線はすでにある k 本の直線と交わり，最大で k 個の交点ができるから

$$a_{k+1} = a_k + k$$

が成り立ち，$n \geqq 2$ のとき

$$a_n = a_1 + \sum_{k=1}^{n-1} k$$

$$= 0 + \frac{n(n-1)}{2}$$

$$= \frac{n(n-1)}{2}$$

これは $n = 1$ のときも成り立つ。

よって

$$a_n = \boldsymbol{\frac{n(n-1)}{2}}$$

別解

2 本の直線により 1 個の交点が定まるから，交点の最大個数 a_n は

$$a_n = {}_nC_2 = \frac{n(n-1)}{2} \text{（個）}$$

(3) 領域の最大個数を b_n とする。

k 本の直線が引いてあるところに $(k+1)$ 本目の直線を引くと，その直線はすでにある k 本の直線により $(k-1)$ 個の線分と 2 本の半直線に分けられ，領域は最大で $(k+1)$ 個増加するから

$$b_{k+1} = b_k + k + 1$$

が成り立つ。$n \geqq 2$ のとき

$$b_n = b_1 + \sum_{k=1}^{n-1} (k+1)$$

$$= 2 + \frac{(n-1)(n+2)}{2}$$

$$= \frac{n^2 + n + 2}{2}$$

これは $n = 1$ のときも成り立つ。

よって

$$b_n = \boldsymbol{\frac{1}{2}(n^2 + n + 2)}$$

📖 問題

漸化式の応用（2） ....

☐ **7.49** 3本の柱 A，B，C が立っており，下図のように左端の柱 A に中央に穴のあいた大きさが異なる n 枚の円盤が大きい円盤から順に重ねられている。この円盤を以下の規則に従って別の柱に移動させる。

　① 1回に1枚の円盤しか移動できない

　② 移動する円盤は3本の柱 A，B，C のいずれかに必ず差し込む

　③ 移動する円盤はそれより小さな円盤の上には乗せない

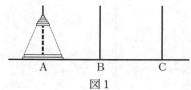

図1

　①から③の規則に従って n 枚の円盤を別の柱に移動させる場合に最低必要な移動回数を a_n とすると，$a_1 = 1$，$a_2 = \boxed{}$ である。3枚の場合，まず上2枚の円盤を柱 B に移し，次に1番下の円盤を柱 C に移し，最後に柱 B の2枚の円盤を柱 C に移すことになるから $a_3 = \boxed{}$ である。

　n 枚の円盤を移動させる場合を考える。a_n と a_{n-1} の間の関係式は $n \geqq 2$ のとき，$a_n = \boxed{} a_{n-1} + \boxed{}$ である。

　よって a_n の一般項は，$a_n = \boxed{}^n - \boxed{}$ で与えられる。

（北里大）

☐ **7.50** n 段の階段を登るのに，一歩で1段，2段，または3段を上ることができるとする。この階段の上り方の総数を a_n とおく。たとえば $a_1 = 1$，$a_2 = 2$，$a_3 = 4$ である。

(1) a_4，a_5 の値を求めよ。

(2) a_n，a_{n+1}，a_{n+2}，a_{n+3}（$n \geqq 1$）の間に成り立つ関係式を求めよ。

(3) a_{10} の値を求めよ。

（千葉大）

チェック・チェック

7.49 ハノイの塔

　ハノイの塔と呼ばれている問題で，リュカが 1883 年に提案しました。リュカは円盤を 64 枚とし，移動が終わると世界は終焉を迎えると言いました。1 枚移動するのに 1 秒かかったとすると，最低でも約 5845 億年かかります（ビッグバンは約 137 億年前です）。

7.50 階段登りの総数

　最初の一歩の段数と残りの段数に着目して，漸化式を立てましょう。

解答・解説

7.49 【a_1 について】

柱 A にある円盤は柱 B または C に移ることにより，1 枚の円盤は別の柱に移動するので

$$a_1 = 1$$

【a_2 について】

柱 A にある上の円盤は柱 B または C に移る。柱 B に移ったときは，次に下の円盤を柱 C に移し，最後に柱 B の円盤を柱 C に移すので

$$a_2 = 3$$

柱 A にある上の円盤が柱 C に移ったときは，次に下の円盤を柱 B に移し，最後に柱 C の円盤を柱 B に移すので

$$a_2 = 3$$

いずれのときも，2 枚の円盤は別の柱に移動するので

$$a_2 = \underline{\mathbf{3}}$$

【a_3 について】

まず，上 2 枚の円盤を柱 B(または柱 C) に移し，次に 1 番下の円盤を柱 C(または柱 B) に移す。最後に，柱 B(または柱 C) の 2 枚の円盤を柱 C(または B) に移すことになるから

$$a_3 = a_2 + a_1 + a_2$$
$$= 3 + 1 + 3 = \underline{\mathbf{7}}$$

【a_n について】

a_3 と同じように考えて，まず，上から $(n-1)$ 枚の円盤を柱 B(または柱 C) に移し，次に 1 番下の円盤を柱 C(または柱 B) に移す。最後に，柱 B(または柱 C) の $(n-1)$ 枚の円盤を柱 C(または B) に移すことになるから，$n \geqq 2$ のとき

$$a_n = a_{n-1} + a_1 + a_{n-1}$$
$$= \underline{\mathbf{2}}a_{n-1} + \underline{\mathbf{1}}$$

この式は

$$a_n + 1 = 2(a_{n-1} + 1)$$

と変形できる。数列 $\{a_n + 1\}$ は初項 $a_1 + 1 = 1 + 1 = 2$，公比 2 の等比数列であるから

$$a_n + 1 = 2 \cdot 2^{n-1}$$
$$\therefore \quad a_n = \underline{\mathbf{2}^n - \mathbf{1}} \quad (n \geqq 1)$$

7.50 (1) $a_1 = 1, \quad a_2 = 2, \quad a_3 = 4$ である。

4 段の階段の上り方は，最初の一歩が

(i) 1 段のとき，残りの 3 段の上り方は a_3 通り

(ii) 2 段のとき，残りの 2 段の上り方は a_2 通り

(iii) 3 段のとき，残りの 1 段の上り方は a_1 通り

であり，これらは排反であるから

$$a_4 = a_3 + a_2 + a_1$$
$$= 4 + 2 + 1 = \underline{\mathbf{7}}$$

同様にして

$$a_5 = a_4 + a_3 + a_2$$
$$= 7 + 4 + 2 = \underline{\mathbf{13}}$$

(2) $a_n, a_{n+1}, a_{n+2}, a_{n+3} \ (n \geqq 1)$ の間に成り立つ関係式は，(1) と同様にして

$$\underline{a_{n+3} = a_{n+2} + a_{n+1} + a_n}$$

(3) (2) の漸化式を順次用いて

$$a_6 = a_5 + a_4 + a_3$$
$$= 13 + 7 + 4 = 24$$
$$a_7 = a_6 + a_5 + a_4$$
$$= 24 + 13 + 7 = 44$$
$$a_8 = a_7 + a_6 + a_5$$
$$= 44 + 24 + 13 = 81$$
$$a_9 = a_8 + a_7 + a_6$$
$$= 81 + 44 + 24 = 149$$
$$a_{10} = a_9 + a_8 + a_7$$
$$= 149 + 81 + 44 = \underline{\mathbf{274}}$$

【MEMO】

§1 確率分布

📖 問題

期待値（平均），分散 ···

☐ **8.1** 1 から 5 までの数字を 1 つずつ書いた 5 枚のカードがある。この中から同時に 2 枚のカードを取り出すとき，取り出したカードに書かれている数字の大きい方から小さい方を引いた値を X とする。X の期待値（平均）を $E(X)$，分散を $V(X)$ とするとき，

$$E(2X + 3) = \boxed{}, \quad E(5X^2 + 3) = \boxed{}, \quad V(3X + 1) = \boxed{}$$

となる。 （青山学院大 改）

☐ **8.2** 10 円硬貨 2 枚，50 円硬貨 1 枚，100 円硬貨 1 枚を同時に投げるとき，表が出た硬貨の合計金額 X の期待値と分散を求めよ。 （宮城大）

☐ **8.3** 1, 2, 3, 4, 5, 6 の数字が 1 つずつ記入された 6 枚のカードを袋の中に入れる。この袋の中から 2 枚のカードを同時に抜き出し，それらのカードの数の大きい方を X，小さい方を Y とする。

(1) 確率変数 X と Y は互いに独立であるか，独立でないか，答えよ。

(2) 確率変数 XY の期待値 $E(XY)$ を求めよ。 （鹿児島大 改）

チェック・チェック

基本 check！

期待値（平均），分散，標準偏差

試行の結果により確率が決まる変数 X を確率変数といい，確率分布が右の表のように決まるとき

X	x_1	x_2	$\cdots$	x_n	計
$P(X)$	p_1	p_2	$\cdots$	p_n	1

期待値 $E(X) = \displaystyle\sum_{k=1}^{n} x_k p_k = x_1 p_1 + x_2 p_2 + \cdots + x_n p_n$

分散 $V(X) = E((X-m)^2) = \displaystyle\sum_{k=1}^{n} (x_k - m)^2 p_k$ （定義）

$\qquad\qquad = E(X^2) - m^2$ （ただし，$m = E(X)$）（公式）

標準偏差 $\sigma(X) = \sqrt{V(X)}$

(I) 確率変数 X に対して $Y = aX + b$（a, b は定数）とするとき

期待値 $E(Y) = aE(X) + b$

分散 $V(Y) = a^2 V(X)$

標準偏差 $\sigma(Y) = |a|\sigma(X)$

(II) 2 つの確率変数 X, Y について

$E(aX + bY) = aE(X) + bE(Y)$（$a$, b は定数）

(III) 2 つの確率変数 X, Y があって，「$X = a$ かつ $Y = b$」となる確率を $P(X = a, Y = b)$ とする。任意の a, b について

$P(X = a, Y = b) = P(X = a)P(Y = b)$

が成り立つとき，確率変数 X と Y は互いに独立であるという。

確率変数 X, Y が互いに独立 ならば

期待値 $E(XY) = E(X)E(Y)$

分散 $V(aX + bY) = a^2 V(X) + b^2 V(Y)$（$a$, b は定数）

8.1 $E(aX + b)$, $V(aX + b)$

変数変換された確率変数の期待値（平均）・分散についての確認問題です。

$E(aX + b) = aE(X) + b$，$E(aX^2 + b) = aE(X^2) + b$ は成り立ちますが，$E(aX^2 + b) = a\{E(X)\}^2 + b$ は成り立つとは限りません。

8.2 独立な確率変数の期待値と分散

4 枚の硬貨それぞれの表裏の出方は独立です。

8.3 独立でない確率変数の期待値

確率変数について，独立の定義，独立なときに成り立つ期待値と分散の性質を確認しておきましょう。独立でないときは，期待値の定義に従った計算を実行します。

📖 解答・解説

8.1 X のとる値は 1, 2, 3, 4 である。
カードの取り出し方の総数は
$$_5C_2 = \frac{5 \cdot 4}{2 \cdot 1} = 10 \,(通り)$$
あり，これらは同様に確からしい。

$X = 1$ となる取り出し方は
$$\{1, 2\}, \ \{2, 3\}, \ \{3, 4\}, \ \{4, 5\}$$
の 4 通り。$X = 2$ となる取り出し方は
$$\{1, 3\}, \ \{2, 4\}, \ \{3, 5\}$$
の 3 通り。$X = 3$ となる取り出し方は
$$\{1, 4\}, \ \{2, 5\}$$
の 2 通り。$X = 4$ となる取り出し方は
$$\{1, 5\}$$
の 1 通り。したがって，X の確率分布は次の表のようになる。

X	1	2	3	4	計
$P(X)$	$\frac{4}{10}$	$\frac{3}{10}$	$\frac{2}{10}$	$\frac{1}{10}$	1

これより，期待値 $E(X)$ は
$$E(X)$$
$$= 1 \cdot \frac{4}{10} + 2 \cdot \frac{3}{10} + 3 \cdot \frac{2}{10} + 4 \cdot \frac{1}{10}$$
$$= \frac{20}{10} = 2$$
また
$$E(X^2)$$
$$= 1^2 \cdot \frac{4}{10} + 2^2 \cdot \frac{3}{10} + 3^2 \cdot \frac{2}{10} + 4^2 \cdot \frac{1}{10}$$
$$= \frac{50}{10} = 5$$
であるから，分散 $V(X)$ は
$$V(X)$$
$$= E(X^2) - \{E(X)\}^2$$
$$= 5 - 2^2 = 1$$
よって
$$E(2X + 3) = 2E(X) + 3$$
$$= 2 \cdot 2 + 3$$
$$= \underline{\mathbf{7}}$$

$$E(5X^2 + 3) = 5E(X^2) + 3$$
$$= 5 \cdot 5 + 3$$
$$= \underline{\mathbf{28}}$$
$$V(3X + 1) = 3^2 V(X)$$
$$= 9 \cdot 1$$
$$= \underline{\mathbf{9}}$$

8.2 10 円硬貨 2 枚，50 円硬貨 1 枚，100 円硬貨 1 枚それぞれに $i = 1, 2, 3, 4$ を対応させ
$$X_i = \begin{cases} 1 & (表のとき) \\ 0 & (裏のとき) \end{cases}$$
と定義すると，表が出た硬貨の合計金額 X は
$$X = 10X_1 + 10X_2 + 50X_3 + 100X_4$$
となる。

X の期待値 $E(X)$ は
$$E(X)$$
$$= E(10X_1 + 10X_2 + 50X_3 + 100X_4)$$
$$= 10E(X_1) + 10E(X_2) + 50E(X_3)$$
$$\qquad\qquad + 100E(X_4)$$
$$\cdots\cdots ①$$
X_i の期待値 $E(X_i)$ について
$$E(X_1) = E(X_2) = E(X_3) = E(X_4)$$
であり，この値を E とすると
$$E = 1 \cdot \frac{1}{2} + 0 \cdot \frac{1}{2} = \frac{1}{2}$$
であるから，① より
$$E(X)$$
$$= 10E + 10E + 50E + 100E$$
$$= 170E = 170 \times \frac{1}{2}$$
$$= \underline{\mathbf{85}}$$
また，X_i は互いに独立なので，X の分散 $V(X)$ は
$$V(X)$$
$$= V(10X_1 + 10X_2 + 50X_3 + 100X_4)$$

$$= 10^2 V(X_1) + 10^2 V(X_2) + 50^2 V(X_3)$$
$$+ 100^2 V(X_4)$$
$$\cdots\cdots ②$$

X_i の分散 $V(X_i)$ について

$$V(X_1) = V(X_2) = V(X_3) = V(X_4)$$

であり，この値を V とすると

$$V = V(X_i)$$
$$= E(X_i{}^2) - \{E(X_i)\}^2$$
$$= \left(1^2 \cdot \frac{1}{2} + 0^2 \cdot \frac{1}{2}\right) - \left(\frac{1}{2}\right)^2$$
$$= \frac{1}{2} - \frac{1}{4} = \frac{1}{4}$$

であるから，② より

$$V(X)$$
$$= 10^2 V + 10^2 V + 50^2 V + 100^2 V$$
$$= 12700V$$
$$= 12700 \times \frac{1}{4}$$
$$= \underline{\mathbf{3175}}$$

8.3 2 枚のカードの抜き出し方は

$$_6\mathrm{C}_2 = \frac{6 \cdot 5}{2 \cdot 1} = 15 \text{（通り）}$$

あり，これらは同様に確からしい。

(1) $1 \leqq j < k \leqq 6$ のとき

$$P(X = k) = \frac{k-1}{15}$$
$$P(Y = j) = \frac{6-j}{15}$$
$$P(X = k,\ Y = j) = \frac{1}{15}$$

であり

$$P(X = k)P(Y = j)$$
$$\neq P(X = k,\ Y = j)$$

をみたす k, j $(1 \leqq j < k \leqq 6)$ が存在する。よって，**X と Y は独立でない。**

(2) $1 \leqq b < a \leqq 6$ をみたす定数 a, b について，$X = a$ かつ $Y = b$ となる確率は

$$P(X = a,\ Y = b) = \frac{1}{15}$$

XY の期待値 $E(XY)$ は，X, Y を

$X = 2$ かつ $Y = 1$
$X = 3$ かつ $Y = 1, 2$
$X = 4$ かつ $Y = 1, 2, 3$
$X = 5$ かつ $Y = 1, 2, 3, 4$
$X = 6$ かつ $Y = 1, 2, 3, 4, 5$

の各場合に分けて計算することにより

$$E(XY)$$
$$= 2 \cdot \frac{1}{15} + (3 + 6) \cdot \frac{1}{15}$$
$$+ (4 + 8 + 12) \cdot \frac{1}{15}$$
$$+ (5 + 10 + 15 + 20) \cdot \frac{1}{15}$$
$$+ (6 + 12 + 18 + 24 + 30) \cdot \frac{1}{15}$$
$$= \frac{2 + 9 + 24 + 50 + 90}{15} = \frac{175}{15}$$
$$= \underline{\frac{35}{3}}$$

別解

次のように計算してもよい。

$$E(XY)$$
$$= \sum_{k=2}^{6} \left(\sum_{j=1}^{k-1} jk P(X = k,\ Y = j) \right)$$
$$= \sum_{k=2}^{6} \left(\sum_{j=1}^{k-1} \frac{jk}{15} \right)$$
$$= \sum_{k=2}^{6} \left(\frac{k}{15} \sum_{j=1}^{k-1} j \right)$$
$$= \sum_{k=2}^{6} \left\{ \frac{k}{15} \cdot \frac{(k-1)k}{2} \right\}$$
$$= \frac{1}{30} \sum_{k=1}^{6} k^2(k-1)$$
$$= \frac{1}{30} \left(\sum_{k=1}^{6} k^3 - \sum_{k=1}^{6} k^2 \right)$$
$$= \frac{1}{30} \left(\frac{6^2 \cdot 7^2}{4} - \frac{6 \cdot 7 \cdot 13}{6} \right)$$
$$= \frac{1}{30} \cdot 7(9 \cdot 7 - 13) = \frac{35}{3}$$

📖 問題

連続型確率分布 ･･･

8.4 連続型確率変数 X のとり得る値 x の範囲が $s \leqq x \leqq t$ で，確率密度関数が $f(x)$ のとき，X の平均 $E(X)$ は次の式で与えられる。

$$E(X) = \int_s^t x f(x) dx$$

a を正の実数とする。連続型確率変数 X のとり得る値 x の範囲が $-a \leqq x \leqq 2a$ で，確率密度関数が

$$f(x) = \begin{cases} \dfrac{2}{3a^2}(x+a) & (-a \leqq x \leqq 0 \text{ のとき}) \\[2mm] \dfrac{1}{3a^2}(2a-x) & (0 \leqq x \leqq 2a \text{ のとき}) \end{cases}$$

であるとする。このとき，$a \leqq X \leqq \dfrac{3}{2}a$ となる確率は $\boxed{}$ である。

また，X の平均は $\boxed{}$ であり，さらに，$Y = 2X + 7$ とおくと，Y の

平均は $\boxed{} a + \boxed{}$ である。 （センター試験）

8.5 確率変数 X の確率密度関数が $f(x) = \dfrac{2}{25}x \ (0 \leqq x \leqq 5)$ で与えられているとき，X の期待値 $E(X)$ と分散 $V(X)$ を求めよ。 （鹿児島大）

チェック・チェック

基本 check！

確率密度関数

連続型確率変数 X のとり得る値の範囲が $\alpha \leqq X \leqq \beta$ であるとする。
$a \leqq X \leqq b \; (\alpha \leqq a \leqq b \leqq \beta)$ である確率 $P(a \leqq X \leqq b)$ が

$$P(a \leqq X \leqq b) = \int_a^b f(x)\,dx$$

で与えられ

$$f(x) \geqq 0, \quad \int_\alpha^\beta f(x)\,dx = 1$$

をみたす関数 $f(x)$ を確率密度関数，曲線 $y = f(x)$ を分布曲線という。

連続型確率変数 X の期待値（平均），分散

$$期待値 \; E(X) = \int_\alpha^\beta x f(x)\,dx$$

$$分散 \; V(X) = \int_\alpha^\beta (x - m)^2 f(x)\,dx \quad （ただし，m = E(X)）$$

$$= \int_\alpha^\beta x^2 f(x)\,dx - m^2$$

8.4　確率密度関数と平均

(確率の総和) $= 1$ という条件から，a の値は決まるでしょうか。

X が連続型確率変数であっても

$$E(aX + b) = aE(X) + b \quad （a,\ b は定数）$$

は成り立ちます。

8.5　連続型確率変数の期待値と分散

連続型確率変数 X の期待値・分散の確認問題です。離散型確率変数での和の計算が積分計算に変わります。定義を確認しておきましょう。

解答・解説

8.4　$f(x)$

$$= \begin{cases} \dfrac{2}{3a^2}(x+a) \\ \qquad (-a \leqq x \leqq 0 \text{ のとき}) \\ \dfrac{1}{3a^2}(2a-x) \\ \qquad (0 \leqq x \leqq 2a \text{ のとき}) \end{cases}$$

は X の確率密度関数であるから

$$\int_{-a}^{2a} f(x)\,dx = 1 \quad \cdots\cdots①$$

ここで

$$\int_{-a}^{2a} f(x)\,dx$$
$$= \int_{-a}^{0} f(x)\,dx + \int_{0}^{2a} f(x)\,dx$$
$$= \left[\frac{2}{3a^2} \cdot \frac{(x+a)^2}{2} \right]_{-a}^{0}$$
$$\qquad + \left[\frac{-1}{3a^2} \cdot \frac{(x-2a)^2}{2} \right]_{0}^{2a}$$
$$= \frac{1}{3} + \frac{2}{3}$$
$$= 1$$

であり，a の値にかかわらず①が成り立つから，a は任意の正の実数をとることができる。

このとき，$a \leqq X \leqq \dfrac{3}{2}a$ となる確率は

$$\int_{a}^{\frac{3}{2}a} f(x)\,dx$$
$$= \left[\frac{-1}{3a^2} \cdot \frac{(x-2a)^2}{2} \right]_{a}^{\frac{3}{2}a}$$
$$= -\frac{1}{6a^2}\left(\frac{1}{4}a^2 - a^2 \right)$$
$$= -\frac{1}{6} \cdot \left(-\frac{3}{4} \right)$$
$$= \underline{\frac{1}{8}}$$

また，X の平均 $E(X)$ は

$$E(X)$$
$$= \int_{-a}^{2a} x f(x)\,dx$$
$$= \int_{-a}^{0} \frac{2}{3a^2}(x^2 + ax)\,dx$$
$$\qquad + \int_{0}^{2a} \frac{1}{3a^2}(2ax - x^2)\,dx$$
$$= \frac{2}{3a^2}\left[\frac{x^3}{3} + a \cdot \frac{x^2}{2} \right]_{-a}^{0}$$
$$\qquad + \frac{1}{3a^2}\left[ax^2 - \frac{x^3}{3} \right]_{0}^{2a}$$
$$= \frac{2}{3a^2}\left(-\frac{a^3}{6} \right) + \frac{1}{3a^2} \cdot \frac{4}{3}a^3$$
$$= -\frac{a}{9} + \frac{4}{9}a$$
$$= \underline{\frac{a}{3}}$$

さらに，$Y = 2X + 7$ とおくと，Y の平均 $E(Y)$ は

$$E(Y) = E(2X + 7)$$
$$= 2E(X) + 7$$
$$= 2 \cdot \frac{a}{3} + 7$$
$$= \underline{\frac{2}{3}a + 7}$$

8.5　確率変数 X の値 x の範囲が $0 \leqq x \leqq 5$ で，その確率密度関数 $f(x)$ が

$$f(x) = \frac{2}{25}x \quad (0 \leqq x \leqq 5)$$

であるから，期待値は

$$E(X) = \int_{0}^{5} x f(x)\,dx$$
$$= \int_{0}^{5} x \cdot \left(\frac{2}{25}x \right)\,dx$$
$$= \frac{2}{25}\left[\frac{x^3}{3} \right]_{0}^{5} = \underline{\frac{10}{3}}$$

また，分散は

$$V(X)$$
$$= E(X^2) - \{E(X)\}^2$$
$$= \int_0^5 x^2 f(x)\,dx - \left(\frac{10}{3}\right)^2$$
$$= \int_0^5 x^2 \cdot \left(\frac{2}{25}x\right)\,dx - \frac{100}{9}$$
$$= \frac{2}{25}\left[\frac{x^4}{4}\right]_0^5 - \frac{100}{9}$$
$$= \frac{25}{2} - \frac{100}{9}$$
$$= \underline{\frac{\mathbf{25}}{\mathbf{18}}}$$

📖 問題

二項分布，正規分布 ……………………………………………………………………

8.6 1 個のさいころを 3 回投げて，3 以上の目が出る回数を X とする。X の期待値と分散を求めよ。　　　　　　　　　　　　　　　（秋田県立大）

8.7

(1) 1 回の試行において事象 A の起こる確率が $\dfrac{1}{2}$，起こらない確率が $\dfrac{1}{2}$ であるとする。この試行を n 回繰り返したとき，事象 A の起きる回数を Y とする。確率変数 Y の平均値（期待値）m が $m = 50$ のとき，
$n = \boxed{}$，標準偏差 $\sigma = \boxed{}$ である。

(2) (1) の試行で，Y が 60 以上となる確率の近似値 $Pr(Y \geqq 60)$ を求める。
$Z = \dfrac{Y - m}{\sigma}$ とおき，Y の分布を平均が 0，標準偏差が 1 の標準正規分布 Z で近似すると，

$$Pr(Y \geqq 60) = Pr\left(Z \geqq \boxed{}\right) = 0.\boxed{}$$

と近似される。ただし，答えの確率は以下に提示した平均が 0，標準偏差が 1 の標準正規分布の数表を使い，小数点以下第 4 位を四捨五入し小数点以下 3 位まで求めよ。次の数表は，平均が 0，標準偏差が 1 の標準正規分布 $N(0, 1)$ の分布曲線 $f(Z) = \dfrac{1}{\sqrt{2\pi}} \cdot e^{-\frac{z^2}{2}}$ の面積 $Pr(0 \leqq Z \leqq A) = \dfrac{1}{\sqrt{2\pi}} \displaystyle\int_0^A e^{-\frac{z^2}{2}}\, dZ$ をまとめたものである。

A	$Pr(0 \leqq Z \leqq A)$
0	0.0000
0.5	0.1915
1	0.3413
1.5	0.4332
2	0.4772
2.5	0.4938
3	0.4987

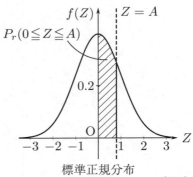

標準正規分布

（関東学院大）

8.8 　ある企業の入社試験は採用枠 300 名のところ 500 名の応募があった。試験の結果は 500 点満点の試験に対し，平均点 245 点，標準偏差 50 点であった。得点の分布が正規分布であるとみなされるとき，合格最低点はおよそ何点であるか。小数点以下を切り上げて答えよ。ただし，確率変数 Z が標準正規分布に従うとき，$P(Z > 0.25) = 0.4$，$P(Z > 0.52) = 0.3$，$P(Z > 0.84) = 0.2$ とする。 (鹿児島大 改)

📖 チェック・チェック

基本 check！

二項分布

　1 回の試行で事象 A が起こる確率を p とする。n 回の反復試行において，A が起こる回数を X とすると，X は確率変数となり，X の確率分布は
$$P(X = r) = {}_n C_r p^r q^{n-r} \quad ただし \ q = 1 - p$$
となる。このとき，X は二項分布 $B(n, p)$ に従うといい
期待値 $E(X) = np$， 分散 $V(X) = npq$，
標準偏差 $\sigma(X) = \sqrt{npq}$ 　(p.361 の【参考】を参照)

正規分布

　連続型確率変数 X の確率密度関数が
$$f(x) = \frac{1}{\sqrt{2\pi}\sigma} e^{-\frac{(x-m)^2}{2\sigma^2}} \quad (m は実数，\sigma は正の実数)$$
であるとき，X は正規分布 $N(m, \sigma^2)$ に従うという。

8.6 **二項分布**

　二項分布 $B(n, p)$ の定義と，期待値（平均）・分散の公式を確認しておきましょう。

8.7 **正規分布**

(1) Y は二項分布 $B\left(n, \dfrac{1}{2}\right)$ に従います。

(2) $Z = \dfrac{Y - m}{\sqrt{npq}}$ と標準化すると，Z は標準正規分布 $N(0, 1)$ に従います。

8.8 **合格最低点**

　Z は標準正規分布に従うので，合格最低点は平均点より低いことがわかります。標準正規分布曲線は，y 軸に関して対称であることに注意しましょう。

解答・解説

8.6 1 回の試行で 3 以上の目が出る確率は

$$\frac{4}{6} = \frac{2}{3}$$

であり，X は二項分布 $B\left(3, \dfrac{2}{3}\right)$ に従うから，期待値は

$$3 \cdot \frac{2}{3} = \mathbf{2}$$

分散は

$$3 \cdot \frac{2}{3} \cdot \left(1 - \frac{2}{3}\right) = \underline{\mathbf{\frac{2}{3}}}$$

8.7 (1) 確率変数 Y は，二項分布 $B\left(n, \dfrac{1}{2}\right)$ に従うから，平均値 m は

$$m = n \cdot \frac{1}{2} = \frac{n}{2}$$

標準偏差 σ は

$$\sigma = \sqrt{n \cdot \frac{1}{2} \cdot \left(1 - \frac{1}{2}\right)}$$
$$= \frac{\sqrt{n}}{2}$$

いま，$m = 50$ より

$$\frac{n}{2} = 50$$
$$n = \underline{\mathbf{100}}$$

であり

$$\sigma = \frac{\sqrt{100}}{2} = \underline{\mathbf{5}}$$

(2) (1) より

$$Z = \frac{Y - 50}{5}$$

とおくと，Z は近似的に標準正規分布 $N(0, 1)$ に従う。

$$Pr(Y \geqq 60)$$
$$= Pr\left(\frac{Y - 50}{5} \geqq \frac{60 - 50}{5}\right)$$
$$= Pr(Z \geqq \mathbf{2})$$
$$= 0.5 - Pr(0 \leqq Z \leqq 2)$$

与えられた数表より

$$Pr(0 \leqq Z \leqq 2) = 0.4772$$

であるから

$$Pr(Y \geqq 60) = 0.5 - 0.4772$$
$$= 0.0228$$

よって，小数点以下第 4 位を四捨五入すると，求める確率は

$$\underline{\mathbf{0.023}}$$

8.8 500 名の得点 X は正規分布 $N(245, 50^2)$ に従うから，$Z = \dfrac{X - 245}{50}$ は近似的に標準正規分布 $N(0, 1)$ に従う。合格最低点を a 点とすると，採用枠は 300 名なので

$$P(X \geqq a) = \frac{300}{500}$$
$$= 0.6 \quad \cdots\cdots \text{①}$$

が成り立つ。

$0.6 > 0.5$ より，$a <$ (平均点 245) すなわち

$$\frac{a - 245}{50} < 0$$

に注意すると，①より

$$P\left(Z \geqq \frac{a - 245}{50}\right) = 0.6$$
$$P\left(Z < \frac{a - 245}{50}\right) = 1 - 0.6$$
$$= 0.4$$

標準正規分布曲線は y 軸に関して対称であるから

$$P\left(Z > -\frac{a - 245}{50}\right) = 0.4$$

条件 $P(Z > 0.25) = 0.4$ より

$$-\frac{a - 245}{50} = 0.25$$
$$-a + 245 = 12.5$$
$$a = 232.5$$

よって，小数点以下を切り上げると，合格最低点はおよそ **233 点** である。

【参考】

基本 check！ で示した二項分布 $B(n, p)$ の公式

$$\text{期待値 } E(X) = np, \quad \text{分散 } V(X) = npq$$

が成り立つことは，次のように考えるとわかりやすい。

確率変数 X は n 回の反復試行における事象 A の起こる回数であるから，k 回目 $(1 \leqq k \leqq n)$ の試行について

$$X_k = \begin{cases} 1 & (A \text{ が起こる}) \\ 0 & (A \text{ が起こらない}) \end{cases}$$

の値をとる確率変数を X_k とおくと

$$X = X_1 + X_2 + \cdots + X_n$$

である。

1 回の試行で事象 A が起こる確率は p であるから，$q = 1 - p$ とおくと

$$E(X_k) = 1 \cdot p + 0 \cdot q = p$$
$$\begin{aligned} V(X_k) &= E(X_k{}^2) - \{E(X_k)\}^2 \\ &= (1^2 \cdot p + 0^2 \cdot q) - p^2 \\ &= p - p^2 = p(1 - p) \\ &= pq \end{aligned}$$

となる。公式

$$E(X_i + X_j) = E(X_i) + E(X_j)$$

を用いると

$$\begin{aligned} E(X) &= E(X_1 + X_2 + \cdots + X_n) \\ &= E(X_1) + E(X_2) + \cdots + E(X_n) \\ &= \underbrace{p + p + \cdots + p}_{n \text{ 個}} \\ &= np \end{aligned}$$

が成り立つ。

また，$X_1, X_2, \cdots, X_n$ はどの 2 つも互いに独立であるから，公式

$$V(X_i + X_j) = V(X_i) + V(X_j)$$

を用いることができ

$$\begin{aligned} V(X) &= V(X_1 + X_2 + \cdots + X_n) \\ &= V(X_1) + V(X_2) + \cdots + V(X_n) \\ &= \underbrace{pq + pq + \cdots + pq}_{n \text{ 個}} \\ &= npq \end{aligned}$$

が成り立つ。

📖 問題

§2　統計的推測

標本平均 ···

8.9 数字 1 が書かれた玉 a 個 $(a \geqq 1)$ と，数字 2 が書かれた玉 1 個が
ある。これら $a+1$ 個の玉を母集団として，玉に書かれている数字を変量
とする。このとき，この母集団から復元抽出によって大きさ 3 の無作為標
本を抽出し，その玉の数字を取り出した順に X_1, X_2, X_3 とする。標本平
均 $\overline{X} = \dfrac{X_1 + X_2 + X_3}{3}$ の平均 $E(\overline{X})$ が $\dfrac{3}{2}$ であるとき，$\overline{X}$ の確率分布と
その分散 $V(\overline{X})$ を求めよ。ただし，復元抽出とは，母集団の中から標本を
抽出するのに，毎回もとに戻してから次のものを 1 個取り出す抽出法であ
る。　　　　　　　　　　　　　　　　　　　　　　　　　　　　（鹿児島大）

8.10 ある国の 14 歳女子の身長は，母平均 160cm，母標準偏差 5cm の正規
分布に従うものとする。この女子の集団から，無作為に抽出した女子の身長
を X cm とする。このとき，次の問いに答えよ。なお，454 ページの正規分
布表を利用してよい。

(1) 確率変数 $\dfrac{X - 160}{5}$ の平均と標準偏差を求めよ。

(2) $P(X \geqq x) \leqq 0.1$ となる最小の整数 x を求めよ。

(3) X が 165cm 以上 175cm 以下となる確率を求めよ。ただし小数第 3 位を
四捨五入せよ。

(4) この国の 14 歳女子の集団から，大きさ 2500 の無作為標本を抽出する。
このとき，この標本平均 $\overline{X}$ の平均と標準偏差を求めよ。さらに，X の母
平均と標本平均 $\overline{X}$ の差 $|\overline{X} - 160|$ が 0.2 cm 以上となる確率を求めよ。た
だし，小数第 3 位を四捨五入せよ。　　　　　　　　　　　　　　（滋賀大）

チェック・チェック

基本 check !

復元抽出，非復元抽出

母集団の中からの標本の抽出の仕方は

復元抽出，　　非復元抽出

の 2 通りがあるが，母集団の大きさが標本の大きさに比べて大きい場合は非復元抽出も復元抽出とみなしてよい。

標本平均

母平均 m，母標準偏差 σ の母集団から抽出した n 個の標本の値を $X_1, X_2, \cdots, X_n$ とするとき

$$\overline{X} = \frac{1}{n}(X_1 + X_2 + \cdots + X_n)$$

を 標本平均といい，

期待値（平均）　$E(\overline{X}) = m$，　　標準偏差 $\sigma(\overline{X}) = \dfrac{\sigma}{\sqrt{n}}$

である。

母平均 m，母標準偏差 σ の母集団から大きさ n の無作為標本を抽出するとき，n が十分大きいときは，標本平均 $\overline{X}$ は 近似的に正規分布 $N\left(m, \dfrac{\sigma^2}{n}\right)$ に従うとみなすことができる。

母比率，標本比率

母集団全体のうち，特性 A をもつ要素の割合を特性 A の母比率といい，標本のうち，特性 A をもつ要素の割合を特性 A の標本比率という。

特性 A の母比率が p である十分大きな母集団から，大きさが n の標本を無作為抽出するとき，特性 A をもつ要素の個数 T は二項分布 $B(n, p)$ に従う。n が十分大きいときは，$q = 1 - p$ とすると，近似的に正規分布 $N(np, npq)$ に従い，特性 A の標本比率 $R = \dfrac{T}{n}$ は 近似的に正規分布 $N\left(p, \dfrac{pq}{n}\right)$ に従う。

8.9 **標本平均と二項分布**

標本平均の平均（期待値）$\dfrac{3}{2}$ が母集団の平均に等しいことから，a の値が決まります。

8.10 **標本平均と正規分布**

標本平均の平均（期待値）・標準偏差と，母平均・母標準偏差の関係を確認しておきましょう。

📖 解答・解説

8.9 $E(\overline{X})$ は母平均と一致するから，
$E(\overline{X}) = \dfrac{3}{2}$ であるとき，(母平均) $= \dfrac{3}{2}$
であり

$$1 \cdot \frac{a}{a+1} + 2 \cdot \frac{1}{a+1} = \frac{3}{2}$$
$$\frac{a+2}{a+1} = \frac{3}{2}$$
$$2a+4 = 3a+3$$
$$a = 1$$

このとき，母集団には数字 1 が書かれた
玉が 1 個，数字 2 が書かれた玉が 1 個
あり，復元抽出による大きさ 3 の標本は

   (ⅰ) 1 が 3 回
   (ⅱ) 1 が 2 回，2 が 1 回
   (ⅲ) 1 が 1 回，2 が 2 回
   (ⅳ) 2 が 3 回

のいずれかである。それぞれの標本平均
$\overline{X}$ とその確率 $P(\overline{X})$ の値は

(ⅰ) $\overline{X} = \dfrac{1+1+1}{3} = 1$

      $P(\overline{X}) = \left(\dfrac{1}{2}\right)^3 = \dfrac{1}{8}$

(ⅱ) $\overline{X} = \dfrac{1+1+2}{3} = \dfrac{4}{3}$

      $P(\overline{X}) = {}_3\mathrm{C}_2\left(\dfrac{1}{2}\right)^2\left(\dfrac{1}{2}\right) = \dfrac{3}{8}$

(ⅲ) $\overline{X} = \dfrac{1+2+2}{3} = \dfrac{5}{3}$

      $P(\overline{X}) = {}_3\mathrm{C}_1\left(\dfrac{1}{2}\right)\left(\dfrac{1}{2}\right)^2 = \dfrac{3}{8}$

(ⅳ) $\overline{X} = \dfrac{2+2+2}{3} = 2$

      $P(\overline{X}) = \left(\dfrac{1}{2}\right)^3 = \dfrac{1}{8}$

これより，$\overline{X}$ の確率分布を表にすると，
次のようになる。

$\overline{X}$	1	$\dfrac{4}{3}$	$\dfrac{5}{3}$	2	計
$P(\overline{X})$	$\dfrac{1}{8}$	$\dfrac{3}{8}$	$\dfrac{3}{8}$	$\dfrac{1}{8}$	1

よって，$\overline{X}$ の分散 $V(\overline{X})$ は

$$V(\overline{X})$$
$$= E(\overline{X}^2) - \{E(\overline{X})\}^2$$
$$= 1^2 \cdot \frac{1}{8} + \left(\frac{4}{3}\right)^2 \cdot \frac{3}{8}$$
$$\quad + \left(\frac{5}{3}\right)^2 \cdot \frac{3}{8} + 2^2 \cdot \frac{1}{8} - \left(\frac{3}{2}\right)^2$$
$$= \frac{9+48+75+36}{9 \cdot 8} - \frac{9}{4}$$
$$= \frac{7}{3} - \frac{9}{4}$$
$$= \underline{\frac{1}{12}}$$

別解

  3 回取り出すとき，1 が r 回出ると
する。$a = 1$ のとき，1 回の試行で 1
が出る確率は $\dfrac{1}{2}$ なので，r は二項分布
$B\left(3, \dfrac{1}{2}\right)$ に従う。したがって

$$V(r) = 3 \cdot \frac{1}{2} \cdot \left(1 - \frac{1}{2}\right) = \frac{3}{4}$$

であり

$$\overline{X} = \frac{1 \cdot r + 2(3-r)}{3}$$
$$= -\frac{1}{3}r + 2$$

であるから

$$V(\overline{X}) = \left(-\frac{1}{3}\right)^2 V(r)$$
$$= \frac{1}{9} \cdot \frac{3}{4}$$
$$= \frac{1}{12}$$

8.10 (1) X は正規分布 $N(160, 5^2)$
に従う。このとき，$Y = \dfrac{X-160}{5}$ と標
準化すると，Y は標準正規分布 $N(0, 1)$
に従うから，$\dfrac{X-160}{5}$ の

    <u>平均は 0，標準偏差は 1</u>

である。

(2) (1) の Y を用いると

$$P(X \geqq x) \leqq 0.1$$

$$P\left(Y \geqq \dfrac{x-160}{5}\right) \leqq 0.1$$

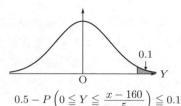

$$0.5 - P\left(0 \leqq Y \leqq \dfrac{x-160}{5}\right) \leqq 0.1$$

$$P\left(0 \leqq Y \leqq \dfrac{x-160}{5}\right) \geqq 0.4$$

正規分布表より

$$\dfrac{x-160}{5} \geqq 1.29$$

$$x \geqq 166.45$$

よって，最小の整数 x は

$$\boldsymbol{x = 167}$$

(3) X が 165cm 以上 175cm 以下となる確率は，$Y = \dfrac{X-160}{5}$ を用いると

$$P(165 \leqq X \leqq 175)$$
$$= P(1 \leqq Y \leqq 3)$$
$$= P(0 \leqq Y \leqq 3) - P(0 \leqq Y \leqq 1)$$
$$= 0.4987 - 0.3413$$
$$= 0.1574$$

小数第 3 位を四捨五入すると，**0.16** である。

(4) 大きさ 2500 の無作為標本について，母集団の大きさは十分大きいので，復元抽出とみなしてよく，標本平均 $\overline{X}$ の平均は母平均に等しい。

よって，標本平均 $\overline{X}$ の平均 $E(\overline{X})$ は

$$E(\overline{X}) = \boldsymbol{160}$$

であり，標本平均 $\overline{X}$ の標準偏差 $\sigma(\overline{X})$ は

$$\sigma(\overline{X}) = \dfrac{\sigma(X)}{\sqrt{2500}} = \dfrac{5}{50}$$
$$= \boldsymbol{0.1}$$

$\overline{X}$ は正規分布 $N(160, (0.1)^2)$ に従うから，$Z = \dfrac{\overline{X}-160}{0.1}$ と標準化すると，Z は，標準正規分布 $N(0, 1)$ に従う。よって，求める確率は

$$P(|\overline{X} - 160| \geqq 0.2)$$
$$= P(|Z| \geqq 2)$$
$$= 2P(Z \geqq 2)$$
$$= 2\{0.5 - P(0 \leqq Z \leqq 2)\}$$
$$= 2(0.5 - 0.4772)$$
$$= 2 \cdot 0.0228$$
$$= 0.0456$$

小数第 3 位を四捨五入すると，**0.05** である。

問題

推定

□ **8.11** 1 回投げると，確率 p $(0 < p < 1)$ で表，確率 $1 - p$ で裏が出るコインがある。このコインを投げたとき，動点 P は，表が出れば $+1$，裏が出れば -1 だけ，数直線上を移動することとする。はじめに，P は数直線の原点 O にあり，n 回コインを投げた後の P の座標を X_n とする。以下の問いに答えよ。必要に応じて，454 ページの正規分布表を用いても良い。

(1) X_1 の平均と分散を，それぞれ p を用いて表せ。また，X_n の平均と分散を，それぞれ n と p を用いて表せ。

(2) コインを 100 回投げたところ $X_{100} = 28$ であった。このとき，p に対する信頼度 95% の信頼区間を求めよ。 (長崎大)

□ **8.12** a を実数とします。連続型確率変数 X の取り得る範囲が $0 \leqq X \leqq 1$ であり，その確率密度関数が

$$f(x) = ax(1 - x)$$

と表されています。以下の各問いに答えなさい。

(1) a の値を求めなさい。

(2) 確率変数 $Y = 10X - 25$ を考えます。Y の期待値 $E(Y)$ の値と，分散 $V(Y)$ の値を求めなさい。

(3) Y と同じ期待値と分散を持つ母集団から大きさ 25 の標本を無作為に抽出し，その標本平均を $\overline{Y}$ とします。$\overline{Y}$ の平均に対する信頼度 95% の信頼区間を求めなさい。ただし，$\overline{Y}$ は正規分布に従うとみなし，454 ページの正規分布表を用いなさい。 (横浜市立大)

チェック・チェック

基本 check !

推定

母平均 m, 母標準偏差 σ をもつ母集団から抽出された大きさ n の無作為標本の標本平均 $\overline{X}$ は, n が大きいとき, 近似的に正規分布 $N\left(m, \dfrac{\sigma^2}{n}\right)$ に従い, 標準化された確率変数 $Z = \dfrac{\overline{X} - m}{\dfrac{\sigma}{\sqrt{n}}}$ は, 近似的に標準正規分布 $N(0, 1)$ に従う。

正規分布表より

$$P\left(\left|\frac{\overline{X} - m}{\frac{\sigma}{\sqrt{n}}}\right| \leq 1.96\right) \fallingdotseq 0.95$$

となる。これを整理すると

$$P\left(\overline{X} - 1.96 \cdot \frac{\sigma}{\sqrt{n}} \leq m \leq \overline{X} + 1.96 \cdot \frac{\sigma}{\sqrt{n}}\right) \fallingdotseq 0.95$$

となるが, このときの区間

$$\overline{X} - 1.96 \cdot \frac{\sigma}{\sqrt{n}} \leq m \leq \overline{X} + 1.96 \cdot \frac{\sigma}{\sqrt{n}}$$

を 母平均 m に対する信頼度 95% の信頼区間 という。

標本の大きさ n が大きいとき, 標本比率を R とすると, R は近似的に正規分布 $N\left(p, \dfrac{p(1-p)}{n}\right)$ に従う。n が十分に大きいとき, R は p に近いとみなしてよいから, 母比率 p に対する信頼度 95% の信頼区間 は

$$R - 1.96 \cdot \sqrt{\frac{R(1-R)}{n}} \leq p \leq R + 1.96 \cdot \sqrt{\frac{R(1-R)}{n}}$$

8.11 母比率の推定

母比率に対する信頼度 95% の信頼区間を求めています。

8.12 標本平均の平均（期待値）の推定

(1) 確率密度関数の定義を確認しておきましょう。

(3) 通常は標本平均から母平均に対する信頼区間を問いますが, 本問では標本平均の平均に対する信頼区間を問うています。

📖 解答・解説

8.11 (1) X_1 についての確率分布は次の表のようになる。

X_1	-1	1	計
$P(X_1)$	$1-p$	p	1

よって，平均 $E(X_1)$ は
$$E(X_1) = -1 \cdot (1-p) + 1 \cdot p$$
$$= \underline{\bm{2p-1}}$$

また
$$E(X_1{}^2)$$
$$= (-1)^2 \cdot (1-p) + 1^2 \cdot p$$
$$= 1$$
より，分散 $V(X_1)$ は
$$V(X_1)$$
$$= E(X_1{}^2) - \{E(X_1)\}^2$$
$$= 1 - (2p-1)^2$$
$$= \underline{\bm{4p(1-p)}}$$

次に，k 回目の試行で表が出れば 1，裏が出れば -1 の値をとる確率変数を Y_k $(k = 1, 2, \cdots, n)$ とする。Y_k は互いに独立であり
$$E(Y_k) = E(X_1) = 2p-1$$
$$V(Y_k) = V(X_1) = 4p(1-p)$$
$X_n = Y_1 + Y_2 + \cdots + Y_n$ なので
$$E(X_n)$$
$$= E(Y_1) + E(Y_2) + \cdots + E(Y_n)$$
$$= \underline{\bm{n(2p-1)}}$$
$$V(X_n)$$
$$= V(Y_1) + V(Y_2) + \cdots + V(Y_n)$$
$$= \underline{\bm{4np(1-p)}}$$

(2) コインを 100 回投げたとき，表，裏の出る回数をそれぞれ a, b とすると，$X_{100} = 28$ であるから
$$\begin{cases} a + b = 100 \\ a - b = 28 \end{cases}$$

ゆえに
$$a = 64, \ b = 36$$
であり，表が出る標本比率 R は
$$R = \frac{64}{100} = \frac{16}{25} = 0.64$$
p に対する信頼度 95% の信頼区間は
$$R - 1.96\sqrt{\frac{R(1-R)}{100}} \leqq p$$
$$\leqq R + 1.96\sqrt{\frac{R(1-R)}{100}}$$
$$\cdots\cdots ①$$

であり
$$1.96\sqrt{\frac{R(1-R)}{100}}$$
$$= 0.196\sqrt{\frac{16}{25} \cdot \frac{9}{25}}$$
$$= 0.196 \times \frac{12}{25} = 0.196 \times 0.48$$
$$= 0.09408$$
であるから，p に対する信頼度 95% の信頼区間は，① より
$$0.64 - 0.09408 \leqq p$$
$$\leqq 0.64 + 0.09408$$
ゆえに
$$\underline{\bm{0.54592 \leqq p \leqq 0.73408}}$$

8.12 (1) $f(x)$ は確率密度関数であり，$\displaystyle\int_0^1 f(x)\,dx = 1$ が成り立つから
$$\int_0^1 ax(1-x)\,dx = 1$$
$$a \cdot \frac{(1-0)^3}{6} = 1$$
$$\underline{\bm{a = 6}}$$

(2) $Y = 10X - 25$ の期待値 $E(Y)$ と分散 $V(Y)$ は
$$E(Y) = 10E(X) - 25$$
$$V(Y) = 10^2 V(X)$$

ここで，期待値 $E(X)$ は

$E(X)$

$= \int_0^1 x f(x)\,dx = 6\int_0^1 (x^2 - x^3)\,dx$

$= 6\left[\dfrac{x^3}{3} - \dfrac{x^4}{4}\right]_0^1 = 6\left(\dfrac{1}{3} - \dfrac{1}{4}\right)$

$= \dfrac{1}{2}$

分散 $V(X)$ は

$V(X)$

$= \int_0^1 \left(x - \dfrac{1}{2}\right)^2 f(x)\,dx$

$= \int_0^1 x^2 f(x)\,dx - \int_0^1 x f(x)\,dx$

$\qquad\qquad + \dfrac{1}{4}\int_0^1 f(x)\,dx$

$= 6\int_0^1 (x^3 - x^4)\,dx - \dfrac{1}{2} + \dfrac{1}{4}$

$= 6\left[\dfrac{x^4}{4} - \dfrac{x^5}{5}\right]_0^1 - \dfrac{1}{4}$

$= \dfrac{1}{20}$

であるから

$E(Y) = 10 \cdot \dfrac{1}{2} - 25$

$\qquad = \underline{\mathbf{-20}}$

$V(Y) = 10^2 V(X) = 100 \cdot \dfrac{1}{20}$

$\qquad = \underline{\mathbf{5}}$

別解

$V(X)$ は，公式

$V(X) = E(X^2) - \{E(X)\}^2$

を利用して求めることもできる。

$V(X)$

$= \int_0^1 x^2 f(x)\,dx - \left(\dfrac{1}{2}\right)^2$

$= 6\int_0^1 (x^3 - x^4)\,dx - \dfrac{1}{4}$

$= 6\left[\dfrac{x^4}{4} - \dfrac{x^5}{5}\right]_0^1 - \dfrac{1}{4}$

$= \dfrac{1}{20}$

(3) Y と同じ期待値 -20 と分散 5 をもつ母集団から，大きさ 25 の標本を抽出するとき，標本平均 $\overline{Y}$ は近似的に正規分布 $N\left(-20,\ \dfrac{5}{25}\right)$ すなわち $N\left(-20,\ \dfrac{1}{5}\right)$ に従うから，$\overline{Y}$ を標準化した確率変数

$\dfrac{\overline{Y} - (-20)}{\dfrac{1}{\sqrt{5}}} = \sqrt{5}\,(\overline{Y} + 20)$

は近似的に標準正規分布 $N(0,\ 1)$ に従う。

標本平均 $\overline{Y}$ の平均 $E(\overline{Y})$ は母平均に等しいことに注意すると，正規分布表により

$P(|\sqrt{5}(\overline{Y} - E(\overline{Y}))| \leqq 1.96)$

$= 0.95$

$P\left(\overline{Y} - \dfrac{1.96}{\sqrt{5}} \leqq E(\overline{Y}) \leqq \overline{Y} + \dfrac{1.96}{\sqrt{5}}\right)$

$= 0.95$

よって，$\overline{Y}$ の平均 $E(\overline{Y})$ に対する信頼度 95% の信頼区間は

$\underline{\overline{Y} - \dfrac{1.96}{\sqrt{5}} \leqq E(\overline{Y}) \leqq \overline{Y} + \dfrac{1.96}{\sqrt{5}}}$

問題

検定 ···

☐ **8.13** A 君はこれまでの数学のテストで 5 問のうち 2 問は解く実力がある。今回のテストではこれまでと同程度の問題が 10 問出て 7 問解くことができた。A 君の実力は上ったと判定してよいか。危険率 5% で検定せよ。必要ならば下の表を使ってよい。

r	0	1	2	3	4	5	6	7	8	9	10
P_r	0.006	0.040	0.121	0.215	0.251	0.201	0.111	0.042	0.011	0.002	0.000

ただし, $P_r = {}_{10}C_r \left(\dfrac{2}{5}\right)^r \left(\dfrac{3}{5}\right)^{10-r}$ （旭川医大）

☐ **8.14** あるさいころを 500 回投げたところ，1 の目が 100 回出たという。このさいころの 1 の目が出る確率は $\dfrac{1}{6}$ でないと判断してよいか。危険率 3% で検定せよ。必要に応じて，454 ページの正規分布表を用いてもよい。

（琉球大）

☐ **8.15** 内容量 200 mL と表示されている缶ジュースが大量にある。この中から 100 本を標本として無作為に抽出し，その内容量を調べたところ下の結果を得た。

    199mL：15 本   200mL：20 本   201mL：30 本
    202mL：20 本   203mL：15 本

このとき，次の各問いに答えよ。必要に応じて，454 ページの正規分布表を用いてもよい。

(1) 標本平均を求めよ。

(2) 標本の分散を求めよ。

(3) 全製品の 1 缶あたりの平均内容量は表示の通りといえるか。危険率（有意水準）5% で検定せよ。 （山形大）

📖 チェック・チェック

基本 check！

母平均の検定の手順

(ⅰ) 母平均が m であるという仮説を立てる。

(ⅱ) 正規分布 $N\left(m, \dfrac{\sigma^2}{n}\right)$ に従う標本平均 $\overline{X}$ を $Z = \dfrac{\overline{X} - m}{\dfrac{\sigma}{\sqrt{n}}}$ と標準化し，

標準正規分布表を使えるようにする。

(ⅲ) 有意水準 5% のとき，$|Z| \geqq 1.96$ なら仮説を捨てる。

仮説を捨てるとき，検定の結果は有意であるという。有意水準 5% というのは，仮説を捨てたときの危険率（仮説が正しいにもかかわらずこれを捨ててしまう確率）が 5% より小さいということである。

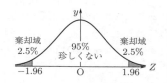

8.13　片側検定

「A 君の実力は上っていない」の仮説が棄却されるのは，「A 君の実力が上がっている」とき，すなわち，多くの問題が解けるようになったか否かの片側検定となります。

$P_{10} = {}_{10}C_{10}\left(\dfrac{2}{5}\right)^{10}\left(\dfrac{3}{5}\right)^{0} = \left(\dfrac{2}{5}\right)^{10} \neq 0$ であり，表の $P_{10} = 0.000$ は変と思った人がいるかもしれません。表は P_r の小数第 3 位までを表示した近似値を並べたものです。実際に計算してみると

$$\left(\dfrac{2}{5}\right)^{10} = 0.0001048576$$

であり，小数第 4 位を四捨五入すると 0.000 となります。また，表の P_r の総和は，（確率の総和）$= 1$ をみたしています。

8.14　危険率 3% で両側検定

問題のさいころは確率 $\dfrac{1}{5}$ で 1 の目が出るようです。1 の目が出る確率は $\dfrac{1}{6}$ であるという仮説を立てて，危険率 3% で棄却域に入るか否かを検証しましょう。

8.15　危険率 5% で両側検定

(3)「全製品の 1 缶あたりの平均内容量は表示の通り 200mL である」という仮説を立てて，危険率 5% で両側検定しましょう。最後は，標準化した標本平均と 1.96 の大小比較になります。

📖 解答・解説

8.13 「A 君の実力は上っていない」という仮説を立てて，危険率 5% で片側検定する。

問題が解ける確率は $\dfrac{2}{5}$ であり，10 問のうち r 問解ける確率 P_r は

$$P_r = {}_{10}\mathrm{C}_r \left(\frac{2}{5}\right)^r \left(\frac{3}{5}\right)^{10-r}$$
$$(r = 0, 1, \cdots, 10)$$

であり，これらの値は問題の表で与えられている。

棄却域となる r の範囲，すなわち

$$P(r \geqq r_0) \leqq 0.05 \quad \cdots\cdots ①$$

となる r_0 を求める。

$$P_{10} + P_9 + P_8 = 0.013$$
$$P_{10} + P_9 + P_8 + P_7 = 0.055$$

より，① をみたす最小の r_0 は

$$r_0 = 8$$

A 君が解いたのは 7 題であるから，仮説は棄却されない。すなわち，**A 君の実力は上ったと判定できない。**

8.14 「このさいころの 1 の目が出る確率は $\dfrac{1}{6}$ である」という仮説を立てて，危険率 3% で両側検定する。

1 の目が出る回数を X とすると，X は二項分布 $B\left(500, \dfrac{1}{6}\right)$ に従うから，平均は

$$500 \cdot \frac{1}{6} = \frac{250}{3}$$

分散は

$$500 \cdot \frac{1}{6} \cdot \left(1 - \frac{1}{6}\right) = \left(\frac{25}{3}\right)^2$$

である。回数が多いので，X は近似的に正規分布 $N\left(\dfrac{250}{3}, \left(\dfrac{25}{3}\right)^2\right)$ に従い，

$$Z = \frac{X - \dfrac{250}{3}}{\dfrac{25}{3}}$$ は近似的に標準正規分布 $N(0, 1)$ に従う。

危険率 3% より

$$P(|Z| \geqq z_0) = 0.03$$

となる z_0 に対し，$|Z| \geqq z_0$ なら仮説を棄却することになる。

$$P(|Z| \geqq z_0) = 0.03$$
$$P(Z \leqq -z_0) + P(z_0 \leqq Z) = 0.03$$
$$1 - 2P(0 \leqq Z \leqq z_0) = 0.03$$
$$P(0 \leqq Z \leqq z_0) = \frac{1 - 0.03}{2}$$
$$P(0 \leqq Z \leqq z_0) = 0.485$$

正規分布表より

$$P(0 \leqq Z \leqq 2.17) = 0.485$$

であるから

$$z_0 = 2.17 \quad \cdots\cdots ①$$

一方，1 の目が 100 回出たので，このときの Z は

$$Z = \frac{100 - \dfrac{250}{3}}{\dfrac{25}{3}}$$
$$= \frac{50}{25} = 2 \quad \cdots\cdots ②$$

よって，①，② より

$$|Z| < z_0$$

が成り立つので，1 の目が出る確率が $\dfrac{1}{6}$ であるという仮説は棄却されない。すなわち，**1 の目が出る確率は $\dfrac{1}{6}$ でないと判断できない。**

8.15 (1) 標本平均 $\overline{X}$ は

$$\overline{X}$$
$$= \frac{1}{100}(199 \cdot 15 + 200 \cdot 20$$
$$\qquad + 201 \cdot 30 + 202 \cdot 20 + 203 \cdot 15)$$
$$= \frac{1}{100}(2985 + 4000 + 6030$$
$$\qquad\qquad + 4040 + 3045)$$
$$= \frac{20100}{100} = \underline{\mathbf{201}}\ (\mathrm{mL})$$

【参考】

条件は 201 mL に関して対称であるから，標本平均は 201 mL になる。

(2) 標本の分散 $V(X)$ は

$$V(X)$$
$$= \frac{1}{100}\{(199 - 201)^2 \cdot 15$$
$$\qquad + (200 - 201)^2 \cdot 20$$
$$\qquad + (201 - 201)^2 \cdot 30$$
$$\qquad + (202 - 201)^2 \cdot 20$$
$$\qquad + (203 - 201)^2 \cdot 15\}$$
$$= \frac{1}{100}\{(-2)^2 \cdot 15 + (-1)^2 \cdot 20$$
$$\qquad + 0^2 \cdot 30 + 1^2 \cdot 20 + 2^2 \cdot 15\}$$
$$= \frac{60 + 20 + 0 + 20 + 60}{100}$$
$$= \underline{\mathbf{1.6}}\ ((\mathrm{mL})^2)$$

(3)「全製品の 1 缶あたりの平均内容量は表示の通り 200 mL である」という仮説を立てて，危険率 5% で両側検定する。

標本の大きさは十分大きいので，標本平均 $\overline{X}$ は近似的に正規分布 $N\left(200, \frac{1.6}{100}\right)$ に従い，$Z = \dfrac{\overline{X} - 200}{\frac{\sqrt{1.6}}{10}}$ は近似的に標準正規分布 $N(0, 1)$ に従う。

危険率 5% より

$$P(|Z| \geqq z_0) = 0.05$$

となる z_0 に対し，$|Z| \geqq z_0$ なら仮説を棄却することになる。

$$P(|Z| \geqq z_0) = 0.05$$

$$P(Z \leqq -z_0) + P(z_0 \leqq Z) = 0.05$$
$$1 - 2P(0 \leqq Z \leqq z_0) = 0.05$$
$$P(0 \leqq Z \leqq z_0) = \frac{1 - 0.05}{2}$$
$$P(0 \leqq Z \leqq z_0) = 0.475$$

正規分布表より

$$P(0 \leqq Z \leqq 1.96) = 0.475$$

であるから

$$z_0 = 1.96$$

一方

$$Z = \frac{201 - 200}{\frac{\sqrt{1.6}}{10}} = \frac{10}{\sqrt{1.6}}$$
$$> 1.96$$

であるから，仮説は棄却される。すなわち 全製品の 1 缶あたりの平均内容量は表示の通りであるとはいえない。

第9章　ベクトル

§1　ベクトルの演算と内積

📖 問題

有向線分 ··

☐ **9.1**　正六角形 ABCDEF において，その中心
を O とする。$\overrightarrow{AB} = \vec{a}$, $\overrightarrow{AF} = \vec{b}$ とおいて，次
のものを $\vec{a}$ と $\vec{b}$ で表しなさい。

$$\overrightarrow{AO} = \boxed{}, \ \overrightarrow{BF} = \boxed{}, \ \overrightarrow{AC} = \boxed{}$$

（北海道工大　改）

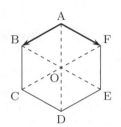

☐ **9.2**　正方形 ABCD の辺 BC を $2:3$ に内分する点を M とし，線分 BD と
線分 AM の交点を N とする。このとき，次の問いに答えよ。

(1) ベクトル $\overrightarrow{AM}$ をベクトル $\overrightarrow{AB}$ と $\overrightarrow{AD}$ を用いて表せ。

(2) ベクトル $\overrightarrow{AN}$ をベクトル $\overrightarrow{AB}$ と $\overrightarrow{AD}$ を用いて表せ。

☐ **9.3**　平行四辺形 ABCD において，辺 CD を $1:2$ に内分する点を E，対角
線 BD を $1:a$ に内分する点を F とする。このとき，次の問いに答えよ。

(1) ベクトル $\overrightarrow{AE}$ をベクトル $\overrightarrow{AB}$ と $\overrightarrow{AD}$ を用いて表せ。

(2) 点 F が直線 AE 上にあるとき，定数 a の値を求めよ。　　　（福井工大）

374

📖 チェック・チェック

基本 check !

有向線分とベクトル

有向線分（向きのついた線分）について，位置を問題とせずに向きと大きさのみに着目したものをベクトルという。

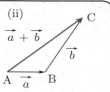

ベクトルの演算

(i) 相等　$\vec{a}$ と $\vec{b}$ の向きと大きさが等しいとき
$$\vec{a} = \vec{b}$$

(ii) 加法　$\overrightarrow{AB} + \overrightarrow{BC} = \overrightarrow{AC}$

(iii) 減法　$\overrightarrow{AB} = \overrightarrow{OB} - \overrightarrow{OA}$

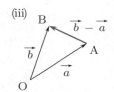

(iv) 実数倍　$k\vec{a}$ について

$k > 0$ のとき，$\vec{a}$ と同じ向きで大きさが k 倍

$k < 0$ のとき，$\vec{a}$ と逆向きで大きさが $|k|$ 倍

$k = 0$ のとき，零ベクトル（大きさが 0 で向きを考えないベクトル）

9.1　正六角形における有向線分

正六角形は 6 個の合同な正三角形に分割することができます。右の図のように $\vec{a}$ や $\vec{b}$ と等しいベクトルがあちこちに現れます。

始点を変えるときは，ベクトルの差を考えましょう。
$$\overrightarrow{BF} = \overrightarrow{\bigcirc F} - \overrightarrow{\bigcirc B}$$

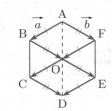

9.2　ベクトル表示と直交座標系

$\overrightarrow{BC} = \overrightarrow{AD}$ を利用します。

また，正方形 ABCD によるベクトル表示
$$\overrightarrow{AP} = x\overrightarrow{AB} + y\overrightarrow{AD}$$
は直交座標 (x, y) で考えることもできます。

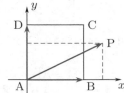

9.3　ベクトル表示と斜交座標系

$\overrightarrow{DC} = \overrightarrow{AB}$ を利用します。

また，平行四辺形 ABCD によるベクトル表示
$$\overrightarrow{AP} = x\overrightarrow{AB} + y\overrightarrow{AD}$$
は斜交座標 (x, y) で考えることもできます。

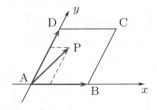

解答・解説

9.1

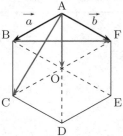

$$\overrightarrow{AO} = \overrightarrow{AB} + \overrightarrow{BO}$$
$$= \overrightarrow{AB} + \overrightarrow{AF}$$
$$= \underline{\vec{a} + \vec{b}}$$

$$\overrightarrow{BF} = \overrightarrow{AF} - \overrightarrow{AB}$$
$$= \underline{\vec{b} - \vec{a}}$$

$$\overrightarrow{AC} = \overrightarrow{AB} + \overrightarrow{BC}$$
$$= \overrightarrow{AB} + \overrightarrow{AO}$$
$$= \vec{a} + (\vec{a} + \vec{b})$$
$$= \underline{2\vec{a} + \vec{b}}$$

9.2

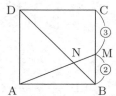

(1) M は辺 BC を 2：3 に内分する点であるから
$$\overrightarrow{AM} = \overrightarrow{AB} + \overrightarrow{BM}$$
$$= \boldsymbol{\overrightarrow{AB} + \frac{2}{5}\overrightarrow{AD}}$$

(2) △NDA ∽ △NBM であり，相似比は 5：2 であることから
$$\overrightarrow{AN} = \frac{5}{7}\overrightarrow{AM}$$
$$= \frac{5}{7}\left(\overrightarrow{AB} + \frac{2}{5}\overrightarrow{AD}\right)$$
$$= \boldsymbol{\frac{5}{7}\overrightarrow{AB} + \frac{2}{7}\overrightarrow{AD}}$$

別解

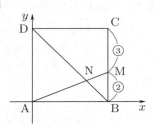

$\overrightarrow{AB} \neq \vec{0}$，$\overrightarrow{AD} \neq \vec{0}$ かつ $\overrightarrow{AB}$ と $\overrightarrow{AD}$ は平行でないことから，平面 ABC 上の点 P は
$$\overrightarrow{AP} = x\overrightarrow{AB} + y\overrightarrow{AD}$$
と一通りに表すことができる。正方形 ABCD の 1 辺の長さを 1 とすると，(x, y) は，$\overrightarrow{AB}$，$\overrightarrow{AD}$ を基本ベクトルとする直交座標である。

本問では
$$M\left(1, \frac{2}{5}\right)$$
であり，$N(x, y)$ は直線 BD と直線 AM の交点であるから
$$\begin{cases} x + y = 1 \\ y = \dfrac{2}{5}x \end{cases}$$
$$\therefore \quad (x, y) = \left(\frac{5}{7}, \frac{2}{7}\right)$$
である。よって
$$\overrightarrow{AM} = \overrightarrow{AB} + \frac{2}{5}\overrightarrow{AD}$$
$$\overrightarrow{AN} = \frac{5}{7}\overrightarrow{AB} + \frac{2}{7}\overrightarrow{AD}$$

9.3

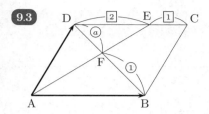

(1) E は辺 CD を $1:2$ に内分する点であるから

$$\overrightarrow{AE} = \overrightarrow{AD} + \overrightarrow{DE}$$
$$= \underline{\frac{2}{3}\overrightarrow{AB} + \overrightarrow{AD}}$$

(2) $\triangle FAB \backsim \triangle FED$ であり，相似比に注目すると

$$AB : ED = BF : DF$$
$$1 : \frac{2}{3} = 1 : a$$
$$\therefore \quad \underline{a = \frac{2}{3}}$$

別解

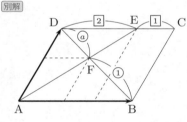

$\overrightarrow{AB} \neq \vec{0}$，$\overrightarrow{AD} \neq \vec{0}$ かつ $\overrightarrow{AB}$ と $\overrightarrow{AD}$ は平行でないことから，平面 ABD 上の点 P は

$$\overrightarrow{AP} = x\overrightarrow{AB} + y\overrightarrow{AD}$$

の形に一通りに表される。このとき $(x,\ y)$ は，$\overrightarrow{AB}$, $\overrightarrow{AD}$ を基本ベクトルとする斜交座標と呼ばれる。

本問での E，F の斜交座標は

$$E\left(\frac{2}{3},\ 1\right),\ F\left(\frac{a}{a+1},\ \frac{1}{a+1}\right)$$

である。

(1) E の斜交座標より

$$\overrightarrow{AE} = \frac{2}{3}\overrightarrow{AB} + \overrightarrow{AD}$$

(2) 斜交座標平面において，F は直線 $AE : y = \frac{3}{2}x$ 上の点であるから

$$\frac{1}{a+1} = \frac{3}{2} \times \frac{a}{a+1}$$
$$\therefore \quad a = \frac{2}{3}$$

📖 問題

成分表示 ･･

☐ **9.4** 次の問いに答えよ。

(1) 空間内に平行四辺形 ABCD がある。3 点 A, B, C の座標が A$(1,\ 2,\ -1)$, B$(3,\ 4,\ -1)$, C$(3,\ 2,\ 1)$ であるとき, 点 D の座標を求めよ。

（防衛大　改）

(2) xy 平面上の 3 点 $(1,\ 2)$, $(2,\ 4)$, $(3,\ 1)$ にあと 1 点 A を加えることにより, それらが平行四辺形の 4 つの頂点になるとする。このとき, A の座標をすべて求めよ。

（関西大　改）

(3) 座標空間内に 4 点 A$(-1,\ 2,\ 1)$, B$(-1,\ -1,\ 4)$, C$(1,\ -1,\ 1)$, D$(x,\ y,\ z)$ がある。これら 4 点が同一平面上にあり, かつこれらを頂点とする四角形がひし形であるのは, $(x,\ y,\ z) = \boxed{}$ のときである。

（立教大）

☐ **9.5** 次の問いに答えよ。

(1) 平面ベクトル $\vec{a} = (1,\ 2)$, $\vec{b} = (2,\ 1)$ および $\vec{c} = (11,\ 10)$ がある。$\vec{c} = x\vec{a} + y\vec{b}$ をみたすとき, $(x,\ y) = \boxed{}$ である。

（東北学院大）

(2) $\vec{a} = (1,\ 1)$, $\vec{b} = (1,\ 3)$ とする。

$$\begin{cases} \vec{x} + 2\vec{y} = \vec{a} \\ \vec{x} - 3\vec{y} = \vec{b} \end{cases}$$

をみたす $\vec{x}$, $\vec{y}$ を求めよ。

（小樽商科大）

📖 チェック・チェック

― 基本 check！ ―

ベクトルの成分表示

O を原点とする座標平面上で，ベクトル $\vec{a}$ に対して $\vec{a} = \overrightarrow{OA}$ となる点 A をとる。A の座標が (a_1, a_2) のとき

$$\vec{a} = (a_1, a_2)$$

と表示し，この表し方を $\vec{a}$ の成分表示という。

成分表示の性質

2 つのベクトル $\vec{p} = (p_1, p_2)$，$\vec{q} = (q_1, q_2)$ について

(i) 相等　　$\vec{p} = \vec{q} \iff p_1 = q_1$ かつ $p_2 = q_2$

(ii) 加法　　$\vec{p} + \vec{q} = (p_1 + q_1, p_2 + q_2)$

(iii) 減法　　$\vec{p} - \vec{q} = (p_1 - q_1, p_2 - q_2)$

(iv) 実数倍　$k\vec{p} = (kp_1, kp_2)$

9.4　平行四辺形とひし形

A，B，C，D を 4 頂点とする平行四辺形は下の 3 つが考えられます。

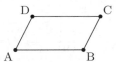 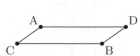

平行四辺形 ABCD となると左の 1 通りに決まります。真ん中，右については平行四辺形 ABDC，ACBD と呼びます。

四角形が平行四辺形となる条件は，次の (i)〜(v) のいずれかをみたすことです。

(i) 2 組の対辺が平行である（定義）

(ii) 2 組の対辺の長さがそれぞれ等しい

(iii) 2 組の対角がそれぞれ等しい

(iv) 1 組の対辺が平行でかつ長さが等しい

(v) 対角線の中点が一致する

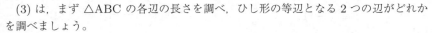

　(3) は，まず △ABC の各辺の長さを調べ，ひし形の等辺となる 2 つの辺がどれかを調べましょう。

9.5　成分表示されたベクトルの計算

(1) 左辺と右辺の成分を比較して，x，y の連立方程式をつくりましょう。

(2) ベクトルの連立方程式ですが，数のときと同じように 1 文字消去を考えていきましょう。

📖 解答・解説

9.4 (1)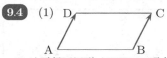

D は平行四辺形 ABCD の頂点の一つ
であるから
$$\overrightarrow{AD} = \overrightarrow{BC}$$
$$\overrightarrow{OD} - \overrightarrow{OA} = \overrightarrow{OC} - \overrightarrow{OB}$$
よって
$$\overrightarrow{OD} = \overrightarrow{OA} + \overrightarrow{OC} - \overrightarrow{OB}$$
$$= (1,\ 2,\ -1) + (3,\ 2,\ 1)$$
$$\qquad\qquad -(3,\ 4,\ -1)$$
$$= (1,\ 0,\ 1)$$
以上より，D の座標は
$$\underline{\mathbf{D(1,\ 0,\ 1)}}$$

(2) B(1, 2)，C(2, 4)，D(3, 1) とおく。

(i)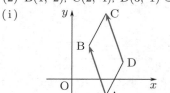

四角形 ADCB が平行四辺形のとき
$$\overrightarrow{AB} = \overrightarrow{DC}$$
が成り立つ。よって
$$\overrightarrow{OB} - \overrightarrow{OA} = \overrightarrow{OC} - \overrightarrow{OD}$$
$$\therefore\ \ \overrightarrow{OA} = \overrightarrow{OB} - \overrightarrow{OC} + \overrightarrow{OD}$$
$$= (1,\ 2) - (2,\ 4) + (3,\ 1)$$
$$= (2,\ -1)$$

(ii)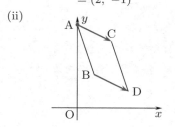

四角形 ABDC が平行四辺形のとき
$$\overrightarrow{AC} = \overrightarrow{BD}$$
が成り立つ。よって
$$\overrightarrow{OC} - \overrightarrow{OA} = \overrightarrow{OD} - \overrightarrow{OB}$$
$$\therefore\ \ \overrightarrow{OA} = \overrightarrow{OB} + \overrightarrow{OC} - \overrightarrow{OD}$$
$$= (1,\ 2) + (2,\ 4) - (3,\ 1)$$
$$= (0,\ 5)$$

(iii)

四角形 ACBD が平行四辺形のとき
$$\overrightarrow{AD} = \overrightarrow{CB}$$
が成り立つ。よって
$$\overrightarrow{OD} - \overrightarrow{OA} = \overrightarrow{OB} - \overrightarrow{OC}$$
$$\therefore\ \ \overrightarrow{OA} = -\overrightarrow{OB} + \overrightarrow{OC} + \overrightarrow{OD}$$
$$= -(1,\ 2) + (2,\ 4) + (3,\ 1)$$
$$= (4,\ 3)$$
以上より，求める A の座標は
$$\underline{\mathbf{(2,\ -1),\ \ (0,\ 5),\ \ (4,\ 3)}}$$

(3)

$$\overrightarrow{AB} = (0,\ -3,\ 3)$$
$$\overrightarrow{AC} = (2,\ -3,\ 0)$$
$$\overrightarrow{BC} = (2,\ 0,\ -3)$$

より

$$|\overrightarrow{AB}| = 3\sqrt{2}$$
$$|\overrightarrow{AC}| = |\overrightarrow{BC}| = \sqrt{13}$$

4 点 A，B，C，D が同一平面上にあり，かつこれらを頂点とする四角形がひし形であるのは $|\overrightarrow{AC}| = |\overrightarrow{BC}|$ より

$$\overrightarrow{CD} = \overrightarrow{CA} + \overrightarrow{CB}$$

のときである。よって

$$\begin{aligned}
\overrightarrow{OD} &= \overrightarrow{OC} + \overrightarrow{CA} + \overrightarrow{CB} \\
&= \overrightarrow{OC} - \overrightarrow{AC} - \overrightarrow{BC} \\
&= (1, \ -1, \ 1) - (2, \ -3, \ 0) \\
&\qquad\qquad\qquad - (2, \ 0, \ -3) \\
&= (-3, \ 2, \ 4)
\end{aligned}$$

であり

$$(x, \ y, \ z) = \underline{\boldsymbol{(-3, \ 2, \ 4)}}$$

9.5 (1) $\vec{c} = x\vec{a} + y\vec{b}$ より

$$\begin{aligned}
(11, \ 10) &= x(1, \ 2) + y(2, \ 1) \\
&= (x + 2y, \ 2x + y)
\end{aligned}$$

であるから

$$\begin{cases} x + 2y = 11 \\ 2x + y = 10 \end{cases}$$

$$\therefore \quad (x, \ y) = \underline{\boldsymbol{(3, \ 4)}}$$

(2) $\begin{cases} \vec{x} + 2\vec{y} = \vec{a} \ \cdots\cdots\ \text{①} \\ \vec{x} - 3\vec{y} = \vec{b} \ \cdots\cdots\ \text{②} \end{cases}$

① − ② より

$$\begin{aligned}
5\vec{y} &= \vec{a} - \vec{b} \\
&= (1, \ 1) - (1, \ 3) \\
&= (0, \ -2)
\end{aligned}$$

$$\therefore \quad \vec{y} = \underline{\left(\boldsymbol{0}, \ -\dfrac{\boldsymbol{2}}{\boldsymbol{5}}\right)}$$

このとき，①より

$$\begin{aligned}
\vec{x} &= \vec{a} - 2\vec{y} \\
&= (1, \ 1) - 2\left(0, \ -\dfrac{2}{5}\right) \\
&= \underline{\left(\boldsymbol{1}, \ \dfrac{\boldsymbol{9}}{\boldsymbol{5}}\right)}
\end{aligned}$$

📖 問題

内積 ···

☐ **9.6** $BC = \sqrt{3}$, $CA = 2$, $\angle BCA = 30°$ の三角形 ABC において, 頂点 B から辺 CA に下した垂線と辺 CA の交点を D とするとき, 内積 $\overrightarrow{BC} \cdot \overrightarrow{DC}$ の値は ☐ であり, 内積 $\overrightarrow{AB} \cdot \overrightarrow{BD}$ の値は ☐ である。　　　（工学院大）

☐ **9.7** 一辺の長さが 1 の正五角形 ABCDE がある。$\vec{a} = \overrightarrow{AB}$, $\vec{b} = \overrightarrow{AE}$, $l = |\overrightarrow{EC}|$ とするとき, 以下の問いに答えよ。

(1) AB と EC が平行であることに注意して, $\overrightarrow{AC}$ を $\vec{a}$, $\vec{b}$, l を用いて表せ。

(2) 内積 $\vec{a} \cdot \vec{b}$ を l を用いて表せ。

(3) l を求めよ。

（東北学院大）

☐ **9.8** $\vec{0}$ でない空間ベクトル $\vec{a}$, $\vec{b}$ について, そのなす角を θ $(0° < \theta < 180°)$ とする。$\vec{a}$, $\vec{b}$ の内積 $\vec{a} \cdot \vec{b}$ を次のように定義する。
$$\vec{a} \cdot \vec{b} = |\vec{a}||\vec{b}| \cos\theta$$
ただし $|\vec{a}|$ はベクトル $\vec{a}$ の大きさを表す。ベクトル $\vec{a}$, $\vec{b}$ を, 成分を用いて表すと $\vec{a} = (a_1, a_2, a_3)$, $\vec{b} = (b_1, b_2, b_3)$ となるとき, 次の等式を示せ。
$$\vec{a} \cdot \vec{b} = a_1 b_1 + a_2 b_2 + a_3 b_3$$
（奈良教育大）

☐ **9.9** 次の問いに答えよ。

(1) θ が変化するとき, $\vec{a} = (3\cos\theta, 5\sin\theta)$ と $\vec{b} = (4, 1)$ の内積 $\vec{a} \cdot \vec{b}$ の最大値は ☐ である。　　　（千葉工大）

(2) ベクトル $\vec{a} = (1, 1, \sqrt{3})$, $\vec{b} = (-1, \cos\theta, \sin\theta)$ $(0 \leqq \theta < 2\pi)$ について, ベクトル $\vec{a} - \vec{b}$ の大きさ $|\vec{a} - \vec{b}|$ は
$$\theta = \boxed{}\pi \text{ で最大値 } \sqrt{\boxed{}}, \quad \theta = \frac{\pi}{\boxed{}} \text{ で最小値 } \sqrt{\boxed{}}$$
をとる。

（金沢工大）

チェック・チェック

基本 check !

内積

$\vec{0}$ でないベクトル $\vec{a}$, $\vec{b}$ のなす角を θ ($0° \leqq \theta \leqq 180°$) とするとき

$$|\vec{a}||\vec{b}|\cos\theta$$

を $\vec{a}$, $\vec{b}$ の内積といい, $\vec{a} \cdot \vec{b}$ で表す。$\vec{a} = \vec{0}$ または $\vec{b} = \vec{0}$ のときは $\vec{a} \cdot \vec{b} = 0$ と定める。

成分表示と内積

$\vec{a} = (a_1, a_2)$, $\vec{b} = (b_1, b_2)$ のとき

$$\vec{a} \cdot \vec{b} = a_1 b_1 + a_2 b_2$$

$\vec{a} = (a_1, a_2, a_3)$, $\vec{b} = (b_1, b_2, b_3)$ のとき

$$\vec{a} \cdot \vec{b} = a_1 b_1 + a_2 b_2 + a_3 b_3$$

内積の性質

(i) $\vec{a} \cdot \vec{b} = \vec{b} \cdot \vec{a}$　　　　　（交換法則）

(ii) $\vec{a} \cdot (\vec{b} + \vec{c}) = \vec{a} \cdot \vec{b} + \vec{a} \cdot \vec{c}$　（分配法則）

(iii) $(k\vec{a}) \cdot \vec{b} = \vec{a} \cdot (k\vec{b}) = k(\vec{a} \cdot \vec{b})$　（結合法則）

9.6　内積の定義

与えられた条件は C を始点としたベクトルをとるように示唆しています。

9.7　正五角形における内積

AB と EC が平行であるということは，$\overrightarrow{EC} = k\overrightarrow{AB}$ となる実数 k が存在するということですが，AB = 1，EC $= l$ より $k = l$ となります。EC 以外の対角線も長さは l であることに注意しましょう。

9.8　内積と成分

内積の成分表示の確認です。余弦定理を用いて証明しましょう。

9.9　内積の最大・最小

内積を利用して三角関数を合成することができます。

$$(a, b) \cdot (\cos\theta, \sin\theta) = a\cos\theta + b\sin\theta$$
$$= \sqrt{a^2 + b^2}\cos(\theta - \alpha)$$

この $\theta - \alpha$ は (a, b) と $(\cos\theta, \sin\theta)$ のなす角とみることができます。

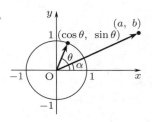

📖 解答・解説

9.6

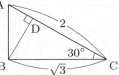

始点を C にそろえて，内積を計算する。上の図より

$$\overrightarrow{CB} \cdot \overrightarrow{CA} = |\overrightarrow{CB}||\overrightarrow{CA}| \cos 30°$$
$$= \sqrt{3} \times 2 \times \frac{\sqrt{3}}{2}$$
$$= 3$$
$$\overrightarrow{CD} = \frac{CD}{CA}\overrightarrow{CA}$$
$$= \frac{\sqrt{3}\cos 30°}{2}\overrightarrow{CA}$$
$$= \frac{3}{4}\overrightarrow{CA}$$

であるから

$$\overrightarrow{BC} \cdot \overrightarrow{DC} = \overrightarrow{CB} \cdot \overrightarrow{CD}$$
$$= \frac{3}{4}\overrightarrow{CB} \cdot \overrightarrow{CA}$$
$$= \frac{3}{4} \times 3$$
$$= \underline{\frac{9}{4}}$$

また

$$\overrightarrow{AB} \cdot \overrightarrow{BD}$$
$$= (\overrightarrow{CB} - \overrightarrow{CA}) \cdot (\overrightarrow{CD} - \overrightarrow{CB})$$
$$= (\overrightarrow{CB} - \overrightarrow{CA}) \cdot \left(\frac{3}{4}\overrightarrow{CA} - \overrightarrow{CB}\right)$$
$$= -|\overrightarrow{CB}|^2 + \frac{7}{4}\overrightarrow{CB} \cdot \overrightarrow{CA} - \frac{3}{4}|\overrightarrow{CA}|^2$$
$$= -3 + \frac{7}{4} \times 3 - \frac{3}{4} \times 4$$
$$= \underline{-\frac{3}{4}}$$

別解

余弦定理より

$$AB^2 = 2^2 + (\sqrt{3})^2$$
$$-2 \times 2 \times \sqrt{3}\cos 30°$$
$$= 1$$

$$\therefore \quad AB = 1$$

であり，$AB^2 + BC^2 = CA^2$ が成り立つから，$\triangle ABC$ は $\angle ABC = 90°$ の直角三角形である。$\triangle ADB \backsim \triangle ABC$ であり

$$\angle ABD = 30°, \quad BD = \frac{\sqrt{3}}{2}$$

であるから

$$\overrightarrow{AB} \cdot \overrightarrow{BD} = -\overrightarrow{BA} \cdot \overrightarrow{BD}$$
$$= -|\overrightarrow{BA}||\overrightarrow{BD}| \cos 30°$$
$$= -1 \times \frac{\sqrt{3}}{2} \times \frac{\sqrt{3}}{2}$$
$$= -\frac{3}{4}$$

なお，始点を B にとると

$$\overrightarrow{AB} \cdot \overrightarrow{BD} = -\overrightarrow{BA} \cdot \overrightarrow{BD}$$
$$= -|\overrightarrow{BD}|$$
$$\times (|\overrightarrow{BA}| \cos \angle ABD)$$
$$= -|\overrightarrow{BD}|^2$$
$$= -\left(\frac{\sqrt{3}}{2}\right)^2$$
$$= -\frac{3}{4}$$

とすることもできる。

9.7

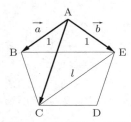

(1) $|\overrightarrow{AB}| = 1$, $|\overrightarrow{EC}| = l$, $\overrightarrow{EC} /\!/ \overrightarrow{AB}$ より $\overrightarrow{EC} = l\vec{a}$ と表すことができる。よって

$$\overrightarrow{AC} = \overrightarrow{AE} + \overrightarrow{EC}$$
$$= \vec{b} + l\vec{a}$$
$$= \underline{l\vec{a} + \vec{b}}$$

(2) 図の対称性から $\left|\overrightarrow{AC}\right| = l$ なので

$$\left|l\overrightarrow{a} + \overrightarrow{b}\right|^2 = l^2$$
$$l^2\left|\overrightarrow{a}\right|^2 + 2l\overrightarrow{a} \cdot \overrightarrow{b} + \left|\overrightarrow{b}\right|^2 = l^2$$
$$l^2 + 2l\overrightarrow{a} \cdot \overrightarrow{b} + 1 = l^2$$
$$\therefore \quad \underline{\overrightarrow{a} \cdot \overrightarrow{b} = -\frac{1}{2l}}$$

(3) △ABE に着目する。図の対称性から $\left|\overrightarrow{BE}\right| = l$ なので

$$\left|\overrightarrow{b} - \overrightarrow{a}\right|^2 = l^2$$
$$\left|\overrightarrow{a}\right|^2 - 2\overrightarrow{a} \cdot \overrightarrow{b} + \left|\overrightarrow{b}\right|^2 = l^2$$

(2) より，$\overrightarrow{a} \cdot \overrightarrow{b} = -\dfrac{1}{2l}$ であるから

$$1 - 2\left(-\frac{1}{2l}\right) + 1 = l^2$$
$$l^3 - 2l - 1 = 0$$
$$\therefore \quad (l+1)(l^2 - l - 1) = 0$$

$l > 0$ であるから

$$\underline{l = \frac{1 + \sqrt{5}}{2}}$$

別解

(2) において △ABE に着目すると，図の対称性から $\left|\overrightarrow{BE}\right| = l$ なので

$$\left|\overrightarrow{b} - \overrightarrow{a}\right|^2 = l^2$$
$$\left|\overrightarrow{a}\right|^2 - 2\overrightarrow{a} \cdot \overrightarrow{b} + \left|\overrightarrow{b}\right|^2 = l^2$$
$$1 - 2\overrightarrow{a} \cdot \overrightarrow{b} + 1 = l^2$$
$$\therefore \quad \overrightarrow{a} \cdot \overrightarrow{b} = 1 - \frac{l^2}{2}$$

と表すこともできる。

このとき (3) は，図の対称性から $\left|\overrightarrow{AC}\right| = l$ なので

$$\left|l\overrightarrow{a} + \overrightarrow{b}\right|^2 = l^2$$
$$l^2\left|\overrightarrow{a}\right|^2 + 2l\overrightarrow{a} \cdot \overrightarrow{b} + \left|\overrightarrow{b}\right|^2 = l^2$$
$$l^2 + 2l\left(1 - \frac{l^2}{2}\right) + 1 = l^2$$
$$\therefore \quad l^3 - 2l - 1 = 0$$

以下解答と同様にして求められる。

9.8 O を原点とする座標空間において，$\overrightarrow{OA} = \overrightarrow{a}$, $\overrightarrow{OB} = \overrightarrow{b}$ となる 2 点 A, B をとる。このとき A, B の座標は

$$A(a_1, a_2, a_3), \quad B(b_1, b_2, b_3)$$

となる。$\overrightarrow{a}$, $\overrightarrow{b}$ は $\overrightarrow{0}$ でなく，そのなす角 θ は $0° < \theta < 180°$ をみたすから，3 点 O, A, B を頂点とする三角形ができ $\angle AOB = \theta$ である。

三角形 OAB において余弦定理を用いると

$$AB^2 = OA^2 + OB^2$$
$$\qquad - 2OA \times OB \times \cos\theta$$
$$\cdots\cdots①$$

が成り立つ。

内積の定義より

$$OA \times OB \times \cos\theta$$
$$= \left|\overrightarrow{OA}\right|\left|\overrightarrow{OB}\right|\cos\theta = \overrightarrow{a} \cdot \overrightarrow{b}$$

であり，①は

$$AB^2 = OA^2 + OB^2 - 2\overrightarrow{a} \cdot \overrightarrow{b}$$

であるから

$$\overrightarrow{a} \cdot \overrightarrow{b}$$
$$= \frac{1}{2}(OA^2 + OB^2 - AB^2)$$
$$= \frac{1}{2}\{(a_1{}^2 + a_2{}^2 + a_3{}^2)$$
$$\qquad + (b_1{}^2 + b_2{}^2 + b_3{}^2)$$
$$\qquad - (b_1 - a_1)^2 - (b_2 - a_2)^2$$
$$\qquad\qquad - (b_3 - a_3)^2\}$$
$$= \frac{1}{2}(2a_1b_1 + 2a_2b_2 + 2a_3b_3)$$
$$= a_1b_1 + a_2b_2 + a_3b_3 \qquad (証明終)$$

9.9 (1) 三角関数の合成の公式より

$$\vec{a} \cdot \vec{b} = (3\cos\theta, \ 5\sin\theta) \cdot (4, \ 1)$$
$$= 4 \times 3\cos\theta + 1 \times 5\sin\theta$$
$$= 12\cos\theta + 5\sin\theta$$
$$= \sqrt{12^2 + 5^2}\cos(\theta - \alpha)$$
$$= 13\cos(\theta - \alpha)$$

$\left(\text{ただし, } \cos\alpha = \dfrac{12}{13}, \ \sin\alpha = \dfrac{5}{13}\right)$

$-1 \leqq \cos(\theta - \alpha) \leqq 1$ より, 求める最大値は **13** である。

別解

内積の計算をした後に, 再度内積の形に直して考えてもよい。

$$\vec{a} \cdot \vec{b} = 12\cos\theta + 5\sin\theta$$
$$= (12, \ 5) \cdot (\cos\theta, \ \sin\theta)$$

ここで, $\sqrt{12^2 + 5^2} = 13$ より

$$\vec{a} \cdot \vec{b}$$
$$= 13\left(\frac{12}{13}, \ \frac{5}{13}\right) \cdot (\cos\theta, \ \sin\theta)$$
$$= 13\cos(\theta - \alpha)$$

$\left(\text{ただし, } \cos\alpha = \dfrac{12}{13}, \ \sin\alpha = \dfrac{5}{13}\right)$

(2) $\vec{a} = (1, 1, \sqrt{3})$, $\vec{b} = (-1, \cos\theta, \sin\theta)$ より

$$\vec{a} - \vec{b} = (2, 1 - \cos\theta, \sqrt{3} - \sin\theta)$$

であり

$$\left|\vec{a} - \vec{b}\right|^2$$
$$= 4 + (1 - \cos\theta)^2 + (\sqrt{3} - \sin\theta)^2$$
$$= 4 + (1 - 2\cos\theta + \cos^2\theta)$$
$$\qquad + (3 - 2\sqrt{3}\sin\theta + \sin^2\theta)$$
$$= 9 - 2(\cos\theta + \sqrt{3}\sin\theta)$$
$$= 9 - 4\left(\cos\frac{\pi}{3}, \ \sin\frac{\pi}{3}\right) \cdot (\cos\theta, \ \sin\theta)$$
$$= 9 - 4 \times 1 \times 1 \times \cos\left(\theta - \frac{\pi}{3}\right)$$
$$= 9 - 4\cos\left(\theta - \frac{\pi}{3}\right)$$

$0 \leqq \theta < 2\pi$ より $-\dfrac{\pi}{3} \leqq \theta - \dfrac{\pi}{3} < \dfrac{5}{3}\pi$ だから

$\theta - \dfrac{\pi}{3} = \pi$ つまり

$$\boldsymbol{\theta = \frac{4}{3}\pi \text{ で最大値}\sqrt{13}}$$

$\theta - \dfrac{\pi}{3} = 0$ つまり

$$\boldsymbol{\theta = \frac{\pi}{3} \text{ で最小値}\sqrt{5}}$$

別解

$\left|\vec{a} - \vec{b}\right|^2$ の大きさは次のように計算してもよい。

$$\left|\vec{a} - \vec{b}\right|^2$$
$$= \left|\vec{a}\right|^2 - 2\vec{a} \cdot \vec{b} + \left|\vec{b}\right|^2$$
$$= (1 + 1 + 3)$$
$$\qquad - 2(-1 + \cos\theta + \sqrt{3}\sin\theta)$$
$$\qquad + (1 + \cos^2\theta + \sin^2\theta)$$
$$= 9 - 2(\cos\theta + \sqrt{3}\sin\theta)$$

また, 解答では積の和を内積とみて, $\cos$ に合成したが, ベクトルを用いずに三角関数の加法定理を用いて $\sin$ に合成してもよい。

$$\left|\vec{a} - \vec{b}\right|^2$$
$$= 9 - 2(\cos\theta + \sqrt{3}\sin\theta)$$
$$= 9 - 4\left(\frac{\sqrt{3}}{2}\sin\theta + \frac{1}{2}\cos\theta\right)$$
$$= 9 - 4\left(\sin\theta\cos\frac{\pi}{6} + \cos\theta\sin\frac{\pi}{6}\right)$$
$$= 9 - 4\sin\left(\theta + \frac{\pi}{6}\right)$$

以下, $0 \leqq \theta < 2\pi$ の範囲で θ を動かせば解答の最大値, 最小値を求めることができる。

【MEMO】

📖 問題

ベクトルの大きさとなす角 ……………………………………………………

☐ **9.10** ベクトル $\vec{a}$, $\vec{b}$ が, $\vec{a} \cdot \vec{a} = 4$, $\vec{a} \cdot \vec{b} = -5$, $\vec{b} \cdot \vec{b} = 9$ を満たすとき, $\left| |\vec{b}| \vec{a} + |\vec{a}| \vec{b} \right|^2$ の値を求めなさい。 （龍谷大）

☐ **9.11** $|\vec{a}| = 2$, $|\vec{b}| = \sqrt{2}$, $|\vec{a} - 2\vec{b}| = 2$ とする。このとき, $\vec{a}$ と $\vec{b}$ の内積 $\vec{a} \cdot \vec{b}$ の値は ☐ である。$|\vec{a} + x\vec{b}|$ を最小にする実数 x の値は ☐ であり, その最小値は ☐ である。 （明治学院大）

☐ **9.12** $\vec{a}$, $\vec{b}$ を単位ベクトルとし, $\vec{c} = \vec{a} + \vec{b}$, $\vec{d} = -\vec{a} + 2\vec{b}$ とおく。$\vec{a}$ と $\vec{b}$ のなす角を θ $(0° < \theta < 180°)$ とし, $x = \cos\theta$ とおく。
(1) $\vec{c}$ と $\vec{d}$ の大きさを x を用いて表せ。
(2) 内積 $\vec{c} \cdot \vec{d}$ を x を用いて表せ。
(3) $\vec{c}$ と $\vec{d}$ のなす角も θ に等しいとき, θ を求めよ。 （群馬大）

☐ **9.13** 次の問いに答えよ。
(1) $\vec{a} = (1, 2)$ と $\vec{b} = (-1, 3)$ のなす角は ☐ である。 （東京工科大）
(2) $a > 0$ とする。座標空間における 3 点 A$(a, 0, 0)$, B$(0, 3, 0)$, C$(0, 0, 4)$ について, $\angle ABC = 60°$ となる a の値を求めよ。 （愛媛大）

☐ **9.14** $a + b + c = 0$, $a^2 + b^2 + c^2 \neq 0$ とする。次の各問に答えよ。
(1) $a = 1$, $b = 2$ のとき, $\vec{p} = (a, b, c)$ と $\vec{q} = (b, c, a)$ のなす角 θ の余弦 $\cos\theta$ の値を求めよ。
(2) $\vec{p} = (a, b, c)$ と $\vec{q} = (b, c, a)$ のなす角の大きさは a, b, c によらず一定であることを示し, その値を求めよ。
(3) $\vec{p} = (a, b, c)$ と $\vec{r} = (a-b, b-c, c-a)$ のなす角の大きさを求めよ。 （高知工科大）

📖 チェック・チェック

基本 check !

ベクトルの大きさ

ベクトル $\vec{a}$ の大きさ $|\vec{a}|$ は
$$|\vec{a}| = \sqrt{\vec{a} \cdot \vec{a}}$$

$\vec{a} = (a_1, a_2)$ のとき
$$|\vec{a}| = \sqrt{a_1{}^2 + a_2{}^2}$$

$\vec{a} = (a_1, a_2, a_3)$ のとき
$$|\vec{a}| = \sqrt{a_1{}^2 + a_2{}^2 + a_3{}^2}$$

ベクトルのなす角

2 つのベクトル $\vec{a}$ と $\vec{b}$ のなす角を θ とすると
$$\cos\theta = \frac{\vec{a} \cdot \vec{b}}{|\vec{a}||\vec{b}|}$$

9.10 ベクトルの大きさ

α, β を実数とすると
$$\left|\alpha\vec{a} + \beta\vec{b}\right|^2 = \alpha^2\left|\vec{a}\right|^2 + 2\alpha\beta\,\vec{a} \cdot \vec{b} + \beta^2\left|\vec{b}\right|^2$$
であることを利用します。

9.11 ベクトルの大きさの最小値

$\left|\vec{a} + x\vec{b}\right|^2$ を展開すると，x の 2 次式になります。平方完成しましょう。

9.12 ベクトルの大きさとなす角

(1), (2) で $|\vec{c}|$, $|\vec{d}|$, $\vec{c} \cdot \vec{d}$ が x で表されており，(3) では $\vec{c}$ と $\vec{d}$ のなす角が θ，すなわち $x = \cos\theta$ が条件に付加されました。等式 $\vec{c} \cdot \vec{d} = |\vec{c}||\vec{d}|\cos\theta$ を x で表しましょう。

9.13 ベクトルのなす角

$\vec{a}$ と $\vec{b}$ のなす角を θ とすると
$$\cos\theta = \frac{\vec{a} \cdot \vec{b}}{|\vec{a}||\vec{b}|}$$
です。(1), (2) ともこれが利用できます。

9.14 3 次元ベクトルのなす角

等式 $(a + b + c)^2 = a^2 + b^2 + c^2 + 2(ab + bc + ca)$ を利用します。

📖 解答・解説

9.10 $|\vec{a}| = \sqrt{\vec{a} \cdot \vec{a}} = \sqrt{4} = 2$

$|\vec{b}| = \sqrt{\vec{b} \cdot \vec{b}} = \sqrt{9} = 3$

$\vec{a} \cdot \vec{b} = -5$

より

$$\left| |\vec{b}|\vec{a} + |\vec{a}|\vec{b} \right|^2$$
$$= |3\vec{a} + 2\vec{b}|^2$$
$$= 9|\vec{a}|^2 + 12\vec{a} \cdot \vec{b} + 4|\vec{b}|^2$$
$$= 9 \times 4 + 12 \times (-5) + 4 \times 9$$
$$= \underline{\mathbf{12}}$$

9.11 $|\vec{a} - 2\vec{b}| = 2$ の両辺を 2 乗して

$$|\vec{a}|^2 - 4\vec{a} \cdot \vec{b} + 4|\vec{b}|^2 = 4$$

$|\vec{a}| = 2,\ |\vec{b}| = \sqrt{2}$ より

$$4 - 4\vec{a} \cdot \vec{b} + 8 = 4$$

$$\therefore \quad \underline{\vec{a} \cdot \vec{b} = 2}$$

次に，$|\vec{a} + x\vec{b}| \geqq 0$ より，$|\vec{a} + x\vec{b}|$ が最小ならば，$|\vec{a} + x\vec{b}|^2$ も最小となる。

$$|\vec{a} + x\vec{b}|^2$$
$$= |\vec{a}|^2 + 2x\vec{a} \cdot \vec{b} + x^2|\vec{b}|^2$$
$$= 2x^2 + 4x + 4$$
$$= 2(x+1)^2 + 2$$

よって，$|\vec{a} + x\vec{b}|$ を最小にする実数 x の値は，$\underline{\boldsymbol{x = -1}}$ であり，$|\vec{a} + x\vec{b}|$ の最小値は $\underline{\sqrt{\mathbf{2}}}$ である。

9.12 (1) $|\vec{a}| = |\vec{b}| = 1$ より

$$\vec{a} \cdot \vec{b} = |\vec{a}||\vec{b}|\cos\theta = x$$

であるから

$$|\vec{c}| = |\vec{a} + \vec{b}|$$
$$= \sqrt{|\vec{a}|^2 + 2\vec{a} \cdot \vec{b} + |\vec{b}|^2}$$
$$= \underline{\sqrt{2x + 2}}$$

$$|\vec{d}| = |-\vec{a} + 2\vec{b}|$$
$$= \sqrt{|\vec{a}|^2 - 4\vec{a} \cdot \vec{b} + 4|\vec{b}|^2}$$
$$= \underline{\sqrt{5 - 4x}}$$

(2) 与えられた条件より

$$\vec{c} \cdot \vec{d} = (\vec{a} + \vec{b}) \cdot (-\vec{a} + 2\vec{b})$$
$$= -|\vec{a}|^2 + \vec{a} \cdot \vec{b} + 2|\vec{b}|^2$$
$$= \underline{x + 1}$$

(3) $\vec{c}$ と $\vec{d}$ のなす角は θ に等しいから，$\vec{c} \cdot \vec{d} = |\vec{c}||\vec{d}|\cos\theta$ より

$$x + 1 = \sqrt{2x + 2}\sqrt{5 - 4x} \times x$$
$$x + 1 = \sqrt{2}\sqrt{x+1}\sqrt{5 - 4x} \times x$$
$$\sqrt{x + 1} = \sqrt{2}\,x\sqrt{5 - 4x}$$
$$\cdots\cdots ①$$

両辺を 2 乗すると

$$x + 1 = 2x^2(5 - 4x)$$
$$8x^3 - 10x^2 + x + 1 = 0$$
$$(x - 1)(2x - 1)(4x + 1) = 0$$

$0° < \theta < 180°$ より $-1 < x < 1$ である。また，①の左辺は正だから右辺も正であり $0 < x < \dfrac{5}{4}$ を得る。したがって，$0 < x < 1$ であり

$$x = \frac{1}{2}$$

$\cos\theta = \dfrac{1}{2},\ 0° < \theta < 180°$ より

$$\underline{\boldsymbol{\theta = 60°}}$$

9.13 (1) 求める角を $\theta\,(0° \leqq \theta \leqq 180°)$ とすると，内積の定義より

$$\cos\theta = \frac{\vec{a} \cdot \vec{b}}{|\vec{a}||\vec{b}|}$$
$$= \frac{1 \times (-1) + 2 \times 3}{\sqrt{1^2 + 2^2}\sqrt{(-1)^2 + 3^2}}$$
$$= \frac{5}{\sqrt{5}\sqrt{10}} = \frac{1}{\sqrt{2}}$$

$$\therefore \quad \underline{\boldsymbol{\theta = 45°}}$$

(2) $\mathrm{A}(a,\ 0,\ 0)$, $\mathrm{B}(0,\ 3,\ 0)$, $\mathrm{C}(0,\ 0,\ 4)$ より

$$\overrightarrow{\mathrm{BA}} = (a,\ -3,\ 0)$$
$$\overrightarrow{\mathrm{BC}} = (0,\ -3,\ 4)$$

であり，$\angle \mathrm{ABC} = 60°$ となる a の値は

$$\frac{\overrightarrow{\mathrm{BA}} \cdot \overrightarrow{\mathrm{BC}}}{|\overrightarrow{\mathrm{BA}}||\overrightarrow{\mathrm{BC}}|} = \cos 60°$$

$$\frac{0+9+0}{\sqrt{a^2+9+0}\sqrt{0+9+16}} = \frac{1}{2}$$

$$18 = 5\sqrt{a^2+9}$$

$$\therefore \quad a^2 = \left(\frac{18}{5}\right)^2 - 9$$

$$= \frac{18^2 - 15^2}{5^2} = \frac{3 \times 33}{5^2}$$

$a > 0$ より，$\boldsymbol{a = \dfrac{3\sqrt{11}}{5}}$ である。

9.14 (1) $a=1$, $b=2$ のとき，$a+b+c=0$ より $c = -(a+b) = -3$ であるから

$$\vec{p} = (1,\ 2,\ -3)$$
$$\vec{q} = (2,\ -3,\ 1)$$

よって

$$|\vec{p}| = \sqrt{1 + 2^2 + (-3)^2} = \sqrt{14}$$
$$|\vec{q}| = \sqrt{2^2 + (-3)^2 + 1^2} = \sqrt{14}$$
$$\vec{p} \cdot \vec{q} = 1 \times 2 + 2 \times (-3) + (-3) \times 1$$
$$= -7$$

より

$$\cos \theta = \frac{\vec{p} \cdot \vec{q}}{|\vec{p}||\vec{q}|} = \frac{-7}{14} = -\frac{1}{2}$$

(2) $\vec{p} = (a,\ b,\ c)$ と $\vec{q} = (b,\ c,\ a)$ について

$$|\vec{p}| = |\vec{q}| = \sqrt{a^2 + b^2 + c^2}$$
$$\vec{p} \cdot \vec{q} = ab + bc + ca$$

$\vec{p}$ と $\vec{q}$ のなす角を α $(0 \leqq \alpha \leqq \pi)$ とおくと

$$\cos \alpha = \frac{\vec{p} \cdot \vec{q}}{|\vec{p}||\vec{q}|}$$

$$= \frac{ab + bc + ca}{a^2 + b^2 + c^2}$$

ここで，$a + b + c = 0$ の両辺を2乗すると

$$a^2 + b^2 + c^2 + 2(ab + bc + ca) = 0$$
$$\therefore \quad a^2 + b^2 + c^2 = -2(ab + bc + ca)$$
$$\cdots\cdots①$$

が得られるので

$$\cos \alpha = \frac{ab + bc + ca}{-2(ab + bc + ca)} = -\frac{1}{2}$$

よって，α は a, b, c の値によらず一定であり，その値は

$$\alpha = \boldsymbol{\frac{2}{3}\pi}$$

(3) $\vec{p} = (a,\ b,\ c)$ と $\vec{r} = (a-b,\ b-c,\ c-a)$ について

$$|\vec{p}| = \sqrt{a^2 + b^2 + c^2}$$

また

$$|\vec{r}| = \sqrt{(a-b)^2 + (b-c)^2 + (c-a)^2}$$
$$= \sqrt{2(a^2 + b^2 + c^2) - 2(ab + bc + ca)}$$

であり，この式は①より

$$|\vec{r}| = \sqrt{3(a^2 + b^2 + c^2)}$$

と変形できる。さらに

$$\vec{p} \cdot \vec{r} = a(a-b) + b(b-c) + c(c-a)$$
$$= a^2 + b^2 + c^2 - (ab + bc + ca)$$

であり，この式は①より

$$\vec{p} \cdot \vec{r} = \frac{3}{2}(a^2 + b^2 + c^2)$$

と変形できる。よって，$\vec{p}$ と $\vec{r}$ のなす角を β $(0 \leqq \beta \leqq \pi)$ とおくと

$$\cos \beta$$
$$= \frac{\vec{p} \cdot \vec{r}}{|\vec{p}||\vec{r}|}$$
$$= \frac{\frac{3}{2}(a^2 + b^2 + c^2)}{\sqrt{a^2 + b^2 + c^2}\sqrt{3(a^2 + b^2 + c^2)}}$$
$$= \frac{\sqrt{3}}{2}$$

より，$\beta = \dfrac{\pi}{6}$ である。

📖 問題

垂直と平行 ⋯⋯⋯⋯⋯⋯⋯⋯⋯⋯⋯⋯⋯⋯⋯⋯⋯⋯⋯⋯⋯⋯⋯⋯⋯⋯⋯⋯⋯⋯⋯⋯⋯

☐ **9.15** 次の問いに答えよ。

(1) 2 つのベクトル $\vec{a} = (2,\ 3)$, $\vec{b} = (1,\ 2)$ が与えられたとき, $\vec{a} + x\vec{b}$ と $\vec{a} - x\vec{b}$ が直交するように実数 x の値を定めると ☐ である。
(東北学院大)

(2) O を原点とする空間内に, 3 点 A$(-1,\ 1,\ 1)$, B$(1,\ -1,\ 1)$, C$(1,\ 1,\ -1)$ がある。ベクトル $\overrightarrow{AB}$ およびベクトル $\overrightarrow{AC}$ に垂直で, 大きさ 1 のベクトル $\vec{e}$ を求めよ。
(秋田大　改)

☐ **9.16** 次の問いに答えよ。

(1) 2 つのベクトル $\vec{a} = (2,\ t-3)$, $\vec{b} = (-4,\ 2)$ は $t =$ ☐ のとき垂直であり, $t =$ ☐ のとき平行である。
(工学院大)

(2) 2 つのベクトル $\vec{a} = (4,\ x-2,\ -8)$, $\vec{b} = (x-4,\ 12,\ x+20)$ が平行なとき $x =$ ☐ であり, 垂直なとき $x =$ ☐ である。
(玉川大)

(3) 3 点 A$(2,\ 3,\ 4)$, B$(3,\ -2,\ -1)$, C$(m,\ n,\ 5)$ が同一直線上にあるとき, $m =$ ☐ , $n =$ ☐ である。
(立教大)

☐ **9.17** 2 つのベクトル $\vec{a}$, $\vec{b}$ は $\vec{0}$ ではなく, また平行でないとする。このとき, 等式 $(s+1)\vec{a} + 2t\vec{b} = t\vec{a} + (s+3)\vec{b}$ を満たす実数 s, t の値を求めよ。
(広島工大)

チェック・チェック

基本 check !

ベクトルの垂直条件
  $\vec{x} \neq \vec{0}$, $\vec{y} \neq \vec{0}$ のとき
    $\vec{x}$ と $\vec{y}$ が垂直 $\iff \vec{x} \cdot \vec{y} = 0$

ベクトルの平行条件
  $\vec{x} \neq \vec{0}$, $\vec{y} \neq \vec{0}$ のとき
    $\vec{x}$ と $\vec{y}$ が平行 $\iff \vec{x} = k\vec{y}$ (k は実数)

9.15 ベクトルの垂直条件
  (1), (2) ともに (内積) $= 0$ を利用します。

9.16 ベクトルの垂直条件と平行条件
(1) 垂直条件は $\vec{a} \cdot \vec{b} = 0$ です。
  $\vec{a}$, $\vec{b}$ の平行条件は $\vec{a} = k\vec{b}$ (k は実数) ですが, $\vec{a} = (a_1, a_2)$, $\vec{b} = (b_1, b_2)$ とすると $a_1 : a_2 = b_1 : b_2$ より
    $$a_1 b_2 - a_2 b_1 = 0$$
でもあります。

(2) 空間でも平面のときと同様に, 平行条件は $\vec{b} = k\vec{a}$ (k は実数), 垂直条件は $\vec{a} \cdot \vec{b} = 0$ です。

(3) A, B, C が同一直線上にあるということは, $\overrightarrow{AB} /\!/ \overrightarrow{AC}$ ということですね。

9.17 1 次独立
  平面上のベクトル $\vec{a}$, $\vec{b}$ が $\vec{0}$ でなく, 平行でないとき, $\vec{a}$, $\vec{b}$ は 1 次独立であるといいます。1 次独立であるということは, どのようなベクトル $\vec{p}$ についても
    $$\vec{p} = s\vec{a} + t\vec{b} \quad (s, t \text{ は実数})$$
の形にただ 1 通りに表される, つまり表現の一意性が保証されるということです。

解答・解説

9.15 (1) $\overrightarrow{a} + x\overrightarrow{b}$ と $\overrightarrow{a} - x\overrightarrow{b}$ が直交するから

$$(\overrightarrow{a} + x\overrightarrow{b}) \cdot (\overrightarrow{a} - x\overrightarrow{b}) = 0$$

$$\therefore \ |\overrightarrow{a}|^2 - x^2|\overrightarrow{b}|^2 = 0$$

$\overrightarrow{a} = (2, 3), \ \overrightarrow{b} = (1, 2)$ より

$$(2^2 + 3^2) - x^2(1^2 + 2^2) = 0$$

$$\therefore \ x = \pm\sqrt{\frac{13}{5}} = \pm\frac{\sqrt{65}}{5}$$

(2) 求めるベクトルを $\overrightarrow{e} = (x, y, z)$ とおくと，$|\overrightarrow{e}| = 1$ より

$$x^2 + y^2 + z^2 = 1 \quad \cdots\cdots\text{①}$$

$\overrightarrow{AB} = (1, -1, 1) - (-1, 1, 1) = (2, -2, 0)$ に垂直なので

$$\overrightarrow{AB} \cdot \overrightarrow{e} = 2x - 2y = 0$$

$$\therefore \ y = x \quad \cdots\cdots\text{②}$$

$\overrightarrow{AC} = (1, 1, -1) - (-1, 1, 1) = (2, 0, -2)$ に垂直なので

$$\overrightarrow{AC} \cdot \overrightarrow{e} = 2x - 2z = 0$$

$$\therefore \ z = x \quad \cdots\cdots\text{③}$$

②，③を①に代入して

$$3x^2 = 1$$

$$\therefore \ x = \pm\frac{1}{\sqrt{3}} \ (= y = z)$$

以上より

$$\overrightarrow{e} = \pm\frac{1}{\sqrt{3}}(1, 1, 1)$$

9.16 (1) $\overrightarrow{a}$ と $\overrightarrow{b}$ が垂直となるのは，$\overrightarrow{a} \cdot \overrightarrow{b} = 0$ のときで

$$2 \times (-4) + (t - 3) \times 2 = 0$$

$$\therefore \ t = \underline{\mathbf{7}}$$

次に，$\overrightarrow{a}$ と $\overrightarrow{b}$ が平行となるのは，$\overrightarrow{a} = k\overrightarrow{b}$ と表せるときであり

$$(2, t - 3) = (-4k, 2k)$$

すなわち

$$\begin{cases} 2 = -4k \\ t - 3 = 2k \end{cases}$$

$$\therefore \ k = -\frac{1}{2}, \quad t = \underline{\mathbf{2}}$$

(2) $\overrightarrow{a}$ と $\overrightarrow{b}$ が平行なとき，$\overrightarrow{b} = k\overrightarrow{a}$ (k は実数) と表せるので

$$(x - 4, 12, x + 20)$$
$$= (4k, k(x - 2), -8k)$$

すなわち

$$\begin{cases} x - 4 = 4k & \cdots\cdots\text{①} \\ 12 = k(x - 2) & \cdots\cdots\text{②} \\ x + 20 = -8k & \cdots\cdots\text{③} \end{cases}$$

①，③より，$k = -2, \ x = -4$ となり，これは②をみたすから

$$x = \underline{\mathbf{-4}}$$

次に，垂直なときは，$\overrightarrow{a} \cdot \overrightarrow{b} = 0$ をみたすので

$$4(x - 4) + 12(x - 2)$$
$$-8(x + 20) = 0$$

$$\therefore \ x = \underline{\mathbf{25}}$$

(3) A(2, 3, 4), B(3, -2, -1), C($m, n, 5$) が同一直線上にある条件は $\overrightarrow{AC} = k\overrightarrow{AB}$ となる実数 k が存在することであるから

$$\begin{cases} m - 2 = k \\ n - 3 = -5k \\ 1 = -5k \end{cases}$$

第 3 式より $k = -\dfrac{1}{5}$ となるので

$$m = 2 + k = 2 - \frac{1}{5} = \underline{\frac{9}{5}}$$

$$n = 3 - 5k = 3 - 5 \cdot \left(-\frac{1}{5}\right) = \underline{\mathbf{4}}$$

9.17 $(s+1)\vec{a} + 2t\vec{b} = t\vec{a} + (s+3)\vec{b}$
より
$$(s-t+1)\vec{a} + (2t-s-3)\vec{b} = \vec{0}$$
$$\cdots\cdots①$$
①において，$s-t+1 \neq 0$ と仮定すると，①は
$$\vec{a} = -\frac{2t-s-3}{s-t+1}\vec{b}$$
$2t-s-3=0$ と仮定すると $\vec{a}=\vec{0}$
となり，$\vec{a} \neq \vec{0}$ に反する。
$2t-s-3 \neq 0$ と仮定すると $\vec{a} /\!/ \vec{b}$
となり，$\vec{a} \nparallel \vec{b}$ に反する。

よって，いずれも与えられた条件と矛盾するので
$$s-t+1 = 0 \quad\cdots\cdots②$$
このとき，①は
$$(2t-s-3)\vec{b} = \vec{0}$$
となる。$\vec{b} \neq \vec{0}$ より
$$2t-s-3 = 0 \quad\cdots\cdots③$$
である。②，③より
$$\begin{cases} t-s=1 \\ 2t-s=3 \end{cases}$$
$$\therefore \quad \underline{s=1, \quad t=2}$$

【参考】 平面のベクトルと 1 次独立

一般に
「2 つのベクトル $\vec{a}$, $\vec{b}$ が $\vec{0}$ ではなく，また平行でない」$\cdots\cdots\cdots\cdots$ (*)
$\Longleftrightarrow$「$\alpha\vec{a} + \beta\vec{b} = \vec{0}$ ならば，$\alpha = \beta = 0$ 」$\cdots\cdots\cdots\cdots\cdots\cdots\cdots$ (**)
であり，これは
「$\alpha\vec{a} + \beta\vec{b} = \alpha'\vec{a} + \beta'\vec{b}$ ならば，$\begin{cases} \alpha = \alpha' \\ \beta = \beta' \end{cases}$ 」$\cdots\cdots\cdots\cdots\cdots$ (***)
と表すことができる。

(*) のとき（同値なので (**) のときと言ってもよい）$\vec{a}$, $\vec{b}$ は 1 次独立であるといい，これにより表現の一意性が保証 (***) されるのである。

教科書ではこれらのことを図形的に説明して，「(*) ならば，平面上の任意のベクトル $\vec{p}$ は $\vec{p} = \alpha\vec{a} + \beta\vec{b}$ として 1 通りに表すことができる」と記されている。

これを自明とするなら，たとえば **9.17** の答案は

9.17 $\vec{a} \neq \vec{0}$, $\vec{b} \neq \vec{0}$, $\vec{a} \nparallel \vec{b}$ であるから，与式より
$$\begin{cases} s+1=t \\ 2t=s+3 \end{cases}$$
$$\therefore \quad s=1, \ t=2$$

としてもよいだろう。どこまでを仮定して答案を書くか，判断に苦慮するところであるが，ここでは与えられた条件のみを用いた解答を記しておいた。

問題

正射影ベクトル ....

☐ **9.18** △ABC において，CA $= \sqrt{5}$，CB $= 2\sqrt{3}$ であり，また，$\overrightarrow{CA}$ と $\overrightarrow{CB}$ の内積 $\overrightarrow{CA} \cdot \overrightarrow{CB} = 4$ である。A より CB に下ろした垂線の交点を H とする。

(1) CH : HB $= 1 : \boxed{}$

(2) $\overrightarrow{AH} = \dfrac{1}{3}(a\overrightarrow{CA} + b\overrightarrow{CB})$ と表すとき，$a = \boxed{}$，$b = \boxed{}$

（千葉工大　改）

☐ **9.19** 与えられたベクトル $\overrightarrow{a} \neq \overrightarrow{0}$ に対して，別のベクトル $\overrightarrow{b}$ を取る。$\overrightarrow{b}$ が，$\overrightarrow{a}$ と垂直なベクトル $\overrightarrow{c}$ と平行なベクトル $\overrightarrow{a_1}$ に分解されるとき，$\overrightarrow{c}$ を $\overrightarrow{a}$，$\overrightarrow{b}$ を用いて表せ。 （昭和大）

☐ **9.20** 次の問いに答えよ。

(1) 平面上に異なる 3 点 O，A，B がある。直線 OA に関して B と対称な点を C とする。$\overrightarrow{OA}$，$\overrightarrow{OB}$，$\overrightarrow{OC}$ をそれぞれ $\overrightarrow{a}$，$\overrightarrow{b}$，$\overrightarrow{c}$ と書くとき，$\overrightarrow{c}$ を $\overrightarrow{a}$，$\overrightarrow{b}$ で表せ。 （滋賀大）

(2) 座標空間に 4 点 A(1, 1, 2)，B(2, 0, 1)，C(1, 1, 0)，D(3, 4, 6) がある。3 点 A，B，C の定める平面に関して点 D と対称な点を E とする。点 E の座標を求めなさい。 （信州大）

📖 チェック・チェック

基本 check !

正射影ベクトル

右の図のように，B から直線 OA に下ろし
た垂線の交点を H とし，$\overrightarrow{OA} = \vec{a}$，$\overrightarrow{OB} = \vec{b}$
とする。このとき

$$\overrightarrow{OH} = \frac{\vec{a} \cdot \vec{b}}{|\vec{a}|^2} \vec{a}$$

が成り立ち，$\overrightarrow{OH}$ を $\overrightarrow{OB}$ の $\overrightarrow{OA}$ への正射影ベ
クトルという。

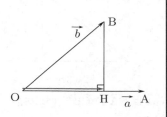

9.18 正射影ベクトル

正射影ベクトルは公式として覚えておくとよいでしょう。もちろん，自力で導くこ
ともできるようにしておかなければいけません。

9.19 ベクトルの直交分解

$\vec{b}$ を $\vec{a}$ 方向のベクトルと $\vec{a}$ と垂直な方向のベクトルに分解せよ，という問題で
あり，この操作はベクトルの直交化と呼ばれています。

9.20 対称な点

右の図において，H は BC の中点なので

$$\overrightarrow{OH} = \frac{\overrightarrow{OB} + \overrightarrow{OC}}{2}$$

より

$$\overrightarrow{OC} = 2\overrightarrow{OH} - \overrightarrow{OB}$$

となることがわかります。

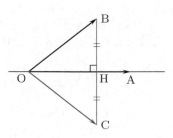

あるいは，BH = CH より

$$\begin{aligned}
\overrightarrow{OC} &= \overrightarrow{OB} + 2\overrightarrow{BH} \\
&= \overrightarrow{OB} + 2(\overrightarrow{OH} - \overrightarrow{OB}) \\
&= 2\overrightarrow{OH} - \overrightarrow{OB}
\end{aligned}$$

としてもよいですね。

解答・解説

9.18 (1)

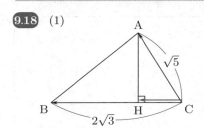

$\overrightarrow{\text{CH}}$ は $\overrightarrow{\text{CA}}$ の $\overrightarrow{\text{CB}}$ への正射影ベクトルであるから

$$\overrightarrow{\text{CH}} = \frac{\overrightarrow{\text{CA}} \cdot \overrightarrow{\text{CB}}}{\left|\overrightarrow{\text{CB}}\right|^2} \overrightarrow{\text{CB}}$$

$$= \frac{4}{(2\sqrt{3})^2}\overrightarrow{\text{CB}} = \frac{1}{3}\overrightarrow{\text{CB}}$$

$\therefore \quad \text{CH} : \text{CB} = 1 : 3$

したがって

$$\text{CH} : \text{HB} = 1 : (3-1) = 1 : \mathbf{2}$$

【参考】

正射影ベクトルの公式を示しておこう。H は CB 上の点であるから，$\overrightarrow{\text{CH}} = k\overrightarrow{\text{CB}}$ とおくことができる。$\text{AH} \perp \text{CB}$ より

$$0 = \overrightarrow{\text{AH}} \cdot \overrightarrow{\text{CB}}$$
$$= (\overrightarrow{\text{CH}} - \overrightarrow{\text{CA}}) \cdot \overrightarrow{\text{CB}}$$
$$= (k\overrightarrow{\text{CB}} - \overrightarrow{\text{CA}}) \cdot \overrightarrow{\text{CB}}$$
$$= k\left|\overrightarrow{\text{CB}}\right|^2 - \overrightarrow{\text{CA}} \cdot \overrightarrow{\text{CB}}$$

$\therefore \quad k = \dfrac{\overrightarrow{\text{CA}} \cdot \overrightarrow{\text{CB}}}{\left|\overrightarrow{\text{CB}}\right|^2}$

$\therefore \quad \overrightarrow{\text{CH}} = \dfrac{\overrightarrow{\text{CA}} \cdot \overrightarrow{\text{CB}}}{\left|\overrightarrow{\text{CB}}\right|^2}\overrightarrow{\text{CB}}$

または

$$\overrightarrow{\text{CH}} = \frac{\text{CH}}{\text{CB}} \times \overrightarrow{\text{CB}}$$

$$= \frac{\left(\left|\overrightarrow{\text{CA}}\right|\cos\angle\text{ACH}\right) \times \left|\overrightarrow{\text{CB}}\right|}{\left|\overrightarrow{\text{CB}}\right|^2} \times \overrightarrow{\text{CB}}$$

$$= \frac{\overrightarrow{\text{CA}} \cdot \overrightarrow{\text{CB}}}{\left|\overrightarrow{\text{CB}}\right|^2} \overrightarrow{\text{CB}}$$

としてもよい。

(2)
$$\overrightarrow{\text{AH}} = \overrightarrow{\text{CH}} - \overrightarrow{\text{CA}}$$
$$= \frac{1}{3}\overrightarrow{\text{CB}} - \overrightarrow{\text{CA}}$$
$$= \frac{1}{3}(-3\overrightarrow{\text{CA}} + \overrightarrow{\text{CB}})$$

$\therefore \quad \mathbf{a = -3, \quad b = 1}$

9.19 $\vec{b}$ は $\vec{a}$ と垂直なベクトル $\vec{c}$ と平行なベクトル $\vec{a_1}$ に分解されるから

$$\vec{b} = \vec{c} + \vec{a_1} = \vec{c} + t\vec{a}$$

となる実数 t が存在する。

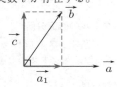

$\vec{a_1} = t\vec{a}$ は $\vec{b}$ の $\vec{a}$ への正射影ベクトルであるから

$$\vec{c} = \vec{b} - \frac{\vec{a} \cdot \vec{b}}{\left|\vec{a}\right|^2}\vec{a}$$

9.20 (1)

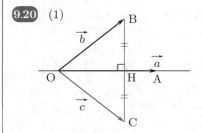

BC と直線 OA の交点を H とする。$\overrightarrow{\text{OH}}$ は $\vec{b}$ の $\vec{a}$ への正射影ベクトルより

$$\overrightarrow{\text{OH}} = \frac{\vec{a} \cdot \vec{b}}{\left|\vec{a}\right|^2}\vec{a}$$

また

$$\overrightarrow{\mathrm{OH}} = \frac{\overrightarrow{\mathrm{OB}} + \overrightarrow{\mathrm{OC}}}{2}$$

より

$$\overrightarrow{\mathrm{OC}} = 2\overrightarrow{\mathrm{OH}} - \overrightarrow{\mathrm{OB}}$$

よって

$$\vec{c} = \frac{2\vec{a} \cdot \vec{b}}{|\vec{a}|^2}\vec{a} - \vec{b}$$

(2) 3 点 A, B, C の定める平面に点 D から下ろした垂線の足を H とする。

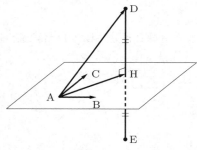

D の平面 ABC に関する対称点 E は

$$\begin{aligned}
\overrightarrow{\mathrm{OE}} &= \overrightarrow{\mathrm{OD}} + 2\overrightarrow{\mathrm{DH}}\\
&= \overrightarrow{\mathrm{OD}} + 2(\overrightarrow{\mathrm{OH}} - \overrightarrow{\mathrm{OD}})\\
&= 2\overrightarrow{\mathrm{OH}} - \overrightarrow{\mathrm{OD}}
\end{aligned}$$

である。H は平面 ABC 上の点であるから，実数 s, t を用いて

$$\overrightarrow{\mathrm{OH}} = \overrightarrow{\mathrm{OA}} + s\overrightarrow{\mathrm{AB}} + t\overrightarrow{\mathrm{AC}}$$

と表すことができ，$\overrightarrow{\mathrm{AB}} = (1, -1, -1)$, $\overrightarrow{\mathrm{AC}} = (0, 0, -2)$ より

$$\overrightarrow{\mathrm{OH}} = (1+s, \ 1-s, \ 2-s-2t)$$

よって

$$\begin{aligned}
\overrightarrow{\mathrm{HD}} &= \overrightarrow{\mathrm{OD}} - \overrightarrow{\mathrm{OH}}\\
&= (3, 4, 6)\\
&\quad -(1+s, \ 1-s, \ 2-s-2t)\\
&= (2-s, \ 3+s, \ 4+s+2t)
\end{aligned}$$

HD ⊥ (平面 ABC) より

$$\begin{cases} \overrightarrow{\mathrm{HD}} \cdot \overrightarrow{\mathrm{AB}} = 0 & \cdots\cdots① \\ \overrightarrow{\mathrm{HD}} \cdot \overrightarrow{\mathrm{AC}} = 0 & \cdots\cdots② \end{cases}$$

であるから，①，②より

$$(2-s, \ 3+s, \ 4+s+2t)$$
$$\cdot (1, -1, -1) = 0$$
$$\therefore \quad -5-3s-2t = 0 \quad \cdots\cdots③$$
$$(2-s, \ 3+s, \ 4+s+2t)$$
$$\cdot (0, 0, -2) = 0$$
$$\therefore \quad -8-2s-4t = 0 \quad \cdots\cdots④$$

③，④より

$$s = -\frac{1}{2}, \quad t = -\frac{7}{4}$$

したがって，

$$\overrightarrow{\mathrm{OH}} = \left(\frac{1}{2}, \ \frac{3}{2}, \ 6\right)$$

よって

$$\begin{aligned}
\overrightarrow{\mathrm{OE}} &= 2\left(\frac{1}{2}, \ \frac{3}{2}, \ 6\right) - (3, 4, 6)\\
&= (-2, -1, 6)
\end{aligned}$$

であり，E の座標は **$(-2, -1, 6)$** である。

別解

$$\overrightarrow{\mathrm{AB}} = (1, -1, -1)$$
$$\overrightarrow{\mathrm{AC}} = (0, 0, -2)$$

の両方に垂直なベクトルの 1 つとして $\vec{n} = (1, 1, 0)$ をとると，$\overrightarrow{\mathrm{HD}}$ は $\overrightarrow{\mathrm{AD}}$ の $\vec{n}$ への正射影ベクトルであるから

$$\overrightarrow{\mathrm{HD}} = \frac{\overrightarrow{\mathrm{AD}} \cdot \vec{n}}{|\vec{n}|^2}\vec{n}$$

ここで

$$\begin{aligned}
\overrightarrow{\mathrm{AD}} \cdot \vec{n} &= (2, 3, 4) \cdot (1, 1, 0)\\
&= 5
\end{aligned}$$
$$|\vec{n}|^2 = 1^2 + 1^2 + 0 = 2$$

より

$$\overrightarrow{\mathrm{HD}} = \frac{5}{2}(1, 1, 0)$$

よって

$$\begin{aligned}
\overrightarrow{\mathrm{OE}} &= \overrightarrow{\mathrm{OD}} + 2\overrightarrow{\mathrm{DH}}\\
&= (3, 4, 6) + 2 \times \frac{-5}{2}(1, 1, 0)\\
&= (-2, -1, 6)
\end{aligned}$$

であり，E の座標は $(-2, -1, 6)$ である。

§2   平面ベクトル

📖 問題

分点公式と面積比 ··

□ **9.21** 台形 ABCD において 2 つのベクトル $\overrightarrow{AD}$, $\overrightarrow{BC}$ が $\overrightarrow{AD} = \dfrac{3}{4}\overrightarrow{BC}$ をみ
たしているとする。このとき 2 つの線分 AC と BD の交点を E とするとベク
トル $\overrightarrow{AE}$ は $\overrightarrow{AB}$ と $\overrightarrow{AD}$ を用いて

$$\overrightarrow{AE} = \boxed{}\overrightarrow{AB} + \boxed{}\overrightarrow{AD}$$

と表せる。また点 E を通り辺 AD に平行な直線と線分 AB, CD との交点を
それぞれ F, G とするとベクトル $\overrightarrow{AF}$ と $\overrightarrow{AG}$ は $\overrightarrow{AB}$ と $\overrightarrow{AD}$ を用いて

$$\overrightarrow{AF} = \boxed{}\overrightarrow{AB}, \quad \overrightarrow{AG} = \boxed{}\overrightarrow{AB} + \boxed{}\overrightarrow{AD}$$

と表せる。 (摂南大)

□ **9.22** △ABC と同一平面上に点 P があり

$$3\overrightarrow{PA} + 4\overrightarrow{PB} + 5\overrightarrow{PC} = \overrightarrow{0}$$

をみたすとき, △ABP, △BCP, △CAP の面積の比は $\boxed{}$: $\boxed{}$: $\boxed{}$
となる。 (摂南大)

□ **9.23** △ABC とその内部の点 P があり, △PAB, △PBC, △PCA の面積の
比を 1 : 2 : 3 とする。点 A, B, C の位置ベクトルをそれぞれ $\vec{a}$, $\vec{b}$, $\vec{c}$ とす
るとき, 点 P の位置ベクトルを $\vec{a}$, $\vec{b}$, $\vec{c}$ を使って表せ。 (福島大)

チェック・チェック

基本 check !

位置ベクトル

　ベクトルの始点を O に固定すると，ベクトル $\overrightarrow{\mathrm{OP}}$ と平面上の点 P は 1 対 1 に対応する。このとき，$\overrightarrow{\mathrm{OP}}$ を P の位置ベクトルという。

分点公式

(ⅰ) 線分 AB を $m:n$ に内分する点 C の
　　位置ベクトルは

$$\vec{c} = \frac{n\vec{a} + m\vec{b}}{m+n}$$

である。右の図のようにタスキがけに
かけると覚えておくとよい。

(ⅱ) 点の位置を知るには分点公式が使える形に
　　式を変形するとよい。

$$\overrightarrow{\mathrm{OP}} = a\overrightarrow{\mathrm{OA}} + b\overrightarrow{\mathrm{OB}}$$

$$= (a+b) \times \frac{a\overrightarrow{\mathrm{OA}} + b\overrightarrow{\mathrm{OB}}}{a+b}$$

線分 AB を $b:a$ に内分する点を C とすると
P は右の図の位置にある。

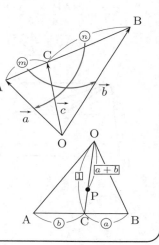

9.21　分点公式

ベクトルにかける係数を取り違えないように公式を用いましょう。

9.22　面積比 (1)

点 P の位置を分点公式を利用して知ることにより，面積比がわかります。

9.23　面積比 (2)

これは **9.22** の逆のタイプです。面積比から点 P の位置を探ります。

📖 解答・解説

9.21 次の図において，$\overrightarrow{AD} = \dfrac{3}{4}\overrightarrow{BC}$ より AD // BC であり

$$BE : ED = BC : AD = 4 : 3$$

となるので

$$\overrightarrow{AE} = \frac{3\overrightarrow{AB} + 4\overrightarrow{AD}}{4 + 3}$$

$$= \underline{\frac{3}{7}}\overrightarrow{AB} + \underline{\frac{4}{7}}\overrightarrow{AD}$$

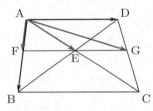

また，F，G のとり方から

$$AF : FB = 3 : 4$$

であるから

$$\overrightarrow{AF} = \underline{\frac{3}{7}}\overrightarrow{AB}$$

同じく，DG : GC = 3 : 4 となるので

$$\overrightarrow{AG} = \frac{3\overrightarrow{AC} + 4\overrightarrow{AD}}{3 + 4}$$

$$= \frac{3}{7}\overrightarrow{AC} + \frac{4}{7}\overrightarrow{AD}$$

$$= \frac{3}{7}\left(\overrightarrow{AB} + \frac{4}{3}\overrightarrow{AD}\right) + \frac{4}{7}\overrightarrow{AD}$$

$$= \underline{\frac{3}{7}}\overrightarrow{AB} + \underline{\frac{8}{7}}\overrightarrow{AD}$$

9.22 $3\overrightarrow{PA} + 4\overrightarrow{PB} + 5\overrightarrow{PC} = \overrightarrow{0}$ の始点を A に直すと

$$-3\overrightarrow{AP} + 4(\overrightarrow{AB} - \overrightarrow{AP})$$
$$+5(\overrightarrow{AC} - \overrightarrow{AP}) = \overrightarrow{0}$$

$$12\overrightarrow{AP} = 4\overrightarrow{AB} + 5\overrightarrow{AC}$$

よって

$$\overrightarrow{AP} = \frac{1}{12}(4\overrightarrow{AB} + 5\overrightarrow{AC})$$

$$= \frac{9}{12} \times \frac{4\overrightarrow{AB} + 5\overrightarrow{AC}}{5 + 4}$$

$$= \frac{3}{4}\overrightarrow{AD}$$

ただし，点 D は辺 BC を 5 : 4 に内分する点である。これより，点 P は次の図の位置にある。

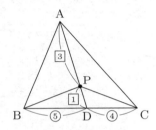

△ABC の面積を S とおくと

$$\triangle ABP = \frac{3}{4}\triangle ABD$$

$$= \frac{3}{4} \times \frac{5}{9}\triangle ABC$$

$$= \frac{5}{12}S$$

$$\triangle BCP = \frac{1}{4}\triangle ABC$$

$$= \frac{3}{12}S$$

$$\triangle CAP = \frac{3}{4}\triangle ACD$$

$$= \frac{3}{4} \times \frac{4}{9}\triangle ABC$$

$$= \frac{4}{12}S$$

よって

$$\triangle ABP : \triangle BCP : \triangle CAP$$
$$= \underline{5} : \underline{3} : \underline{4}$$

9.23 AP の延長と辺 BC との交点を M とすると

$$\triangle PAB : \triangle PBC : \triangle PCA$$
$$= 1 : 2 : 3$$

より

$$BM : MC$$
$$= \triangle PAB : \triangle PCA$$
$$= 1 : 3$$

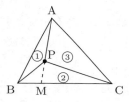

また

$$\triangle PBC : \triangle ABC$$
$$= 2 : (1 + 2 + 3)$$
$$= 1 : 3$$
$$\therefore \quad PM : AM = 1 : 3$$

すなわち

$$AP : AM = 2 : 3$$

よって

$$\overrightarrow{AP} = \frac{2}{3}\overrightarrow{AM}$$

$$= \frac{2}{3} \times \frac{3\overrightarrow{AB} + \overrightarrow{AC}}{3 + 1}$$

$$= \frac{3\overrightarrow{AB} + \overrightarrow{AC}}{6}$$

P の位置ベクトルを $\overrightarrow{p}$ とすると

$$6(\overrightarrow{p} - \overrightarrow{a})$$
$$= 3(\overrightarrow{b} - \overrightarrow{a}) + (\overrightarrow{c} - \overrightarrow{a})$$
$$= -4\overrightarrow{a} + 3\overrightarrow{b} + \overrightarrow{c}$$
$$\therefore \quad \overrightarrow{p} = \frac{2\overrightarrow{a} + 3\overrightarrow{b} + \overrightarrow{c}}{6}$$

📖 問題

三角形の面積 ···

□ **9.24** 次の問いに答えよ。

(1) $\overrightarrow{OA} = (1, -2)$, $\overrightarrow{OB} = (2, 2)$, $\overrightarrow{OC} = (0, 3)$ のとき，△ABC の面積は

  ☐ である。 (日本工大)

(2) 空間の 3 点 A$(-1, 0, 3)$, B$(2, 1, -2)$, C$(1, 3, 2)$ を頂点とする三角形 ABC の面積を求めよ。 (長崎総合科学大)

□ **9.25** 点 O を中心とする半径 1 の円に内接する三角形 ABC において

$$-5\overrightarrow{OA} + 7\overrightarrow{OB} + 8\overrightarrow{OC} = \vec{0}$$

が成り立っているとする。また直線 OA と直線 BC の交点を P とする。このとき線分 BC, OP の長さを求めると BC = ☐ , OP = ☐ である。さらに三角形 ABC の面積は ☐ である。 (慶大)

チェック・チェック

基本 check !

三角形の面積

(i) 平面上において，三角形をつくる 2 辺のベクトルの
　成分が
$$\overrightarrow{AB} = (x_1,\ y_1), \quad \overrightarrow{AC} = (x_2,\ y_2)$$
　のとき，三角形 ABC の面積 S は
$$S = \frac{1}{2}|x_1 y_2 - y_1 x_2|$$

(ii) 内積を使うと，三角形 ABC の面積 S は
$$S = \frac{1}{2}\sqrt{\left|\overrightarrow{AB}\right|^2 \left|\overrightarrow{AC}\right|^2 - \left(\overrightarrow{AB} \cdot \overrightarrow{AC}\right)^2}$$

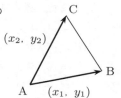

9.24 三角形の面積

(1) は平面，(2) は空間における三角形の面積です。使う公式を確認しておきましょう。

9.25 分点公式と三角形の面積

$\left|\overrightarrow{BC}\right| = \left|\overrightarrow{OC} - \overrightarrow{OB}\right|$, $\overrightarrow{OA} = \dfrac{7\overrightarrow{OB} + 8\overrightarrow{OC}}{5}$ より点 P の位置を知ることができます。

解答・解説

9.24 (1) $\overrightarrow{AB}$, $\overrightarrow{AC}$ について

$$\overrightarrow{AB} = \overrightarrow{OB} - \overrightarrow{OA}$$
$$= (2,\ 2) - (1,\ -2)$$
$$= (1,\ 4)$$
$$\overrightarrow{AC} = \overrightarrow{OC} - \overrightarrow{OA}$$
$$= (0,\ 3) - (1,\ -2)$$
$$= (-1,\ 5)$$

であるから，$\triangle ABC$ の面積 S は

$$S = \frac{1}{2}|1 \times 5 - 4 \times (-1)|$$
$$= \frac{9}{2}$$

(2) $\quad \overrightarrow{AB} = (2,\ 1,\ -2) - (-1,\ 0,\ 3)$
$$= (3,\ 1,\ -5)$$
$$\overrightarrow{AC} = (1,\ 3,\ 2) - (-1,\ 0,\ 3)$$
$$= (2,\ 3,\ -1)$$

より

$$\left|\overrightarrow{AB}\right|^2\left|\overrightarrow{AC}\right|^2$$
$$= \{3^2 + 1^2 + (-5)^2\}$$
$$\times \{2^2 + 3^2 + (-1)^2\}$$
$$= 35 \times 14$$
$$\left(\overrightarrow{AB} \cdot \overrightarrow{AC}\right)^2$$
$$= \{3 \times 2 + 1 \times 3 + (-5) \times (-1)\}^2$$
$$= 14^2$$

したがって，$\triangle ABC$ の面積 S は

$$S$$
$$= \frac{1}{2}\sqrt{\left|\overrightarrow{AB}\right|^2\left|\overrightarrow{AC}\right|^2 - \left(\overrightarrow{AB} \cdot \overrightarrow{AC}\right)^2}$$
$$= \frac{1}{2}\sqrt{35 \times 14 - 14^2}$$
$$= \frac{1}{2}\sqrt{21 \times 14}$$
$$= \frac{7\sqrt{6}}{2}$$

9.25

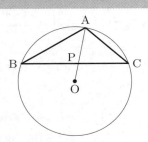

$$-5\overrightarrow{OA} + 7\overrightarrow{OB} + 8\overrightarrow{OC} = \vec{0}$$
$$5\overrightarrow{OA} = 7\overrightarrow{OB} + 8\overrightarrow{OC} \quad \cdots\cdots ①$$

①の両辺の大きさを 2 乗すると

$$25\left|\overrightarrow{OA}\right|^2$$
$$= 49\left|\overrightarrow{OB}\right|^2 + 112\overrightarrow{OB} \cdot \overrightarrow{OC}$$
$$+ 64\left|\overrightarrow{OC}\right|^2$$

$\left|\overrightarrow{OA}\right| = \left|\overrightarrow{OB}\right| = \left|\overrightarrow{OC}\right| = 1$ より

$$25 = 49 + 112\overrightarrow{OB} \cdot \overrightarrow{OC} + 64$$

ゆえに

$$\overrightarrow{OB} \cdot \overrightarrow{OC} = \frac{25 - 113}{112} = -\frac{11}{14}$$

である。したがって

$$\left|\overrightarrow{BC}\right|^2$$
$$= \left|\overrightarrow{OC}\right|^2 - 2\overrightarrow{OB} \cdot \overrightarrow{OC} + \left|\overrightarrow{OB}\right|^2$$
$$= 1 - 2 \times \left(-\frac{11}{14}\right) + 1$$
$$= \frac{25}{7}$$

ゆえに

$$BC = \frac{5}{\sqrt{7}} = \frac{5\sqrt{7}}{7}$$

である。①は

$$\overrightarrow{OA} = \frac{7\overrightarrow{OB} + 8\overrightarrow{OC}}{5}$$
$$= 3 \times \frac{7\overrightarrow{OB} + 8\overrightarrow{OC}}{15}$$

$\overrightarrow{OX} = \dfrac{7\overrightarrow{OB} + 8\overrightarrow{OC}}{15}$ とおく。X は

BC を 8 : 7 に内分する点であるから，直線 BC 上の点である。かつ，$\overrightarrow{\mathrm{OA}} = 3\overrightarrow{\mathrm{OX}}$ であるから，X は直線 OA 上の点でもある。したがって，X は直線 OA と直線 BC の交点 P と一致する。よって

$$\overrightarrow{\mathrm{OA}} = 3\overrightarrow{\mathrm{OP}}$$

ゆえに

$$\mathrm{OP} = \frac{1}{3}\left|\overrightarrow{\mathrm{OA}}\right| = \underline{\frac{1}{3}}$$

さらに

$$\triangle\mathrm{ABC}$$
$$= \frac{1}{2}\sqrt{\left|\overrightarrow{\mathrm{AB}}\right|^2\left|\overrightarrow{\mathrm{AC}}\right|^2 - (\overrightarrow{\mathrm{AB}}\cdot\overrightarrow{\mathrm{AC}})^2}$$

である。ここで

$$\overrightarrow{\mathrm{AB}} = \overrightarrow{\mathrm{OB}} - \frac{7\overrightarrow{\mathrm{OB}} + 8\overrightarrow{\mathrm{OC}}}{5}$$
$$= -\frac{2\overrightarrow{\mathrm{OB}} + 8\overrightarrow{\mathrm{OC}}}{5}$$
$$\overrightarrow{\mathrm{AC}} = \overrightarrow{\mathrm{OC}} - \frac{7\overrightarrow{\mathrm{OB}} + 8\overrightarrow{\mathrm{OC}}}{5}$$
$$= -\frac{7\overrightarrow{\mathrm{OB}} + 3\overrightarrow{\mathrm{OC}}}{5}$$

であり

$$\left|\overrightarrow{\mathrm{AB}}\right|^2$$
$$= \frac{1}{25}\left\{4 + 2\times16\times\left(-\frac{11}{14}\right) + 64\right\}$$
$$= \frac{68\times7 - 16\times11}{25\times7}$$
$$= \frac{12}{7}$$
$$\left|\overrightarrow{\mathrm{AC}}\right|^2$$
$$= \frac{1}{25}\left\{49 + 2\times21\times\left(-\frac{11}{14}\right) + 9\right\}$$
$$= \frac{58\times7 - 21\times11}{25\times7}$$
$$= 1$$
$$\overrightarrow{\mathrm{AB}}\cdot\overrightarrow{\mathrm{AC}}$$
$$= \frac{1}{25}\left\{14 + 62\times\left(-\frac{11}{14}\right) + 24\right\}$$
$$= \frac{38\times7 - 31\times11}{25\times7}$$

$$= -\frac{3}{7}$$

であるから

$$\triangle\mathrm{ABC}$$
$$= \frac{1}{2}\sqrt{\frac{12}{7}\times1 - \left(-\frac{3}{7}\right)^2}$$
$$= \frac{1}{2}\times\frac{\sqrt{84 - 9}}{7}$$
$$= \underline{\frac{5\sqrt{3}}{14}}$$

📖 問題

交点のベクトル表示 ··

☐ **9.26** 平面上の互いに異なる 3 つの点 O, A, B は一直線上にないとする。点 C は $\overrightarrow{OC} = \overrightarrow{OA} + \overrightarrow{OB}$ を満たすとする。また，線分 BC を 1 : 2 に内分する点を P とし，線分 AC を 2 : 3 に内分する点を Q とする。$\overrightarrow{OA} = \vec{a}$，$\overrightarrow{OB} = \vec{b}$ とする。

(1) $\overrightarrow{OP} = k\vec{a} + l\vec{b}$ を満たす実数 k, l を求めよ。

(2) $\overrightarrow{OQ} = r\vec{a} + s\vec{b}$ を満たす実数 r, s を求めよ。

(3) 線分 AP と線分 BQ の交点を R とする。$\overrightarrow{OR} = x\vec{a} + y\vec{b}$ を満たす実数 x, y を求めよ。

(室蘭工大)

☐ **9.27** △ABC において，辺 AC を 2 : 1 に内分する点を D，辺 AB を 3 : 2 に内分する点を E とし，線分 BD, CE の交点を P とするとき

$$\overrightarrow{AP} = \boxed{}\overrightarrow{AB} + \boxed{}\overrightarrow{AC}$$

である。

(東京薬大)

☐ **9.28** △OAB において，辺 OA を 2 : 3 に内分する点を L，辺 OB を 4 : 3 に内分する点を M とし，線分 AM と線分 BL の交点を P，線分 OP の延長が辺 AB と交わる点を N とする。$\overrightarrow{OA} = \vec{a}$，$\overrightarrow{OB} = \vec{b}$ として，以下の (1) ～ (3) に答えよ。

(1) 実数 s を $\overrightarrow{AP} = s\overrightarrow{AM}$ を満たすものとするとき，$\overrightarrow{OP}$ を $\vec{a}$, $\vec{b}$ および s を用いて表せ。

(2) $\overrightarrow{OP}$ を $\vec{a}$ と $\vec{b}$ を用いて表せ。

(3) 線分 AN と線分 BN の長さの比を求めよ。

(立教大)

チェック・チェック

基本 check !

交点のベクトル表示

(i) 平面上の 3 点 O，A，B が同一直線上にない (3 点 O，A，B が三角形をつくる)，すなわち

$$\overrightarrow{OA} \neq \vec{0},\ \overrightarrow{OB} \neq \vec{0},\ \overrightarrow{OA} \not\parallel \overrightarrow{OB}$$

であることは

$$\alpha\overrightarrow{OA} + \beta\overrightarrow{OB} = \vec{0} \ \text{ならば}\ \alpha = \beta = 0$$

と同値であり，このとき $\overrightarrow{OA}$，$\overrightarrow{OB}$ は 1 次独立であるという。

(ii) $\overrightarrow{OA}$，$\overrightarrow{OB}$ が 1 次独立であるとき，平面上の点 P は

$$\overrightarrow{OP} = \alpha\overrightarrow{OA} + \beta\overrightarrow{OB}\ (\alpha,\ \beta\text{は実数})$$

として一通りに表すことができる。(393 ページ **9.17** 参照)

9.26 交点のベクトル表示 (1)

$\overrightarrow{OC} = \overrightarrow{OA} + \overrightarrow{OB}$ より，四角形 OACB は平行四辺形となっています。線分 AP と線分 BQ の交点 R は，線分 AP 上の点であることと，線分 BQ 上の点であることから 2 通りの表現

$$\overrightarrow{OR} = \alpha\overrightarrow{OA} + \beta\overrightarrow{OB}$$
$$\overrightarrow{OR} = \alpha'\overrightarrow{OA} + \beta'\overrightarrow{OB}$$

が得られます。$\overrightarrow{OA}$，$\overrightarrow{OB}$ は 1 次独立なので

$$\begin{cases} \alpha = \alpha' \\ \beta = \beta' \end{cases} \quad (\text{係数の比較が可能})$$

が成り立ちます。

9.27 交点のベクトル表示 (2)

P は線分 BD 上の点であり，線分 CE 上の点でもあります。すなわち $\overrightarrow{AP}$ は 2 通りの表現が可能です。**9.26** と同じ扱いができます。

また，メネラウスの定理（数学 A）を利用する解答も考えられます。

9.28 交点のベクトル表示 (3)

(2) 実数 t を $\overrightarrow{BP} = t\overrightarrow{BL}$ をみたすものとして，$\overrightarrow{OP}$ を $\vec{a}$，$\vec{b}$，t を用いて表しましょう。O，A，B は同一直線上にない ($\overrightarrow{OA} \not\parallel \overrightarrow{OB}$，$\overrightarrow{OA} \neq \vec{0}$，$\overrightarrow{OB} \neq \vec{0}$) から，(1) の式と係数の比較ができます。

また，チェバの定理（数学 A）を利用する解答も考えられます。

📖 解答・解説

9.26

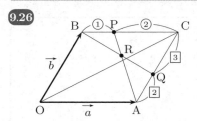

(1) 点 P は線分 BC を $1:2$ に内分するから

$$\overrightarrow{OP} = \overrightarrow{OB} + \overrightarrow{BP}$$
$$= \vec{b} + \frac{1}{3}\vec{a}$$
$$= \frac{1}{3}\vec{a} + \vec{b}$$

$\vec{a} \not\parallel \vec{b}$, $\vec{a} \neq \vec{0}$, $\vec{b} \neq \vec{0}$ であるから $\overrightarrow{OP}$ は $k\vec{a} + l\vec{b}$ の形にただ 1 通りに表される。よって

$$\boldsymbol{k = \frac{1}{3}, \quad l = 1}$$

(2) 点 Q は線分 AC を $2:3$ に内分するから

$$\overrightarrow{OQ} = \overrightarrow{OA} + \overrightarrow{AQ}$$
$$= \vec{a} + \frac{2}{5}\vec{b}$$

$\vec{a} \not\parallel \vec{b}$, $\vec{a} \neq \vec{0}$, $\vec{b} \neq \vec{0}$ であるから $\overrightarrow{OQ}$ は $r\vec{a} + s\vec{b}$ の形にただ 1 通りに表される。よって

$$\boldsymbol{r = 1, \quad s = \frac{2}{5}}$$

(3) R が線分 AP を $p:(1-p)$ に内分する点とすれば

$$\overrightarrow{OR} = (1-p)\overrightarrow{OA} + p\overrightarrow{OP}$$
$$= (1-p)\vec{a} + p\left(\frac{1}{3}\vec{a} + \vec{b}\right)$$
$$= \frac{3-2p}{3}\vec{a} + p\vec{b} \quad \cdots\cdots①$$

また、点 R が線分 BQ を $q:(1-q)$ に内分する点とすれば

$$\overrightarrow{OR} = q\overrightarrow{OQ} + (1-q)\overrightarrow{OB}$$

$$= q\left(\vec{a} + \frac{2}{5}\vec{b}\right) + (1-q)\vec{b}$$
$$= q\vec{a} + \frac{5-3q}{5}\vec{b} \quad \cdots\cdots②$$

$\vec{a} \not\parallel \vec{b}$, $\vec{a} \neq \vec{0}$, $\vec{b} \neq \vec{0}$ であるから $\overrightarrow{OR}$ は $x\vec{a} + y\vec{b}$ の形にただ 1 通りに表される。よって、①、② より

$$\begin{cases} \dfrac{3-2p}{3} = q \\ p = \dfrac{5-3q}{5} \end{cases}$$

$$\therefore \begin{cases} 2p + 3q = 3 \\ 5p + 3q = 5 \end{cases}$$

これを解いて

$$p = \frac{2}{3}, \quad q = \frac{5}{9}$$

①（または②）に代入して

$$\overrightarrow{OR} = \frac{5}{9}\vec{a} + \frac{2}{3}\vec{b}$$

を得る。よって

$$\boldsymbol{x = \frac{5}{9}, \quad y = \frac{2}{3}}$$

9.27

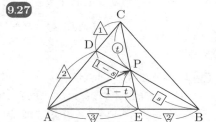

P が線分 BD を $s:(1-s)$ に内分する点とすると

$$\overrightarrow{AP} = (1-s)\overrightarrow{AB} + s\overrightarrow{AD}$$

$$\therefore \quad \overrightarrow{AP} = (1-s)\overrightarrow{AB} + \frac{2}{3}s\overrightarrow{AC}$$
$$\cdots\cdots①$$

また、P が線分 CE を $t:(1-t)$ に内分する点とすると

$$\overrightarrow{AP} = t\overrightarrow{AE} + (1-t)\overrightarrow{AC}$$

$$\therefore \quad \overrightarrow{AP} = \frac{3}{5}t\overrightarrow{AB} + (1-t)\overrightarrow{AC}$$

$$\cdots\cdots ②$$

$\overrightarrow{AB} \not\parallel \overrightarrow{AC}, \ \overrightarrow{AB} \neq \vec{0}, \ \overrightarrow{AC} \neq \vec{0}$

であるから①，②より

$$1-s = \frac{3}{5}t \ \text{かつ} \ \frac{2}{3}s = 1-t$$

$$\therefore \quad s = \frac{2}{3}, \ t = \frac{5}{9}$$

したがって

$$\overrightarrow{AP} = \boldsymbol{\frac{1}{3}}\overrightarrow{\mathbf{AB}} + \boldsymbol{\frac{4}{9}}\overrightarrow{\mathbf{AC}}$$

別解

メネラウスの定理より

$$\frac{AE}{EB} \times \frac{BP}{PD} \times \frac{DC}{CA} = 1$$

$$\frac{3}{2} \times \frac{BP}{PD} \times \frac{1}{3} = 1$$

$$\therefore \quad BP : PD = 2 : 1$$

したがって

$$\overrightarrow{AP} = \frac{\overrightarrow{AB} + 2\overrightarrow{AD}}{3}$$

$$= \frac{1}{3}\overrightarrow{AB} + \frac{2}{3} \times \frac{2}{3}\overrightarrow{AC}$$

$$= \frac{1}{3}\overrightarrow{AB} + \frac{4}{9}\overrightarrow{AC}$$

9.28 (1) $\overrightarrow{AP} = s\overrightarrow{AM}$ を O を始点とするベクトルで表すと

$$\overrightarrow{OP} - \overrightarrow{OA} = s(\overrightarrow{OM} - \overrightarrow{OA})$$

よって

$$\overrightarrow{OP} = (1-s)\overrightarrow{OA} + s\overrightarrow{OM}$$

$$= \boldsymbol{(1-s)}\vec{a} + \boldsymbol{\frac{4}{7}}s\vec{b}$$

$$\cdots\cdots ①$$

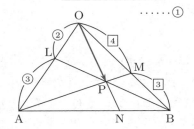

(2) $\overrightarrow{BP} = t\overrightarrow{BL}$ (t は実数) と表せるから，これを O を始点とするベクトルで表すと

$$\overrightarrow{OP} - \overrightarrow{OB} = t(\overrightarrow{OL} - \overrightarrow{OB})$$

よって

$$\overrightarrow{OP} = t\overrightarrow{OL} + (1-t)\overrightarrow{OB}$$

$$= \frac{2}{5}t\vec{a} + (1-t)\vec{b}$$

$$\cdots\cdots ②$$

$\vec{a} \not\parallel \vec{b}, \ \vec{a} \neq \vec{0}, \ \vec{b} \neq \vec{0}$ であるから①，②より

$$1-s = \frac{2}{5}t \ \text{かつ} \ \frac{4}{7}s = 1-t$$

$$\therefore \quad s = \frac{7}{9}, \ t = \frac{5}{9}$$

したがって

$$\overrightarrow{\mathbf{OP}} = \boldsymbol{\frac{2}{9}}\vec{a} + \boldsymbol{\frac{4}{9}}\vec{b}$$

(3) $\overrightarrow{OP} = \frac{2}{9}(\vec{a} + 2\vec{b})$

$$= \frac{2}{3} \times \frac{\vec{a} + 2\vec{b}}{2+1}$$

と変形できるから

$$\overrightarrow{ON} = \frac{\vec{a} + 2\vec{b}}{2+1}$$

$$\therefore \quad \boldsymbol{AN : BN = 2 : 1}$$

別解

チェバの定理より

$$\frac{OL}{LA} \times \frac{AN}{NB} \times \frac{BM}{MO} = 1$$

$$\frac{2}{3} \times \frac{AN}{NB} \times \frac{3}{4} = 1$$

すなわち

$$\frac{AN}{NB} = 2$$

$$\therefore \quad AN : BN = 2 : 1$$

📖 問題

領域の図示 ･･

9.29 △ABC の面積を S とする。m, n が $0 \leqq m \leqq 3$, $0 \leqq n \leqq 2$ をみたしながら変わるとき、$\overrightarrow{AP} = m\overrightarrow{AB} + n\overrightarrow{AC}$ で定まる点 P がえがく図形の面積を S を用いて表せ。 (大阪工大)

9.30 △OAB に対し、$\overrightarrow{OA} = \vec{a}$, $\overrightarrow{OB} = \vec{b}$ とするとき、$\overrightarrow{OP} = s\vec{a} + t\vec{b}$ で表される点 P を考える。実数 s, t が $3s + 2t = 3$, $s \geqq 0$, $t \geqq 0$ の条件を満たしながら動くとき、P の存在範囲を求めよ。 (京都府立大 改)

9.31 実数 s, t は $s \geqq 0$, $t \geqq 0$, $2s + t \leqq 1$ をみたすとき、2 つのベクトル $\vec{a} = (1, 2)$, $\vec{b} = (2, 1)$ および座標平面上の原点 O に対し、位置ベクトル $\overrightarrow{OP} = s\vec{a} + t\vec{b}$ で定まる点 P が存在する範囲の面積は $\boxed{}$ である。
(日本獣医畜産大)

定点を通る直線 ･･･

9.32 平面上の三角形 ABC の重心を O とする。点 O を通り、頂点 A を通らない直線 l が辺 AB、AC とそれぞれ点 P、Q で交わるとする。三角形 ABC の面積を S、三角形 APQ の面積を T とする。

(1) $\dfrac{T}{S} = \dfrac{\text{AP} \cdot \text{AQ}}{\text{AB} \cdot \text{AC}}$ が成り立つことを示せ。

(2) 直線 l がどのような直線のとき $\dfrac{T}{S}$ が、最小となるかを答え、$\dfrac{T}{S}$ の最小値を求めよ。 (東北大)

9.33 座標平面上の $\vec{0}$ でないベクトル $\vec{a}$, $\vec{b}$ は平行でないとする。$\vec{a}$ と $\vec{b}$ を位置ベクトルとする点をそれぞれ A, B とする。また、正の実数 x, y に対して $x\vec{a}$ と $y\vec{b}$ を位置ベクトルとする点をそれぞれ P, Q とする。線分 PQ が線分 AB を 2 : 1 に内分する点を通るとき、xy の最小値を求めよ。ただし、位置ベクトルはすべて原点 O を基準に考える。 (信州大)

📖 チェック・チェック

基本 check！

直線の方程式

P が直線 AB 上の点である条件は，次の (i)〜(iv) のいずれかをみたすことである。

(i) $\overrightarrow{AP} = t\overrightarrow{AB}$

(ii) $\overrightarrow{OP} = \overrightarrow{OA} + t\overrightarrow{AB}$

(iii) $\overrightarrow{OP} = (1-t)\overrightarrow{OA} + t\overrightarrow{OB}$

(iv) $\overrightarrow{OP} = \alpha\overrightarrow{OA} + \beta\overrightarrow{OB}$ かつ $\alpha + \beta = 1$

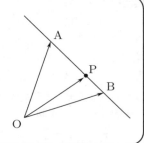

9.29 $\overrightarrow{AP} = m\overrightarrow{AB} + n\overrightarrow{AC}$（$m$, n は独立）

P は右の図の平行四辺形の周および内部を動くことになりますが，その説明もできるようにしておきましょう。

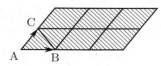

9.30 $\overrightarrow{OP} = \alpha\overrightarrow{OA} + \beta\overrightarrow{OB}$, $\alpha + \beta = 1$ の利用

$\overrightarrow{OP} = \alpha\overrightarrow{OA} + \beta\overrightarrow{OB}$ において

　　P が線分 AB 上（両端も含む）にある

　　$\iff \alpha + \beta = 1$, $\alpha \geqq 0$, $\beta \geqq 0$

となります。本問では，$3s + 2t = 3$ を $s + \dfrac{2}{3}t = 1$ と変形してみましょう。

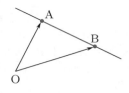

9.31 $\overrightarrow{OP} = \alpha\overrightarrow{OA} + \beta\overrightarrow{OB}$, $\alpha + \beta \leqq 1$ への応用

$\overrightarrow{OP} = \alpha\overrightarrow{OA} + \beta\overrightarrow{OB}$ において

　　P が △OAB の周および内部にある

　　$\iff \alpha + \beta \leqq 1$, $\alpha \geqq 0$, $\beta \geqq 0$

となりますが，その説明もできるようにしておきましょう。

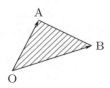

9.32 **重心を通る直線**

$\overrightarrow{AO}$ を 2 通りに表してみましょう。

9.33 **定点を通る直線**

$\overrightarrow{OC} = \dfrac{\vec{a} + 2\vec{b}}{3}$ を $\overrightarrow{OP}$, $\overrightarrow{OQ}$ で表してみましょう。

解答・解説

9.29 $0 \leqq m \leqq 3$ をみたす m を m_0 として 1 つ固定し，$\overrightarrow{AM_0} = m_0\overrightarrow{AB}$ とすると

$$\overrightarrow{AP} = m_0\overrightarrow{AB} + n\overrightarrow{AC}$$
$$= \overrightarrow{AM_0} + n\overrightarrow{AC}$$

$0 \leqq n \leqq 2$ であることから，P は次の図の線分 M_0N_0 上を動く。

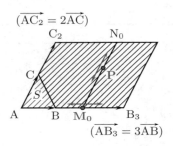

$(\overrightarrow{AC_2} = 2\overrightarrow{AC})$

$(\overrightarrow{AB_3} = 3\overrightarrow{AB})$

次に，m_0 つまり，M_0 を変化させると，M_0 は図のように A から B_3（ただし，B_3 は $\overrightarrow{AB_3} = 3\overrightarrow{AB}$ をみたす点）まで動く。

よって，線分 M_0N_0 を動かすと点 P のえがく図形は AB_3，AC_2 を 2 辺とする平行四辺形の周および内部になるから，求める面積は

$$3\left|\overrightarrow{AB}\right| \times 2\left|\overrightarrow{AC}\right| \sin \angle BAC$$
$$= 6 \times 2\triangle ABC$$
$$= \underline{\mathbf{12S}}$$

9.30 $3s + 2t = 3$ より

$$s + \frac{2}{3}t = 1$$

であるから，$u = \frac{2}{3}t$ とおくと

$$s + u = 1,\ s \geqq 0,\ u \geqq 0$$
$$\cdots\cdots ①$$

であり

$$\overrightarrow{OP} = s\vec{a} + \frac{3}{2}u\vec{b}$$
$$= s\vec{a} + u\left(\frac{3}{2}\vec{b}\right)$$

ここで，$\overrightarrow{OC} = \frac{3}{2}\vec{b}$ をみたす点 C をとると

$$\overrightarrow{OP} = s\overrightarrow{OA} + u\overrightarrow{OC} \quad\cdots\cdots ②$$

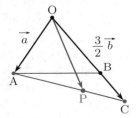

①，②より，点 P の存在範囲は

C を線分 OB を 3 : 1 に外分する点としたときの線分 AC
（両端も含む）

9.31 $s \geqq 0,\ t \geqq 0,\ 2s + t \leqq 1$ より $2s + t = k$ とおくと

$$0 \leqq k \leqq 1$$

(i) $k = 0$ のとき，$s = t = 0$ であるから

$$\overrightarrow{OP} = 0\vec{a} + 0\vec{b} = \vec{0}$$

$$\therefore\ \ P = O$$

(ii) $0 < k \leqq 1$ のとき

$$\overrightarrow{OP} = \frac{2s}{k}\left(\frac{k}{2}\vec{a}\right) + \frac{t}{k}(k\vec{b})$$

$$\overrightarrow{OA_k} = \frac{k}{2}\vec{a},\ \ \overrightarrow{OB_k} = k\vec{b} \text{ とおくと}$$

$$\overrightarrow{OP} = \frac{2s}{k}\overrightarrow{OA_k} + \frac{t}{k}\overrightarrow{OB_k}$$

であり，$\dfrac{2s}{k} + \dfrac{t}{k} = 1,\ \dfrac{2s}{k} \geqq 0,$ $\dfrac{t}{k} \geqq 0$ より点 P は線分 A_kB_k 上（両端も含む）を動く。

次に，$0 < k \leqq 1$ の範囲で k を動かすと線分 $A_k B_k$ が動き

$$\overrightarrow{OA'} = \frac{1}{2}\overrightarrow{a} = \left(\frac{1}{2},\ 1\right)$$

とおくと，P は $\triangle OA'B$ の周および内部（O は除く）を動く。

(i), (ii) を合わせると点 P は $\triangle OA'B$ の周および内部をすべて動く。

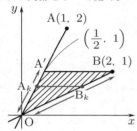

よって，求める面積は

$$\triangle OA'B = \frac{1}{2}\left|\frac{1}{2} \times 1 - 1 \times 2\right| = \frac{3}{4}$$

別解

P$(x,\ y)$ とおくと
$$(x,\ y) = s(1,\ 2) + t(2,\ 1)$$
より
$$\begin{cases} x = s + 2t \\ y = 2s + t \end{cases}$$
すなわち
$$\begin{cases} s = -\dfrac{x - 2y}{3} \\ t = \dfrac{2x - y}{3} \end{cases}$$
これを条件の $s \geqq 0,\ t \geqq 0,\ 2s + t \leqq 1$ に代入すると
$$x - 2y \leqq 0,\quad 2x - y \geqq 0,\quad y \leqq 1$$
これらの不等式で表される領域を図示すると，解答の図の斜線部分を得る。

9.32

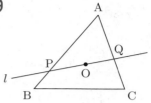

(1) $S,\ T$ はそれぞれ $\triangle ABC,\ \triangle APQ$ の面積であるから

$$\frac{T}{S} = \frac{\dfrac{1}{2} \cdot AP \cdot AQ \sin \angle BAC}{\dfrac{1}{2} \cdot AB \cdot AC \sin \angle BAC}$$
$$= \frac{AP \cdot AQ}{AB \cdot AC} \qquad \text{（証明終）}$$

(2) P, Q はそれぞれ O を通り A を通らない直線と辺 AB，AC の交点であり
$$\overrightarrow{AP} = p\overrightarrow{AB} \quad (0 < p \leqq 1)$$
$$\cdots\cdots ①$$
$$\overrightarrow{AQ} = q\overrightarrow{AC} \quad (0 < q \leqq 1)$$
$$\cdots\cdots ②$$

とおくことができる。このとき
$$\frac{T}{S} = \frac{p|\overrightarrow{AB}| \times q|\overrightarrow{AC}|}{|\overrightarrow{AB}||\overrightarrow{AC}|} = pq$$

である。O は両端を含まない線分 PQ 上の点であるから，実数 t $(0 < t < 1)$ を用いて
$$\overrightarrow{AO} = (1 - t)\overrightarrow{AP} + t\overrightarrow{AQ}$$
$$= (1 - t)p\overrightarrow{AB} + tq\overrightarrow{AC}$$
$$\cdots\cdots ③$$

と表すことができ，O は $\triangle ABC$ の重心であるから
$$\overrightarrow{AO} = \frac{\overrightarrow{AB} + \overrightarrow{AC}}{3} \qquad \cdots\cdots ④$$

と表すことができる。$\overrightarrow{AB},\ \overrightarrow{AC}$ は1次独立なので，③，④の係数は一致し
$$\begin{cases} (1 - t)p = \dfrac{1}{3} \\ tq = \dfrac{1}{3} \end{cases}$$
が成り立つ。$0 < t < 1$ より

$$p = \frac{1}{3(1-t)}, \quad q = \frac{1}{3t}$$

であり

$$pq = \frac{1}{9(1-t)t}$$

$$= \frac{1}{9\left\{-\left(t-\frac{1}{2}\right)^2 + \frac{1}{4}\right\}}$$

ここで，①，②より，t のとり得る値の範囲を求めると

$$\begin{cases} 0 < \dfrac{1}{3(1-t)} \leqq 1 \\ 0 < \dfrac{1}{3t} \leqq 1 \end{cases}$$

$$\begin{cases} \dfrac{1}{3} \leqq 1-t \\ \dfrac{1}{3} \leqq t \end{cases}$$

$$\therefore \quad \frac{1}{3} \leqq t \leqq \frac{2}{3}$$

よって，pq は $t = \dfrac{1}{2}$ のとき，最小値

$$\frac{1}{9 \cdot \frac{1}{4}} = \frac{4}{9}$$ をとる。

このとき $p = q = \dfrac{2}{3}$ であり，直線 PQ は辺 BC と平行である。すなわち $\dfrac{T}{S}$ は

直線 l が辺 BC と平行なとき，

最小値 $\dfrac{4}{9}$

9.33

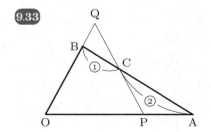

線分 AB を $2:1$ に内分する点を C とおくと

$$\overrightarrow{OC} = \frac{\overrightarrow{a} + 2\overrightarrow{b}}{3}$$

である。さらに，$\overrightarrow{OP} = x\overrightarrow{a}\,(x > 0)$，$\overrightarrow{OQ} = y\overrightarrow{b}\,(y > 0)$ であるから

$$\overrightarrow{OC} = \frac{1}{3x}\overrightarrow{OP} + \frac{2}{3y}\overrightarrow{OQ}$$

でもある。C は線分 PQ 上の点であるから

$$\frac{1}{3x} + \frac{2}{3y} = 1$$

$$\therefore \quad \frac{1}{x} + \frac{2}{y} = 3 \quad \cdots\cdots①$$

が成り立つ。$\dfrac{1}{x} > 0$，$\dfrac{2}{y} > 0$ より，相加平均・相乗平均の関係を用いると

$$\frac{1}{2}\left(\frac{1}{x} + \frac{2}{y}\right) \geqq \sqrt{\frac{1}{x} \cdot \frac{2}{y}}$$

$$\frac{3}{2} \geqq \sqrt{\frac{2}{xy}}$$

$$\sqrt{xy} \geqq \frac{2\sqrt{2}}{3}$$

$$\therefore \quad xy \geqq \frac{8}{9}$$

である。等号は

① かつ $\dfrac{1}{x} = \dfrac{2}{y}$

すなわち

$$x = \frac{2}{3}, \quad y = \frac{4}{3}$$

のとき成り立つ。

よって，xy の最小値は

$$\underline{\frac{8}{9}}$$

【MEMO】

📖 問題

三角形の五心 ···

☐ **9.34** △ABC において，AB = 14，BC = 15，CA = 13 とし，$\vec{a} = \overrightarrow{CA}$，$\vec{b} = \overrightarrow{CB}$ とする。

(1) △ABC の重心 G について $\overrightarrow{CG}$ を $\vec{a}$，$\vec{b}$ で表せ。

(2) △ABC の垂心 H について $\overrightarrow{CH}$ を $\vec{a}$，$\vec{b}$ で表せ。

(3) △ABC の外接円の半径を求め，外心 O について $\overrightarrow{CO}$ を $\vec{a}$，$\vec{b}$ で表せ。

(4) △ABC の内接円の半径を求め，内心 I について $\overrightarrow{CI}$ を $\vec{a}$，$\vec{b}$ で表せ。

（滋賀医大）

☐ **9.35** 三角形 OAB において，頂点 A，B におけるそれぞれの外角の二等分線の交点を C とする。$\overrightarrow{OA} = \vec{a}$，$\overrightarrow{OB} = \vec{b}$ とするとき，次の問いに答えよ。

(1) 点 P が ∠AOB の二等分線上にあるとき，

$$\overrightarrow{OP} = t\left(\frac{\vec{a}}{|\vec{a}|} + \frac{\vec{b}}{|\vec{b}|} \right)$$

となる実数 t が存在することを示せ。

(2) $|\vec{a}| = 7$，$|\vec{b}| = 5$，$\vec{a} \cdot \vec{b} = 5$ のとき，$\overrightarrow{OC}$ を $\vec{a}$，$\vec{b}$ を用いて表せ。

（静岡大）

☐ **9.36** △ABC の外心を O，内心を I，重心を G，垂心を H とする。ただし，三角形の 3 頂点から対辺またはその延長に下ろした垂線は，1 点で交わる。その交点を三角形の垂心という。AB，BC，CA の長さがすべて異なるとき，次の問に答えよ。

(1) $\overrightarrow{OG}$ を $\overrightarrow{OA}$，$\overrightarrow{OB}$，$\overrightarrow{OC}$ を用いて表せ。

(2) 辺 BC の中点を M とする。直線 AM と直線 OH の交点は重心 G であることを示せ。また，OG : GH を求めよ。

(3) $\overrightarrow{OH}$ を $\overrightarrow{OA}$，$\overrightarrow{OB}$，$\overrightarrow{OC}$ を用いて表せ。

（大阪教育大　改）

📖 チェック・チェック

9.34 **重心・垂心・外心・内心**

重心は 3 本の中線の交点です。重心は中線を 2：1 に内分します。重心の位置ベクトルは公式として覚えておきましょう。

垂心は各頂点から対辺またはその延長に下ろした 3 本の垂線の交点です。

外心は各辺の垂直二等分線 3 本の交点であり，三角形の外接円の中心でもあります。

内心は内角の二等分線 3 本の交点であり，三角形の内接円の中心でもあります。

I を内心として，直線 CI と線分 AB の交点を L とすると

$$AL : LB = CA : CB$$

が成り立ちます。

9.35 **傍心**

(1) 角の二等分線をベクトルで扱っています。

(2) 三角形の 1 つの内角の二等分線とそれに隣り合わない 2 つの外角の二等分線の交点を傍心といいます。傍心は 3 つありますが，本問では頂点 A，B における外角とすることにより 1 つに絞られています。

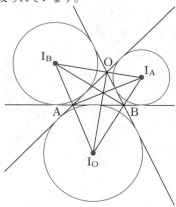

9.36 **オイラー線**

(2) は直線 OG 上に垂心 H があることを示しましょう。

(2) より，外心 O，重心 G，垂心 H が一直線上に並ぶことがわかります。この直線はオイラー線と呼ばれています。

📖 解答・解説

9.34 (1) G は △ABC の重心であるから

$$\overrightarrow{CG} = \frac{\overrightarrow{CA} + \overrightarrow{CB} + \overrightarrow{CC}}{3}$$

$$= \frac{\vec{a} + \vec{b}}{3}$$

(2)

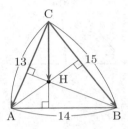

H は △ABC の垂心であるから

$$AH \perp BC \text{ かつ } BH \perp CA$$

である。$\overrightarrow{CH} = \alpha\vec{a} + \beta\vec{b}$ とおくと

$$\overrightarrow{AH} \cdot \overrightarrow{CB} = (\alpha\vec{a} + \beta\vec{b} - \vec{a}) \cdot \vec{b}$$

$$= (\alpha-1)\vec{a} \cdot \vec{b} + \beta|\vec{b}|^2$$

$$= (\alpha-1)\vec{a} \cdot \vec{b} + 15^2\beta$$

ここで，AB = 14 より

$$|\vec{b} - \vec{a}|^2 = 14^2$$

$$|\vec{b}|^2 - 2\vec{a} \cdot \vec{b} + |\vec{a}|^2 = 14^2$$

よって

$$\vec{a} \cdot \vec{b} = \frac{15^2 + 13^2 - 14^2}{2}$$

$$= \frac{198}{2} = 99$$

したがって，$\overrightarrow{AH} \cdot \overrightarrow{CB} = 0$ より

$$99(\alpha - 1) + 225\beta = 0$$

$$\therefore \quad 99\alpha + 225\beta = 99 \quad \cdots\cdots ①$$

同様に

$$\overrightarrow{BH} \cdot \overrightarrow{CA} = 0$$

$$(\alpha\vec{a} + \beta\vec{b} - \vec{b}) \cdot \vec{a} = 0$$

$$\therefore \quad 169\alpha + 99\beta = 99 \quad \cdots\cdots ②$$

①，②を連立させて解くと

$$\alpha = \frac{99}{224}, \quad \beta = \frac{55}{224}$$

$$\therefore \quad \overrightarrow{CH} = \frac{99}{224}\vec{a} + \frac{55}{224}\vec{b}$$

(3) △ABC の外接円の半径を R とすると

$$2R = \frac{AB}{\sin \angle ACB}$$

である。

$$\cos \angle ACB = \frac{\vec{a} \cdot \vec{b}}{|\vec{a}||\vec{b}|}$$

$$= \frac{99}{13 \times 15}$$

$$= \frac{33}{65}$$

$0 < \angle ACB < \pi$ より

$$\sin \angle ACB = \sqrt{1 - \cos^2 \angle ACB}$$

$$= \sqrt{1 - \left(\frac{33}{65}\right)^2}$$

$$= \frac{56}{65}$$

よって

$$R = \frac{1}{2} \times \frac{14}{\frac{56}{65}} = \frac{65}{8}$$

△ABC の外心 O に対して

$$\overrightarrow{CO} = \alpha'\vec{a} + \beta'\vec{b}$$

とおき，BC, CA の中点をそれぞれ M, N とおく。

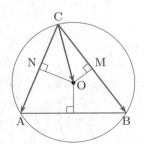

このとき，$\overrightarrow{OM} \cdot \overrightarrow{CB} = 0$ であるから

$$\left(\frac{1}{2}\vec{b} - \alpha'\vec{a} - \beta'\vec{b}\right)\cdot\vec{b} = 0$$

$$\therefore\quad 99\alpha' + 225\beta' = \frac{1}{2}\times 225$$

$$\cdots\cdots\text{③}$$

また，$\overrightarrow{ON}\cdot\overrightarrow{CA} = 0$ であるから

$$\left(\frac{1}{2}\vec{a} - \alpha'\vec{a} - \beta'\vec{b}\right)\cdot\vec{a} = 0$$

$$\therefore\quad 169\alpha' + 99\beta' = \frac{1}{2}\times 169$$

$$\cdots\cdots\text{④}$$

③，④を連立させて解くと

$$\alpha' = \frac{125}{448},\ \ \beta' = \frac{169}{448}$$

$$\therefore\quad \overrightarrow{CO} = \frac{125}{448}\vec{a} + \frac{169}{448}\vec{b}$$

(4) △ABC の内接円の半径を r とし，面積を2通りにとらえると

$$\frac{1}{2}AC\times BC\sin\angle ACB$$

$$= \frac{1}{2}r(AB + BC + CA)$$

$$\frac{1}{2}\times 13\times 15\times\frac{56}{65}$$

$$= \frac{1}{2}r(14 + 15 + 13)$$

$$42r = 3\times 56$$

$$\therefore\quad r = \underline{\mathbf{4}}$$

I は △ABC の内心より，CI と AB の交点を L とすると

$$AL : LB = CA : CB = 13 : 15$$

さらに

$$LI : IC = AL : AC$$
$$= \left(\frac{13}{28}\times 14\right) : 13$$
$$= 1 : 2$$

であるから

$$\overrightarrow{CI} = \frac{2}{3}\overrightarrow{CL}$$

$$= \frac{2}{3}\times\frac{15\vec{a} + 13\vec{b}}{28}$$

$$= \frac{5}{14}\vec{a} + \frac{13}{42}\vec{b}$$

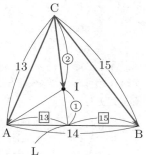

9.35 (1)

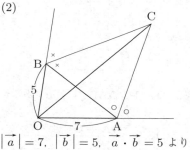

$$\overrightarrow{OX} = \frac{\vec{a}}{|\vec{a}|},\ \ \overrightarrow{OY} = \frac{\vec{b}}{|\vec{b}|},$$

$$\overrightarrow{OZ} = \overrightarrow{OX} + \overrightarrow{OY}$$

とおくと，$\left|\overrightarrow{OX}\right| = \left|\overrightarrow{OY}\right|(= 1)$ より，平行四辺形 OXZY はひし形である。対角線 OZ は $\angle AOB$ の二等分線であるから，$\angle AOB$ の二等分線上の点 P に対して

$$\overrightarrow{OP} = t\overrightarrow{OZ}$$

$$= t\left(\frac{\vec{a}}{|\vec{a}|} + \frac{\vec{b}}{|\vec{b}|}\right)$$

となる実数 t が存在する。　　（証明終）

(2)

$|\vec{a}| = 7$，$|\vec{b}| = 5$，$\vec{a}\cdot\vec{b} = 5$ より

$$|\overrightarrow{AB}|^2 = |\vec{a}|^2 + |\vec{b}|^2 - 2\vec{a} \cdot \vec{b}$$
$$= 49 + 25 - 10$$
$$= 64$$
$$\therefore \quad |\overrightarrow{AB}| = 8$$

C は ∠OAB の外角の二等分線上にあるから，(1) より

$$\overrightarrow{AC} = k\left(\frac{\vec{a}}{|\vec{a}|} + \frac{\overrightarrow{AB}}{|\overrightarrow{AB}|}\right)$$
$$= k\left(\frac{\vec{a}}{7} + \frac{\vec{b} - \vec{a}}{8}\right)$$

と表せる。よって

$$\overrightarrow{OC} = \overrightarrow{OA} + \overrightarrow{AC}$$
$$= \left(1 + \frac{k}{56}\right)\vec{a} + \frac{k}{8}\vec{b}$$
$$\cdots\cdots ①$$

同様にして

$$\overrightarrow{BC} = l\left(\frac{\overrightarrow{BA}}{|\overrightarrow{BA}|} + \frac{\vec{b}}{|\vec{b}|}\right)$$
$$= l\left(\frac{\vec{a} - \vec{b}}{8} + \frac{\vec{b}}{5}\right)$$

から

$$\overrightarrow{OC} = \overrightarrow{OB} + \overrightarrow{BC}$$
$$= \frac{l}{8}\vec{a} + \left(1 + \frac{3}{40}l\right)\vec{b}$$
$$\cdots\cdots ②$$

$\vec{a}$，$\vec{b}$ は 1 次独立より，①，②の係数を比較して

$$\begin{cases} 1 + \dfrac{k}{56} = \dfrac{l}{8} \\ \dfrac{k}{8} = 1 + \dfrac{3}{40}l \end{cases}$$
$$\therefore \quad l = 10, \ k = 14$$

したがって

$$\underline{\overrightarrow{OC} = \frac{5}{4}\vec{a} + \frac{7}{4}\vec{b}}$$

9.36 (1) G は △ABC の重心であるから

$$\underline{\overrightarrow{OG} = \frac{\overrightarrow{OA} + \overrightarrow{OB} + \overrightarrow{OC}}{3}}$$

(2)

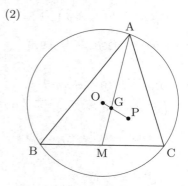

△ABC の重心 G は中線 AM を 2：1 に内分する点である。直線 OG 上に垂心 H があることを示せばよい。

直線 OG 上の点 P を，実数 k を用いて

$$\overrightarrow{OP} = k\overrightarrow{OG}$$

と表し，AP ⊥ BC すなわち

$$\overrightarrow{AP} \cdot \overrightarrow{BC} = 0 \quad \cdots\cdots ①$$

をみたす k を求める。O を基準とした A，B，C の位置ベクトルをそれぞれ $\vec{a}$，$\vec{b}$，$\vec{c}$ とすると

$$\overrightarrow{AP} \cdot \overrightarrow{BC}$$
$$= \left(k \times \frac{\vec{a} + \vec{b} + \vec{c}}{3} - \vec{a}\right) \cdot (\vec{c} - \vec{b})$$
$$= \frac{k-3}{3}\vec{a} \cdot (\vec{c} - \vec{b})$$
$$(|\vec{b}| = |\vec{c}| \ \text{より})$$

であるから，①は

$$k = 3 \quad \text{または} \quad \vec{a} \cdot \vec{c} = \vec{a} \cdot \vec{b}$$

と同値である。$\vec{a} \cdot \vec{c} = \vec{a} \cdot \vec{b}$ とすると

$$\vec{a} \cdot \vec{c} = \vec{a} \cdot \vec{b}$$
$$|\vec{a}||\vec{c}|\cos\angle AOC$$
$$= |\vec{a}||\vec{b}|\cos\angle AOB$$
$$\cos\angle AOC = \cos\angle AOB$$
$$(|\vec{b}| = |\vec{c}| \ \text{より})$$

$0 < \angle AOC < \pi$, $0 < \angle AOB < \pi$ より

$$\angle AOC = \angle AOB$$

よって，△OAC ≡ △OAB となり，CA，

AB が異なることに反する。したがって，$k = 3$ である。このとき

$$\overrightarrow{BP} \cdot \overrightarrow{CA}$$
$$= \left(3 \times \frac{\vec{a} + \vec{b} + \vec{c}}{3} - \vec{b}\right) \cdot (\vec{a} - \vec{c})$$
$$= (\vec{a} + \vec{c}) \cdot (\vec{a} - \vec{c})$$
$$= 0 \qquad (|\vec{a}| = |\vec{c}| \text{ より})$$
$$\therefore \quad \overrightarrow{BP} \cdot \overrightarrow{CA} = 0 \quad \cdots\cdots ②$$

①かつ②より，P は △ABC の垂心 H であり，G は直線 AM と直線 OH の交点である。　　　　　　　　**（証明終）**

また，$\overrightarrow{OH} = 3\overrightarrow{OG}$ より

OG : GH = 1 : 2

[別解]

幾何的な解法もある。

直線 AM と直線 OH の交点を Q とし，Q が重心 G と一致すること，すなわち，Q が中線 AM を 2 : 1 に内分することを示す。

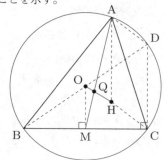

直線 BO と △ABC の外接円の交点のうち，B と異なる点を D とする。BD は直径であるから $\angle BCD = 90°$ すなわち

DC ⊥ BC

である。また，O は外心であるから

OM ⊥ BC

である。したがって，OM // DC であり

△BMO ∽ △BCD
　（BM : BC = 1 : 2）

$$\therefore \quad OM = \frac{1}{2}DC \quad \cdots\cdots ⑦$$

一方，H は △ABC の垂心であるから，AH ⊥ BC であり

AH // DC

また，CH ⊥ AB であり，BD は △ABC の外接円の直径であるから

DA ⊥ AB

よって

CH // DA

である。したがって，四角形 AHCD は平行四辺形であり

AH = DC　　$\cdots\cdots ④$

である。ここで，AH // OM より

△OMQ ∽ △HAQ

であり，⑦，④ より

$$AQ : QM = AH : OM$$
$$= DC : \frac{1}{2}DC$$
$$= 2 : 1$$

が成り立つ。

よって，Q は中線 AM を 2 : 1 に内分しているから重心 G と一致する。

このとき

OG : GH = 1 : 2

(3) (1)，(2) より

$$\overrightarrow{OH} = 3\overrightarrow{OG}$$
$$= \overrightarrow{OA} + \overrightarrow{OB} + \overrightarrow{OC}$$

📖 問題

ベクトル方程式 ··

9.37 $\vec{0}$ でない定ベクトル $\vec{a}$ がある。$\vec{p}$ に関する以下のベクトル方程式は xy 平面上でどのような図（等式の場合），あるいは領域（不等式の場合）となるかを選択肢より選べ。ただし，$k > 0$ とする。

(1) $\vec{p} = \vec{a}$　　　(2) $\vec{a} \cdot \vec{p} = 0$　　　(3) $\vec{a} \cdot \vec{p} > 0$

(4) $\vec{p} = k\vec{a}$　　　(5) $|\vec{p} - \vec{a}| = k$　　(6) $(\vec{p} - \vec{a}) \cdot (\vec{p} - \vec{a}) > k^2$

(7) $(\vec{p} + \vec{a}) \cdot (\vec{p} - \vec{a}) = 0$　　　　(8) $|\vec{p} + \vec{a}| = |\vec{p} - \vec{a}|$

(9) $|\vec{a} \cdot \vec{p}| = |\vec{a}||\vec{p}|$

【選択肢】

ア．点 $\mathrm{A}(\vec{a})$　　　　　イ．k　　　　　　　　ウ．点 $\mathrm{P}(\vec{p})$

エ．$\vec{a}$ に直交する直線　　オ．$\vec{a}$ に平行な直線　　カ．$\vec{a}$ に平行な半直線

キ．半径 $|\vec{a}|$ の円　　　ク．半径 k の円

ケ．$\vec{a}$ と同じ側の領域　　　　　コ．$\vec{a}$ と反対側の領域

サ．半径 $|\vec{a}|$ の円の外側領域　　　シ．半径 $|\vec{a}|$ の円の内側領域

ス．半径 k の円の外側領域　　　　セ．半径 k の円の内側領域

（麻布大　改）

9.38 平面上において同一直線上にない異なる 3 点 A, B, C があるとき，次の各問いに対して，それぞれの式をみたす点 P の集合を求めよ。

(1) $\overrightarrow{\mathrm{AP}} + \overrightarrow{\mathrm{BP}} + \overrightarrow{\mathrm{CP}} = \overrightarrow{\mathrm{AC}}$

(2) $\overrightarrow{\mathrm{AB}} \cdot \overrightarrow{\mathrm{AP}} = \overrightarrow{\mathrm{AB}} \cdot \overrightarrow{\mathrm{AB}}$

(3) $\overrightarrow{\mathrm{AB}} \cdot \overrightarrow{\mathrm{AC}} + \overrightarrow{\mathrm{AP}} \cdot \overrightarrow{\mathrm{AP}} \leqq \overrightarrow{\mathrm{AB}} \cdot \overrightarrow{\mathrm{AP}} + \overrightarrow{\mathrm{AC}} \cdot \overrightarrow{\mathrm{AP}}$　　　　（鳥取大）

9.39 平面上に $\triangle\mathrm{ABC}$ がある。このとき，
$$X = \overrightarrow{\mathrm{AB}} \cdot \overrightarrow{\mathrm{AC}}, \ Y = \overrightarrow{\mathrm{BA}} \cdot \overrightarrow{\mathrm{BC}}, \ Z = \overrightarrow{\mathrm{CA}} \cdot \overrightarrow{\mathrm{CB}}$$
とする。$XY = ZX$ を満たすとき，$\triangle\mathrm{ABC}$ はどのような三角形か答えよ。

（富山県立大）

📖 チェック・チェック

基本 check !

直線のベクトル方程式

(ⅰ) 点 A$(\vec{a})$ を通って $\vec{m}$ に平行な直線
$$\vec{p} = \vec{a} + t\vec{m} \quad (t \text{ は任意の実数})$$

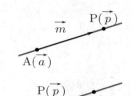

(ⅱ) 2 点 A$(\vec{a})$, B$(\vec{b})$ を通る直線
$$\vec{p} = (1 - t)\vec{a} + t\vec{b} \quad (t \text{ は任意の実数})$$
$$= \alpha\vec{a} + \beta\vec{b}$$
$$\qquad (\alpha, \ \beta \text{ は } \alpha + \beta = 1 \text{ をみたす実数})$$

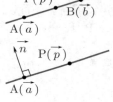

(ⅲ) 点 A$(\vec{a})$ を通って $\vec{n}$ に垂直な直線
$$\vec{n} \cdot (\vec{p} - \vec{a}) = 0$$

円のベクトル方程式

(ⅰ) 点 A$(\vec{a})$ を中心とする半径 r の円
$$|\vec{p} - \vec{a}| = r$$

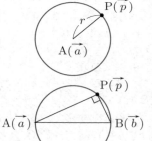

(ⅱ) 2 点 A$(\vec{a})$, B$(\vec{b})$ を直径の両端とする円
$$(\vec{p} - \vec{a}) \cdot (\vec{p} - \vec{b}) = 0$$

9.37 ベクトル方程式

基本的なベクトル方程式が取り上げられています。直ちに図形がイメージできるようにしたいものです。

9.38 ベクトル方程式

(1) は始点を A にそろえましょう。
(2), (3) は式のまとめ方が問われています。

9.39 三角形の形状

条件 $XY = ZX$ は $X(Y - Z) = 0$ より「$X = 0$ または $Y = Z$」と整理されます。A, B, C の条件式に直しましょう。

解答・解説

9.37 原点 O を始点とする位置ベクトル $\overrightarrow{OP} = \vec{p}$, $\overrightarrow{OA} = \vec{a}$ を考える。

(1) $\vec{p} = \vec{a}$ より

$P = A$

ア

(2) $\vec{a} \cdot \vec{p} = 0$ より

$\overrightarrow{OP} = \vec{0}$ または $\overrightarrow{OA} \perp \overrightarrow{OP}$

すなわち, P は, OA に垂直で O を通る直線上にある。

エ

(3) $\vec{a} \cdot \vec{p} = |\vec{a}||\vec{p}| \cos\angle AOP > 0$
となるから, $\vec{p} \neq \vec{0}$ であり

$\cos\angle AOP > 0$

すなわち

$0° < \angle AOP < 90°$

よって, 求める領域は (2) で求めた直線の法線ベクトル $\vec{a}$ と同じ側の領域である。ただし, 境界は含まない。

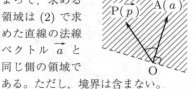

ケ

(4) $\vec{p} = k\vec{a}$ $(k > 0)$ であるから P は点 O を含まない半直線 OA 上にある。

カ

(5) $|\vec{p} - \vec{a}| = |\overrightarrow{AP}| = k(> 0)$ であるから, 求める図形は A を中心とする半径 k の円である。

ク

(6) 与式は $|\vec{p} - \vec{a}|^2 > k^2$ すなわち $|\overrightarrow{AP}| > k(> 0)$ と変形できるから, 求める領域は A を中心とする半径 k の円の外部である。

ス

(7) $A'(-\vec{a})$ とすると与式より

$AP \perp A'P$ または $P = A$

またはP = A'

よって, 求める図形は AA' を直径とする円, すなわち中心 O, 半径 $|\vec{a}|$ の円である。

キ

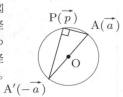

別解

$(\vec{p} + \vec{a}) \cdot (\vec{p} - \vec{a}) = 0$ より

$|\vec{p}|^2 - |\vec{a}|^2 = 0$

∴ $|\vec{p}| = |\vec{a}|$

より P は中心 O, 半径 $|\vec{a}|$ の円をえがく。

(8) $PA = PA'$ であるから, P は AA' の垂直二等分線上の点である。

エ

別解

与式の両辺を 2 乗すると

$|\vec{p}|^2 + 2\vec{a} \cdot \vec{p} + |\vec{a}|^2$
$= |\vec{p}|^2 - 2\vec{a} \cdot \vec{p} + |\vec{a}|^2$

より, (2) の $\vec{a} \cdot \vec{p} = 0$ と同じである。

(9) $P \neq O$ のとき

$\left| |\vec{a}||\vec{p}| \cos\angle AOP \right| = |\vec{a}||\vec{p}|$

より

$\cos\angle AOP = \pm 1$

ゆえに

$\angle AOP = 0°$ または $\angle AOP = 180°$

P = O のときも含めると, P は O を通り $\vec{a}$ に平行な直線をえがく。

オ

9.38 (1) A を始点とするベクトルに直すと

$$\overrightarrow{AP} + (\overrightarrow{AP} - \overrightarrow{AB}) + (\overrightarrow{AP} - \overrightarrow{AC}) = \overrightarrow{AC}$$

$$3\overrightarrow{AP} = \overrightarrow{AB} + 2\overrightarrow{AC}$$

$$\therefore \quad \overrightarrow{AP} = \frac{\overrightarrow{AB} + 2\overrightarrow{AC}}{3}$$

となるので，P は

BC を 2 : 1 に内分する点

(2) $\overrightarrow{AB} \cdot (\overrightarrow{AP} - \overrightarrow{AB}) = 0$

$$\therefore \quad \overrightarrow{BA} \cdot \overrightarrow{BP} = 0$$

となるから，P の集合は

B を通り BA に垂直な直線

(3) 与式から

$$(\overrightarrow{AP} - \overrightarrow{AB}) \cdot \overrightarrow{AP} - (\overrightarrow{AP} - \overrightarrow{AB}) \cdot \overrightarrow{AC} \leqq 0$$

$$(\overrightarrow{AP} - \overrightarrow{AB}) \cdot (\overrightarrow{AP} - \overrightarrow{AC}) \leqq 0$$

$$\overrightarrow{BP} \cdot \overrightarrow{CP} \leqq 0$$

となる。$\overrightarrow{BP} \cdot \overrightarrow{CP} = 0$ は

BP ⊥ CP または P = B

または P = C

となり，これは BC を直径とする円を表すから，P の集合は

**BC を直径とする円の周および
内部**

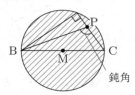

鈍角

別解

$$|\overrightarrow{AP}|^2 - (\overrightarrow{AB} + \overrightarrow{AC}) \cdot \overrightarrow{AP} + \overrightarrow{AB} \cdot \overrightarrow{AC} \leqq 0$$

$$\left|\overrightarrow{AP} - \frac{\overrightarrow{AB} + \overrightarrow{AC}}{2}\right|^2 - \frac{|\overrightarrow{AB} + \overrightarrow{AC}|^2}{4} + \overrightarrow{AB} \cdot \overrightarrow{AC} \leqq 0$$

$$\left|\overrightarrow{AP} - \frac{\overrightarrow{AB} + \overrightarrow{AC}}{2}\right|^2 \leqq \frac{|\overrightarrow{AB} - \overrightarrow{AC}|^2}{4}$$

BC の中点を M とおくと

$$\left|\overrightarrow{AP} - \overrightarrow{AM}\right| \leqq \frac{|\overrightarrow{AB} - \overrightarrow{AC}|}{2}$$

$$\therefore \quad |\overrightarrow{MP}| \leqq \frac{|\overrightarrow{CB}|}{2} = |\overrightarrow{MB}|$$

よって，P の集合は点 M を中心とする半径 $|\overrightarrow{MB}|$ の円の周および内部である。

9.39 $XY = ZX$ より，$X(Y - Z) = 0$ であるから

$$X = 0 \text{ または } Y = Z$$

(ⅰ) $X = 0$ のとき

$$\overrightarrow{AB} \cdot \overrightarrow{AC} = 0$$

$\overrightarrow{AB} \neq \vec{0}, \ \overrightarrow{AC} \neq \vec{0}$ より

$$\overrightarrow{AB} \perp \overrightarrow{AC}$$

$$\therefore \quad \angle A = 90°$$

(ⅱ) $Y = Z$ のとき

$$\overrightarrow{BA} \cdot \overrightarrow{BC} = \overrightarrow{CA} \cdot \overrightarrow{CB}$$

$$\overrightarrow{BC} \cdot (\overrightarrow{BA} + \overrightarrow{CA}) = 0$$

$$(\overrightarrow{AC} - \overrightarrow{AB}) \cdot (\overrightarrow{AC} + \overrightarrow{AB}) = 0$$

$$|\overrightarrow{AC}|^2 = |\overrightarrow{AB}|^2$$

$$\therefore \quad AB = AC$$

以上 (ⅰ)，(ⅱ) より，△ABC は

∠A = 90° の直角三角形または

AB = AC の二等辺三角形

別解

(ⅱ) を B を始点として整理すると

$$\overrightarrow{BC} \cdot (\overrightarrow{BA} + \overrightarrow{CA}) = 0$$

$$\overrightarrow{BC} \cdot (\overrightarrow{BA} + \overrightarrow{BA} - \overrightarrow{BC}) = 0$$

$$\overrightarrow{BC} \cdot (2\overrightarrow{BA} - \overrightarrow{BC}) = 0$$

$$|\overrightarrow{BC}|^2 - 2\overrightarrow{BC} \cdot \overrightarrow{BA} = 0$$

$$|\overrightarrow{BC} - \overrightarrow{BA}|^2 = |\overrightarrow{BA}|^2$$

$$|\overrightarrow{AC}|^2 = |\overrightarrow{BA}|^2$$

$$\therefore \quad AB = AC$$

§3　空間ベクトル

📖 問題

四面体 ··

□ **9.40**　四面体には頂点とその頂点を含まない面の重心を結ぶ線分が合計 4 本ある。これらの 4 本の線分は 1 点で交わることを示せ。　　　　（大阪女子大）

□ **9.41**　四面体 ABCD は各辺の長さが 1 の正四面体とする。

(1) $\overrightarrow{AP} = l\overrightarrow{AB} + m\overrightarrow{AC} + n\overrightarrow{AD}$ で与えられる点 P に対し $|\overrightarrow{BP}| = |\overrightarrow{CP}| = |\overrightarrow{DP}|$ が成り立つならば，$l = m = n$ であることを示せ。また，このときの $|\overrightarrow{BP}|$ を l を用いて表せ。

(2) A, B, C, D のいずれとも異なる空間内の点 P と点 Q を，四面体 PBCD と四面体 QABC がともに正四面体になるようにとるとき，$\cos \angle PBQ$ の値を求めよ。　　　　（東北大）

□ **9.42**　四面体 ABCD の頂点 A, B から対面へ引いた垂線の足をそれぞれ A′, B′ とする。このとき次の問いに答えよ。

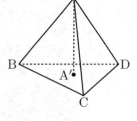

(1) AA′ と BB′ が交われば，$\overrightarrow{AB} \cdot \overrightarrow{CD} = 0$ であることを示せ。

(2) 逆に $\overrightarrow{AB} \cdot \overrightarrow{CD} = 0$ であれば，AA′ と BB′ は交わることを示せ。

(3) $\overrightarrow{AB} \cdot \overrightarrow{CD} = 0$，かつ $\overrightarrow{AC} \cdot \overrightarrow{BD} = 0$ であれば，$\overrightarrow{AD} \cdot \overrightarrow{BC} = 0$ であることを示せ。

(4) 四面体 ABCD の各頂点 A, B, C, D を通る球の中心を O とし，
$$\vec{a} = \overrightarrow{OA}, \quad \vec{b} = \overrightarrow{OB}, \quad \vec{c} = \overrightarrow{OC}, \quad \vec{d} = \overrightarrow{OD}$$
とおく。(3) の仮定のもとで，AA′ と BB′ は
$$\overrightarrow{OH} = \frac{1}{2}(\vec{a} + \vec{b} + \vec{c} + \vec{d})$$
を満たす点 H で交わることを示せ。　　　　（岡山大）

9.43 四面体 OABC の 4 つの面はすべて合同であり，$OA = \sqrt{10}$, $OB = 2$, $OC = 3$ であるとする。このとき，$\overrightarrow{AB} \cdot \overrightarrow{AC} = \boxed{}$ であり，三角形 ABC の面積は $\boxed{}$ である。

いま，3 点 A, B, C を通る平面を α とし，点 O から平面 α に垂線 OH を下ろす。$\overrightarrow{AH}$ は $\overrightarrow{AB}$ と $\overrightarrow{AC}$ を用いて $\overrightarrow{AH} = \boxed{}$ と表される。また，四面体 OABC の体積は $\boxed{}$ である。　　　　　（慶大）

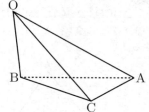

📖 チェック・チェック

9.40 四面体の重心

四面体 ABCD の各頂点から向かいにある面の重心にいたる線分は 1 点 G で交わり，G は各線分を 3：1 に内分します。この点 G を四面体の重心といいます。

$$\overrightarrow{OG} = \frac{1}{4}(\overrightarrow{OA} + \overrightarrow{OB} + \overrightarrow{OC} + \overrightarrow{OG})$$

2 本の線分が交わり，残り 2 本の線分がその交点を通ることを示しましょう。

9.41 正四面体

(1) 正四面体は 4 つの正三角形からなる図形です。

(2) (1) の結果を利用しましょう。四面体 PBCD での考え方は，D を A とすると四面体 QABC にも利用することができます。

9.42 直稜四面体

対辺が垂直な四面体を直稜四面体（直辺四面体）といいます。四面体の各頂点から向かいにある面に垂線を引くとき，一般には交わるとは限りませんが，直稜四面体ならば 4 本の垂線は 1 点で交わります。この点を四面体の垂心といいます。垂心をもつ四面体は垂心四面体ともいわれます。

9.43 等面四面体

すべての面が合同な四面体を等面四面体（等積四面体）といいます。等面四面体は対辺の長さが等しい四面体で，直方体の中に埋め込むことができます。

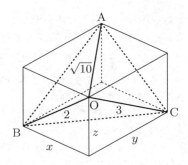

解答・解説

9.40 四面体の頂点を A, B, C, D とし，△BCD，△ACD，△ABD，△ABC の重心をそれぞれ，A′, B′, C′, D′ とする。

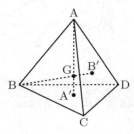

まず
$$\overrightarrow{OA'} = \frac{1}{3}(\overrightarrow{OB} + \overrightarrow{OC} + \overrightarrow{OD})$$
$$\overrightarrow{OB'} = \frac{1}{3}(\overrightarrow{OA} + \overrightarrow{OC} + \overrightarrow{OD})$$
であり
$$\overrightarrow{AA'} = \frac{1}{3}(\overrightarrow{OB} + \overrightarrow{OC} + \overrightarrow{OD}) - \overrightarrow{OA}$$
$$= \frac{1}{3}(\overrightarrow{OB} + 3\overrightarrow{OB'} - \overrightarrow{OA}) - \overrightarrow{OA}$$
$$= \frac{1}{3}(\overrightarrow{OB} + 3\overrightarrow{OB'} - 4\overrightarrow{OA})$$
$$= \frac{1}{3}(\overrightarrow{AB} + 3\overrightarrow{AB'})$$
$$= \frac{4}{3} \times \frac{\overrightarrow{AB} + 3\overrightarrow{AB'}}{4}$$
が成り立つ。

　線分 BB′ を 3 : 1 に内分する点を G とおくと，G は線分 BB′ 上の点であり，また $\overrightarrow{AA'} = \frac{4}{3}\overrightarrow{AG}$ より，G は線分 AA′ 上の点でもある。すなわち，2 本の線分 AA′, BB′ は点 G で交わる。

　同じく，線分 CC′, DD′ も線分 AA′ と点 G で交わる。

　以上より，4 本の線分 AA′, BB′, CC′, DD′ は 1 点 G で交わる。　　（証明終）

【参考】
　点 G を O を始点とした位置ベクトルで表すと
$$\overrightarrow{OG}$$
$$= \frac{\overrightarrow{OB} + 3\overrightarrow{OB'}}{4}$$
$$= \frac{1}{4}\left\{\overrightarrow{OB} + 3 \times \frac{1}{3}(\overrightarrow{OA} + \overrightarrow{OC} + \overrightarrow{OD})\right\}$$
$$= \frac{1}{4}(\overrightarrow{OA} + \overrightarrow{OB} + \overrightarrow{OC} + \overrightarrow{OD})$$
となる。この点 G は四面体 ABCD の重心と呼ばれている。

9.41 (1) 四面体 ABCD は各辺の長さが 1 の正四面体であるから
$$|\overrightarrow{AB}| = |\overrightarrow{AC}| = |\overrightarrow{AD}| = 1$$
$$\overrightarrow{AB} \cdot \overrightarrow{AC} = \overrightarrow{AC} \cdot \overrightarrow{AD} = \overrightarrow{AD} \cdot \overrightarrow{AB}$$
$$= 1 \times 1 \times \cos 60° = \frac{1}{2}$$
ここで，$|\overrightarrow{BP}| = |\overrightarrow{CP}| = |\overrightarrow{DP}|$ より
$$|\overrightarrow{AP} - \overrightarrow{AB}|^2 = |\overrightarrow{AP} - \overrightarrow{AC}|^2$$
$$= |\overrightarrow{AP} - \overrightarrow{AD}|^2$$
$$|\overrightarrow{AP}|^2 - 2\overrightarrow{AP} \cdot \overrightarrow{AB} + 1$$
$$= |\overrightarrow{AP}|^2 - 2\overrightarrow{AP} \cdot \overrightarrow{AC} + 1$$
$$= |\overrightarrow{AP}|^2 - 2\overrightarrow{AP} \cdot \overrightarrow{AD} + 1$$
$$\overrightarrow{AP} \cdot \overrightarrow{AB} = \overrightarrow{AP} \cdot \overrightarrow{AC} = \overrightarrow{AP} \cdot \overrightarrow{AD}$$
$$\cdots\cdots(*)$$
となる。$\overrightarrow{AP} = l\overrightarrow{AB} + m\overrightarrow{AC} + n\overrightarrow{AD}$ であるから，$(*)$ より
$$l + \frac{m}{2} + \frac{n}{2} = \frac{l}{2} + m + \frac{n}{2}$$
$$= \frac{l}{2} + \frac{m}{2} + n$$
各辺から $\frac{l}{2} + \frac{m}{2} + \frac{n}{2}$ をひくと
$$\frac{l}{2} = \frac{m}{2} = \frac{n}{2}$$
$$l = m = n$$　　（証明終）
　このとき

$$|\overrightarrow{\mathrm{BP}}|^2$$
$$= |\overrightarrow{\mathrm{AP}} - \overrightarrow{\mathrm{AB}}|^2$$
$$= |l(\overrightarrow{\mathrm{AB}} + \overrightarrow{\mathrm{AC}} + \overrightarrow{\mathrm{AD}}) - \overrightarrow{\mathrm{AB}}|^2$$
$$= l^2 |\overrightarrow{\mathrm{AB}} + \overrightarrow{\mathrm{AC}} + \overrightarrow{\mathrm{AD}}|^2$$
$$\quad - 2l(\overrightarrow{\mathrm{AB}} + \overrightarrow{\mathrm{AC}} + \overrightarrow{\mathrm{AD}}) \cdot \overrightarrow{\mathrm{AB}} + |\overrightarrow{\mathrm{AB}}|^2$$
$$= l^2 \left\{ 1 + 1 + 1 + 2 \times \left(\frac{1}{2} + \frac{1}{2} + \frac{1}{2} \right) \right\}$$
$$\quad - 2l \left(1 + \frac{1}{2} + \frac{1}{2} \right) + 1$$
$$= 6l^2 - 4l + 1$$
$$\therefore \quad |\overrightarrow{\mathrm{BP}}| = \sqrt{6l^2 - 4l + 1}$$

(2) $\triangle$BCD は 1 辺の長さが 1 の正三角形であるから，四面体 PBCD が正四面体のとき $|\overrightarrow{\mathrm{BP}}| = |\overrightarrow{\mathrm{CP}}| = |\overrightarrow{\mathrm{DP}}| = 1$ である。よって，(1) より

$$\begin{cases} l = m = n \\ \sqrt{6l^2 - 4l + 1} = 1 \end{cases}$$
$$\therefore \quad \begin{cases} l = m = n \\ 2l(3l - 2) = 0 \end{cases}$$

P $\neq$ A より，$l \neq 0$ であるから
$$l = m = n = \frac{2}{3}$$
である。したがって
$$\overrightarrow{\mathrm{BP}} = \frac{2}{3}(\overrightarrow{\mathrm{AB}} + \overrightarrow{\mathrm{AC}} + \overrightarrow{\mathrm{AD}}) - \overrightarrow{\mathrm{AB}}$$
$$= -\frac{1}{3}\overrightarrow{\mathrm{AB}} + \frac{2}{3}\overrightarrow{\mathrm{AC}} + \frac{2}{3}\overrightarrow{\mathrm{AD}}$$
同じく
$$\overrightarrow{\mathrm{BQ}} = -\frac{1}{3}\overrightarrow{\mathrm{DB}} + \frac{2}{3}\overrightarrow{\mathrm{DC}} + \frac{2}{3}\overrightarrow{\mathrm{DA}}$$
$$= -\frac{1}{3}\left(\overrightarrow{\mathrm{AB}} - \overrightarrow{\mathrm{AD}} \right)$$
$$\quad + \frac{2}{3}\left(\overrightarrow{\mathrm{AC}} - \overrightarrow{\mathrm{AD}} \right) - \frac{2}{3}\overrightarrow{\mathrm{AD}}$$
$$= -\frac{1}{3}\overrightarrow{\mathrm{AB}} + \frac{2}{3}\overrightarrow{\mathrm{AC}} - \overrightarrow{\mathrm{AD}}$$
よって
$$\cos \angle \mathrm{PBQ}$$
$$= \frac{\overrightarrow{\mathrm{BP}} \cdot \overrightarrow{\mathrm{BQ}}}{|\overrightarrow{\mathrm{BP}}||\overrightarrow{\mathrm{BQ}}|} = \overrightarrow{\mathrm{BP}} \cdot \overrightarrow{\mathrm{BQ}}$$
$$= \left(-\frac{1}{3}\overrightarrow{\mathrm{AB}} + \frac{2}{3}\overrightarrow{\mathrm{AC}} + \frac{2}{3}\overrightarrow{\mathrm{AD}} \right)$$

$$\cdot \left(-\frac{1}{3}\overrightarrow{\mathrm{AB}} + \frac{2}{3}\overrightarrow{\mathrm{AC}} - \overrightarrow{\mathrm{AD}} \right)$$
$$= -\frac{7}{18}$$

別解 $|\overrightarrow{\mathrm{PQ}}| = |\overrightarrow{\mathrm{BQ}} - \overrightarrow{\mathrm{BP}}| = \left| -\frac{5}{3}\overrightarrow{\mathrm{AD}} \right|$
$$= \frac{5}{3}$$
であり，余弦定理より
$$\cos \angle \mathrm{PBQ} = \frac{1^2 + 1^2 - \left(\frac{5}{3} \right)^2}{2 \times 1 \times 1}$$
$$= -\frac{7}{18}$$
とすることもできる。

9.42 (1) AA′ と BB′ の交点を P とおく。

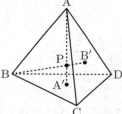

このとき，$\overrightarrow{\mathrm{AP}}$，$\overrightarrow{\mathrm{BP}}$ はそれぞれ平面 BCD，ACD と垂直だから
$$\begin{cases} \overrightarrow{\mathrm{AP}} \cdot \overrightarrow{\mathrm{CD}} = 0 \\ \overrightarrow{\mathrm{BP}} \cdot \overrightarrow{\mathrm{CD}} = 0 \end{cases}$$
が成り立つ。このとき
$$\overrightarrow{\mathrm{AB}} \cdot \overrightarrow{\mathrm{CD}} = (\overrightarrow{\mathrm{AP}} + \overrightarrow{\mathrm{PB}}) \cdot \overrightarrow{\mathrm{CD}}$$
$$= \overrightarrow{\mathrm{AP}} \cdot \overrightarrow{\mathrm{CD}} - \overrightarrow{\mathrm{BP}} \cdot \overrightarrow{\mathrm{CD}}$$
$$= 0 \qquad \text{（証明終）}$$

(2) 与えられた条件は
$$\overrightarrow{\mathrm{AB}} \cdot \overrightarrow{\mathrm{CD}} = 0 \quad \cdots\cdots \text{①}$$
AA′ は平面 BCD と垂直であるから
$$\overrightarrow{\mathrm{AA'}} \cdot \overrightarrow{\mathrm{CD}} = 0 \quad \cdots\cdots \text{②}$$
①かつ②より，平面 ABA′ は CD と垂直である。

また，BB′ は平面 ACD と垂直であるから

$$\overrightarrow{BB'} \cdot \overrightarrow{CD} = 0 \quad \cdots\cdots ③$$

①かつ③より，平面 ABB′ は CD と垂直である。

AB を含み CD と垂直な平面は 1 つであるから，2 平面 ABA′，ABB′ は一致し，4 点 A，B，A′，B′ は同一平面上にある。AA′，BB′ は平行でないから，AA′ と BB′ は交わる。 （証明終）

(3) 与えられた条件より

$$\begin{cases} \overrightarrow{AB} \cdot \overrightarrow{CD} = 0 \\ \overrightarrow{AC} \cdot \overrightarrow{BD} = 0 \end{cases}$$

であるから

$$\begin{cases} \overrightarrow{AB} \cdot (\overrightarrow{AD} - \overrightarrow{AC}) = 0 \\ \overrightarrow{AC} \cdot (\overrightarrow{AD} - \overrightarrow{AB}) = 0 \end{cases}$$

$$\therefore \begin{cases} \overrightarrow{AB} \cdot \overrightarrow{AD} = \overrightarrow{AB} \cdot \overrightarrow{AC} \\ \overrightarrow{AC} \cdot \overrightarrow{AD} = \overrightarrow{AB} \cdot \overrightarrow{AC} \end{cases}$$

辺々の差をとると

$$(\overrightarrow{AB} - \overrightarrow{AC}) \cdot \overrightarrow{AD} = 0$$
$$\overrightarrow{CB} \cdot \overrightarrow{AD} = 0$$
$$\therefore \quad \overrightarrow{AD} \cdot \overrightarrow{BC} = 0 \qquad （証明終）$$

(4) O は頂点 A，B，C，D を通る球の中心であるから

$$|\vec{a}| = |\vec{b}| = |\vec{c}| = |\vec{d}|$$

である。(3) の仮定のもとで考えると

$$\overrightarrow{AB} \cdot \overrightarrow{CD} = \overrightarrow{AC} \cdot \overrightarrow{BD} = \overrightarrow{AD} \cdot \overrightarrow{BC} = 0$$
$$\overrightarrow{OH} = \frac{1}{2}(\vec{a} + \vec{b} + \vec{c} + \vec{d}) \text{ より}$$

$$\begin{aligned} \overrightarrow{AH} &= \overrightarrow{OH} - \overrightarrow{OA} \\ &= \frac{1}{2}(-\vec{a} + \vec{b} + \vec{c} + \vec{d}) \end{aligned}$$

であるから

$$\begin{aligned} &\overrightarrow{AH} \cdot \overrightarrow{BC} \\ &= \frac{1}{2}(-\vec{a} + \vec{b} + \vec{c} + \vec{d}) \cdot (\vec{c} - \vec{b}) \\ &= \frac{1}{2}\{(\vec{c} + \vec{b}) \cdot (\vec{c} - \vec{b}) \\ &\qquad + (\vec{d} - \vec{a}) \cdot (\vec{c} - \vec{b})\} \\ &= \frac{1}{2}\{|\vec{c}|^2 - |\vec{b}|^2 + \overrightarrow{AD} \cdot \overrightarrow{BC}\} \\ &= 0 \end{aligned}$$

$$\begin{aligned} &\overrightarrow{AH} \cdot \overrightarrow{BD} \\ &= \frac{1}{2}(-\vec{a} + \vec{b} + \vec{c} + \vec{d}) \cdot (\vec{d} - \vec{b}) \\ &= \frac{1}{2}\{(\vec{d} + \vec{b}) \cdot (\vec{d} - \vec{b}) \\ &\qquad + (\vec{c} - \vec{a}) \cdot (\vec{d} - \vec{b})\} \\ &= \frac{1}{2}\{|\vec{d}|^2 - |\vec{b}|^2 + \overrightarrow{AC} \cdot \overrightarrow{BD}\} \\ &= 0 \end{aligned}$$

であり，AH は平面 BCD に垂直である。

同様にして，BH は平面 ACD に垂直である。よって H は AA′ かつ BB′ 上の点である。すなわち，AA′ と BB′ は点 H で交わる。 （証明終）

9.43

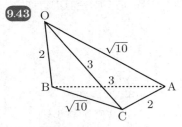

4 つの面はすべて合同であるから

$$AB = 3, \quad AC = 2, \quad BC = \sqrt{10}$$

である。$|\overrightarrow{BC}|^2 = 10$ より

$$|\overrightarrow{AC} - \overrightarrow{AB}|^2 = 10$$
$$2^2 - 2\overrightarrow{AB} \cdot \overrightarrow{AC} + 3^2 = 10$$
$$\therefore \quad \overrightarrow{AB} \cdot \overrightarrow{AC} = \frac{4 + 9 - 10}{2} = \frac{3}{2}$$

$$\begin{aligned} &\triangle ABC \\ &= \frac{1}{2}\sqrt{|\overrightarrow{AB}|^2|\overrightarrow{AC}|^2 - (\overrightarrow{AB} \cdot \overrightarrow{AC})^2} \\ &= \frac{1}{2}\sqrt{3^2 \cdot 2^2 - \left(\frac{3}{2}\right)^2} \\ &= \frac{3\sqrt{15}}{4} \end{aligned}$$

H は平面 α 上の点であるから，実数 s, t を用いて

$$\overrightarrow{OH} = \overrightarrow{OA} + s\overrightarrow{AB} + t\overrightarrow{AC}$$

と表すことができ，OH ⊥ α であるから

$$\begin{cases} \overrightarrow{OH} \cdot \overrightarrow{AB} = 0 \\ \overrightarrow{OH} \cdot \overrightarrow{AC} = 0 \end{cases}$$

$$\begin{cases} (\overrightarrow{OA} + s\overrightarrow{AB} + t\overrightarrow{AC}) \cdot \overrightarrow{AB} = 0 \\ (\overrightarrow{OA} + s\overrightarrow{AB} + t\overrightarrow{AC}) \cdot \overrightarrow{AC} = 0 \end{cases}$$

が成り立つ。ここで，$\left|\overrightarrow{OB}\right|^2 = 2^2$ より

$$\left|\overrightarrow{AB} - \overrightarrow{AO}\right|^2 = 4$$

$$\therefore \quad \overrightarrow{AO} \cdot \overrightarrow{AB} = \frac{9 + 10 - 4}{2} = \frac{15}{2}$$

$\left|\overrightarrow{OC}\right|^2 = 3^2$ より

$$\left|\overrightarrow{AC} - \overrightarrow{AO}\right|^2 = 9$$

$$\therefore \quad \overrightarrow{AO} \cdot \overrightarrow{AC} = \frac{10 + 4 - 9}{2} = \frac{5}{2}$$

であるから

$$\begin{cases} -\dfrac{15}{2} + 9s + \dfrac{3}{2}t = 0 \\ -\dfrac{5}{2} + \dfrac{3}{2}s + 4t = 0 \end{cases}$$

$$\therefore \quad \begin{cases} 6s + t = 5 \\ 3s + 8t = 5 \end{cases}$$

以上より $s = \dfrac{7}{9}$，$t = \dfrac{1}{3}$ であり

$$\overrightarrow{OH} = \overrightarrow{OA} + \frac{7}{9}\overrightarrow{AB} + \frac{1}{3}\overrightarrow{AC}$$

$$\therefore \quad \overrightarrow{AH} = \frac{\boldsymbol{7}}{\boldsymbol{9}}\overrightarrow{\boldsymbol{AB}} + \frac{\boldsymbol{1}}{\boldsymbol{3}}\overrightarrow{\boldsymbol{AC}}$$

また，四面体 OABC の体積は

$$\frac{1}{3} \times \triangle ABC \times \left|\overrightarrow{OH}\right|$$

ここで

$$\left|\overrightarrow{OH}\right|^2$$
$$= \left|\overrightarrow{OA} + \frac{7}{9}\overrightarrow{AB} + \frac{1}{3}\overrightarrow{AC}\right|^2$$
$$= \frac{1}{81}\left|9\overrightarrow{OA} + 7\overrightarrow{AB} + 3\overrightarrow{AC}\right|^2$$
$$= \frac{10}{3}$$

であるから，求める体積は

$$\frac{1}{3} \times \frac{3\sqrt{15}}{4} \times \sqrt{\frac{10}{3}} = \frac{\boldsymbol{5\sqrt{2}}}{\boldsymbol{4}}$$

別解

$\overrightarrow{AB} \cdot \overrightarrow{AC}$ は余弦定理を用いて求めて

もよい。

$$\overrightarrow{AB} \cdot \overrightarrow{AC}$$
$$= \left|\overrightarrow{AB}\right|\left|\overrightarrow{AC}\right| \cos \angle BAC$$
$$= AB \times AC \times \frac{AB^2 + AC^2 - BC^2}{2 \times AB \times AC}$$
$$= \frac{9 + 4 - 10}{2}$$
$$= \frac{3}{2}$$

【参考】

四面体 ABCD は次の図のように，直方体に埋め込むことができる。

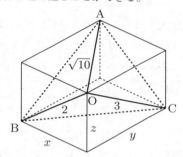

直方体の縦，横，高さをそれぞれ x, y, z とおくと

$$\begin{cases} x^2 + y^2 = 10 \\ y^2 + z^2 = 9 \\ z^2 + x^2 = 4 \end{cases}$$

3 式の辺々を加えると

$$2(x^2 + y^2 + z^2) = 23$$

であり

$$(x, y, z) = \left(\sqrt{\frac{5}{2}}, \sqrt{\frac{15}{2}}, \sqrt{\frac{3}{2}}\right)$$

を得る。よって，求める体積は

$$xyz - 4 \times \frac{1}{6}xyz = \frac{1}{3}xyz$$
$$= \frac{5\sqrt{2}}{4}$$

📖 問題

六面体 ・・・

☐ **9.44** 図のような平行六面体 OBGC–AEFD がある。$\overrightarrow{OA} = \vec{a}$, $\overrightarrow{OB} = \vec{b}$, $\overrightarrow{OC} = \vec{c}$ とおく。

(1) 線分 BD の中点を M とすると
$$\overrightarrow{OM} = \boxed{} \vec{a} + \boxed{} \vec{b} + \boxed{} \vec{c}$$
である。

(2) 線分 FG の中点を M′, 線分 BF の中点を
N, 線分 DG の中点を N′ とし, 線分 MM′
と線分 NN′ の交点を P とすると
$$\overrightarrow{OP} = \boxed{} \vec{a} + \boxed{} \vec{b} + \boxed{} \vec{c}$$
である。

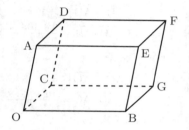

（日本大）

☐ **9.45** 1 辺の長さ 1 の立方体 ABCD–EFGH において $\overrightarrow{AC} = \vec{a}$, $\overrightarrow{AF} = \vec{b}$, $\overrightarrow{AH} = \vec{c}$ とするとき, 次の問いに答えよ。

(1) $\overrightarrow{AG}$ を $\vec{a}$, $\vec{b}$, $\vec{c}$ を用いて表せ。

(2) 直線 AG と平面 CFH との交点を P とお
くとき, AP : PG を求めよ。

(3) 線分 FH の中点を M とおくとき, $\overrightarrow{MA}$,
$\overrightarrow{MC}$ を $\vec{a}$, $\vec{b}$, $\vec{c}$ を用いて表せ。また
$\angle AMC = \theta$ とおくとき, $\cos\theta$ の値を求め
よ。

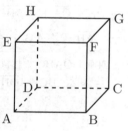

（滋賀大）

チェック・チェック

9.44 平行六面体

(1) $\overrightarrow{OM} = \dfrac{\overrightarrow{OB} + \overrightarrow{OD}}{2}$ であり，$\overrightarrow{OD} = \overrightarrow{OA} + \overrightarrow{OC}$ です。

(2) P は線分 MM′ と線分 NN′ の交点としてベクトルで表現していく方法と，初等幾何の考え方を用いて処理する方法があります。

9.45 立方体

(2) P を直線 **AG** の点として，また，平面 **CFH** 上の点として 2 通りに表してみましょう。

(3) $\cos\theta = \dfrac{\overrightarrow{MA} \cdot \overrightarrow{MC}}{|\overrightarrow{MA}||\overrightarrow{MC}|}$ でもよいのですが，$\triangle\mathrm{MAC}$ の 3 辺の長さがわかるので，

余弦定理を用いる方法がラクそうです。

解答・解説

9.44 (1)

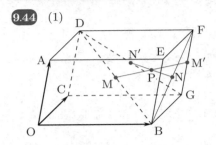

M は BD の中点なので

$$\overrightarrow{OM} = \frac{\overrightarrow{OB} + \overrightarrow{OD}}{2}$$

$$= \frac{\overrightarrow{OB} + (\overrightarrow{OA} + \overrightarrow{OC})}{2}$$

$$= \frac{1}{2}\vec{a} + \frac{1}{2}\vec{b} + \frac{1}{2}\vec{c}$$

(2) M′ は FG の中点なので

$$\overrightarrow{OM'} = \frac{\overrightarrow{OF} + \overrightarrow{OG}}{2}$$

$$= \frac{(\vec{a} + \vec{b} + \vec{c}) + (\vec{b} + \vec{c})}{2}$$

$$= \frac{1}{2}\vec{a} + \vec{b} + \vec{c}$$

さらに，P は MM′ 上の点なので，実数 s を用いて

$$\overrightarrow{OP} = s\overrightarrow{OM} + (1 - s)\overrightarrow{OM'}$$

$$= \frac{s}{2}(\vec{a} + \vec{b} + \vec{c})$$

$$+ (1 - s)\left(\frac{1}{2}\vec{a} + \vec{b} + \vec{c}\right)$$

$$= \frac{1}{2}\vec{a} + \frac{2 - s}{2}\vec{b} + \frac{2 - s}{2}\vec{c}$$

$$\cdots\cdots①$$

同様にして，P は NN′ 上の点なので，実数 t を用いて

$$\overrightarrow{OP} = t\overrightarrow{ON} + (1 - t)\overrightarrow{ON'}$$

$$= t \times \frac{\overrightarrow{OB} + \overrightarrow{OF}}{2}$$

$$+ (1 - t) \times \frac{\overrightarrow{OD} + \overrightarrow{OG}}{2}$$

$$= \frac{t}{2}\{\vec{b} + (\vec{a} + \vec{b} + \vec{c})\}$$

$$+ \frac{1 - t}{2}\{(\vec{a} + \vec{c}) + (\vec{b} + \vec{c})\}$$

$$= \frac{1}{2}\vec{a} + \frac{1 + t}{2}\vec{b} + \frac{2 - t}{2}\vec{c}$$

$$\cdots\cdots②$$

$\vec{a}$, $\vec{b}$, $\vec{c}$ は同一平面上にないから，①，②の係数を比較して

$$\begin{cases} \dfrac{2 - s}{2} = \dfrac{1 + t}{2} \\ \dfrac{2 - s}{2} = \dfrac{2 - t}{2} \end{cases}$$

$$\therefore \quad s = t = \frac{1}{2}$$

したがって

$$\overrightarrow{OP} = \frac{1}{2}\vec{a} + \frac{3}{4}\vec{b} + \frac{3}{4}\vec{c}$$

別解

△FBG において，中点連結定理を使うと

$$\overrightarrow{NM'} = \frac{1}{2}\overrightarrow{BG}$$

同様に，△DBG において中点連結定理を使うと

$$\overrightarrow{MN'} = \frac{1}{2}\overrightarrow{BG}$$

よって，$\overrightarrow{NM'} = \overrightarrow{MN'}$ であり，四角形 MN′M′N は平行四辺形である。

平行四辺形の対角線 MM′ と NN′ はそれぞれの中点で交わる。したがって

$$\overrightarrow{OP} = \frac{\overrightarrow{OM} + \overrightarrow{OM'}}{2}$$

$$= \frac{1}{2}\left(\vec{a} + \frac{3}{2}\vec{b} + \frac{3}{2}\vec{c}\right)$$

$$= \frac{1}{2}\vec{a} + \frac{3}{4}\vec{b} + \frac{3}{4}\vec{c}$$

9.45 (1)

$\overrightarrow{\mathrm{AB}}$, $\overrightarrow{\mathrm{AD}}$, $\overrightarrow{\mathrm{AE}}$ を用いて $\overrightarrow{a}$, $\overrightarrow{b}$, $\overrightarrow{c}$ を書き表すと

$$\overrightarrow{a} = \overrightarrow{\mathrm{AB}} + \overrightarrow{\mathrm{BC}} = \overrightarrow{\mathrm{AB}} + \overrightarrow{\mathrm{AD}}$$
$$\overrightarrow{b} = \overrightarrow{\mathrm{AB}} + \overrightarrow{\mathrm{BF}} = \overrightarrow{\mathrm{AB}} + \overrightarrow{\mathrm{AE}}$$
$$\overrightarrow{c} = \overrightarrow{\mathrm{AD}} + \overrightarrow{\mathrm{DH}} = \overrightarrow{\mathrm{AD}} + \overrightarrow{\mathrm{AE}}$$
$$\therefore \quad \overrightarrow{a} + \overrightarrow{b} + \overrightarrow{c} = 2(\overrightarrow{\mathrm{AB}} + \overrightarrow{\mathrm{AD}} + \overrightarrow{\mathrm{AE}})$$

これより

$$\overrightarrow{\mathrm{AG}} = \overrightarrow{\mathrm{AB}} + \overrightarrow{\mathrm{AD}} + \overrightarrow{\mathrm{AE}}$$
$$= \underline{\frac{1}{2}(\overrightarrow{a} + \overrightarrow{b} + \overrightarrow{c})}$$

(2) P は AG 上の点なので，実数 k を用いて

$$\overrightarrow{\mathrm{AP}} = k\overrightarrow{\mathrm{AG}}$$
$$= \frac{k}{2}\overrightarrow{a} + \frac{k}{2}\overrightarrow{b} + \frac{k}{2}\overrightarrow{c}$$
$$\cdots\cdots①$$

また，P は平面 CFH 上の点なので，実数 α, β, γ を用いて

$$\overrightarrow{\mathrm{AP}} = \alpha\overrightarrow{\mathrm{AC}} + \beta\overrightarrow{\mathrm{AF}} + \gamma\overrightarrow{\mathrm{AH}}$$
$$= \alpha\overrightarrow{a} + \beta\overrightarrow{b} + \gamma\overrightarrow{c}$$
$$\cdots\cdots②$$

ただし

$$\alpha + \beta + \gamma = 1 \qquad \cdots\cdots③$$

と表すことができる。$\overrightarrow{a}$, $\overrightarrow{b}$, $\overrightarrow{c}$ は同一平面上にないから，①，②の係数を比較して

$$\alpha = \beta = \gamma = \frac{k}{2}$$

③へ代入すると

$$\frac{k}{2} + \frac{k}{2} + \frac{k}{2} = 1$$
$$\therefore \quad k = \frac{2}{3}$$

①より，$\overrightarrow{\mathrm{AP}} = \frac{2}{3}\overrightarrow{\mathrm{AG}}$ なので

$$\underline{\mathbf{AP : PG = 2 : 1}}$$

である。

(3) M は FH の中点なので

$$\overrightarrow{\mathrm{AM}} = \frac{\overrightarrow{b} + \overrightarrow{c}}{2}$$
$$\therefore \quad \underline{\overrightarrow{\mathbf{MA}} = -\frac{1}{2}(\overrightarrow{b} + \overrightarrow{c})}$$

さらに

$$\overrightarrow{\mathrm{MC}} = \overrightarrow{\mathrm{AC}} - \overrightarrow{\mathrm{AM}}$$
$$= \underline{\overrightarrow{a} - \frac{\overrightarrow{b} + \overrightarrow{c}}{2}}$$

また，$\triangle\mathrm{AFH}$, $\triangle\mathrm{CFH}$ は 1 辺の長さ $\sqrt{2}$ の正三角形なので

$$\mathrm{MA} = \mathrm{CM} = \sqrt{2}\sin 60°$$
$$= \frac{\sqrt{6}}{2}$$

である。これらと $\mathrm{AC} = \sqrt{2}$ より，$\triangle\mathrm{AMC}$ において余弦定理を用いると

$$\cos\theta = \frac{\mathrm{MA}^2 + \mathrm{MC}^2 - \mathrm{AC}^2}{2\mathrm{MA} \times \mathrm{MC}}$$
$$= \frac{\left(\frac{\sqrt{6}}{2}\right)^2 + \left(\frac{\sqrt{6}}{2}\right)^2 - \left(\sqrt{2}\right)^2}{2 \times \frac{\sqrt{6}}{2} \times \frac{\sqrt{6}}{2}}$$
$$= \underline{\frac{1}{3}}$$

§4　空間座標

📖 問題

直線 ··

☐ **9.46** 次の問いに答えよ。

(1) xyz 空間において，点 $(2,\ 6,\ 7)$ を通り，ベクトル $\vec{u} = (1,\ -2,\ -1)$ に平行な直線と xy 平面との交点の座標は $\left(\boxed{},\ \boxed{},\ 0\right)$ である。

（千葉工大）

(2) 点 $(1,\ 2,\ -3)$ を通りベクトル $\vec{a} = (3,\ -1,\ 2)$ に平行な直線と，点 $(4,\ -3,\ 1)$ を通りベクトル $\vec{b} = (3,\ 7,\ -2)$ に平行な直線の交点の y 座標を求めよ。

（千葉工大）

☐ **9.47** 座標空間内の 2 点 O$(0,\ 0,\ 0)$，A$(1,\ -1,\ 2)$ を通る直線を l_1 とし，2 点 B$(-2,\ 0,\ 0)$，C$(0,\ 2,\ 0)$ を通る直線を l_2 とする。

(1) l_1 と l_2 が交わらないことを証明せよ。

(2) 点 P が l_1 上を動き，点 Q が l_2 上を動く。2 点 P，Q の間の距離が最小となるときの P，Q の座標と，その距離を求めよ。　　（津田塾大）

☐ **9.48** 空間内の 4 点 O$(0,\ 0,\ 0)$，A$(1,\ 2,\ 3)$，B$(1,\ 1,\ -1)$，C$(7,\ 3,\ 5)$ がある。直線 OA 上の動点 P に対して，線分 BP，CP の長さの平方の和 $\mathrm{BP}^2 + \mathrm{CP}^2$ の最小値と，線分の長さの和 $\mathrm{BP} + \mathrm{CP}$ の最小値を求めたい。

(1) $\overrightarrow{\mathrm{OP}} = t\overrightarrow{\mathrm{OA}}$（$t$ は実数）とするとき，$\mathrm{BP}^2 + \mathrm{CP}^2$ を t の式で表せ。

(2) $\mathrm{BP}^2 + \mathrm{CP}^2$ の最小値と，そのときの P の座標を求めよ。

(3) 2 点 B，C から直線 OA に垂線を下ろし，交点をそれぞれ H，K とするとき，H，K の座標を求めよ。また，2 つのベクトル $\overrightarrow{\mathrm{HB}}$，$\overrightarrow{\mathrm{KC}}$ のなす角を θ $(0 \leqq \theta \leqq \pi)$ とするとき，$\cos\theta$ の値を求めよ。

(4) $\mathrm{BP} + \mathrm{CP}$ の値が最小となるのは，P が線分 HK をどのような比に分けるときかを説明せよ。また，そのときの P の座標，および $\mathrm{BP} + \mathrm{CP}$ の値を求めよ。

（長崎大）

チェック・チェック

9.46 直線と平面，直線と直線

点 (x_0, y_0, z_0) を通り，ベクトル (l, m, n) に平行な直線上の点を (x, y, z) とおくと，直線のベクトル方程式は，t を実数として

$$(x, y, z) = (x_0, y_0, z_0) + t(l, m, n)$$

となります。

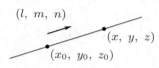

(1) は xy 平面すなわち $z = 0$ と連立することにより，(2) は 2 直線の方程式を立てて，連立することにより，交点の座標を求めることができます。

9.47 2 直線の最短距離

ねじれの位置にある 2 直線 l_1, l_2 上の点 P，Q は実数 s, t を用いて

$$\overrightarrow{OP} = s\overrightarrow{OA}, \quad \overrightarrow{OQ} = \overrightarrow{OB} + t\overrightarrow{BC}$$

と表すことができるので，$\left|\overrightarrow{PQ}\right|^2$ は s, t の 2 変数関数として表されます。

また，$\left|\overrightarrow{PQ}\right|$ が最小となるのは $\left|\overrightarrow{PQ}\right|$ が l_1, l_2 の両方に垂直になるときです。

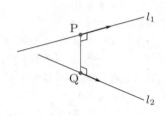

9.48 折れ線

P が直線上を動くときの折れ線 BPC について，

$$BP^2 + CP^2 \text{ の最小値と } BP + CP \text{ の最小値}$$

が問われています。直線 OA 上の動点 P は実数 t を用いて

$$\overrightarrow{OP} = t\overrightarrow{OA}$$

と表すことができるので，$BP^2 + CP^2$ は t についての 2 次関数となります。

$BP + CP$ は図形的な工夫が必要で，(3) がヒントになっています。

📖 解答・解説

9.46 (1) A$(2,\ 6,\ 7)$ を通り，$\vec{u} = (1,\ -2,\ -1)$ に平行な直線上の点を P とおくと

$$\overrightarrow{OP} = \overrightarrow{OA} + k\vec{u}$$
$$= (2,\ 6,\ 7) + k(1,\ -2,\ -1)$$
$$= (2+k,\ 6-2k,\ 7-k)$$

xy 平面との交点の z 座標は 0 なので

$$7 - k = 0$$
$$\therefore\ k = 7$$

したがって，直線と xy 平面との交点の座標は $(\mathbf{9},\ -\mathbf{8},\ 0)$ である。

(2) 2 直線上の点はそれぞれ

$$(x,\ y,\ z)$$
$$= (1,\ 2,\ -3) + s(3,\ -1,\ 2)$$
$$= (1+3s,\ 2-s,\ -3+2s)$$

$$(x,\ y,\ z)$$
$$= (4,\ -3,\ 1) + t(3,\ 7,\ -2)$$
$$= (4+3t,\ -3+7t,\ 1-2t)$$

とおけるから，これらの 2 直線の交点は

$$\begin{cases} 1+3s = 4+3t \\ 2-s = -3+7t \\ -3+2s = 1-2t \end{cases}$$

$$\therefore\ \begin{cases} s-t = 1 & \cdots\cdots① \\ s+7t = 5 & \cdots\cdots② \\ s+t = 2 & \cdots\cdots③ \end{cases}$$

①，③より $s = \dfrac{3}{2}$，$t = \dfrac{1}{2}$ となり，これは②もみたす。

したがって，求める交点の y 座標は

$$y = 2 - s = \frac{1}{2}$$

9.47 (1) 2 点 O$(0,\ 0,\ 0)$，A$(1,\ -1,\ 2)$ を通る直線 l_1 上の点 P は実数 s を用いて

$$\overrightarrow{OP} = s\overrightarrow{OA}$$
$$= s(1,\ -1,\ 2)$$
$$= (s,\ -s,\ 2s)$$

と表すことができる。同様に，2 点 B$(-2,\ 0,\ 0)$，C$(0,\ 2,\ 0)$ を通る直線 l_2 上の点 Q は実数 t を用いて

$$\overrightarrow{OQ} = \overrightarrow{OB} + t\overrightarrow{BC}$$
$$= (-2,\ 0,\ 0) + t(2,\ 2,\ 0)$$
$$= (-2+2t,\ 2t,\ 0)$$

と表すことができる。

直線 l_1，l_2 が交わると仮定すると

$$\begin{cases} s = -2+2t & \cdots\cdots① \\ -s = 2t & \cdots\cdots② \\ 2s = 0 & \cdots\cdots③ \end{cases}$$

をみたす実数 s，t が存在する。②と③から

$$s = t = 0$$

となるが，これは，①をみたさない。

よって，直線 l_1 と l_2 は交わらない。
（証明終）

(2) (1) の s，t を用いて

$$\overrightarrow{PQ} = \overrightarrow{OQ} - \overrightarrow{OP}$$
$$= (-s+2t-2,\ s+2t,\ -2s)$$

と表すことができる。

$$|\overrightarrow{PQ}|^2$$
$$= (-s+2t-2)^2 + (s+2t)^2 + (-2s)^2$$
$$= (s^2 + 4t^2 + 4 - 4st - 8t + 4s)$$
$$\qquad + (s^2 + 4st + 4t^2) + 4s^2$$
$$= 6s^2 + 4s + 8t^2 - 8t + 4$$
$$= 6\left(s + \frac{1}{3}\right)^2 + 8\left(t - \frac{1}{2}\right)^2 + \frac{4}{3}$$

よって $|\overrightarrow{PQ}|$ は $s = -\dfrac{1}{3}$，$t = \dfrac{1}{2}$

すなわち $\mathbf{P\left(-\dfrac{1}{3},\ \dfrac{1}{3},\ -\dfrac{2}{3}\right)}$，

$\mathbf{Q(-1,\ 1,\ 0)}$ のとき 最小値 $\dfrac{2\sqrt{3}}{3}$

をとる。

別解

l_1 上に点 P_1 をとり l_2 に垂線 P_1Q_1 を引き，Q_1 から l_1 に垂線 Q_1P_2 を引く。この操作を繰り返すと

$$P_1Q_1 > Q_1P_2 > P_2Q_2 > \cdots$$

であるから，共通垂線 PQ が存在するならば，l_1, l_2 の最短距離は線分 PQ の長さである。

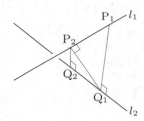

本問では

$$\begin{cases} \overrightarrow{PQ} \cdot \overrightarrow{OA} = 0 \\ \overrightarrow{PQ} \cdot \overrightarrow{BC} = 0 \end{cases}$$

をみたす $P(s, -s, 2s)$ および $Q(-2 + 2t, 2t, 0)$ が存在すること，すなわち

$$\begin{cases} (-s + 2t - 2, \ s + 2t, \ -2s) \\ \qquad \cdot (1, -1, 2) = 0 \\ (-s + 2t - 2, \ s + 2t, \ -2s) \\ \qquad \cdot (2, 2, 0) = 0 \end{cases}$$

をみたす s, t の存在を確認する。

$$\begin{cases} (-s + 2t - 2) - (s + 2t) - 4s = 0 \\ 2(-s + 2t - 2) + 2(s + 2t) + 0 = 0 \end{cases}$$

$$\begin{cases} -6s - 2 = 0 \\ 8t - 4 = 0 \end{cases}$$

$$\therefore \quad s = -\frac{1}{3}, \quad t = \frac{1}{2}$$

s, t の存在が確認されたので，$|\overrightarrow{PQ}|$ は $P\left(-\dfrac{1}{3}, \dfrac{1}{3}, -\dfrac{2}{3}\right)$, $Q(-1, 1, 0)$ のとき，最小値 $\dfrac{2\sqrt{3}}{3}$ をとる。

別解

$$\overrightarrow{PQ} = \overrightarrow{OQ} - \overrightarrow{OP}$$
$$= \overrightarrow{OB} + t\overrightarrow{BC} - s\overrightarrow{OA}$$

$\overrightarrow{OR} = \overrightarrow{PQ}$ とおくと，R は点 B を通り，$\overrightarrow{BC}$, $\overrightarrow{OA}$ に平行な平面 π 上の点である。$|\overrightarrow{OR}|$ が最小となるのは，R が O から π に下ろした垂線の足と一致するときである。

$$\begin{cases} OR \perp OA \\ OR \perp BC \end{cases}$$

$$\therefore \quad \begin{cases} \overrightarrow{PQ} \cdot \overrightarrow{OA} = 0 \\ \overrightarrow{PQ} \cdot \overrightarrow{BC} = 0 \end{cases}$$

以後，上と同じ。

最小値のみならば，正射影ベクトルを用いることができる。すなわち，π の法線ベクトルの1つを $\overrightarrow{n}$ とおくと，$|\overrightarrow{OR}|$ の最小値は $\overrightarrow{OB}$ の $\overrightarrow{n}$ への正射影ベクトルの大きさに等しい。$\overrightarrow{BC} = (2, 2, 0)$, $\overrightarrow{OA} = (1, -1, 2)$ に垂直なベクトルの1つとして $\overrightarrow{n} = (1, -1, -1)$ をとることができるから

$$(|\overrightarrow{OR}| \text{の最小値})$$
$$= \left| \frac{\overrightarrow{OB} \cdot \overrightarrow{n}}{|\overrightarrow{n}|^2} \overrightarrow{n} \right| = \frac{|\overrightarrow{OB} \cdot \overrightarrow{n}|}{|\overrightarrow{n}|}$$
$$= \frac{|(-2, 0, 0) \cdot (1, -1, -1)|}{\sqrt{1 + 1 + 1}}$$
$$= \frac{|-2 + 0 + 0|}{\sqrt{1 + 1 + 1}} = \frac{2}{\sqrt{3}}$$
$$= \frac{2\sqrt{3}}{3}$$

9.48 (1) P は直線 OA 上の動点であるから，実数 t を用いて

$$\overrightarrow{OP} = t\overrightarrow{OA} = t(1, 2, 3)$$

と表すことができる。このとき

$$\overrightarrow{BP} = \overrightarrow{OP} - \overrightarrow{OB}$$
$$= t(1, 2, 3) - (1, 1, -1)$$
$$= (t - 1, 2t - 1, 3t + 1)$$

$$\overrightarrow{\mathrm{CP}} = \overrightarrow{\mathrm{OP}} - \overrightarrow{\mathrm{OC}}$$
$$= t(1,\ 2,\ 3) - (7,\ 3,\ 5)$$
$$= (t-7,\ 2t-3,\ 3t-5)$$

であるから

$$\mathrm{BP}^2 + \mathrm{CP}^2$$
$$= \{(t-1)^2 + (2t-1)^2 + (3t+1)^2\}$$
$$\quad + \{(t-7)^2 + (2t-3)^2 + (3t-5)^2\}$$
$$= (14t^2+3) + (14t^2 - 56t + 83)$$
$$= \underline{28t^2 - 56t + 86}$$

(2) (1) の式を平方完成すると

$$\mathrm{BP}^2 + \mathrm{CP}^2 = 28(t^2 - 2t) + 86$$
$$= 28(t-1)^2 + 58$$

であり，$\mathrm{BP}^2 + \mathrm{CP}^2$ は $t = 1$ のとき，すなわち **P(1, 2, 3) のとき，最小値 58** をとる。

(3)

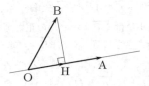

点 H は点 B から直線 OA に下ろした垂線の足であるから

$$\overrightarrow{\mathrm{OH}} = \frac{|\overrightarrow{\mathrm{OB}}| \cos \angle \mathrm{BOA}}{|\overrightarrow{\mathrm{OA}}|} \overrightarrow{\mathrm{OA}}$$
$$= \frac{\overrightarrow{\mathrm{OA}} \cdot \overrightarrow{\mathrm{OB}}}{|\overrightarrow{\mathrm{OA}}|^2} \overrightarrow{\mathrm{OA}}$$
$$= \frac{1+2-3}{1+4+9}(1,\ 2,\ 3)$$
$$= (0,\ 0,\ 0)$$

よって，H の座標は **H(0, 0, 0)** である。

同じく

$$\overrightarrow{\mathrm{OK}} = \frac{\overrightarrow{\mathrm{OA}} \cdot \overrightarrow{\mathrm{OC}}}{|\overrightarrow{\mathrm{OA}}|^2} \overrightarrow{\mathrm{OA}}$$
$$= \frac{7+6+15}{1+4+9}(1,\ 2,\ 3)$$
$$= 2(1,\ 2,\ 3)$$

よって，K の座標は **K(2, 4, 6)** である。

このとき

$$\overrightarrow{\mathrm{HB}} = (1,\ 1,\ -1) - (0,\ 0,\ 0)$$
$$= (1,\ 1,\ -1)$$
$$\overrightarrow{\mathrm{KC}} = (7,\ 3,\ 5) - (2,\ 4,\ 6)$$
$$= (5,\ -1,\ -1)$$

であるから，2 つのベクトル $\overrightarrow{\mathrm{HB}}$，$\overrightarrow{\mathrm{KC}}$ のなす角を $\theta\ (0 \leqq \theta \leqq \pi)$ とするとき

$$\cos \theta = \frac{\overrightarrow{\mathrm{HB}} \cdot \overrightarrow{\mathrm{KC}}}{|\overrightarrow{\mathrm{HB}}||\overrightarrow{\mathrm{KC}}|}$$
$$= \frac{5-1+1}{\sqrt{3}\sqrt{27}}$$
$$= \underline{\frac{5}{9}}$$

(4) 点 C を直線 OA のまわりに回転させて平面 OAB 上に移動させる。ただし，移動後の点 C′ は直線 OA に関して点 B と反対側にとるものとする。

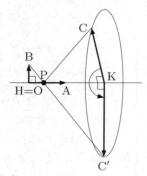

このとき

$$\mathrm{BP} + \mathrm{CP} = \mathrm{BP} + \mathrm{C'P} \geqq \mathrm{BC'}$$

であり，$\mathrm{BP} + \mathrm{CP}$ が最小となるのは，3 点 B，P，C′ が同一直線上にあるときである。$\triangle \mathrm{BHP} \backsim \triangle \mathrm{C'KP}$ であり

$$\mathrm{HP : PK} = \mathrm{BH : C'K}$$
$$= \mathrm{BH : CK}$$
$$= \sqrt{3} : 3\sqrt{3} = 1 : 3$$

である。したがって

$$\overrightarrow{\mathrm{OP}} = \frac{1}{4}\overrightarrow{\mathrm{OK}} = \frac{1}{4}(2,\ 4,\ 6)$$

$$\therefore \quad \mathbf{P\left(\frac{1}{2},\ 1,\ \frac{3}{2}\right)}$$

であり

$$\mathrm{BP} + \mathrm{PC}$$
$$= \mathrm{BP} + 3\mathrm{BP} = 4\mathrm{BP}$$
$$= 4\sqrt{\left(\frac{1}{2} - 1\right)^2 + (1-1)^2 + \left(\frac{3}{2} + 1\right)^2}$$
$$= 4\sqrt{\frac{26}{4}}$$
$$= \mathbf{2\sqrt{26}}$$

📖 問題

平面 ....

☐ **9.49** 次の問いに答えよ。

(1) 4 点 A$(1, 2, 3)$, B$\left(1, \boxed{}, 10\right)$, C$(-3, 2, 4)$, D$(2, 4, 1)$ は同一平面上にある。 (東海大)

(2) 空間上の点を A$(2, 5, -3)$ とし, 原点と A を通る直線を l とする。A を通り l に垂直な平面の方程式は $\boxed{}$ である。 (北見工大)

☐ **9.50** 座標空間の 3 点 A$(1, 0, 0)$, B$(0, 1, 0)$, C$(0, 0, 1)$ が定める平面を α とする。点 D$(1, 1, 2)$ から平面 α に垂線を下ろし, 垂線と平面 α との交点を H とすると点 H の x 座標は $\boxed{}$ である。

また, 座標空間に点 E$(1, 1, 1)$ をとり, 点 P は平面 α 上を動くものとする。このとき, 線分の長さの和 DP + PE の最小値は $\boxed{}$ で, そのときの点 P の y 座標は $\boxed{}$ であり, DP^2 + PE^2 の最小値は $\boxed{}$ で, そのときの点 P の z 座標は $\boxed{}$ である。 (同志社大)

☐ **9.51** O を原点とする座標空間に, 3 点 A$(1, -2, 2)$, B$(-1, -3, 1)$, C$(-1, 0, 4)$ がある。このとき, 次の各問いに答えよ。

(1) △ABC の面積を求めよ。

(2) 3 点 A, B, C を含む平面に O から垂線 OH を下ろろ。このとき, 点 H の座標を求めよ。

(3) △ABC の外接円を K とする。

(ⅰ) K の中心 J の座標を求めよ。

(ⅱ) 点 P が K 上を動くとき, OP^2 の最大値を求めよ。 (旭川医大)

444

チェック・チェック

基本 check !

平面の方程式

(i) 点 P が 3 点 A, B, C を含む平面上にあるとき
$$\overrightarrow{OP} = \overrightarrow{OA} + \alpha\overrightarrow{AB} + \beta\overrightarrow{AC}$$
をみたす実数 α, β が存在する。

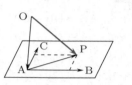

(ii) 点 P が点 A を通りベクトル $\vec{n}$ に垂直な平面上にあるとき
$$\vec{n} \cdot \overrightarrow{AP} = 0$$

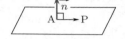

9.49 平面の方程式

(1) 4 点 A, B, C, D が同一平面上にある条件は
$$\overrightarrow{AB} = \alpha\overrightarrow{AC} + \beta\overrightarrow{AD}$$
をみたす実数 α, β が存在することです。

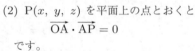

(2) P(x, y, z) を平面上の点とおくと
$$\overrightarrow{OA} \cdot \overrightarrow{AP} = 0$$
です。

9.50 折れ線

DP + PE の最小値を求めるには，D の平面 α に関する対称点を利用しましょう。垂線の足 H がこの誘導になっています。

$DP^2 + PE^2$ の最小値について，P の座標は
$$\overrightarrow{OP} = \overrightarrow{OA} + s\overrightarrow{AB} + t\overrightarrow{AC}$$
より s, t の 2 変数で表すことができます。

$DP^2 + PE^2$ は s, t の 2 変数関数となります。

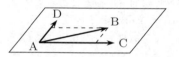

9.51 円上の点との最大距離

右の図において，OH は一定で，OP は直角三角形 OHP の斜辺になっています。
$$\left|\overrightarrow{OP}\right|^2 = \left|\overrightarrow{PH}\right|^2 + \left|\overrightarrow{OH}\right|^2$$
なので，$\left|\overrightarrow{PH}\right|^2$ が最大となるときを考えます。

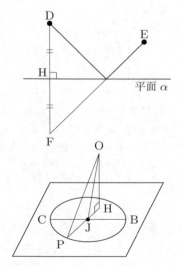

📖 解答・解説

9.49 (1) B$(1, y, 10)$ とおくと

$$\overrightarrow{AB} = \overrightarrow{OB} - \overrightarrow{OA}$$
$$= (1, y, 10) - (1, 2, 3)$$
$$= (0, y-2, 7)$$

同様に

$$\overrightarrow{AC} = (-3, 2, 4) - (1, 2, 3)$$
$$= (-4, 0, 1)$$
$$\overrightarrow{AD} = (2, 4, 1) - (1, 2, 3)$$
$$= (1, 2, -2)$$

4 点が同一平面上にある条件は，実数 α, β を用いて

$$\overrightarrow{AB} = \alpha\overrightarrow{AC} + \beta\overrightarrow{AD}$$

と表せることである。したがって

$$(0, y-2, 7)$$
$$= \alpha(-4, 0, 1) + \beta(1, 2, -2)$$
$$= (-4\alpha + \beta, 2\beta, \alpha - 2\beta)$$

より

$$\begin{cases} -4\alpha + \beta = 0 \\ 2\beta = y - 2 \\ \alpha - 2\beta = 7 \end{cases}$$

$$\therefore \quad \alpha = -1, \ \beta = -4, \ y = \boldsymbol{-6}$$

(2) 求める平面は，点 A$(2, 5, -3)$ を通り，法線ベクトルが $\overrightarrow{OA} = (2, 5, -3)$ の平面であるから，P(x, y, z) をこの平面上の点とおくと

$$\overrightarrow{AP} = \overrightarrow{0} \ \text{または} \ \overrightarrow{OA} \perp \overrightarrow{AP}$$

より

$$\overrightarrow{OA} \cdot \overrightarrow{AP} = 0$$

である。よって，求める平面の方程式は

$$(2, 5, -3) \cdot (x-2, y-5, z+3) = 0$$
$$2(x-2) + 5(y-5) - 3(z+3) = 0$$
$$\therefore \quad \boldsymbol{2x + 5y - 3z = 38}$$

9.50 H は平面 α 上の点であるから，実数 s, t を用いて

$$\overrightarrow{OH} = \overrightarrow{OA} + s\overrightarrow{AB} + t\overrightarrow{AC}$$

と表すことができる。A$(1, 0, 0)$, B$(0, 1, 0)$, C$(0, 0, 1)$ より

$$\overrightarrow{OH} = (1, 0, 0) + s(-1, 1, 0)$$
$$+ t(-1, 0, 1)$$
$$= (1 - s - t, s, t)$$
$$\cdots\cdots①$$

である。DH $\perp \alpha$ であるから

$$\begin{cases} \overrightarrow{DH} \cdot \overrightarrow{AB} = 0 \\ \overrightarrow{DH} \cdot \overrightarrow{AC} = 0 \end{cases}$$

であり，D$(1, 1, 2)$ より

$$\begin{cases} (-s-t, s-1, t-2) \\ \qquad \cdot (-1, 1, 0) = 0 \\ (-s-t, s-1, t-2) \\ \qquad \cdot (-1, 0, 1) = 0 \end{cases}$$

$$\begin{cases} -(-s-t) + (s-1) + 0 = 0 \\ -(-s-t) + 0 + (t-2) = 0 \end{cases}$$

$$\begin{cases} 2s + t - 1 = 0 \\ s + 2t - 2 = 0 \end{cases}$$

$$\therefore \quad s = 0, \ t = 1$$

よって，$\overrightarrow{OH} = (0, 0, 1)$ であり，H の x 座標は $\boldsymbol{0}$ である。

別解

$$\overrightarrow{AB} = (-1, 1, 0), \ \overrightarrow{AC} = (-1, 0, 1)$$

の両方に垂直なベクトルとして $\overrightarrow{n} = (1, 1, 1)$ をとることができる。$\overrightarrow{DH}$ は $\overrightarrow{DA}$ の $\overrightarrow{n}$ への正射影ベクトルであるから

$$\overrightarrow{OH} = \overrightarrow{OD} + \frac{\overrightarrow{DA} \cdot \overrightarrow{n}}{|\overrightarrow{n}|^2} \overrightarrow{n}$$

ここで

$$\overrightarrow{DA} \cdot \overrightarrow{n} = (0, -1, -2) \cdot (1, 1, 1)$$

$$= -3$$

$$|\vec{n}|^2 = 1 + 1 + 1 = 3$$

より

$$\overrightarrow{OH} = (1,\ 1,\ 2) - (1,\ 1,\ 1)$$

$$= (0,\ 0,\ 1)$$

次に，点 D の平面 α に関する対称点を F とおく。

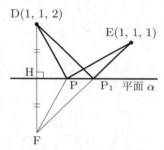

このとき，線分の長さの和 DP + PE は

$$\mathbf{DP + PE = FP + PE \geqq FE}$$

であり，等号は P が直線 EF と平面 α の交点 P_1 と一致するとき成立する。

$$\overrightarrow{OF} = \overrightarrow{OD} + 2\overrightarrow{DH}$$

$$= (1,\ 1,\ 2) + 2(-1,\ -1,\ -1)$$

$$= (-1,\ -1,\ 0)$$

であり，線分の長さの和 DP + PE の最小値 FE は

$$FE$$

$$= \sqrt{(1+1)^2 + (1+1)^2 + (1-0)^2}$$

$$= \underline{\mathbf{3}}$$

である。このときの P，すなわち P_1 の座標を求める。

P_1 は平面 α 上の点であるから，①より実数 $s,\ t$ を用いて

$$\overrightarrow{OP_1} = (1 - s - t,\ s,\ t)$$

とおくことができる。また，P_1 は直線 EF 上の点でもあるから

$$\overrightarrow{OP_1} = \overrightarrow{OE} + k\overrightarrow{EF}$$

$$= (1,\ 1,\ 1) + k(-2,\ -2,\ -1)$$

$$= (1 - 2k,\ 1 - 2k,\ 1 - k)$$

でもある。よって

$$\begin{cases} -u - v = -2k \\ u - 1 = -2k \\ v - 1 = -k \end{cases}$$

$$\therefore \quad k = \frac{2}{5},\ \ s = \frac{1}{5},\ \ t = \frac{3}{5}$$

よって，$\overrightarrow{OP_1} = \left(\dfrac{1}{5},\ \dfrac{1}{5},\ \dfrac{3}{5}\right)$ であるから，求める P の y 座標は $\dfrac{\mathbf{1}}{\mathbf{5}}$ である。

また，平面 α 上の点 $P(1 - s - t,\ s,\ t)$ に対し

$$DP^2 + PE^2$$

$$= \{(-s-t)^2 + (s-1)^2 + (t-2)^2\}$$

$$\qquad + \{(-s-t)^2 + (s-1)^2 + (t-1)^2\}$$

$$= (2s^2 + 2t^2 + 2st - 2s - 4t + 5)$$

$$\qquad + (2s^2 + 2t^2 + 2st - 2s - 2t + 2)$$

$$= 4s^2 + 4t^2 + 4st - 4s - 6t + 7$$

$$= 4s^2 + 4(t-1)s + 4t^2 - 6t + 7$$

$$= 4\left(s + \frac{t-1}{2}\right)^2 - (t-1)^2$$

$$\qquad\qquad\qquad + 4t^2 - 6t + 7$$

$$= 4\left(s + \frac{t-1}{2}\right)^2 + 3t^2 - 4t + 6$$

$$= 4\left(s + \frac{t-1}{2}\right)^2$$

$$\qquad\qquad + 3\left(t - \frac{2}{3}\right)^2 + \frac{14}{3}$$

よって，$DP^2 + PE^2 \geqq \dfrac{14}{3}$ であり，等号は

$$\begin{cases} s + \dfrac{t-1}{2} = 0 \\ t - \dfrac{2}{3} = 0 \end{cases}$$

$$\therefore \quad t = \frac{2}{3},\ \ s = \frac{1}{6}$$

のとき成立する。このとき，

$P\left(\dfrac{1}{6},\ \dfrac{1}{6},\ \dfrac{2}{3}\right)$ である。

よって，$DP^2 + PE^2$ の最小値は $\dfrac{\mathbf{14}}{\mathbf{3}}$，このときの P の z 座標は $\dfrac{\mathbf{2}}{\mathbf{3}}$ である。

9.51 (1) A$(1, -2, 2)$, B$(-1, -3, 1)$, C$(-1, 0, 4)$ より
$$\overrightarrow{AB} = (-2, -1, -1)$$
$$\overrightarrow{AC} = (-2, 2, 2)$$
である。よって
$$|\overrightarrow{AB}|^2 = 4 + 1 + 1 = 6$$
$$|\overrightarrow{AC}|^2 = 4 + 4 + 4 = 12$$
$$\overrightarrow{AB} \cdot \overrightarrow{AC} = 4 - 2 - 2 = 0$$
より
$$(\triangle ABC \text{ の面積})$$
$$= \frac{1}{2}\sqrt{|\overrightarrow{AB}|^2|\overrightarrow{AC}|^2 - (\overrightarrow{AB} \cdot \overrightarrow{AC})^2}$$
$$= \frac{1}{2}\sqrt{6 \times 12 - 0^2}$$
$$= \mathbf{3\sqrt{2}}$$

【参考】
$\overrightarrow{AB} \cdot \overrightarrow{AC} = 0$ なので，$\triangle ABC$ は $\angle A = 90°$ の直角三角形である。

(2) H は平面 ABC 上の点であるから，実数 u, v を用いて
$$\overrightarrow{OH} = \overrightarrow{OA} + u\overrightarrow{AB} + v\overrightarrow{AC}$$
と表すことができる。
$$\overrightarrow{OH} \perp (\text{平面 ABC})$$
より
$$\begin{cases} \overrightarrow{OH} \cdot \overrightarrow{AB} = 0 \\ \overrightarrow{OH} \cdot \overrightarrow{AC} = 0 \end{cases}$$
であり
$$\begin{cases} (\overrightarrow{OA} + u\overrightarrow{AB} + v\overrightarrow{AC}) \cdot \overrightarrow{AB} = 0 \\ (\overrightarrow{OA} + u\overrightarrow{AB} + v\overrightarrow{AC}) \cdot \overrightarrow{AC} = 0 \end{cases}$$
$$\therefore \quad \begin{cases} (-2 + 2 - 2) + 6u + 0v = 0 \\ (-2 - 4 + 4) + 0u + 12v = 0 \end{cases}$$
よって $u = \dfrac{1}{3}$, $v = \dfrac{1}{6}$ であるから
$$\overrightarrow{OH}$$
$$= (1, -2, 2) + \frac{1}{3}(-2, -1, -1)$$
$$\qquad\qquad + \frac{1}{6}(-2, 2, 2)$$
$$= (0, -2, 2)$$

であり，H の座標は
$$\mathbf{H(0, -2, 2)}$$

(3) (i) $\triangle ABC$ は $\angle A = 90°$ の直角三角形なので，外心 J は辺 BC の中点である。
$$\overrightarrow{OJ} = \frac{\overrightarrow{OB} + \overrightarrow{OC}}{2} = \left(-1, -\frac{3}{2}, \frac{5}{2}\right)$$
であり，J の座標は
$$\mathbf{J\left(-1, -\frac{3}{2}, \frac{5}{2}\right)}$$

(ii)

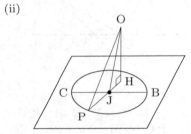

$\triangle ABC$ の外接円 K の半径 r は
$$r = JB = \sqrt{0^2 + \left(\frac{3}{2}\right)^2 + \left(\frac{3}{2}\right)^2}$$
$$= \frac{3}{\sqrt{2}}$$
であり
$$HJ = \sqrt{(-1)^2 + \left(\frac{1}{2}\right)^2 + \left(\frac{1}{2}\right)^2}$$
$$= \frac{\sqrt{3}}{\sqrt{2}}$$
である。$\triangle OHP$ は $\angle OHP = 90°$ の直角三角形であるから，K 上の動点 P について
$$OP^2 = OH^2 + HP^2$$
$$\leq OH^2 + (HJ + JP)^2$$
であり，等号は H，J，P がこの順に一直線上に並ぶとき成立する。
このとき
$$OH^2 = 0 + 4 + 4 = 8$$
$$(HJ + JP)^2 = (HJ + r)^2$$

$$= \left(\frac{\sqrt{3}}{\sqrt{2}} + \frac{3}{\sqrt{2}} \right)^2$$
$$= \frac{3}{2}(1 + \sqrt{3})^2$$
$$= 6 + 3\sqrt{3}$$

であるから
$$\mathrm{OH}^2 + (\mathrm{HJ} + \mathrm{JP})^2$$
$$= 8 + (6 + 3\sqrt{3})$$
$$= 14 + 3\sqrt{3}$$
よって，OP^2 の最大値は
$$\underline{\mathbf{14 + 3\sqrt{3}}}$$

【参考】

　$\mathrm{HJ} < r$ であるから，H は外接円 K の内部の点であるが，H の位置にかかわらず，OP が最大となるのは H，J，P がこの順に一直線上に並ぶときである。

📖 問題

球面 ....

☐ **9.52** 次の問いに答えよ。

(1) 2 点 A(1, 1, 0), B(0, 1, 1) を直径の両端とする球面の方程式を求めよ。 （秋田県立大　改）

(2) 空間の点 A(1, -3, -2), B(-2, 3, 1) について，AP = 2BP を満たす点 P の全体はどのような図形になるか。 （福島県立医大）

☐ **9.53** 点 (1, 2, 3) を中心とする球が平面 $z = -2$ と接している。以下の設問に答えなさい。

(1) この球面の方程式を求めなさい。

(2) 点 (8, 1, p) を通り，ベクトル $\vec{u} = (3, -4, 2)$ に平行な直線が，この球と接している。p の値を求めなさい。 （専修大）

☐ **9.54** 点 (-1, 2, 3) を中心とする球が平面 $x = 3$ と接しているとき，この球が平面 $y = 4$ と交わってできる円の中心と半径を求めよ。 （兵庫医大）

チェック・チェック

基本 check！

球面の方程式

点 $P(x, y, z)$ について

(i) P が中心 $A(a, b, c)$，半径 r の球面上にあるとき，$|\overrightarrow{AP}| = r$ であるから，球面の方程式は

$$(x - a)^2 + (y - b)^2 + (z - c)^2 = r^2$$

(ii) P が $A(a_1, a_2, a_3)$ と $B(b_1, b_2, b_3)$ を直径の両端とする球面上にあるとき，$\overrightarrow{AP} \cdot \overrightarrow{BP} = 0$ であるから，球面の方程式は

$$(x - a_1)(x - b_1) + (y - a_2)(y - b_2) + (z - a_3)(z - b_3) = 0$$

9.52 球面の方程式

(1) $\overrightarrow{AP} \cdot \overrightarrow{BP} = 0$ を成分表示しましょう。

(2) $|\overrightarrow{AP}| = 2|\overrightarrow{BP}|$ を成分表示しましょう。P の全体はアポロニウスの球と呼ばれています。

9.53 球に接する平面・直線

(1) 球の半径は中心と平面との距離です。

(2) 直線上の点 P は $\overrightarrow{OP} = (8, 1, p) + t\vec{u}$ として，t で表すことができます。球面の方程式と連立しましょう。直線が球と接する条件は t がただ 1 つ存在することです。

9.54 球と平面の交円

球と与えられた平面 $x = 3$，$y = 4$ との位置関係は下の図のようになっています。

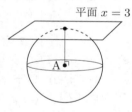

平面 $x = 3$

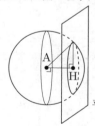

平面 $y = 4$

解答・解説

9.52 (1) 中心は直径 AB の中点であるから，その座標は

$$\left(\frac{1+0}{2}, \frac{1+1}{2}, \frac{0+1}{2}\right)$$

$$\therefore \quad \left(\frac{1}{2}, 1, \frac{1}{2}\right)$$

半径は直径 AB の長さの半分であるから

$$\frac{AB}{2}$$

$$= \frac{\sqrt{(1-0)^2+(1-1)^2+(0-1)^2}}{2}$$

$$= \frac{1}{\sqrt{2}}$$

したがって，求める球面の方程式は

$$\left(x - \frac{1}{2}\right)^2 + (y-1)^2$$

$$+ \left(z - \frac{1}{2}\right)^2 = \frac{1}{2}$$

別解

P(x, y, z) とおく。点 P が球面上にあるための条件は

$$\overrightarrow{AP} \cdot \overrightarrow{BP} = 0$$

ここで，$\overrightarrow{AP} = (x-1, y-1, z)$，
$\overrightarrow{BP} = (x, y-1, z-1)$ より

$$\overrightarrow{AP} \cdot \overrightarrow{BP}$$

$$= (x-1)x + (y-1)^2 + z(z-1)$$

であるから，求める球面の方程式は

$$(x-1)x + (y-1)^2 + z(z-1) = 0$$

$$\therefore \quad \left(x - \frac{1}{2}\right)^2 + (y-1)^2$$

$$+ \left(z - \frac{1}{2}\right)^2 = \frac{1}{2}$$

(2) P の座標を (x, y, z) とおく。
A$(1, -3, -2)$，B$(-2, 3, 1)$ について

$$AP = 2BP$$

が成り立つから，両辺を 2 乗して

$$AP^2 = 4BP^2 \quad \cdots\cdots \text{①}$$

ここで

$$AP^2$$

$$= (x-1)^2 + (y+3)^2 + (z+2)^2$$

$$= x^2 + y^2 + z^2 - 2x + 6y + 4z + 14$$

$$BP^2$$

$$= (x+2)^2 + (y-3)^2 + (z-1)^2$$

$$= x^2 + y^2 + z^2 + 4x - 6y - 2z + 14$$

であるから，①より

$$3(x^2 + y^2 + z^2) + 18x$$

$$-30y - 12z + 42 = 0$$

$$x^2 + y^2 + z^2 + 6x$$

$$-10y - 4z + 14 = 0$$

$$\therefore \quad (x+3)^2 + (y-5)^2$$

$$+(z-2)^2 = 24$$

であり，点 P の全体は

中心が $(-3, 5, 2)$ で

半径が $2\sqrt{6}$ の球

9.53 (1) 点 $(1, 2, 3)$ を中心とする球が平面 $z = -2$ と接しているから，球の半径は点 $(1, 2, 3)$ と平面 $z = -2$ との距離と等しく 5 である。

よって，求める球面の方程式は

$$(x-1)^2 + (y-2)^2$$

$$+(z-3)^2 = 25$$

(2) 点 $(8, 1, p)$ を通り，ベクトル $\overrightarrow{u} = (3, -4, 2)$ に平行な直線上にある点の位置ベクトル (x, y, z) は，実数 t を用いて

$$(x, y, z)$$

$$= (8, 1, p) + t(3, -4, 2)$$

$$= (8+3t, 1-4t, p+2t)$$

と表される。これが球面と接する条件は

$$(7+3t)^2 + (-1-4t)^2$$

$$+(p-3+2t)^2 = 25$$

$$29t^2 + 2(2p+19)t$$
$$+(p-3)^2 + 25 = 0$$
$$29t^2 + 2(2p+19)t$$
$$+p^2 - 6p + 34 = 0$$

がただ 1 つの実数解をもつことである。判別式を D とすると

$$\frac{D}{4} = (2p+19)^2 - 29(p^2 - 6p + 34)$$
$$= (4p^2 + 76p + 361)$$
$$+ (29p^2 - 174p + 986)$$
$$= -25p^2 + 250p - 625$$
$$= -25(p^2 - 10p + 25)$$
$$= -25(p-5)^2$$

$D = 0$ より，求める p の値は $\boldsymbol{p = 5}$ である。

9.54 球の中心を A とおくと，A の座標は $(-1,\ 2,\ 3)$ である。

平面 $x = 3$

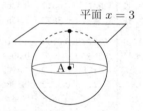

球と平面 $x = 3$ が接するから

(球の半径)
= (A と平面 $x = 3$ の距離)
= $|3 - (\text{A の } x \text{ 座標})|$
= $|3 - (-1)| = 4$

A から平面 $y = 4$ に下ろした垂線の足（交円の中心）を H とおく。

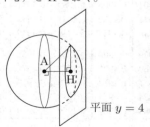

平面 $y = 4$

$$\text{AH} = |4 - (\text{A の } y \text{ 座標})|$$
$$= |4 - 2| = 2$$

よって，円の半径は

$$\sqrt{4^2 - 2^2} = \boldsymbol{2\sqrt{3}}$$

また，$\overrightarrow{\text{AH}}$ と同じ向きの単位ベクトルは $(0,\ 1,\ 0)$ であるから

$$\overrightarrow{\text{OH}} = \overrightarrow{\text{OA}} + 2(0,\ 1,\ 0)$$
$$= (-1,\ 2,\ 3) + 2(0,\ 1,\ 0)$$
$$= (-1,\ 4,\ 3)$$

であるから，円の中心 H の座標は

$$\boldsymbol{(-1,\ 4,\ 3)}$$

別解

点 A$(-1,\ 2,\ 3)$ を中心とする球 S が平面 $x = 3$ と接するから

(球の半径)
= (A と平面 $x = 3$ の距離)
= $|3 - (-1)| = 4$

したがって，S の方程式は

$$(x+1)^2 + (y-2)^2$$
$$+ (z-3)^2 = 4^2$$

であり，S と平面 $y = 4$ との交わりの円は

$$\begin{cases} y = 4 \\ (x+1)^2 + (4-2)^2 \\ \qquad\qquad + (z-3)^2 = 4^2 \end{cases}$$

$$\therefore \quad \begin{cases} y = 4 \\ (x+1)^2 + (z-3)^2 = 12 \end{cases}$$

と表される。よって，円の中心は $(-1,\ 4,\ 3)$，半径は $2\sqrt{3}$ である。

正 規 分 布 表

次の表は，標準正規分布の分布曲線における
右図の灰色部分の面積の値をまとめたものであ
る。

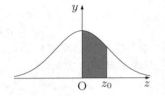

z_0	0.00	0.01	0.02	0.03	0.04	0.05	0.06	0.07	0.08	0.09
0.0	0.0000	0.0040	0.0080	0.0120	0.0160	0.0199	0.0239	0.0279	0.0319	0.0359
0.1	0.0398	0.0438	0.0478	0.0517	0.0557	0.0596	0.0636	0.0675	0.0714	0.0753
0.2	0.0793	0.0832	0.0871	0.0910	0.0948	0.0987	0.1026	0.1064	0.1103	0.1141
0.3	0.1179	0.1217	0.1255	0.1293	0.1331	0.1368	0.1406	0.1443	0.1480	0.1517
0.4	0.1554	0.1591	0.1628	0.1664	0.1700	0.1736	0.1772	0.1808	0.1844	0.1879
0.5	0.1915	0.1950	0.1985	0.2019	0.2054	0.2088	0.2123	0.2157	0.2190	0.2224
0.6	0.2257	0.2291	0.2324	0.2357	0.2389	0.2422	0.2454	0.2486	0.2517	0.2549
0.7	0.2580	0.2611	0.2642	0.2673	0.2704	0.2734	0.2764	0.2794	0.2823	0.2852
0.8	0.2881	0.2910	0.2939	0.2967	0.2995	0.3023	0.3051	0.3078	0.3106	0.3133
0.9	0.3159	0.3186	0.3212	0.3238	0.3264	0.3289	0.3315	0.3340	0.3365	0.3389
1.0	0.3413	0.3438	0.3461	0.3485	0.3508	0.3531	0.3554	0.3577	0.3599	0.3621
1.1	0.3643	0.3665	0.3686	0.3708	0.3729	0.3749	0.3770	0.3790	0.3810	0.3830
1.2	0.3849	0.3869	0.3888	0.3907	0.3925	0.3944	0.3962	0.3980	0.3997	0.4015
1.3	0.4032	0.4049	0.4066	0.4082	0.4099	0.4115	0.4131	0.4147	0.4162	0.4177
1.4	0.4192	0.4207	0.4222	0.4236	0.4251	0.4265	0.4279	0.4292	0.4306	0.4319
1.5	0.4332	0.4345	0.4357	0.4370	0.4382	0.4394	0.4406	0.4418	0.4429	0.4441
1.6	0.4452	0.4463	0.4474	0.4484	0.4495	0.4505	0.4515	0.4525	0.4535	0.4545
1.7	0.4554	0.4564	0.4573	0.4582	0.4591	0.4599	0.4608	0.4616	0.4625	0.4633
1.8	0.4641	0.4649	0.4656	0.4664	0.4671	0.4678	0.4686	0.4693	0.4699	0.4706
1.9	0.4713	0.4719	0.4726	0.4732	0.4738	0.4744	0.4750	0.4756	0.4761	0.4767
2.0	0.4772	0.4778	0.4783	0.4788	0.4793	0.4798	0.4803	0.4808	0.4812	0.4817
2.1	0.4821	0.4826	0.4830	0.4834	0.4838	0.4842	0.4846	0.4850	0.4854	0.4857
2.2	0.4861	0.4864	0.4868	0.4871	0.4875	0.4878	0.4881	0.4884	0.4887	0.4890
2.3	0.4893	0.4896	0.4898	0.4901	0.4904	0.4906	0.4909	0.4911	0.4913	0.4916
2.4	0.4918	0.4920	0.4922	0.4925	0.4927	0.4929	0.4931	0.4932	0.4934	0.4936
2.5	0.4938	0.4940	0.4941	0.4943	0.4945	0.4946	0.4948	0.4949	0.4951	0.4952
2.6	0.4953	0.4955	0.4956	0.4957	0.4959	0.4960	0.4961	0.4962	0.4963	0.4964
2.7	0.4965	0.4966	0.4967	0.4968	0.4969	0.4970	0.4971	0.4972	0.4973	0.4974
2.8	0.4974	0.4975	0.4976	0.4977	0.4977	0.4978	0.4979	0.4979	0.4980	0.4981
2.9	0.4981	0.4982	0.4982	0.4983	0.4984	0.4984	0.4985	0.4985	0.4986	0.4986
3.0	0.4987	0.4987	0.4987	0.4988	0.4988	0.4989	0.4989	0.4989	0.4990	0.4990

【MEMO】

書籍のアンケートにご協力ください

抽選で**図書カード**を
プレゼント！

Ｚ会の「個人情報の取り扱いについて」はＺ会
Webサイト(https://www.zkai.co.jp/home/policy/)
に掲載しておりますのでご覧ください。

Ｚ会数学基礎問題集 数学II・B＋C［ベクトル］
チェック＆リピート　改訂第３版

初版	第１刷発行	2000 年 8 月 1 日
改訂版	第１刷発行	2005 年 3 月 10 日
改訂第 2 版第 1 刷発行		2013 年 3 月 1 日
改訂版 3 版第 1 刷発行		2023 年 5 月 20 日
改訂版 3 版第 2 刷発行		2024 年 1 月 20 日

著者	亀田 隆＋髙村正樹　共著
発行人	藤井孝昭
発行	Ｚ会
	〒411-0033　静岡県三島市文教町 1-9-11
	【販売部門：書籍の乱丁・落丁・返品・交換・注文】
	TEL 055-976-9095
	【書籍の内容に関するお問い合わせ】
	https://www.zkai.co.jp/books/contact/
	【ホームページ】
	https://www.zkai.co.jp/books/
装丁	犬飼奈央
印刷・製本	シナノ書籍印刷株式会社